L'innovation verte

De la théorie aux bonnes pratiques

P.I.E. Peter Lang
Bruxelles • Bern • Berlin • Frankfurt am Main • New York • Oxford • Wien

Sophie Boutillier, Faridah Djellal, Faïz Gallouj,
Blandine Laperche et Dimitri Uzunidis (dir.)

L'innovation verte

De la théorie aux bonnes pratiques

Collection « Business & Innovation »
n° 3

Éditions scientifiques internationales
Bruxelles, 2012
1 avenue Maurice, B-1050 Bruxelles, Belgique
www.peterlang.com ; info@peterlang.com

ISSN 2034-5402
ISBN 978-90-5201-864-5
D/2012/5678/43

Information bibliographique publiée par « Die Deutsche Nationalbibliothek »

« Die Deutsche Nationalbibliothek » répertorie cette publication dans la « Deutsche Nationalbibliografie » ; les données bibliographiques détaillées sont disponibles sur le site http://dnb.n-db.de.

Table des matières

TROISIÈME PARTIE

MILIEUX INNOVATEURS ET TERRITOIRES VERTS

Remerciements

Cet ouvrage est produit suite aux fructueux débats qui ont eu lieu au cours de l'École d'Été du Réseau de Recherche sur l'Innovation (http://2ri.eu) qui s'est tenue du 31 août au 3 septembre 2011 à l'Université du Littoral Côte d'Opale à Dunkerque (France).

Plusieurs institutions ont soutenu et appuyé l'organisation de cette École d'Été et la publication de cet ouvrage. Au nom du comité d'organisation, nous remercions le Laboratoire de Recherche sur l'Industrie et l'Innovation (Lab.RII), le Centre Lillois d'Études et de Recherches Sociologiques et Économiques (Clersé), l'Université du Littoral Côte d'Opale, l'Université de Lille 1, l'Institut Supérieur de Commerce international de Dunkerque (ISCID), le Conseil Régional du Nord/Pas-de-Calais, la Maison Européenne des Sciences de l'Homme et de la Société (MESHS, Lille Nord de France), J'innove Nord/Pas-de-Calais, l'Union européenne, L'Institut de Gestion Sociale (IGS) et Wesford Business School.

Nous sommes aussi très redevables vis-à-vis de tous les membres du comité scientifique de cette École d'Été, pour leur aide dans la sélection des communications et des articles. Nous remercions également Véronique Testelin, pour son aide dans la préparation de la version finale du manuscrit.

Présentation générale

Les domaines du possible de l'innovation verte

Sophie BOUTILLIER, Faridah DJELLAL, Faïz GALLOUJ, Blandine LAPERCHE et Dimitri UZUNIDIS

Alors que, dans le monde entier, l'utilisation des ressources naturelles ne cesse de croître et l'environnement de se dégrader, les économistes et les politiques s'inquiètent avant tout de la perte de compétitivité de telle économie nationale ou de telle entreprise particulière. Ils focalisent aussi leur attention sur les performances financières des systèmes économiques au détriment d'une réflexion approfondie sur les changements nécessaires et urgents des modes de production, de consommation et d'échange dans lesquels la « contrainte environnementale » pourrait se transformer en innombrables opportunités d'innovations et de « faire autrement ».

À propos de la contrainte environnementale

Les activités économiques de production et de consommation sont polluantes. Pour prévenir le risque de réchauffement climatique durable, l'économie doit faire face à une double rareté : rareté d'abord des ressources énergétiques dont les besoins vont croissants, limite ensuite des capacités de la biosphère à servir de décharge commune aux rejets de gaz à effet de serre et de multiples polluants chimiques. Le triplement de la production énergétique en un siècle n'a servi qu'à permettre le rattrapage des économies les plus faibles et à répondre à la croissance démographique. Quant à l'usage restrictif de l'air comme poubelle, il est issu d'un consensus mondial inscrit depuis 1992 dans la convention cadre des Nations unies sur les changements climatiques.

Le mérite d'avoir saisi l'organisation mondiale compétente à propos du problème de la surcharge atmosphérique revient sans conteste aux scientifiques et aux défenseurs de l'environnement. Depuis l'accord sur la convention cadre, ces acteurs assument cette fonction de défense de l'environnement, en participant activement à l'élaboration des règles opérationnelles que les nations sont censées appliquer. La problématique environnementale est importante, mais rarement prioritaire dans les agendas gouvernementaux. Les gouvernements ont ainsi tendance à déléguer à leurs spécialistes en la matière le soin de trancher sur des propositions inspirées principalement par les milieux environnementalistes et scientifiques[1]. Ce livre donne ainsi la parole aux scientifiques et aux experts qui discutent l'éco-compatibilité d'un certain nombre d'expériences d'entreprises et de logiques économiques.

La « machine à fabriquer des richesses » peut-elle faire face à des défis qui la dépassent ou doit-on continuer de supporter qu'elle façonne, selon ses propres lois et de manière contestable, notre milieu naturel et nos rapports sociaux ? Une contrainte globale sur l'utilisation de l'atmosphère, exercée par la société dans son ensemble, pour infléchir les comportements des producteurs et des consommateurs, est-elle concevable et réalisable ? Le réchauffement global observé est essentiellement dû à l'usage intensif d'agents fossiles. Depuis la révolution industrielle[2], pour satisfaire ses besoins, l'homme libère cette énergie accumulée par photosynthèse au cours de centaines de millions d'années. Le gaz carbonique dont elle est issue est ainsi restitué à l'atmosphère, mais tellement massivement depuis un siècle et demi qu'une adaptation de la vie sous les formes que nous lui connaissons est impossible sur une aussi courte période. L'accélération du réchauffement (le climat ayant changé à maintes reprises au cours du temps)[3] sur quelques décennies entraînerait d'autres dérèglements climatiques auxquels les générations futures devraient s'adapter à des coûts sociaux et économiques exorbitants. Or, les principaux acteurs de l'économie, producteurs et consommateurs, ont des anticipations sensiblement plus courtes. On ne peut donc miser sur leurs seules décisions pour contenir l'amplification de la concentration atmosphérique en gaz à effet de serre.

Aux difficultés liées à l'échelle du temps, s'ajoute la nécessité d'agir à l'échelle de la planète. Toute atteinte portée en un point du globe touche ainsi l'ensemble des nations. La société doit donc imposer à l'économie une contrainte globale. Selon diverses études[4], il est possible de diviser par deux la quantité d'énergie utilisée actuellement sans conséquences sur le niveau de vie actuel, à condition que l'économie

---

1 Matagne, P. (2009), *La naissance de l'écologie*, Paris, Ellipses.

2 Le Roux, T. (2011), *Le laboratoire des pollutions industrielles, Paris, 1770-1830*, Paris, Albin Michel ; Massard-Guilbaud G. (2010), *Histoire de la pollution industrielle. France 1789-1914*, Parsi, Éditions de l'École des hautes études en sciences sociales.

3 Le Roy Ladurie, E. (1967), *Histoire du climat depuis l'an mille*, Paris, Flammarion.

4 Ces études ont été présentées dans : Laperche, B., Crétiéneau, A.-M., Uzunidis, D. (dir.) (2009), *Développement durable : pour une nouvelle économie*, Bruxelles, P.I.E. Peter Lang.

soit moins dépensière (promotion des transports collectifs, rationalisation de la production industrielle, consommation surveillée, recyclage systématique des déchets, etc.) et qu'elle intègre les nouvelles énergies de substitution. Pour l'heure, deux approches pertinentes du problème climatique s'opposent : l'approche altermondialiste et l'approche ultralibérale. Pour la première, il s'agit de fixer des conditions cadres pour que l'économie devienne plus économe dans ses rejets ; pour la seconde, il faut répartir l'effort de restrictions énergétiques de telle sorte que la compétitivité entre économies nationales soit la moins perturbée possible. Les deux approches s'accordent sur la nécessité d'une coopération multilatérale entre États pour la formulation et l'application d'un dispositif contraignant. Elles s'accordent aussi sur la promotion de l'innovation verte de produit, de procédé, de méthodes ou encore de modes économiques pour atténuer l'impact environnemental de l'activité humaine.

La contrainte globale sur les rejets à effet de serre matérialisée par le protocole de Kyoto[5] est considérée comme un facteur facilitateur de l'innovation verte. Le protocole de Kyoto combine un engagement *fixe* de l'ensemble des pays industrialisés à limiter leurs émissions totales et une répartition *flexible* entre États des efforts pour le respecter. Les quotas nationaux peuvent en effet être augmentés (i) par l'échange des quantités initialement attribuées, (ii) au travers de l'obtention de droits d'émissions en retour d'aide à des investissements antiréchauffement dans d'autres pays industriels soumis à engagements chiffrés et (iii) de crédits délivrés pour des projets réalisés dans les pays en développement. Les transferts peuvent se faire par accords ponctuels bilatéraux ou par le marché des droits et crédits. Autre souplesse introduite dans le protocole : une tonne de gaz soustraite durablement à l'atmosphère vaut en principe une tonne de gaz que l'on s'abstient d'émettre.

Les milieux d'affaires semblent apprécier ce dispositif (étant donné que la contrainte est considérée comme irréversible). Ils saluent la possibilité offerte par les mécanismes des droits d'émissions, d'entreprendre les réductions en commençant par les sites et installations où elles ont un moindre coût, sans devoir se soumettre aux contraintes juridiques et fiscales nationales (restrictions administrées par voie de règlements, contrôles et taxes). Quand les dispositions du protocole sont transposées au plan national (ou régional de l'Union européenne), les dirigeants d'entreprise apprécient la flexibilité du dispositif : s'engager par accord contractuel sur des objectifs de réduction d'émissions ou, à défaut de les atteindre, sur une compensation par des

5 Dispositif tout de même imparfait puisque (i) les pays du Sud sont temporairement en marge d'engagements chiffrés et (ii) des nations industrialisées dissidentes comme les États-Unis, l'Australie et, plus récemment, le Canada faussent les règles du jeu.

permis d'émissions acquis sur le marché crée à l'évidence plus de marges de liberté d'action et une possibilité supplémentaire d'intégrer la contrainte environnementale dans le fonctionnement « normal » de l'entreprise. Mais d'un autre côté, les facilités offertes par le protocole de Kyoto sont soumises à des critiques sévères : ces facilités dispenseraient certains opérateurs d'une taxe, qui devrait s'appliquer à tous, en les encourageant notamment à faire porter par d'autres la charge de moindres rejets émissifs.

Cette contrainte se décline aux niveaux national, régional et sectoriel suivant des objectifs et des modalités propres à chacune des parties signataires des accords. Les restrictions qui lui sont associées se traduisent, pour les économies, en charges, mais aussi, comme le veut la logique capitaliste, en opportunités d'investissement nouvelles et en marchés. En effet, l'économie devrait être stimulée par la réalisation d'un marché tridimensionnel. Tout d'abord, l'augmentation de la demande pour des produits et technologies économes en rejets de carbone atmosphérique et autres gaz à effet de serre conduit les gouvernements et les entreprises à mettre en place de stratégies de recherche-développement (R&D) et d'innovation qui créeront de nouveaux espaces d'accumulation et de profit (première dimension). Puis, les responsables gouvernementaux ou industriels tenus par des engagements chiffrés au plan national, sectoriel ou de l'entreprise se porteront éventuellement acquéreurs de réductions opérées par des tiers et attestées par des titres transmissibles (qu'il s'agisse de quotas non utilisés ou de crédits carbone délivrés aux porteurs de projets). Le marché des droits d'émissions a pris une importance capitale même dans les pays non-signataires du protocole de Kyoto (deuxième dimension). Enfin, ces marchés pour des droits d'émissions font intervenir des intermédiaires financiers qui leur donneront éventuellement une troisième dimension en les élargissant à un public en quête de placements. Ainsi, une telle extension à la spéculation est de nature à exercer une influence supplémentaire vers l'attribution à la tonne de CO_2 d'une valeur de patrimoine qui pourrait augmenter avec le temps au fur et à mesure que les possibilités de réduction d'émissions à coûts bas s'épuiseraient et obligeraient les opérateurs à recourir à des procédés plus coûteux. Une telle évolution suppose bien entendu que la pression exercée en faveur de la protection de l'environnement et de la prévention s'accentue.

Pour l'économie mondiale, la nouvelle donne qui résulte d'un certain consensus sur l'alerte climatique est pour l'heure, perceptible par le développement de nouveaux marchés de biens, de services et de capitaux interdépendants. Mais la question de l'ampleur du changement, qui suppose une évolution des normes d'accumulation afin de garantir un fléchissement durable des activités économiques, dépend du changement des comportements de production et de consommation. On peut s'attendre à ce que l'introduction de normes appropriées et les soutiens gouvernementaux donnent à l'industrie une impulsion nouvelle pour remplacer ses fabrications traditionnelles par d'autres mieux adaptées. L'industrie automobile est un domaine d'expérimentation de nouvelles technologies moins polluantes ou alternatives. La R&D nécessaire à la promotion des véhicules à moindre consommation (pour répondre aux crises pétrolières) est enrichie par la recherche de moindres rejets en CO_2. Prochaine étape : le développement, peut-être, de technologies qui parviendront à éradiquer l'échappement des gaz fortement émissifs comme les oxydes d'azote émis par les pots catalytiques désormais insuffisants… à moins que la préférence technique n'aille plutôt à des véhicules à motorisation alternative, hybride (à essence et électricité) ou encore à piles à combustible à partir d'hydrogène. D'autres secteurs industriels suivront des parcours similaires consistant à hâter le renouvellement des équipements existants pour introduire des installations plus performantes qui permettront de réduire les émissions de gaz à effet de serre.

Si l'économie mondiale reste sur sa trajectoire actuelle, la question de l'innovation sera primordiale. Au cours de ce siècle, en effet, 6 milliards d'individus devraient s'ajouter aux 4 milliards qui ont seuls accès aujourd'hui aux différentes formes d'énergie commercialisées. De plus, des pays comme la Chine vont doubler leur consommation en deux décennies. Dans le même temps, les restrictions au rejet dans l'atmosphère de gaz liés à la combustion des agents énergétiques traditionnels s'imposeront de façon de plus en plus contraignante… La hausse de la demande et le resserrement de l'offre en ressources énergétiques existantes feront probablement flamber les prix des énergies, mais contribueront aussi à une élévation de la demande en ressources technologiques.

La question de l'innovation verte

Si le crédit sur les ressources naturelles contracté par l'humanité par la voie du gaspillage est préjudiciable à la survie de notre planète, en revanche, la prise de conscience de ce préjudice ouvre la voie à de nouvelles pratiques, de nouveaux horizons pour l'économie verte. La nécessité d'une économie plus verte, autrement dit, d'une économie qui aurait pour objectif de rendre plus soutenables sur le plan environnemental l'activité et la croissance est désormais au cœur des débats en matière de développement.

Dans ce livre, l'éco-innovation (ou innovation verte ou innovation environnementale) désigne des innovations ayant une finalité de développement durable et de réorientation de la performance économique, introduites par des institutions diverses (entreprises, acteurs publics, associations). En d'autres termes, il s'agit d'une innovation se traduisant par une diminution de l'incidence environnementale. Les innovations environnementales sont donc l'ensemble des produits, services, procédés, méthodes, etc., permettant de réduire l'impact de l'activité générale ou particulière sur l'environnement (réduction de la pollution des gaz à effet de serre, de la production de déchets et du gaspillage des ressources naturelles, préservation de la biodiversité et renforcement de la sécurité énergétique).

Les innovations technologiques, commerciales, organisationnelles ou comportementales doivent ainsi suivre une trajectoire d'économie des ressources et de réduction des impacts négatifs sur l'environnement. Les acteurs traditionnels de la société doivent par conséquent modifier leurs comportements, leurs stratégies et leurs objectifs et s'impliquer dans une démarche qui favorise une économie à bas carbone, efficace en ressources et socialement inclusive. L'observatoire national des emplois et métiers de l'économie verte propose un large éventail d'activités écolo-compatibles. Ces activités sont réparties en éco-activités et activités périphériques[6]. Les premières, plus centrales, regroupent les activités qui produisent des biens et services ayant pour objectif la protection de l'environnement ou la gestion des ressources naturelles. Les secondes comprennent l'ensemble des activités dont la finalité n'est pas environnementale mais qui produisent des services favorables à la protection de l'environnement et à la gestion des ressources naturelles : protection de l'environnement (pollution de l'air, gestion des déchets, assainissement, réhabilitation des sols et eaux, nature, paysage et biodiversité) ; gestion des ressources naturelles (gestion durable de l'eau, récupération, maîtrise de l'énergie, énergie renouvelable) ; activités transversales (services généraux publics, recherche et développement, ingénierie).

Les ressorts de l'innovation verte

Pour l'économiste, le prix du CO_2 est une première indication de l'intérêt (pour l'entreprise) de procéder, non seulement à des économies d'énergie, mais aussi à des investissements qui les permettent. Dans son analyse bénéfices/coûts, il peut ajouter, au revenu des économies réalisées, celui de l'exonération conditionnelle d'une taxe ou d'une pénalité éventuellement évitée en cas de dépassement du quota d'émissions attribué. Pour le chercheur en procédés « verts », ce prix fournit une première approximation du surcoût supporté par les utilisateurs s'ils

---

[6] Commissariat général au développement durable (2011), « Activités, emplois et métiers liés à la croissance verte, périmètres et résultats », *Études et Documents*, n° 43, Paris.

continuent d'utiliser les mêmes équipements anciens. Il fournit ainsi une indication du prix-limite qui autorise l'adoption d'équipements « verts ». Les inventions dormantes franchiront ainsi le seuil de l'innovation avec la perspective de passer éventuellement le cap de la diffusion commerciale en cas de tests concluants et d'approbation par le marché.

Les grands acteurs de l'économie agissent dans la même logique et sont motivés par les mêmes critères économiques. a) L'application des technologies antiréchauffement passe par l'investissement. La décision d'investir dépend du coût, lui-même alourdi par l'incertain, l'imprévu, l'indéterminé. b) Les États doivent réguler le marché de telle sorte que l'entrepreneur innovant soit récompensé et l'entrepreneur à la traîne pénalisé. Le protocole de Kyoto est appelé à fournir un cadre à cette exigence. c) Consommateurs et producteurs (et donc investisseurs) font partie intégrante du système dynamique dont on se propose de modifier l'équilibre en faveur d'une émissivité décroissante. d) Le correctif physico-chimique que l'on se propose d'effectuer pour contenir le réchauffement climatique passe précisément par cet investisseur qui est supposé détenir la clé des innovations technologiques salutaires. e) La fixation de normes strictes qui a pour seul but le respect de l'intégrité environnementale devient une mauvaise solution politique, dès lors que celle-ci ne comporte pas d'incitations significatives pour les opérateurs économiques à adhérer à la prévention climatique. La configuration actuelle, faite (i) d'engagements chiffrés d'une majorité de pays industrialisés, (ii) d'initiatives individuelles par les grandes entreprises et certaines entités publiques américaines et (iii) de contributions volontaires des pays en développement, est fort éloignée de l'idéal d'une mobilisation universelle en direction d'une atténuation effective des externalités environnementales négatives.

Suivant la logique économique, lorsqu'un phénomène de rareté se développe et s'accentue dans le temps, ce sont les prix qui doivent principalement contrôler son évolution. De plus, lorsque les prix signalent clairement que l'offre ne pourra satisfaire la demande, l'innovation technologique sera appelée à la rescousse : rien n'est plus stimulant pour la créativité scientifique et technologique que la perspective d'une rareté croissante. La tendance actuelle est de transformer l'atmosphère en bien économique qui permet de faire intervenir les mécanismes de prix et de développement technologique propres aux phénomènes de rareté. Par exemple, les émissions de gaz à effet de serre et leurs effets sur le changement climatique sont ainsi appelés à devenir un champ privilégié pour l'analyse économique et pour l'expérimentation de nouvelles formes de marchés ou de nouvelles pratiques de régulation fiscale. Si l'on accepte d'internaliser le coût futur pour la société mondiale de ces pollutions, il faudra s'attendre à une modification de la structure finale des prix relatifs des biens : le prix d'un bien par rapport à celui d'un autre devra désormais reproduire mieux que par le passé les poids différents des émissions de chacun. La demande des biens fortement émetteurs sera ainsi freinée par la main invisible du marché. Pour internaliser le coût de la pollution, il suffit d'augmenter le prix relatif du carbone consommé par taxation ou en ayant recours aux permis d'émission négociables. C'est alors, selon l'économiste, que la trajectoire de la croissance économique pourra être modifiée.

Mais, tout changement des prix relatifs a un effet important dans la distribution des revenus. Les consommateurs accepteront-ils de voir certains biens et services discriminés ? Ce sont ces effets distributifs (réels ou potentiels) qui appuient les arguments de ceux qui conditionnent les politiques globales de l'environnement à des accords multilatéraux engageant sans exception toutes les parties en cause, comme si la compétitivité des nations, des entreprises et des secteurs devait en dépendre. La question est alors de savoir quel est l'horizon de la compétitivité. Quand on envisage un marché mondial des droits d'émissions, les règles doivent être les mêmes pour tous les compétiteurs et les résultats financiers doivent être mesurables, aussi, en rapport avec le but global poursuivi : celui de la préservation de l'environnement. Toutefois, entre les efforts entrepris pour freiner l'accumulation des gaz à effet de serre et un changement physico-chimique de l'atmosphère sensible, de nombreuses années vont s'écouler pour espérer parvenir à quelque résultat positif.

L'économie politique est incapable de mesurer et d'intégrer dans ses modèles de croissance et de bien-être le temps biologique. La préservation de l'environnement et de ses ressources, ainsi que, plus généralement, la question de la biodiversité mettent à mal l'économie politique[7]. Il est évident que les sociétés actuelles, écoutant les économistes, ne peuvent réguler l'équilibre de l'écosystème dans son ensemble en agissant sur certaines de ses parties. Par exemple, on ne peut se contenter de manipuler le prix du pétrole pour faire un marché de CO_2 et s'attendre à retrouver dans dix ou vingt ans la faune et flore actuelles. Au mieux, si l'on augmente les prix des ressources rares au rythme de leur épuisement, on ne fait que rationaliser leurs usages. La question de la biodiversité nécessite la prise en compte du temps de renouvellement des écosystèmes, ce qui n'est pas du ressort des économistes.

---

7 Voir à ce propos les débats dans Laperche, B., Levratto, N., Uzunidis, D. (eds.) (2012), *Crisis, Innovation and Sustainable Development. The Ecological Opportunity*, Cheltenham, E. Elgar.

Le potentiel de l'innovation verte

Dans les années 1990, Porter et van der Linde[8] ont popularisé l'idée de gagnant-gagnant, affirmant que la réglementation environnementale pourrait susciter l'innovation en orientant l'investissement vers l'exploitation des nouvelles opportunités de profit. Cela serait d'autant plus vrai que les innovations vertes sont, selon Rennings[9], différentes des innovations « classiques » puisqu'à côté des externalités habituelles liées aux efforts de R&D, elles produisent aussi des externalités positives d'une plus large échelle en réduisant les coûts de production et de produit dans d'autres secteurs de l'économie. Mais, l'hypothèse de Porter sur les impacts positifs de la réglementation environnementale sur l'innovation, testée par différentes études, a suscité plusieurs controverses. En effet, dans leurs évaluations du coût du changement climatique et de celui des interventions pour en limiter les conséquences, les économistes néoclassiques ont fait valoir que les innovations vertes avantageuses pour tous sont des exceptions. Ils ont souligné les coûts de conformité importants que l'industrie doit supporter, la baisse de la compétitivité des entreprises sur les marchés internationaux et les coûts de formation d'une main-d'œuvre adéquate[10]. Dans quelles conditions alors les politiques publiques de l'innovation pourraient-elles conduire à des effets « gagnant-gagnant » ?

Une étude récente de P. Aghion *et al.*[11] montre que les motifs d'innovation tels que « l'amélioration de l'efficacité énergétique », « la réduction des impacts environnementaux » ou « l'amélioration de la santé et de la sécurité » ne sont pas prioritaires pour les entreprises. Par exemple, selon l'Organisation mondiale de la propriété intellectuelle, en moyenne sur la période 2001-2005, seul 1,5 % des brevets déposés par les entreprises concernaient des technologies environnementales. Pourquoi en effet les entreprises innoveraient-elles puisqu'elles ne sont pas tenues de prendre en compte dans leurs choix de production et d'investissement les dommages qu'elles font subir au climat. De plus, les entreprises ont tendance à orienter leurs efforts d'innovation en

8 Porter, M.E., van der Linde, C. (1995), « Towards a New Conception of the Environmental-Competitiveness Relationship », *Journal of Economic Perspectives*, 9, 97-118.

9 Rennings, K. (1998), *Towards a Theory and Policy of Eco-Innovation – Neoclassical and Co-Evolutionary Perspectives*, ZEW Discussion Paper 98-24, Mannheim, Center for Economic Research (ZEW).

10 Voir par exemple, Jaffe, A.B., Palmer, K. (1997), « Environmental regulation and innovation : a panel data study », *Review of Economics and Statistics*, 79 (4), 610-619.

11 Aghion, P., Acemoglu, D., Bursztyn, L., Hemous, D. (2011), *The environment and directed technical change*, GRASP Working Paper 21, Brussels, Centre for Economic Policy Research.

direction des secteurs dans lesquels elles disposent déjà d'un avantage technologique. Investir dans l'acquisition de nouvelles connaissances et technologies leur coûte cher. Elles innovent, donc, dans les domaines dans lesquels elles sont déjà « bonnes ». Du fait des « effets de double externalité », pourquoi les entreprises innoveraient si elles ne peuvent pas bénéficier pleinement des retombées financières de leurs nouveautés ? Enfin, comment lever des fonds pour financer des investissements « verts » particulièrement risqués ?

Cet état de fait plaide pour une intervention publique qui combine taxes, subventions à la recherche, incitations à l'innovation, réglementation contraignante… Compte tenu de l'orientation de la demande vers une meilleure qualité environnementale, ceci ne peut pas se réaliser sans un changement radical des normes de consommation et une redéfinition des techniques de production. Mais, malgré une certaine prise de conscience, le compromis entre les dimensions environnementales et économiques de l'innovation reste difficile à réaliser[12].

Structure de l'ouvrage

Ce livre est consacré aux modèles théoriques de l'économie verte et à l'analyse de différentes expériences d'éco-innovation (leur naissance, leur diffusion, leurs impacts) et à la manière dont elles s'inscrivent dans un nouveau paradigme sociotechnique en construction. Il est composé de trois parties :

a) Les transformations des modèles économiques par la prise en considération plus ou moins volontaire de la problématique environnementale. Plus particulièrement les auteurs discutent des relations contradictoires entre la dynamique d'innovations vertes et l'expansion de l'économie des services et de l'immatériel.

b) Les stratégies entrepreneuriales de mise sur le marché d'innovations éco-compatibles et les différentes contraintes de diffusion et d'intégration économique de ces innovations.

c) Les clusters et les tentatives territoriales de développement d'innovations vertes qui mettent en relation entreprises et institutions locales de façon « spontanée » ou volontaire.

La première partie de cet ouvrage est consacrée à un cadrage théorique général sur la notion d'innovation verte et sur les nouveaux modèles (théories) économiques qu'elle suscite. Le paradigme industriel continue, paradoxalement, d'être encore largement dominant dans des économies qui sont depuis longtemps des économies de services,

---

12 Voir les débats dans « Environnement et opportunités d'innovation », *Innovations. Cahiers d'économie de l'innovation*, 2012, 37 (1).

puisque dans les pays industriels, les services sont devenus le moteur principal, mais aussi le champ essentiel d'accumulation et de réalisation de profits. Ainsi, le secteur tertiaire représente plus des trois quarts de la richesse et des emplois dans toutes les économies développées. Les quatre premiers chapitres de cet ouvrage interrogent de différentes manières cette domination injustifiée.

Ainsi, Sophie Boutillier et Ingrid Vaileanu-Paun consacrent leur chapitre à discuter l'importance théorique et opérationnelle de l'économie des fonctionnalités comme paradigme alternatif au paradigme industriel. Les auteurs commencent par replacer le paradigme de l'économie des fonctionnalités dans une perspective historique en analysant les circonstances de sa naissance et ses traits distinctifs vis-à-vis du paradigme industriel. Depuis la révolution industrielle du XIXe siècle, l'activité économique des sociétés techniquement développées a d'abord reposé sur la production agricole, puis industrielle et enfin pour une large part sur la production (immatérielle). Ils mettent ainsi en évidence les différences entre les deux paradigmes dans les sphères de la production et de la consommation, dans le domaine de l'organisation de l'entreprise, dans leurs relations aux problématiques environnementales. Ils examinent ensuite, dans une perspective normative et prospective, les conditions de la mise en œuvre (et de réussite) du paradigme de l'économie des fonctionnalités dans les entreprises. Il apparaît au total que le potentiel éco-compatible des services ne pourra se réaliser que si le mode d'organisation de la production et de la consommation est repensé selon les principes de la fonctionnalité, c'est-à-dire la renonciation à l'achat systématique de biens en faveur de leur mise à disposition temporaire. Le développement des nouvelles technologies de l'information et de la communication et de l'économie numérique d'une manière générale constitue le support de cette nouvelle forme d'organisation économique et sociale.

Le chapitre de Faridah Djellal et Faïz Gallouj est encore plus resserré sur la problématique des services. Les auteurs y réexaminent le mythe de l'immatérialité des services et de leur caractère respectueux de l'environnement, pour montrer que les services ne sont pas *environment-friendly* par nature car ils sont bien plus immatériels qu'on l'imagine. En considérant les différentes perspectives théoriques mises en œuvre dans la littérature pour appréhender la question de l'innovation dans les services, ils concluent que si les services ne sont pas nécessairement plus verts que l'industrie, ni leur innovation nécessairement plus verte, la durabilité dans une économie de service est fondamentalement tributaire des trajectoires d'innovations vertes (non seulement technologiques, mais aussi non technologiques) mises en œuvre dans les firmes et les secteurs de services.

Le chapitre de Céline Merlin poursuit cette analyse consacrée au caractère « vert » des services dans une autre perspective : celle de la performance. L'avènement de l'économie des services remet en question nos systèmes de mesure traditionnels, non seulement sur le plan technique (les méthodes de mesure), mais aussi sur le plan conceptuel (validité des indicateurs). L'avènement de la problématique du développement durable dans une économie de services amplifie cette remise en question. Céline Merlin rappelle que la productivité est un concept industrialiste qui ne suffit pas pour rendre compte de la performance des services dans un contexte de développement durable. Elle suggère, dans le prolongement notamment des travaux de Gadrey (1996)[13], Djellal et Gallouj (2008)[14], de mettre en œuvre une grille d'évaluation multicritère de la performance d'inspiration conventionnaliste.

La contribution de Jonathan Bainée est également consacrée à une fonction-service : la mobilité. En s'appuyant sur les apports de l'économie industrielle et de l'innovation (et notamment les concepts de marché bifaces et de rendements croissants d'adoption), l'auteur rend compte de l'apparition d'acteurs nouveaux : « les opérateurs de mobilité électrique ». Ces acteurs interviennent à l'intersection entre la fonction de mobilité et la fonction de stockage (marché bifaces) pour mettre à la disposition des clients une prestation de recharge électrique et de gestion de l'autonomie des véhicules. Ils contribuent à la diffusion du véhicule électrique en engendrant des rendements croissants d'adoption.

La contribution de Aurore Moroncini et Mouloud Kadri est consacrée à la mise en œuvre de l'« Eco-Management and Audit Scheme » de l'Union européenne. Elle révèle la manière dont les services associés à une activité industrielle et les autres services connexes créent un système d'offre dont l'évaluation dépasse le cadre strict du prestataire-destinataire. Les auteurs appliquent le dispositif au cas du Centre de valorisation des déchets de Thumaide (Belgique) pour montrer que l'émergence d'approches volontaires de protection de l'environnement (ici dans le cas de l'incinération de déchets) a modifié l'univers des entreprises industrielles. L'environnement est alors considéré comme un atout à valoriser plutôt qu'une contrainte supplémentaire. Mais ici aussi offre et demande se constituent en système et sont soumises aux effets de double externalité évoqués précédemment.

---

13 Gadrey, J. (1996), *Services : la productivité en question*, Bruxelles, Desclée de Brouwer.

14 Djellal, F., Gallouj, F. (2008), *Measuring and improving productivity in services : issues, strategies and challenges*, Cheltenham, E. Elgar [paru en 2012 sous le titre *La productivité à l'épreuve des services*, collection Business & Innovation, Bruxelles, P.I.E. Peter Lang].

La deuxième partie de l'ouvrage se penche sur les rapports entre stratégies entrepreneuriales et promotion d'innovations vertes. Si l'on considère l'entreprise, les indicateurs les plus répandus aujourd'hui dans les rapports et bilans de « développement durable » sont les indicateurs financiers. Ces rapports constituent une occasion pour la firme de se présenter et de présenter ses produits, ses managers et ses employés comme « citoyens ». Ici aussi, la dimension économique du développement durable domine les deux autres (sociale et environnementale) et elle est traduite en performance financière de la firme. Et lorsqu'une logique intégrative des trois dimensions est exprimée, elle est dominée par la quête de l'efficacité commerciale. L'écart entre la performance de la firme en matière de durabilité et le discours en matière de développement durable reste important.

Dans leur chapitre, après avoir discuté de la définition de l'éco-innovation, Blandine Laperche et Dimitri Uzunidis présentent les caractéristiques de l'entreprise éco-innovante telles qu'elles apparaissent dans la littérature : il s'agit d'une firme apprenante, qui développe son potentiel d'innovation – ou capital-savoir – en s'appuyant sur des coopérations variées destinées à réduire le coût de l'innovation, accéder à des actifs complémentaires et prendre en compte les besoins et spécificités des parties prenantes. Mais, ils montrent que ces éco-innovations peuvent difficilement émerger de la seule stratégie des entreprises orientées, dans le contexte actuel, vers la réalisation de profit à court terme. Pour vaincre les routines et les dépendances de sentier, de nouvelles pratiques doivent se développer, tant du côté de l'offre que de la demande. Le développement durable nécessiterait sans doute un regard différent de la société sur l'entreprise, mais aussi plus largement sur les finalités de la production et de la consommation. La profonde crise économique actuelle peut y contribuer.

La régulation publique, nationale et internationale, a bien entendu un rôle important à jouer afin de construire un contexte social, économique et politique dans lequel pourront s'intégrer les stratégies des acteurs. Tel est l'enseignement que l'on peut tirer de la contribution de Fabienne Picard. L'émergence d'une économie verte apparaît, en effet, propice à la mise en place d'une nouvelle dynamique entrepreneuriale. L'auteure évalue le potentiel entrepreneurial des technologies contribuant à la réduction des émissions de gaz à effets de serre en prenant appui sur l'analyse des brevets déposés entre 1998 et 2007 par trois principaux pays européens (Allemagne, Royaume-Uni, France). Partant de l'hypothèse que les formes organisationnelles de l'opportunité entrepreneuriale peuvent être appréhendées à partir de l'analyse des opportunités technologiques, elle montre qu'un comportement differencié selon les pays est susceptible d'engendrer des dynamiques entrepreneuriales différentes quant à leur intensité et à leur forme organisationnelle.

Mais, suivant l'étude de Nader Abbes et Nadine Levratto, même si la responsabilité sociale et environnementale de l'entreprise a fait son entrée dans le corpus législatif par la Loi n° 2001-420 du 15 mai 2001 relative aux Nouvelles régulations économiques (NRE), elle est marginalisée ou « oubliée ». Le suivi de l'application de la réglementation ne semble pas contraignant pour l'entreprise. La loi astreint les sociétés cotées à un *reporting environnemental et social* et leur impose des obligations d'informations qui doivent se matérialiser dans leur rapport de gestion. Les principaux résultats de l'étude des rapports de développement durable de 37 grands groupes cotés mettent en lumière la faible effectivité de la norme. La plupart de ces entreprises se limitent à une application partielle et cantonnée aux domaines qui leur sont les plus favorables.

Les expériences montrent toutefois que, dans certains cas, l'innovation verte peut être promue avec l'insistance des parties prenantes. C'est le cas lorsque les institutions appliquent des politiques volontaristes ou lorsque des formes d'auto-organisation par des acteurs avertis apparaissent. En effet, le changement de paradigme productif qui touche la chimie, étudiée ici par Martino Nieddu, Estelle Garnier, Élodie Brulé-Gapihan, est porté par diverses formes d'entrepreneuriat institutionnel. Les auteurs décrivent les effets de deux de ces mouvements sur des programmes de recherche impliqués dans ce changement, en étudiant le cas particulier de la bioraffinerie. Le premier est celui de la *Green Chemistry*, qui constitue une forme non contraignante de changement dans le domaine de la recherche, et une façon de penser la chimie dans une perspective de développement durable. Le second est porté par des acteurs qui cherchent à structurer le grand retour du monde agricole comme fournisseur de la chimie. La constitution de ces deux champs (chimie verte et chimie du végétal) et leur hybridation explique la variété des programmes scientifiques dédiés à l'émergence de la « chimie doublement verte ».

Il en va de même avec les « circuits courts ». Les réseaux locaux d'échange représentent une modalité novatrice de transaction, qui dépasse le simple échange de marchandises pour tendre vers le développement d'une coopération forte entre ce que l'on peut considérer, relativement à la théorie standard, comme les deux côtés du marché ayant chacun des intérêts antagonistes, à savoir l'offre et la demande. Les « circuits courts » agroalimentaires, et plus particulièrement les systèmes de paniers étudiés par Danièle Bénézech, montrent la possibilité d'avoir un accord sur la variable prix, et ce préalablement à l'échange. Ils mettent également en évidence le fait que les acheteurs participant aux systèmes d'abonnement acceptent de renoncer à ce qui constitue leur liberté fondamentale de consommateur théorique, à savoir la liberté de faire un choix conforme à leur carte des préférences Cette innovation organisationnelle territorialisée due aux interactions entre producteurs et consommateurs et, plus particulièrement, à l'implication des consommateurs dans le processus de production ou de distribution peut générer une dynamique innovante liée à des effets de proximité.

Il semble que les innovations vertes apparaissent plus aisément lorsqu'elles sont inscrites dans de fortes interrelations de proximité : géographique, cognitive, organisationnelle, productive, financière, marchande. Le territoire, comme espace de connaissance et de reconnaissance socio-économique facilite l'initiative et la constitution de réseaux dont l'objectif est la « valorisation » et la préservation de l'environnement : création de nombreuses start-up innovantes dans le domaine de la gestion de l'eau et des déchets, nouveaux emplois, modes urbains et services, émergence de l'écologie industrielle ou encore de circuits agroalimentaires courts. Antoine Grandclément s'interroge sur la place du développement durable dans le positionnement stratégique des pôles de compétitivité et dans leur action au quotidien, en étudiant l'exemple des neuf pôles de la région Provence-Alpes-Côte d'Azur (PACA). Le champ du développement durable est à l'origine de nouvelles formes de mise en réseau des pôles et de leurs membres qui transcendent les frontières sectorielles classiques au profit de logiques territoriales. Si la politique des pôles privilégie une mise en réseau des acteurs et des pôles de compétitivité sur une base sectorielle, il semble que les processus d'innovation dans le champ du développement durable suivent au contraire des logiques territoriales. Les différents pôles de la région PACA ont ainsi tissé des liens nouveaux autour de projets de recherche collaborative qui impliquent des entreprises et des laboratoires de secteurs différents. Ces réseaux sont porteurs d'innovations technologiques et ouvrent de nouveaux marchés aux entreprises à l'échelle régionale. Susciter des synergies suppose souvent un entrepreneuriat institutionnel local de grande efficacité.

Jean-Guillaume Ditter et Catherine Remoussenard présentent l'animateur de clusters verts comme un entrepreneur en référence à l'éco-construction en Belgique francophone. Contrairement aux clusters *de facto*, du type district industriel italien, spontanés et auto-organisés, les clusters impulsés par les pouvoirs publics ont en effet pour objet de faire coopérer des acteurs initialement concurrents ou issus de mondes différents et qui s'ignorent. La constitution d'un cluster constitue pour eux une innovation organisationnelle et institutionnelle radicale et son fonctionnement requiert des mécanismes de gouvernance et pilotage formels généralement incarnés par un individu, l'animateur du cluster, ou une équipe réduite.

Mais, le lancement de nouvelles méthodes, biens ou services intégrant la problématique environnementale est soutenu par les expériences de la vie quotidienne dans un espace urbain modifié. Raphaël Besson étudie le projet GIANT à Grenoble et fonde sa démonstration sur la théorie des Systèmes urbains. Ces « clusters culturels » ou Systèmes urbains culturels (SUC) peuvent être définis comme une concentration urbaine d'institutions formelles et informelles de l'innovation qui interagissent entre elles et avec le tissu économique, spatial et socioculturel des villes, au travers de rapports de proximités intenses et variés, dans le but de générer une dynamique systémique et ouverte d'innovation dans des secteurs technologiques ou sectoriels hybrides. Ces SUC qui émergent au cœur même des villes font suite à des politiques publiques fortes de revitalisation socio-économique et urbaine, sur des sites d'environ 200 hectares et emblématiques de l'époque fordiste. L'enjeu est de créer sur ces espaces urbains intenses et attractifs du point de vue des activités à fort contenu en innovations, en connaissances et en classe dite « créative », les conditions physiques d'une plus grande capacité relationnelle entre acteurs hétérogènes.

Il en va de même avec les « écoquartiers ». L'objet du chapitre d'Abdourahmane Ndiaye est de montrer, en étudiant plusieurs cas, la manière dont les écoquartiers (EQ) peuvent autoriser l'incubation et/ou l'éclosion d'espaces de coproduction de la ville durable qui se fondent sur la valorisation des ressources et des acteurs locaux. Si la valorisation des ressources et acteurs locaux réduit le coût social et environnemental de la production, cela suffit-il à orienter les économies locales vers une approche durable du développement ? Le territoire est accepté comme le périmètre adéquat pour développer des proximités géographiques, institutionnelles et organisationnelles, mais comment le délimiter ?

Le dernier chapitre du livre (qui est aussi son chapitre conclusif et… relativement pessimiste) est dédié à l'expérience du territoire par excellence de la « révolution verte » : la Californie. La volonté politique et la capacité entrepreneuriale sont les moteurs de l'avènement d'innovations vertes dans cet État américain. Anne Sengès présente au lecteur les raisons du succès, mais aussi les promesses non tenues qui hypothèquent le changement paradigmatique. Les innovations vertes californiennes ont été alimentées par du capital-risque abondant dans cette région, par une recherche scientifique de pointe, par la politique industrielle de L'État qui voulait contrer l'émergence de la Chine comme puissance « verte », mais aussi par la pression des consommateurs sur les autorités locales et sur les entreprises privées. L'auteure se réfère aussi au « Grenelle de l'environnement » en France pour montrer que les mauvais choix politiques et l'absence de structures financières et entrepreneuriales adéquates font que l'innovation verte reste marginale dans ce pays. Mais, dans tous les cas, les préoccupations politiques aux États-Unis, en France ou ailleurs ont depuis trois ans évolué : la crise financière, le resserrement des budgets, l'austérité salariale, etc., laissent peu de place aux efforts de conception d'une « nouvelle économie ».

L'économie se trouve aujourd'hui dans une période de forte turbulence ou d'entropie, propice à l'émergence d'innovations systémiques portées par des changements sociaux et sociétaux sans précédent, qui peuvent aboutir à terme (on peut le souhaiter) à la formation d'un nouveau « paradigme vert ». Mais, à la lecture de ce livre, on constatera que l'amélioration des performances environnementales à long terme se heurte aux stratégies traditionnelles de performance industrielle. Les auteurs de cet ouvrage apportent néanmoins, chacun à sa manière, un éclairage intéressant (empirique ou théorique) sur la manière de rendre compatibles l'économie et l'écologie par l'intermédiaire de l'innovation verte.

Première partie

Les innovations vertes dans les modèles économiques

Développement durable

Du paradigme de l'économie industrielle à l'économie de la fonctionnalité

Ingrid VAILEANU-PAUN et Sophie BOUTILLIER

Université de Paris 7 Denis Diderot, Université du Littoral Côte d'Opale

En ce début de XIXe siècle, les économies industrialisées sont confrontées à des problèmes économiques et environnementaux majeurs dont les deux manifestations importantes sont d'une part, le changement climatique et l'épuisement annoncé des ressources naturelles, d'autre part, le ralentissement de la croissance économique et la paupérisation d'une part croissante de la population mondiale (Vaileanu-Paun, Boutillier, 2012). Face à ces nouveaux défis, les économistes s'interrogent sur l'adéquation du modèle économique d'entreprise actuel aux efforts (stratégies de développement durable des entreprises, plans gouvernementaux et globaux) visant à réduire les émissions de gaz à effet de serre qui ont été perçues, en l'état actuel des connaissances de ce phénomène, comme la principale cause du réchauffement climatique. (Chen, 2009 ; Chantier 31, 2008 ; MEEDDM, 2010). D'un autre côté, l'émergence de technologies et d'activités nouvelles répondant aux exigences environnementales actuelles constitue un moteur de croissance économique possible et une source potentielle de créations d'emplois.

Les économistes ont avec les historiens depuis la fin du XIXe siècle retenu l'idée d'une évolution des sociétés humaines par strates, chaque étape correspondant à une nouvelle organisation économique en fonction des modalités de production (entreprise artisanale, industrielle, manufacture, etc.) et des techniques mises en œuvre, mais aussi des modalités d'insertion de la firme dans l'espace (dans lequel la firme s'approvisionne en main-d'œuvre, matières premières, mais aussi y écoule sa production), tant au niveau local, national que mondial. En ce sens, depuis la révolution industrielle du XIXe siècle, l'activité économique des sociétés techniquement développées a d'abord reposé sur la production agricole, puis industrielle et enfin pour une large part sur la production de services (soit une production dématérialisée), mais plus ou moins directement liés à l'activité industrielle (soit à une production matérielle) (Gallouj, Djellal (eds.), 2010 ; Rifkin, 2000).

Dans le cadre de ce questionnement, nombre de chercheurs (Beraud, Cormerais, 2011 ; Du Tertre, 2009 ; Zacklad, 2007) considèrent que le capitalisme fordiste basé sur la production et la consommation de biens standardisés, qui s'est développé depuis la révolution industrielle, doit laisser la place à un mode d'organisation de la production et de la consommation reposant sur la fonctionnalité. L'idée est de dépasser l'achat de biens pour privilégier leur mise à disposition temporaire. Ce qui suppose un changement des modes de consommation des populations. Le développement des nouvelles technologies de l'information et de la communication, de l'économie numérique d'une manière générale, se présente comme le support de cette nouvelle forme d'organisation économique et sociale. Cette évolution très importante remettrait en question le principe de la propriété privée comme fondement de l'économie de marché. À la propriété succéderait l'accès à la consommation (Rifkin, 2000). La consommation ne résiderait plus dans l'appropriation privative d'un bien donné, mais dans l'accès : louer une voiture plutôt que l'acheter, puisque ce qui importe ce n'est plus de posséder des objets manufacturés, mais de pouvoir bénéficier du service auquel leur possession permet d'accéder. En d'autres termes, ce n'est pas le fait de posséder une automobile qui est important, mais celui de pouvoir se déplacer.

Dans le cadre de ce texte, notre objectif est de discuter de la pertinence de ces analyses en intégrant aussi l'hypothèse que les entreprises ne suivent pas toutes cette tendance, ou pas au même rythme, ni de la même manière surtout que les intérêts puissent être différents. Le but est de comprendre les changements identifiés au niveau des stratégies de certaines entreprises et certains espaces à travers une nouvelle lecture mobilisant les concepts de l'économie de la fonctionnalité. Celle-ci suppose le changement du comportement stratégique de la firme, qui va ainsi transformer l'environnement économique (au niveau territorial, lequel peut-être local ou plus large, mais aussi les rapports de concurrence entre les firmes) dans lequel elle est insérée, dans un mouvement de réciprocité. Pour prendre correctement la mesure de ces transformations, nous parlerons donc en termes d'« espace », lequel est appréhendé ici sur le plan géographique, mais aussi comme celui de la firme, qui en tant que firme-réseau ou firme-architecte structure l'espace géographique dans lequel elle est insérée.

L'entreprise est au cœur de notre problématique. Qu'est-ce qui va la conduire à modifier son comportement ? Comment peut-elle être amenée à changer de stratégie ? Dans l'économie capitaliste (ce que nous nommons ici le paradigme de l'économie industrielle) reposant sur des rapports de concurrence/coopération, quels sont les facteurs qui vont conduire une entreprise à passer au paradigme de l'économie industrielle à celui de la fonctionnalité ? Pour répondre à ces questions, il convient de revenir sur la définition même de l'entreprise et sur ses objectifs. Dans la théorie néoclassique, l'objectif de l'entreprise est la maximisation du profit. Mais, depuis nombre d'économistes ont montré que les motivations de l'entreprise pouvaient être beaucoup plus variées (théorie des coûts de transaction, des compétences, etc.) et surtout qu'il fallait pouvoir appréhender les raisons conduisant les entreprises à changer (théorie évolutionniste de la firme). L'ensemble de ces théories met l'accent d'une façon ou d'une autre sur le fait que l'entreprise n'est pas une boîte noire, mais qu'elle contient des connaissances, un savoir-faire, etc. Quelle grille de lecture pouvons-nous choisir ? Quelles sont les raisons susceptibles de conduire une entreprise à opter pour le modèle de la fonctionnalité ? L'économie de la fonctionnalité conduit-elle au développement durable ? Pour apporter des éléments de réponse à ces questions, nous procéderons en deux temps. Dans la première partie, nous replacerons le paradigme de l'économie de la fonctionnalité dans sa dimension historique (celui d'une économie de plus en plus dématérialisée). Quelles sont ses caractéristiques majeures ? Et comment l'économie de la fonctionnalité se forme-t-elle (de façon embryonnaire pour l'heure) à partir du paradigme de l'économie industrielle ? Dans un second temps, nous concentrerons notre attention sur l'entreprise et sur son espace. Dans une économie reposant sur le profit et la concurrence, constitue-t-elle une alternative possible pour des entreprises ? Et, dans quelle mesure, ces dernières sont-elles amenées, en raison du défi nouveau que constitue le développement durable, à prendre en compte une gamme plus large de paramètres dans leur fonctionnement.

1. Économie industrielle versus économie de la fonctionnalité, d'un paradigme à l'autre ?

1.1. Paradigme, définition et questionnement

Nous définissons un paradigme comme une représentation du monde (Kuhn, 2008) qui fait consensus entre des chercheurs sur un objet d'étude donné. Ce modèle cohérent d'une réalité donnée repose sur un ensemble d'observations, de questions, sur des indications méthodologiques qui entraînent une interprétation donnée des résultats observés.

En d'autres termes, les chercheurs s'entendent sur ce qui constitue une réalité donnée.

Pour cerner les contours du paradigme de l'économie industrielle et du paradigme de l'économie de la fonctionnalité, nous avons retenu huit critères : la production, la consommation, le rôle du consommateur dans la définition du produit, l'accès à la consommation, les modalités d'organisation des entreprises, celles de l'organisation du travail dans les entreprises, les caractéristiques du produit fabriqué par lesdits travailleurs dans les entreprises et enfin la prise en compte des problèmes environnementaux. Nous les avons réunis dans le tableau ci-dessous (voir tableau 1) :

Tableau 1 : Paradigmes de l'économie industrielle et de la fonctionnalité : éléments de définition

Critères de définition	Économie industrielle	Économie de la fonctionnalité
Nature de la production	Production de masse de produits standardisés	Production différenciée de biens personnalisés liés à l'offre d'un service
Nature de la consommation	Consommation de masse de produits industriels standardisés	Consommation de masse de produits industriels et servcielles personnalisés intégrés
Rôle du consommateur dans la définition du produit	Nul	Rôle de plus en plus important du consommateur dans la définition du produit (co-production)
Accès à la consommation	Par l'achat de la propriété de biens	Par la location et les enjeux d'usage (voie servicielle)
Modalités d'organisation de l'entreprise	Entreprise intégrée Grandes unités de production	Entreprise-réseau Entreprise-architecte Décentralisation de la production sur le plan géographique
Modalités d'organisation du travail dans les entreprises	Organisation scientifique du travail -Fordisme	Flexibilité Autonomie Initiative Synergies entre les départements/multisecteurs
Nature du produit	Produit industriel standardisé	Système de produits industriels et serviciels personnalisés et intégrés
Prise en compte des problèmes environnementaux	Quasi nulle	Les externalités (positives et négatives) sont intégrées ex ante dans le processus de coproduction des offres

Ce tableau a pour objet de tracer les contours de notre analyse. Nous définirons l'ensemble du vocabulaire ici présenté dans la suite de ce texte.

1.2. Firme, écologie et espace, éléments d'une périodicité

Depuis la fin de la Seconde Guerre mondiale, l'économie des pays industrialisés s'est développée sur le modèle de la production et consommation de masse. La production en grande série de biens manufacturés a totalement structuré l'organisation économique et sociale. Le modèle de la grande entreprise employant plusieurs milliers de salariés peu qualifiés rivés à des chaînes de montage, mais disposant d'un salaire régulier, a façonné les villes et les espaces industriels et urbains : augmentation de la taille des entreprises, développement des villes, implantation dans la périphérie des villes de centres de distribution de masse. Peu à peu le taux d'équipement des ménages a augmenté. La majorité des ménages étant devenue propriétaire d'un réfrigérateur, d'un poste de télévision, d'une automobile, etc. L'assurance d'un salaire régulier constitua le sésame pour accéder à la société de consommation pour les classes ouvrière et moyenne. Mais, l'équilibre entre production et consommation de masse se fissura progressivement (Pastré, Lorenzi, Toledano, 1980). La crise économique des années 1970-1980 se manifesta comme la crise de ce modèle d'organisation industrielle : crise de la grande entreprise, du salariat de masse (de nombreuses grèves ouvrières éclatent au début des années 1970 ; Hatzfeld, 2007), de la production de masse, crise énergétique, etc.

Pour nombre d'économistes (Gadrey, 1996, 2000, 2009 ; Gadrey et Zarifian, 2002 ; Du Tertre, 2008, 2009), le dépassement de la crise fordiste suppose la mise en œuvre d'une nouvelle forme d'organisation économique reposant sur une dynamique servicielle qu'ils présentent comme un phénomène central dans les évolutions économiques et sociétales actuelles. Dans un ouvrage publié en 2000, *L'âge de l'accès*, J. Rifkin expliquait en substance que le capitalisme était en train de se métamorphoser, plus encore que ce qui faisait l'essence même du capitalisme, la propriété privée, la possession, etc., allait disparaître. Cette évolution est fondamentalement le résultat du développement des technologies de l'information et de la communication. Rifkin parle d'« économie en apesanteur », en d'autres termes d'une économie marquée par le déclin de l'immobilier, la disparition des stocks, la dématérialisation de la monnaie, la location l'emporte sur la vente, la généralisation de la sous-traitance (au détriment de la production centralisée), le développement des actifs immatériels.

L'approche de l'économie de la fonctionnalité part de l'idée de ne plus acheter le bien qui est présenté au consommateur comme une réponse à des besoins, mais de louer le service que procure la consommation de celui-ci (approche de l'économie des services) ou plus encore de coproduire une solution adaptée qui intègre l'usage des produits et des services. Ce qui suppose une nouvelle relation entre l'entreprise et le consommateur comme l'attestent les pratiques participatives de firmes comme Amazon, Apple, Microsoft, etc. Le consommateur prend part à la réalisation du produit final et/ou du service (nature des logiciels installés sur l'ordinateur, des applications sur le iPhone, etc.). Le nouveau modèle de production reposant sur les techniques du flux tendu serait aussi la conséquence de la prise de conscience progressive de l'intensification des problèmes environnementaux, les entreprises cherchant à économiser des ressources dont le prix est croissant. D'un autre côté, alors que les problèmes environnementaux étaient jusqu'aux années 1960 considérés comme relevant d'idées fantaisistes d'individus se situant en marge de la société, la conférence des Nations unies à Stockholm en 1972 officialise la prise de conscience officielle des questions relatives à l'environnement. Cette prise de conscience ne peut cependant être séparée de la crise économique des années 1970, qui se caractérise entre autres choses par l'augmentation très importante du prix de l'énergie, mais aussi par la peur de l'épuisement des ressources énergétiques d'origine fossile.

Trois périodes distinctes peuvent être identifiées en fonction de l'importance des enjeux environnementaux et sociaux des stratégies entrepreneuriales. La première période est celle de l'ignorance par les entreprises et des représentants politiques des problèmes environnementaux. L'heure est alors à la production de masse. La classe ouvrière accède à la consommation de masse. Les entreprises industrielles produisent en masse des biens standardisés, fortement consommateurs d'énergie, de matières premières et de produits semi-ouvrés. L'activité manufacturière se développe grâce à une énergie bon marché, le pétrole, dont les approvisionnements réguliers sont garantis par le jeu subtil des rapports géopolitiques internationaux. La deuxième période est celle de la crise du modèle de l'économie industrielle, période au cours de laquelle une prise de conscience progressive se manifeste pour les questions environnementales de la part des citoyens, des politiques et des entreprises. La troisième période est la période actuelle marquée par la mise en place progressive d'un nouveau modèle économique reposant sur le concept de développement durable dont l'ambition est de concilier efficacité économique et préservation de l'environnement. La fonctionnalité qui par définition substitue le service à l'achat d'un produit manufacturé constituerait le moyen grâce auquel la consommation de matières premières et d'énergie pourrait être réduite (tableau 2).

Tableau 2 : Les trois périodes de l'évolution du capitalisme ou du paradigme de l'économie industrielle au paradigme de l'économie de la fonctionnalité

	Période 1 **Les 30 glorieuses du modèle fordiste (paradigme de l'économie industrielle)**	**Période 2** **La crise du paradigme de l'économie industrielle**	**Période 3** **Vers un nouveau paradigme ? Économie de la fonctionnalité ?**
Organisation des entreprises et du travail en interne	Grande entreprise concentrée Emploi d'une main-d'œuvre pléthorique peu qualifiée Production de masse de biens standardisés	Crise de l'entreprise fordiste Délocalisation des segments de production les plus intensifs en travail non qualifié	Entreprise réseau Spécialisation et coopération avec les parties prenantes Délocalisation de segments de production incorporant des savoirs de plus en plus qualifiés
Modèle de consommation	Consommation de masse de produits standardisés	Saturation de la norme de consommation fordiste développement d'une offre de services non liée à l'achat de biens manufacturés	Prise en compte des besoins multiples des clients et développement des « offres fonctionnelles » : PPS -Product Service system (Mont, 2002), ou « bouquets » (Moatti, 2006)
Prise en considération des questions environnementales	Ignorance des entreprises et des politiques	Prise de conscience par les politiques (sous la pression sociale) puis des entreprises	Recherche par les entreprises et les politiques d'une concertation entre développement économique et protection de l'environnement (Cf. développement durable)
Modalités d'insertion de l'entreprise dans l'espace territorial	Espace ressource inépuisable	Espace contrainte	Espace dématérialisé nouveau centre de création de "valeur partagée"
Insertion des pays développés dans l'économie mondiale	Développement du commerce international Poids important des entreprises multinationales américaines Internationalisation des firmes euro-	Accélération du commerce international Développement du commerce intra-firme Apparition de nouveaux concurrents (en Asie et en	Poursuite du développement du commerce international Développement d'une organisation en réseau de la production au niveau international (entreprise-architecte)

	péennes en fonction de leur ex-zone d'influence coloniale	Amérique latine) Début de la délocalisation productive vers les pays en développement Séquantialité des régulations environnementales qui redessine les formes de concurrence entre les espaces nations Asymétries territoriales par rapport au développement industriel	Apparition de firmes multinationale issues des pays en développement « Reterritorialisation industrielle » (Aglietta, 2011) et solidarité territoriale comme solution de repenser l'industrialisation au delà des approches sectorielles

Notre taxinomie repose sur cinq critères : l'organisation de l'entreprise en interne (à la fois au niveau des unités de production et du groupe), le modèle de consommation, l'attitude des entreprises et des politiques vis-à-vis des problèmes environnementaux, les relations de l'entreprise dans le ou les espaces où elle est insérée et les modalités d'insertion des pays développés dans l'économie mondiale. Pendant la première période, l'espace est considéré comme une ressource, en l'absence de toute considération relative à la préservation de l'environnement. L'entreprise s'implante sur un espace donné pour en tirer des ressources humaines, matérielles et naturelles, sans se préoccuper du renouvellement de ces dernières. L'État, par le biais d'une politique d'aménagement de l'espace, cherche à orienter l'implantation des firmes dans telle ou telle région, en fonction des ressources disponibles et/ou des facilités de communication. Pendant la deuxième période, l'espace devient une contrainte car l'entreprise est dépendante de matières premières coûteuses (crise pétrolière de 1973 et ses impacts). Pendant la troisième période, le développement des nouvelles technologies de l'information et de la communication donne à l'entreprise l'opportunité de devenir une organisation plus flexible. Avec la poursuite des stratégies d'internationalisation des segments de production intensifs en main-d'œuvre non qualifiée, au cours de cette période, les entreprises élaborent une stratégie de délocalisation tous azimuts, qu'il s'agisse d'activités de plus en plus intensives en connaissances (Langlet, Laperche, Lefebvre, 2010), de services, ou encore de segments de production très polluants. Progressivement, au cours de ces trois périodes, les modalités d'insertion des pays développés dans l'économie mondiale changent. Alors que les pays d'Europe occidentale et surtout les États-Unis étaient en position de force pendant la première période, progressivement les pays en développement jouent un rôle de plus en plus actif dans l'économie mondiale, tandis que les entreprises internationales américaines, européennes ou japonaises se recomposent (développement de la sous-traitance).

1.3. Trois périodes, d'un paradigme à l'autre

a) Croissance économique forte, ignorance des enjeux écologiques

La première période (Vaileanu-Paun, 2009a, 2009b) *est celle de l'ignorance des enjeux écologiques* pendant les Trente Glorieuses. L'économie des pays industrialisés se structure à partir de la grande entreprise tayloriste qui concentre en son sein une population ouvrière pléthorique localisée dans les mêmes pays, peu qualifiée, répétant des gestes mécaniques sur des chaînes de montage. Période de chômage faible, les syndicats ouvriers sont en position de force. Les salaires augmentent régulièrement. Le sort de la classe ouvrière s'améliore progressivement (Verret, Nugues, 1999 ; Kergoat, Linhart, Boutet (dir.), 1998). Les problèmes environnementaux, qui pourtant se posent dès cette période (pollutions au plomb, nucléaire, etc.), sont ignorés (Matagne, 2003). L'énergie bon marché semble ne pas avoir de limite. Une foi puissante dans le progrès technique et scientifique est fortement ancrée parmi les populations et des responsables politiques des pays industrialisés.

Pendant cette période de forte croissance, le modèle fordiste domine l'organisation économique des pays industrialisés basée sur des logiques de production et de consommation de masse et standardisation des produits. Les entreprises n'ont pas d'obligations environnementales, seules comptent la croissance de leur chiffre d'affaires et la création d'emplois. Le profit repose sur la réalisation des gains de productivité grâce à des innovations technologiques en matière d'équipements de production mais aussi à la division tayloriste du travail pour la réalisation d'économies d'échelle générant une productivité par unité de bien produite.

Le développement de la consommation de masse est soutenu par la formation d'une classe moyenne solvable et d'une classe ouvrière qui accède à la consommation grâce à un salaire régulier et au développement du crédit. Le confort matériel des populations passe par l'achat de biens de consommation et biens d'équipement (électroménagers, automobile, logement, etc.). La forte multiplication des produits et la modularité croissance des processus productifs accélèrent, à partir des années 1970, la fragmentation du processus de production et l'externalisation d'une partie de la chaîne de valeur. À titre d'illustration, citons l'exemple de la Ford Escort qui fut divisée en fragments localisés dans différents pays en fonction de leurs avantages respectifs en termes de ressources en matières premières mais aussi et surtout en main-d'œuvre bon marché (Moati, Mouhoud, 2005). Le consommateur achète un produit final sur la production duquel il n'intervient pas. La production de masse de biens standardisés constitue la garantie d'accès à la consommation de masse. Le pouvoir d'achat de cette nouvelle classe de consommateurs, stimulée par le crédit et les heures supplémentaires, constitue un débouché grandissant.

Des formes nouvelles d'organisation de la production apparaissent pour réguler les échanges marchands. La période d'ignorance des conséquences environnementales et sociales des activités économiques a été marquée par la centralité de la production des produits standardisés pour un marché particulier, celui d'une classe moyenne en développement, grande consommatrice de produits manufacturés. Le processus de création de valeur par les entreprises passait par deux phases successives, d'une part la production des biens en absence de toute interaction avec les consommateurs, d'autre part par la vente qui est fortement stimulée par la publicité. Il n'était alors nullement question d'économies des ressources énergétiques, considérées comme inépuisables, ni de recycler les déchets industriels ou ménagers.

Le périmètre de responsabilité des entreprises relève alors de la capacité de création de profit et au développement de la production sur un espace donné. L'intervention publique avait pour fonction d'encourager la localisation des sites de production afin de stimuler le développement économique de certaines régions en fonction d'un cadre national cohérent[1]. L'industrialisation entraîne le développement de l'urbanisation des espaces (émergence des villes nouvelles, développement de la grande distribution avec l'implantation de centres commerciaux à la périphérie des villes). Dans le modèle fordiste, l'espace est perçu comme une ressource disponible et gratuite en matières premières, main-d'œuvre bon marché, demande en biens de consommation, etc.

La concurrence entre les entreprises repose essentiellement sur les prix des produits et les coûts de production. Le modèle taylorien du travail spécialisé et standardisé de la chaîne marque cette période de forte croissance économique perturbée dans les années 1970 par les premières interrogations sur ses impacts environnementaux et sociaux et surtout par les crises géopolitiques pour l'accès aux ressources énergétiques et industrielles. Le seul rôle attribué à l'entreprise reste cependant de réaliser des profits, grâce à l'emploi et contribuer ainsi au dévelop-

[1] Par exemple développer la production sidérurgique dans les villes portuaires en important du minerai bon marché, comme ce fut le cas en France avec Dunkerque et Fos sur mer (voir Boutillier, Uzunidis, 1998 ; Laperche, Uzunidis, 2011).

pement économique local, tout en créant du même coup les conditions de la paix sociale.

Après la Seconde Guerre mondiale, les institutions internationales comme le GATT, et dans une moindre mesure le Marché commun européen, sont créés pour garantir le développement du commerce mondial. Les États-Unis, et dans une moindre mesure les pays d'Europe occidentale, jouent un rôle de leader. Le poids des firmes multinationales américaines est incontestable. Elles tentent d'imposer sur l'ensemble de la planète l'*american way of life*.

b) Crise du paradigme de l'économie industrielle

La deuxième période, celle de la crise du paradigme de l'économie industrielle, est marquée en revanche, par une *prise de conscience progressive* des problèmes environnementaux sur le plan institutionnel comme le montre la première conférence internationale sur l'environnement qui a lieu à Stockholm en 1972. Mais, il faut un événement géopolitique fort, l'augmentation du prix du pétrole après la guerre du Kippour en 1973, pour que les États des pays industrialisés prennent conscience de la gravité du problème. La publication du rapport *The Limits of Growth* du Club de Rome lance la réflexion, remettant au goût du jour des idées *a priori* périmées comme l'état stationnaire (Boutillier, Matagne, 2010). La réponse des pays industrialisés cependant ne réside pas alors dans la remise en question radicale du modèle industriel des Trente Glorieuses. L'évolution sera progressive : économies d'énergie, développement de nouvelles sources d'énergie (en premier lieu le nucléaire), délocalisation des segments de production les plus intensifs en travail non qualifié pour rechercher, dans les pays alors dits du tiers-monde, de la main-d'œuvre bon marché, pour réduire les coûts de production.

À partir des années 1970, les impacts négatifs de l'économie industrielle et agricole intensive (pollution, épuisement des ressources non renouvelables, prolifération des déchets ménagers et industriels, désertification, exclusion sociale, déforestation), commencent à soulever des questions sur les mécanismes de la création de valeur et de redistribution des bénéfices de la croissance. Le modèle fordiste est remis en cause et considéré comme responsable des externalités négatives matérielles. La croissance des entreprises des pays industrialisés est fragilisée par la crise de ressources énergétiques (les chocs pétroliers de 1973 et 1979). En 1987, le Rapport Brundland, *Notre avenir à tous*, introduit pour la première fois la notion de « développement durable »[2]. En mettant

---

[2] Nous retenons la définition suivante du développement durable, celle du Rapport Brundland (1987) : « Un développement qui répond aux besoins des générations du présent sans compromettre la capacité des générations futures à répondre aux leurs.

l'accent sur le bien-être des populations présentes, mais aussi futures, le concept de développement durable introduit une nouvelle temporalité. Celle-ci doit être prise en considération pour évaluer la production de richesses non seulement pour faire face aux besoins présents, mais également à venir. Cette forme de solidarité intergénérationnelle remet en cause les formes de concurrence basées principalement sur les prix qui favorisent le développement de la production et à la consommation de masse des biens matériels. Les enjeux de qualité et d'équité commencent à être perçus comme des avantages compétitifs pour les entreprises. Ces dernières adoptent des attitudes volontaires pour intégrer dans leurs modalités de fonctionnement les externalités négatives en termes de pollution et d'enjeux sociaux. La notion de responsabilité sociale des entreprises (RSE), née dans les années 1950 aux États-Unis. Elle est devenue depuis la déclinaison au niveau de l'entreprise du développement durable, et tend à devenir l'axe fort de la stratégie des entreprises. L'objectif est alors de combiner efficacité économique, éthique sociale et respect de l'environnement. Les fonctions de l'entreprise ne sont plus réduites à la réalisation du profit. Elles sont élargies, conséquence d'une économie non seulement mondialisée, mais aussi dont les parties sont étroitement dépendantes en raison de la fragmentation de plus en plus complexe des procès de production. Les grandes entreprises industrielles, des secteurs de l'énergie, de la chimie ou encore de la métallurgie, sont parmi les pionnières de ces changements, en tant que principales sources d'émission de gaz à effet de serre. Elles sont en effet confrontées à une double problématique, d'une part l'augmentation du prix des matières premières, d'autre part la pression de plus en plus forte de mouvements citoyens inquiets des conséquences environnementales de l'activité industrielle.

Cette période marque le début d'un véritable processus « d'institutionnalisation du développement durable » (Petit, 2003 ; Bodet, Lamarche, 2007), pendant lequel on assiste à un « pseudo-verdissement » des stratégies des entreprises. Celles-ci adoptent de nouveaux comportements qui poussent à la définition de normes de qualité managériales d'une manière générale (normes ISO 9 000) et sur le plan environnemental en particulier (norme ISO 14 000). Mais, ces procédures nouvelles de normalisation ne relevant pas seulement de la prise en considération des questions environnementales, elles sont aussi la contrepartie de la réorganisation de la production et de l'émergence

---

Deux concepts sont inhérents à cette notion : le concept de "besoins", et plus particulièrement des besoins essentiels des plus démunis à qui il convient d'accorder la plus grande priorité, et l'idée des limitations que l'état de nos techniques et de notre organisation sociale impose sur la capacité de l'environnement à répondre aux besoins actuels et à venir. »

de la firme réseau. En raison de l'éclatement de plus en plus complexe de l'activité productive, la définition de règles communes par l'intermédiaire des normes ISO assure la cohérence d'un ensemble éclaté, fonctionnant en réseau.

Le secteur des services, qui jusqu'aux années 1980, était plus ou moins perçu comme une sorte d'excroissance du secteur secondaire, secrète à son tour des innovations. Celles-ci peuvent être appréhendées comme une réponse aux externalités négatives, conséquences du développement industriel, mais aussi des services qui se développent aussi selon une logique propre, tout en s'inscrivant dans le développement de l'activité industrielle : économies d'échelle, standardisation, division du travail. Les exemples les plus connus sont ceux de la restauration rapide, la vente par internet, les compagnies low-cost, le tourisme de masse (Djellal, Gallouj, 2009). La part des services dans la consommation des ménages a ainsi augmenté de manière sensible depuis ces cinquante dernières années, au point de représenter à l'heure actuelle selon l'INSEE, plus de 30 % des dépenses des ménages.

Dans ce contexte nouveau, le rapport de l'entreprise à l'espace évolue (Uzunidis, 2008). Celui-ci n'est plus considéré comme un réservoir de ressources exclusivement pour l'entreprise. Il est l'enjeu d'une lutte pour son appropriation par d'autres acteurs. Le développement industriel est contesté par des populations qui privilégient la protection de l'environnement (exemple : ouverture de parcs nationaux protégés), les populations prenant conscience de la gravité des problèmes environnementaux et de leurs conséquences sur leur santé. L'espace fait l'objet d'une concurrence entre des acteurs dont les intérêts sont opposés : d'une part, production d'une valeur monétisée par les entreprises, d'autre part création d'emplois (pour les salariés) et protection de la biodiversité (pour les populations vivant à proximité des sites industriels ou susceptibles de le devenir).

À la fin de la deuxième période, une sorte de compromis paraît. L'espace est grossièrement morcelé entre des régions destinées soit à la production industrielle intensive, soit à la protection de l'environnement (parcs naturels protégés), conduisant les agents économiques à faire des choix exclusifs. Les tensions peuvent être vives entre les acteurs. Les externalités négatives en termes de pollution (par exemple dans les bassins miniers), aux conséquences importantes en matière de santé et de chômage, doivent être relevées pendant cette période comme appartenant au registre de l'intervention publique (les autorités locales ou l'État). L'entreprise reste cantonnée à son rôle économique et productif. Mais, la saturation des marchés des pays industrialisés remet en cause le cercle vertueux de la croissance fordiste, conduisant nombre d'entreprises à délocaliser tout ou partie de leurs activités, en quête de main-d'œuvre bon marché. Dans ces conditions, la dimension géographique de l'espace change de façon considérable. Les espaces situés dans les pays industrialisés, en Europe occidentale notamment, sont placés en concurrence avec d'autres espaces situés dans des pays en développement, à plusieurs milliers de kilomètres.

Les entreprises s'inscrivent cependant toujours dans une logique de profit, qu'elles cherchent à atteindre en produisant des biens pour une consommation de masse. Mais, les biens manufacturés sont de moins en moins consommés par ceux qui les produisent. L'éclatement de l'activité productive entre de multiples firmes-réseaux est intrinsèquement lié à la financiarisation de l'économie. La libéralisation de l'économie, consécutive aux mesures de politique publique prise au début des années 1980, a eu pour conséquence majeure le développement des marchés financiers à un niveau global. L'activité boursière, qui avait été relativement faible pendant les années de forte croissance, se développe de manière exponentielle, grâce à un ensemble d'innovations financières au premier rang desquelles, la titrisation, mais aussi à un ensemble d'autres réformes[3]. La spéculation se développe sur l'ensemble de la planète à une échelle inégalée à ce jour (Gravereau, Truman, 2011). Les mouvements de capitaux sont largement supérieurs à l'activité économique réelle. Les actionnaires n'ont d'intérêt que pour la valeur boursière de l'entreprise, ils vendent et achètent des paquets d'actions en fonction de leur cours, sans se soucier de l'activité réelle de l'entreprise. La création de la valeur boursière se dématérialise. Elle n'est plus liée à une entreprise donnée localisée sur un espace donné. La logique financière est déconnectée de l'économie réelle. Une entreprise par exemple qui licencie une partie de son personnel voit le cours de ses actions monter, alors que des milliers de salariés se retrouvent sans emploi, et que l'activité économique des espaces décline.

Les modalités d'insertion des pays développés dans l'économie mondiale évoluent. De nouveaux concurrents apparaissent (les quatre tigres asiatiques), tandis que les entreprises multinationales américaines, européennes et japonaises délocalisent vers les pays en développement les segments les plus intensifs en travail non qualifié.

---

[3] Sur les marchés des capitaux, on appelle décloisonnement la suppression des barrières entre les métiers de la finance, entre les différents produits et des différents marchées. Par exemple, la distinction entre banque d'affaires et banque de dépôts a progressivement disparu en France. Le décloisonnement fait partie de la « Règle des 3 D » qui désigne le mouvement de décloisonnement, déréglementation et désintermédiation qui affecte les systèmes financiers depuis 1980.

c) Vers une nouvelle cohérence ?

La troisième période est marquée par la recherche d'un nouveau modèle de développement et de cohérence entre les enjeux économiques, sociaux et environnementaux. Cette troisième période commence avec les propositions d'actions concrètes de la part des États et des entreprises pour une approche fonctionnelle des enjeux du développement durable. La question de la performance et l'efficacité des actions concrètes en faveur du développement durable se pose de manière formelle relativement tardivement, à partir du Sommet de la Terre, à Rio en 1992. Cette période est marquée par le démantèlement de l'entreprise fordiste, qui avait été initié pendant la période précédente par la délocalisation des segments de production les plus intensifs en travail non qualifié. Au cours de cette troisième période, l'entreprise poursuit sa restructuration privilégiant une organisation en réseau, en d'autres termes, des relations contractuelles avec différents partenaires, le « faire-faire » se substituant au « faire ». En bref, la stratégie d'externalisation fait place à une stratégie de concentration de l'activité productive. L'émergence des nouvelles technologies de l'information favorise cette évolution en accélérant la vitesse de circulation de l'information, des marchandises et des capitaux (voir partie 2).

Au cours de cette troisième période, l'activité économique se transforme, marquée par le développement important des relations de coopération pour le développement des systèmes des produits et services intégrés – PSS – (Mont, 2002) par des relations nouvelles non seulement entre les entreprises, mais aussi entre les entreprises et les consommateurs qui deviennent des coproducteurs en participant à l'élaboration des produits et des services dont ils souhaitent faire l'acquisition (Dujarier, 2008 ; Rochefort, 1997). Cette évolution est caractéristique d'un rapprochement entre les secteurs secondaire et tertiaire, entre production et service. Dans ces conditions, on assiste à une désectorisation et resectorisation de l'activité des entreprises. La fonction économique ne consiste plus à produire des biens, mais à répondre à des besoins fonctionnels. Il s'agit par exemple de passer de la production et vente des voitures à la vente des fonctions d'usage relevant de la mobilité pour faire en sorte que le consommateur puisse se déplacer. L'économie de la fonctionnalité tend ainsi à offrir d'autres centres de création de valeur que celles proposées par l'économie de la production sectorisée des biens ou des services. Ce qui génère des changements en matière d'offre, d'organisation du travail, de relation avec le client et avec les concurrents. Mais surtout elle conduit à revisiter le rôle de l'espace dans la création et l'évaluation de la valeur partagée par tout le système d'acteurs localisés (parties prenantes). Au contraire de la conception productiviste du système économique où la notion centrale est celle de la valeur d'échange, dans la conception de l'économie de la fonctionnalité, la primauté est donnée à cette autre notion : la valeur d'utilisation (Erkman, 2004) (voir partie 2).

Cette évolution, à travers les trois périodes identifiées en fonction de la place des enjeux du développement durable dans le modèle économique des entreprises, trace les trajectoires de changements vers un nouveau modèle économique par la « causalité récursive des changements micro, méso et macro » (Vaileanu-Paun, 2009a)[4]. D'une approche sectorielle du client-consommateur dans la période fordiste, on passe à une période instable où l'approche client relève des relations de service pour arriver à une stratégie différente de compréhension des besoins complexes du client encastré dans son réseau des parties prenantes. La relation client passe également d'une relation strictement de transaction pendant la période d'ignorance des enjeux environnementaux vers une relation de service dans le but de résoudre les externalités négatives du modèle fordiste dans la période de contradiction pour évoluer vers une relation de coopération qui déstabilise le modèle fordien et les formes institutionnelles en héritées du fordisme (Du Tertre, 1999, 2008, 2009). L'offre évolue d'une vente des produits ou des services vers une vente des solutions intégrées – PSS – (Mont, 2002), « bouquets », qui répondent à des besoins fonctionnels du client et de son système d'acteurs qui influence ses choix « demandes multifonctionnelles » (Vaileanu-Paun, 2009b). Depuis la période de remise en cause du paradigme de l'économie industrielle sous la pression des crises récentes, les stratégies d'évaluation de la valeur créée par les entreprises évoluent elles aussi vers une « territorialisation des enjeux d'évaluation » (Vaileanu-Paun, 2009a[5] ; Stigltz, 2009 ; Paun, von Tunzelmann, Richard, 2010 ; Aglietta, 2011). Après avoir connu un fort effet de la financiarisation, les enjeux d'évaluation suivent de plus en plus la tendance d'intégration d'une valeur immatérielle – externalités généralement perçues au niveau de l'espace – en tenant compte de la « séquentialité des régulations environnementales et sociales » entre les différents espaces et leur degré de dématérialisation de la création de la valeur.

Dans cette même logique, alors que les années 1990 avaient été marquées par l'émergence des normes ISO 9 000 et surtout ISO 14 000, la fin des années 2000 est marquée par les normes ISO 26 000 (Helfrich, 2010) sur la responsabilité sociale des entreprises. Il ne s'agit pas à proprement parler d'une norme répondant à un cahier des charges strict, mais de « bonnes pratiques » visant à combiner efficacité économique, éthique sociale et respect de l'environnement. Mais, au-delà de la prise

4 Repris par : http://extranet.college-energie.cgedd.developpement-durable.gouv.fr/IMG/pdf/These_Ingrid_Valeanu_Paun_cle2523a7.pdf).

5 Présenté lors de la conférence BEPOS and Smart Grids – DGALN/PUCA, 2010.

en considération des questions environnementales dans la stratégie de l'entreprise, la responsabilité sociale de l'entreprise (RSE) officialise le désengagement de l'État en matière de question sociale, lesquelles sont du ressort de l'entreprise, à l'image des entreprises paternalistes du XIXe siècle, qui rejetant l'intervention publique, avaient développé un système de prise en charge de leurs salariés (logement, maladie, retraite, éducation des enfants). L'un des modèles les plus achevés en France était très certainement celui de Michelin, mais qui était loin de faire l'unanimité.

Au cours de cette troisième période, les modalités d'insertion des pays développés dans l'économie changent. Les multinationales créées par des entrepreneurs issus des pays en développement (notamment de la Chine) occupent des positions dominantes et investissent dans les pays développés, tandis que les entreprises multinationales américaines et européennes cherchent à se consolider au niveau planétaire (firme-réseau, firme-architecte).

d) Du paradigme de l'économie de la fonctionnalité au développement durable

Il est bien sûr trop tôt pour évaluer des changements que l'on peut attendre de l'économie de la fonctionnalité. Pour conclure cette première partie, nous avons réuni un ensemble d'indicateurs économiques et environnementaux (empreinte écologique, IDH, IDH non monétaire et l'*Happy plan et index* – HPI). Ces indicateurs nous fournissent des informations sur le niveau de bien-être des populations, par conséquent sur leur niveau de développement économique, mais aussi sur la ponction que cela suppose sur le plan environnemental. Il s'agit d'un moyen (certes très imparfait) d'évaluer le niveau de bien-être des populations tant sur le plan matériel (économique) que sur le plan environnemental. Sans surprise, nous constatons que les pays développés bénéficient d'un bon indicateur de développement humain, mais qu'il est obtenu au prix d'un niveau de prédation élevé sur la nature au regard de leur empreinte écologique. L'indicateur HPI en revanche place parmi les pays les plus « heureux » des pays en développement. Ce résultat est encore validé par l'HPI. Parmi les dix premiers pays du classement, ne sont répertoriés que des pays en développement (Costa Rica, République dominicaine, Jamaïque, Guatemala, etc.)[6]. Le premier pays en développement de ce classement est les Pays-Bas (qui est à la 43e place) (tableau 3).

---

[6] http://www.happyplanetindex.org/.

Tableau 3 : Empreinte écologique, développement durable et bien-être

Pays	Empreinte écologique en hectares (4)	Indicateur de développement humain (IDH) (5)	IDH non monétaire (2)	Happy planet Index (3)
Etats-Unis	9,5	0,907	0,917	114/143
Belgique	5,2	0,867	0,888	64/148
Luxembourg	5,2	0,852	0,836	122/143
France	5,2	0,872	0,898	71/143
Pays-Bas	4,1	0,890	0,911	42/143
Hongrie	3,8	0,805	0,851	90/143
Turquie	2,8	0,679	0,679	83/143
Brésil	2,4	0,699	0,728	9/143
Algérie	1,8	0,677	0,716	40/143
Chine	2	0,663	0,707	20/143
Kenya	1,1	0,470(1)	0,541	125/143
Inde	0,9	0,519(1)	0,549	35/143

Source : ONU, Living Plant Report 2009, New Economics Foundation.

(1) Estimation
(2) IDH non monétaire englobe des indices de santé et d'éducation à pondération égale.
(3) Le Happy Planet Index est un indicateur économique alternatif au PIB, qui a été créé par un think tank britannique, la New Economics Foundation. Cet indicateur prend en compte le bien-être humain et les incidences sur l'environnement. Il classe 148 pays d'après trois indicateurs : l'empreinte écologique, l'espérance de vie et le degré de bonheur des peuples. Dans ce classement, ce sont les pays en développement qui sont les mieux classés.
(4) L'empreinte écologique est selon l'OCDE la mesure en hectares de la superficie biologiquement nécessaire pour pourvoir aux besoins d'une population humaine de taille donnée.
(5) L'IDH est un indicateur de bien-être élaboré par le PNUD qui combine trois indicateurs : santé/longévité, savoir/niveau d'instruction et niveau de vie/revenu brut par habitant à parité de pouvoir d'achat.

Ces résultats sont pour une large part le fait de l'activité des entreprises, en tant que principaux pourvoyeurs de richesses. Mais, quel est leur comportement pour arriver à cette fin ? Ont-elles un comportement éthique (sur les plans social, économique et environnemental) ? Il existe un grand nombre d'indicateurs visant à répertorier et à classer les entreprises selon ces critères. Nous avons opté pour celui de l'Ethisphere

Institue (WME)[7], et avons constaté que sur les 110 entreprises qui ont été répertoriées par le WME, seules quatre sont issues de pays en développement (Bermudes, Panama, Brésil et Inde). La majorité des entreprises retenues sont américaines ou européennes[8]. Ce classement[9], basé sur les codes d'éthique, les litiges ou infractions, évalue les investissements, les pratiques de développement durable, les pratiques en matière de responsabilité sociale, les nominations de cadres supérieurs, etc. Cependant, ce classement est sujet à caution puisqu'il répertorie une entreprise comme GAP qui a été accusée en 2007 de faire travailler des enfants de moins de 10 ans en Inde. La firme avait affirmé ne pas être au… courant. Ce qui est au demeurant troublant pour une entreprise qui affiche volontiers des valeurs éthiques.

2. Le paradigme de l'économie de la fonctionnalité, changement du modèle d'entreprendre ?

L'entreprise est au cœur des transformations que nous avons décrites dans la première partie. Dans un contexte économique, social, technique, politique en perpétuel changement, elle doit tout à la fois s'adapter et si elle le peut créer de nouvelles normes productives. Elle contribue par ce biais à transformer l'environnement dans lequel elle est insérée. Depuis la fin du XIXe siècle et la théorie néoclassique, les économistes ont cherché à élaborer une théorie de la firme qui ne soit plus une sorte d'idéal-type, mais un outil opérationnel permettant de comprendre le fonctionnement de l'entreprise. C'est précisément l'objectif de la théorie de parties prenantes. Mais, en fondant les dirigeants dans une longue liste de parties prenantes, les économistes en reviennent à une espèce d'entreprise « boîte noire », dont le pouvoir explicatif est très relatif. La question qui structure cette seconde partie est la suivante : quels sont les éléments susceptibles pour une firme qui s'est développée suivant le paradigme de l'économie industrielle, d'opter celui de la fonctionnalité ? Nous essayerons d'illustrer cette proposition au moyen de quelques exemples nodaux qui restent relativement rares pour le moment. Nous montrerons ainsi comment d'une

7 http://ethisphere.com/.

8 Quelques exemples pour 2011 : Adidas, Gap, eBay, Ford, Electrolux, Xerox, Colgate-Palmolive, PesiCo, American Express, Caterpillar, Manpower, etc.

9 Un questionnaire est d'abord envoyé aux entreprises. Les réponses fournies sont vérifiées par Ethisphere qui peut demander un complément d'information. Puis, un second processus d'évaluation est lancé. Les entreprises qui ont eu des problèmes judiciaires au cours des cinq dernières années sont écartées. Les critères éthiques retenus sont assez larges et portent uniquement sur les aspects sociaux et environnementaux. Les entreprises impliquées dans le commerce de l'alcool, du tabac ou des armes à feu sont également écartées.

part le modèle de production de la firme est en passe d'être transformé, mais aussi ses relations avec les consommateurs et enfin son insertion dans un espace donné. C'est en ce sens où nous parlons du changement du modèle d'entreprendre afin d'appréhender à la fois l'évolution des modalités de fonctionnement de la firme en interne, mais aussi comment l'entreprise génère de nouvelles relations avec d'autres entreprises, avec les consommateurs, dans le cadre de l'espace géographique dans lequel elle est insérée.

2.1. La nature de la firme, de la boîte noire aux parties prenantes

L'entreprise est au cœur des transformations dont nous venons de faire état. Les transformations constatées globalement sont la contrepartie dans le cadre d'une relation synergique de transformations microéconomiques, par définition propres à l'entreprise. Sur le plan macroéconomique : la dématérialisation de l'économie dans son ensemble d'une part, et la décentralisation de l'activité productive en particulier (industrielle et servicielle), d'autre part. Sur le plan microéconomique, l'entreprise s'est également transformée, comme en témoigne depuis quelques années la multiplication du nombre d'expressions nouvelles : entreprise-réseau, firme creuse (« *hollow corporation* »), entreprise éclatée (Crague, 2005 ; Crague, Guillemot, 2010). D'aucuns évoquent aussi l'idée d'une organisation invisible du travail (Beck, 2000), qui se traduit tant par la généralisation de la sous-traitance évoquée plus haut par Rifkin (2000) que par le développement du télétravail. Ces questions complexes renvoient à celle des frontières de la firme, puisque des fonctions de cette dernière peuvent être prises en charge par des partenaires qui lui sont extérieurs (théorie de la structuration fonctionnelle de l'entreprise développée par un groupe de chercheurs du Massachusetts Institute of Technology animé par S. Berger ; Berger, 2006). L'évolution majeure de ces trente dernières années a été la tendance au recentrage des firmes sur leur métier de base. Ce qui a fondé de nouveaux rapports de sous-traitance car les firmes ont été amenées à recourir à des compétences externes. Ce schéma organisationnel reposait sur le donneur d'ordres qui avait en dernier ressort la responsabilité technique et commerciale du produit et de ses composants. Depuis peu, ce schéma a considérablement évolué faisant du donneur d'ordres un architecte industriel qui décompose son produit en une somme intégrée et cohérente de sous-ensembles, dont la conception, la fabrication et la responsabilité sont confiées à un nombre réduit de partenaires qui sont chargés d'organiser leur propre sous-traitance (Mazaud, 2006). Prendre en considération ces transformations est fondamental, car elles conduisent à une nouvelle division du travail, et pour ce qui nous concerne en premier lieu dans le cadre de ce chapitre à une nouvelle répartition des tâches industrielles et servicielles.

Depuis la fin du XIXe siècle jusqu'à aujourd'hui, la théorie de l'entreprise s'est progressivement complexifiée, partant d'une représentation simplificatrice de la réalité économique, sociale et technologique, à une représentation beaucoup plus complexe et riche au cours de la seconde moitié du XXe siècle. Les dernières vingt années du XXe siècle ont été notamment marquées par la résurgence de la question de la responsabilité sociale de l'entreprise, conséquence des problèmes environnementaux qui ont eux-mêmes été appréhendés par les entreprises, suite à cette prise de conscience tardive dont nous avons fait état ci-dessus. Après avoir réduit l'entreprise à deux entités abstraites, le capital et le travail, les économistes néoclassiques ont été conduits à appréhender une réalité beaucoup plus complexe et surtout à prendre en considération les aspirations des salariés, mais aussi et surtout des groupes extérieurs à l'entreprise qui peuvent être amenés à exercer une influence sur ses stratégies, en particulier pour ce qui concerne notre sujet, les organisations de consommateurs ou de protection de l'environnement. Mais, si la théorie a pour fonction première de construire une représentation simplifiée de la réalité, il est assez surprenant de constater que la théorie des parties prenantes s'est imposée au cours des années 1980 alors que les marchés financiers se développaient. Le message de la théorie des parties prenantes étant que les actionnaires ne sont pas les seuls à influer sur la vie de l'entreprise. Mais, ont-ils un rôle spécifique par rapport aux autres parties prenantes ? La technostructure décrite par Galbraith et Chandler est-elle toujours à l'heure ? Toutes les parties prenantes ont-elles le même pouvoir ?

Pour la théorie néoclassique traditionnelle, l'objectif de la firme est de maximiser son profit dans une économie composée de petites entités de production (atomicité du marché selon la terminologie néoclassique) dans un contexte de parfaite transparence (information parfaite), face à des agents économiques rationnels (Walras, 1993). Depuis cette période, ce modèle a été fondamentalement remis en question de manière à tracer les contours d'une théorie de l'entreprise rendant compte de la réalité observable, plutôt que se baser sur un idéal-type… caricatural. L'article de Coase (1937) fut à l'origine d'un ensemble de travaux importants à partir de la seconde moitié du XXe siècle, car lors de sa publication, l'article passa quasiment inaperçu. Le contexte géopolitique politique, peut-être ? L'originalité majeure de la théorie de Coase est d'avoir considéré l'entreprise comme une forme alternative au marché en fonction du niveau des coûts de transaction, car Coase mit le doigt sur un point important : l'information a un coût et surtout l'entreprise est insérée dans un environnement économique incertain. Dans les années 1970, Williamson a développé et enrichi la théorie de Coase. Cette approche vise à mettre l'accent sur l'environnement de l'entreprise et qui peut influer sur son organisation interne. Williamson s'approprie le concept de la rationalité limitée de Simon (1947) et en développe un autre : l'opportunisme. La rationalité limitée désigne les limites de la capacité humaine à anticiper et à résoudre des problèmes complexes. Dans un environnement économique incertain, il est difficile ou coûteux de négocier des contrats qui prévoient toutes les éventualités. Par opportunisme, Williamson explique que des agents économiques peuvent être conduits à la ruse ou à la triche pour arriver à leurs fins. Cela signifie qu'il existe une probabilité plus ou moins importante qu'un aléa survienne dans le cadre d'une transaction. Williamson souligne ainsi le comportement offensif des entreprises.

En introduisant l'idée d'un comportement opportuniste, l'idée selon laquelle l'entreprise opte pour le modèle de la fonctionnalité parce que préoccupée par le bien-être général et l'avenir de la planète est caduque. Ce sont des raisons, objectives, qui la conduiront à faire ce choix. Car, il n'y a en définitive que trois facteurs susceptibles d'influencer la stratégie de l'entreprise : la spécificité des actifs engagés, l'incertitude et la fréquence des transactions.

L'ensemble de ces théories met encore l'accent sur l'environnement dans lequel l'entreprise est insérée. Pour Penrose (1959), cet environnement est défini par la façon dont il est perçu par les dirigeants. Il est donc fonction des représentations que ces derniers ont des questions économiques et environnementales. Le rôle des managers est également mis en avant par les principaux représentants de la théorie managériale (Galbraith, 1968 ; Chandler, 1977) qui mettent l'accent sur le rôle de la technostructure. L'entreprise est à leurs yeux une meilleure forme de coordination que le marché, car elle est amenée en se développant à internaliser le marché, à le planifier, et par conséquent à réduire le risque en contrôlant partiellement l'information. Contrairement à une conception courante, ce n'est pas la demande qui conduit les entreprises à opter pour telle ou telle stratégie, mais exactement le contraire (théorie de la filière inversée de Galbraith). Dans ces conditions, est-ce pour répondre aux préoccupations des consommateurs en matière environnementale que les entreprises développent des modèles économiques plus respectueux de l'environnement ? *A priori*, pour Galbraith et Chandler, ce sont les entreprises qui ont le premier et le dernier mot. Or, au début des années 2000, Langlois (2003) explique que le modèle de l'entreprise galbraitho-chandler a vécu pour laisser place à un autre modèle pour deux raisons essentielles. D'abord, les progrès technologiques ont abouti à diminuer l'échelle des processus de production et à simplifier les opérations. Ensuite, la croissance démographique et celle du pouvoir d'achat en liaison avec le développement du commerce international ont contribué à former des marchés de taille de plus en plus importante. Le modèle « *Vanishing hand* » (Langlois, 2003 ; Mazaud, 2006) définit le concept de la firme-architecte que nous avons évoqué plus haut. La firme-architecte est un donneur d'ordres qui définit *ex ante* les paramètres de chacun des modules composant le produit final, en standardisant au maximum les interfaces afin de réduire les coûts de transaction et de réalisation du produit final.

À partir des années 1980, la théorie des parties prenantes s'impose avec les travaux de Freeman. Mais, le vocable de « parties prenantes » est bien antérieur. Il tire son origine des travaux de Ansoff (1968) : l'entreprise doit ajuster ses objectifs de manière à donner à chaque groupe une part équitable de satisfaction. Mais, pour Ansoff, les responsabilités sont des obligations qui limitent la réalisation des objectifs. Les parties prenantes constituent des obligations qu'il convient de gérer. Inspiré par les travaux de Rawls sur la théorie de la justice, Freeman donne une définition très floue des parties prenantes comme étant un individu (ou un groupe d'individus) qui est affecté ou qui peut être affecté par la réalisation d'objectifs. Freeman distingue cependant trois niveaux de réflexion pour appréhender les parties prenantes : rationnel (identifier de façon exhaustive les parties prenantes : salariés, actionnaires, clients, fournisseurs, concurrents, syndicats, groupes activistes, partis politiques, etc.) ; processus (processus mis en œuvre par l'entreprise pour prendre en compte les intérêts des parties prenantes) et transactionnel (comment agir et gérer les parties prenantes). Avec Carroll (1989), il distingue les parties prenantes « primaires » et « secondaires ». Les premières sont directement impliquées dans le processus économique et ont une relation officielle ou contractuelle avec l'entreprise (salariés, dirigeants, actionnaires, fournisseurs, clients, banquiers, etc.). Les seconds ont des relations volontaires ou non avec l'entreprise et appartiennent à la société civile (ONG, riverains, associations de consommateurs, partis politiques, collectivités territoriales, médias, etc.) (Cazal, 2011 ; Ernult, Ashta, 2007 ; Gond, Mercier, 2006). Les dirigeants de l'entreprise deviennent ainsi avec Freeman et les autres représentants de ce courant de pensée, une partie prenante comme les autres, réduisant ainsi l'entreprise à une entité vide, évoquant la « fiction qu'est la grande entreprise moderne » ou encore « l'entité abstraite qu'est la grande entreprise » (cité par Cazal, 2011). Il est au demeurant déroutant de constater que les théoriciens néoclassiques de la firme ne parviennent pas à sortir du modèle fondateur abstrait de l'entreprise (tableau 4).

Tableau 4 : Théories de la firme : tableau synthétique : quel est l'objectif de l'entreprise ?

Théories	Auteurs-clés	Définition de l'entreprise	Modalités de fonctionnement
Théorie néoclassique (walrasienne)	L. Walras (1874)	Fonction de production : combinaison de travail et de capital pour obtenir un niveau de production donné	Régulation par les prix du marché (prix des facteurs de production et prix des biens et service) dans le cadre de la concurrence pure et parfaite
Théorie des coûts de transaction	R. Coase (1937) O. Williamson (1975)	Dialectique marché/organisation	Rationalité limitée des agents économiques Opportunisme des agents économiques la firme se transforme en fonction de son environnement économique (organisation intégrée, recours au marché, ou formes hybrides comme la sous-traitance ou l'organisation en réseau)
Théorie des compétences	E. Penrose (1959)	Ensemble de ressources productives organisé dans un cadre administré	Combiner de différentes façons des ressources dans le but de vendre à profit des biens et services sur un marché. Importance de l'environnement extérieur à l'entreprise et de l'image que se font les dirigeants de cet environnement.
Théorie managériale	J. K. Galbraith (1968) A. Chandler (1977)	Technostructure organisation grande entreprise	Importance de la technologie Utilisation de connaissances organisées. Planification de l'activité de l'entreprise, laquelle a un impact sur le marché, en premier lieu sur la demande (théorie de la filière inversée) 4 types de motivation : contrainte, pécuniaire, identification et volonté d'adaptation.
Théorie évolutionniste	R. Nelson S. Winter (1982)	Ensemble constitué par des individus dotés de qualités cognitives propres. L'entreprise se	Rationalité procédurale des agents qui ne cherchent pas forcément des choix optimaux Capacité d'apprentissage de la firme

		constitue par des routines individuelles et organisationnelles qui constituent son patrimoine	Routines sont le produit d'un processus d'apprentissage induit par la répétition des tâches et l'expérimentation Dépendance de sentier
Théorie des parties prenantes	J. Ansoff (1968) P.J. DiMaggio et W. W. Powell (1983) R. E. Freeman (1984)	Un nœud de contrats plusieurs agents économiques entre des agents	Partie prenante : tout acteur interne ou externe à l'entreprise qui est concerné par son bon fonctionnement sur le plan de la responsabilité sociale. L'entreprise doit à la fois satisfaire ses objectifs (profit, croissance) et les parties prenantes. Ce qui suppose l'existence d'intérêts communs entre les parties.

2.2. Le paradigme de la fonctionnalité : une réalité encore balbutiante

L'économie de la fonctionnalité est un champ théorique dont la définition semble *a priori* faire consensus. Il s'agit de remplacer la vente d'un bien par l'usage de ce bien. La fonction de service se substitue à l'acte de production. L'objectif n'est plus par exemple de vendre une automobile, mais de vendre au client la capacité de se déplacer. Il ne s'agit plus de vendre une machine à laver, mais la possibilité de laver son linge chez soi ou d'acheter une photocopieuse, mais de faire des photocopies. À l'heure actuelle, quelques entreprises ont développé ce modèle. Mais, ce sont moins les motivations environnementales qu'économiques qui les ont incités à développer ce type de pratiques (Fondation Concorde, 2010). Des entreprises telles que Michelin, Xerox, Peugeot, Renault, EDF, Electrolux, Apple[10], Vélib', etc., s'orientent vers ce nouveau paradigme.

a) Changements au niveau de la production

Les « *fleet solutions* » créés par Michelin consistent dans l'offre non de pneumatiques pour les poids lourds, mais d'un service intégral en matière de pneumatique, comprenant la maintenance et le remplacement des pneus usagés. Le consommateur paie l'usage du bien mesuré en kilomètres parcourus ou en déplacement tonnes kilomètres. Michelin a ainsi changé sa stratégie repensant son activité par rapport à la fonction

[10] Parmi ces entreprises seules Xerox, Electrolux et Microsoft ont été répertoriées par Ethispere.com.

de ses pneumatiques : « faire des kilomètres » ! Cette stratégie permet aux clients de Michelin d'utiliser moins de carburant, de conserver leurs pneus 2,5 fois plus longtemps qu'avec des pneus classiques (compte tenu des fonctions de maintenance, décreusage, rechapage permettant une durée de vie plus longue) mais aussi de bénéficier des avancées technologiques majeures des nouveaux pneus tout en payant moins cher.

Xerox vend depuis plusieurs années des photocopies, et non des photocopieurs en optant pour une facturation à la photocopie. L'entreprise réalise ainsi une réelle économie de matières premières et d'énergie. Tout en assurant la maintenance de son matériel pendant son utilisation, Xerox augmente la durée de vie des photocopieurs, récupère et recycle la majorité de ses composantes (les éléments recyclés représentent 90 % des nouveaux photocopieurs).

Les constructeurs d'automobiles s'interrogent aussi sur la façon de se positionner sur un marché où les consommateurs ne veulent pas acheter une voiture mais en conduire une (Renault, 2010). Peugeot a lancé en 2010 le service « MU by Peugeot » qui permet grâce à un abonnement de disposer à tout moment d'un moyen de transport approprié. Cette approche introduit une nouvelle offre de service qui permet de gérer la mobilité en fonction des besoins spécifiques et en dynamique.

Dans le domaine des opérateurs de téléphone, la stratégie de l'entreprise ne porte pas sur la vente de terminal, mais sur la fourniture de son usage. L'élément de coût est fonction des réseaux et non pas des terminaux. Les acteurs de la production et la distribution d'énergie ont été poussés par le biais des stratégies d'efficacité énergétique à passer de la vente de « l'énergie » avec un modèle de performance économique fordiste basée sur le volume de consommation d'énergie, à la vente de « confort thermique » basé sur un modèle de l'économie de la fonctionnalité relevant de performance en termes de réponse à des besoins fonctionnels.

EDF a lancé des offres spécifiques comme « Bleu Ciel », et propose des investissements d'achat des biens d'équipement permettant la réduction de la consommation d'énergie, en inversant ainsi le cercle vertueux fordien : la performance du service EDF rendu dépend dorénavant de la réduction de la consommation d'énergie, non plus de son augmentation.

Mais, ce nouveau modèle n'est pas sans risque. Par exemple, Electrolux souhaitait expérimenter le concept de l'économie de la fonctionnalité pendant quatre ans en fournissant gratuitement des machines à laver aux habitants de l'île de Gotland et de ne faire payer aux usagers que les cycles de lavage. Cette expérience a été rendue possible grâce à la collaboration du fournisseur local d'électricité qui a été capable d'installer un système dit intelligent de comptage d'électricité. Mais, au bout d'un an l'expérience a été arrêtée par Electrolux car le fournisseur d'électricité était susceptible de s'entendre avec les usagers pour conclure un accord comparable, mais avec des lave-linge provenant d'autres fournisseurs (Poirot, 2009, 197-198).

Face à la concurrence de Google et d'Amazon, Apple a lancé récemment son « *iCloud* » qui est un service permettant de synchroniser des documents, des informations, et même des morceaux de musique. Apple propose de stocker par exemple des titres de musique sur tous les appareils à un même compte « *iTunes* ». Apple offre ainsi la possibilité aux consommateurs de stocker leurs médias sur ses serveurs plutôt que dans leur propre ordinateur. Pour Steve Jobs, les services dématérialisés représentaient l'avenir de l'informatique personnelle (*Le Monde*, 06/06/2011). Cette technique nouvelle entraînera très certainement la disparition à moyen ou long terme du CD (*Les Échos*, 07/06/2011).

Le Velib', créé en 2007, et l'Autolib' créée en 2011 à Paris, constituent aussi une illustration nouvelle de l'économie de la fonctionnalité. Pour le premier pour la mise à disposition de vélos, pour le second d'automobiles. Le Velib' est géré par le groupe J.-C. Decaux. D'autres expériences de ce type avaient déjà été lancées auparavant : à La Rochelle en 1974 où des « vélos jaunes » étaient mis à disposition du public, puis à partir des années 1990 dans les pays nordiques. L'expérience Autolib' est plus originale dans son concept. D'abord parce qu'il s'agit d'automobiles et plus encore d'automobiles électriques. Mais, il est encore trop tôt pour parler sur ce point de réussite ou d'échec. La question cependant de la mise à disposition de véhicules nous conduit à relativiser le caractère nouveau de cette initiative. La profession de taxi remonte à Paris au XVIIe siècle, profession qui a été réglementée d'abord par Louis XIV qui contraint les taxis à être immatriculés. Et que dire du développement plus récent du covoiturage ?

b) Changement de mode de production et consommation

Ces exemples de changements de modèle économique dans différents secteurs (surtout au niveau B to B) montrent que l'économie de la fonctionnalité conduit les entreprises vers une approche qui se veut responsable de conception et production relevant d'une gestion intégrée des cycles de vie par le biais de la réutilisation et du recyclage des composants. L'économie de la fonctionnalité apparaît comme une solution possible en matière de stratégie d'entreprise relevant de la compétitivité, de la rentabilité (qui ne reposera plus sur les économies d'échelle, découlant de la vente des volumes des biens mais sur la performance de la solution issue de l'usage du bien) et la performance environnementale (intégration *ex ante* des externalités positives et négatives, matérielles et immatérielles).

Les efforts des entreprises se recentrent vers le développement de solutions qui augmentent le pouvoir d'usage des clients au lieu de suivre les logiques de pouvoir de consommation ou d'acquisition. Le consommateur peut ainsi accéder à la consommation d'un bien coûteux qu'il n'aurait pu acheter. L'économie de la fonctionnalité pourrait offrir aussi une opportunité de création des emplois non délocalisables à travers l'intégration de certains services (relation client et développement de la demande, de la maintenance, du recyclage) qui contribueraient à la performance de la solution proposée en offrant une garantie de résultat au consommateur sans obligation d'achat des moyens. La professionnalisation des métiers (de la maintenance, du recyclage, etc.) relevant de l'économie de la fonctionnalité permet de baisser les coûts d'usage, la consommation d'énergie et de pousser l'évolution vers une nouvelle structure des coûts suite à l'intégration des externalités positives et négatives, matérielles et immatérielles, c'est-à-dire : l'imposition par les régulations environnementales de la prise en compte financière des impacts négatifs qui ne sont pas habituellement intégrés dans le cycle de vie économique actuelle : pollution de l'air, de l'eau, des sols, santé publique, biodiversité, émission des gaz à effet de serre, etc.

Cette évolution des stratégies des entreprises favorise une dématérialisation des activités économiques en termes de l'économie servicielle (Du Tertre, 1999) en cherchant à limiter le plus possible la quantité de matières premières et d'énergie utilisée par les processus de production, d'échange et de consommation de biens et des services (Bourg, Buclet, 2005). Les approches de l'économie de la fonctionnalité, définie comme « la substitution de la vente d'une fonction d'usage – un service – à celle d'un produit » (Stahel, 2006) sont le résultat d'une évolution de ces stratégies vers une optimisation de l'utilisation – ou la fonction – des biens et des services, avec l'objectif économique, dans la troisième période identifiée ici, de créer une valeur d'usage la plus élevée possible pendant le plus longtemps possible, tout en consommant le moins de ressources matérielles et d'énergie possible et d'atteindre ainsi une meilleure compétitivité et une augmentation des revenus des entreprises (Stahel, 2006).

Les enjeux de la maintenance, de la réparation ou du recyclage sont intégrés *ex ante* dans la stratégie de conception et production des biens. L'intérêt se déplace ainsi vers une dématérialisation du processus de création de valeur permettant le passage de la vente des produits ou des services vers la vente des « unités d'usage » (exemples de Michelin[11] et de Xerox[12]) ou la vente des Systèmes des produits et services (PSS) (Mont, 2002) relevant de l'économie de la fonctionnalité dans sa capacité de découpler la croissance économique du flux des matières (Steinberger, Van Niel, Bourg, 2009).

Depuis les années 1990, les entreprises ne peuvent plus concevoir leur croissance à long terme sans une intégration *ex ante* des externalités négatives de leur production de biens ou services, soit parce que les secteurs sont soumis à des régulations concernant la réduction des gaz à effet de serre, soit parce qu'à travers les stratégies volontaires de responsabilité sociale, les entreprises cherchent à anticiper les conflits et les problèmes d'image ou bien à utiliser ses approches comme des avantages comparatifs et nouvelles formes de concurrence. Le développement des « logiques servicielles » (Du Tertre, 2008) relève d'une croissance immatérielle et de la relation de service avec les clients. Elle offre à partir des années 1990 une nouvelle dynamique au processus d'institutionnalisation du développement durable qui doit en outre adapter les logiques d'évaluation et certification prévue initialement pour la production des biens matériels, de consommation ou industriels.

Les réglementations environnementales et sociales deviennent une contrainte soit à travers des taxes (par exemple la taxe carbone), soit à travers la pression de plus en plus grande de la concurrence, des consommateurs ou des parties prenantes et les entreprises essaient de trouver des logiques de croissance soit par des innovations de bout de chaîne, de fin de vie des produits (intégration des services de recyclage, réparation, maintenance), soit par des innovations dans différents secteurs autres que le secteur de base. Des recherches actuelles (Vaileau-Paun, 2009) montrent qu'une analyse des investissements en éco-innovation prouve que les innovations technologiques pour une compatibilité avec le développement durable ont une intensité forte (innovations radicales ou de rupture) dans d'autres secteurs (par exemple, le cas de La Poste qui investit dans la voiture électrique qui génère une démultiplication des effets de développement durable dans le secteur automobile) que celles apportées dans le secteur de base (au sens des économies d'énergies concernant la gestion de courrier dans le cas de La Poste).

Mais, il faut cependant se méfier des vocables nouveaux qui cachent parfois des pratiques économiques anciennes. Prenons l'exemple connu des laveries automatiques ou plus encore des lavoirs des sociétés traditionnelles, dont la fonction était précisément de mettre à disposition des

[11] La location des pneus par Michelin a permis à la firme française de multiplier leur durée de vie par 2,5 et de réduire de 36 % les déchets.

[12] Pour Xerox, le processus de récupération et de recyclage grâce à la location des photocopieurs permet aujourd'hui de recycler 90 % du poids des appareils loués.

individus (souvent des femmes, mais pas exclusivement) des équipements pour laver le linge. Dans un autre ordre d'idée, ces pratiques nouvelles peuvent aussi conduire à une marchandisation de services gratuits. La Poste, par exemple, propose un service de transport de médicament (partenariat pharmacie-La Poste) qui a été créé dans certains départements. Ce sont des services tels « entrée facteur » et « allô facteur ». Ces prestations sont payantes, alors qu'elles pouvaient être auparavant rendues par les facteurs à titre individuel et gratuit (Merlin-Brogniart, 2007).

2.3. Une nouvelle relation entreprise/consommateur

Dans cette troisième période identifiée par nos recherches, le périmètre d'intérêt et d'intervention des entreprises s'élargit tout d'abord en dehors du secteur d'activité de production. Il envahit l'espace des clients avec pour intérêt de mieux comprendre les besoins du client et le système complexe de relations entre les besoins du client et les motivations qui influencent sa décision d'achat. L'entreprise n'est plus perçue comme ayant pour seul but la réalisation de profit, mais elle intègre volontairement, ou suite à une contrainte réglementaire, des obligations d'ordre social et environnemental, en prenant une autre place dans le développement de la société moderne. Parmi ses multiples fonctions (faire des profits, créer des emplois, produire des biens et services), l'entreprise redéfinit ses relations avec le consommateur.

Dans le cadre de l'économie de la fonctionnalité, le processus productif relève de trois dimensions qui ne se succèdent pas obligatoirement : la coconception, la coproduction et la coévaluation entre l'entreprise et le consommateur. Celui-ci n'est plus la dernière étape du processus de production, il en devient une des parties prenantes. Cette évolution va de pair avec celle de l'organisation de l'entreprise, mais aussi de ses modalités d'insertion dans l'espace.

Aux approches sectorielles de la création de valeur s'ajoute une approche fonctionnelle abordée par les entreprises qui recherchent des nouveaux centres de création de valeur compatibles avec le développement durable dans la recherche de compréhension et capacité de réponse aux besoins des clients. On passe d'une relation de transaction à une relation de coopération avec le consommateur. Ce passage est possible grâce aussi au développement des technologies de l'information qui soutiennent le renouvellement de la relation client. Mais, elle est aussi la conséquence de la crise structurelle actuelle qui pousse les entreprises à rechercher de nouvelles solutions de croissance ou de fidélisation des clients existants tout en respectant les exigences environnementales et sociales.

2.4. Évolution des relations entreprise et espace

Notre intérêt ici porte sur les changements de ce nouveau modèle économique d'entreprise en termes des enjeux d'évaluation, en prenant en compte le rôle de l'espace géographique et économique dans la création de valeur par les entreprises à travers les logiques de l'économie de la fonctionnalité. Par exemple, les constructeurs d'automobiles investissent de nouvelles activités comme le marché de la signalétique routière ou bien le développement des infrastructures de la mobilité durable dans les villes, transformant les problématiques environnementales (les problèmes du trafic, de la pollution des villes par les voitures) en opportunités nouvelles de création de valeur partagée avec l'espace et les parties prenantes. Ces approches fonctionnelles sont complémentaires avec les logiques de production et de ventes de voitures et relèvent des stratégies de création de valeur reconnue au niveau de l'espace par les parties prenantes. Dans le domaine de la production et de la vente de l'énergie, on passe par exemple du modèle fordiste de la vente de l'électricité ou du gaz basée sur des logiques d'augmentation du volume de vente, à la vente de solution de gestion du confort thermique, basée sur des logiques de réduction de consommation d'énergie et à une meilleure adaptation aux besoins spécifiques. Les clients d'EDF deviennent ainsi des producteurs potentiels d'énergie renouvelable (l'exemple de l'offre commerciale « Bleu Ciel » d'EDF) revendue à EDF à travers un contrat de coconstruction de l'offre. Pour ce faire, l'entreprise doit prendre en considération les usages et besoins des clients, comment ils sont encastrés dans un espace donné (Granovetter, 1985), mais sont aussi intégrés dans des réseaux, intégrant des systèmes d'acteurs et d'offres alternatives (concurrentes même). En effet, la stratégie de commercialisation évolue vers un système marchand relevant des logiques « *Smart Grids* » (Vaileanu Paun, 2010a, 2010b, Atelier Bépos et Smart Grids, DGALN/PUCA).

Nous observons l'intérêt des entreprises à internaliser les externalités négatives et positives, matérielles et immatérielles de leurs activités évaluées au niveau des espaces à travers différentes régulations et spécificités respectives au sens de « patrimoine collectif immatériel » (Du Tertre, 2008). On constate ailleurs que les activités des entreprises du bâtiment ou du transport, deux secteurs à forte empreinte écologique, ne sont pas évaluées de la même façon en Asie ou en Europe par rapport à leur impact environnemental et sociétal. Dans les pays industrialisés, les entreprises tendent à se réapproprier leur responsabilité pour le développement de l'espace à travers des logiques fonctionnelles issues des crises écologiques et de la pression des opinions publiques : les projets des villes durables, les éco quartiers, la mobilité dans les villes, etc. Les résultats sont cependant encore embryonnaires.

Conclusion

Depuis la fin de la Seconde Guerre mondiale, l'économie des pays industriels a traversé trois périodes distinctes. Pour établir cette taxinomie, nous avons retenu cinq éléments (tableau 2) : l'organisation des entreprises, le modèle de consommation, la prise ou non en considération par les entreprises et les politiques des problèmes environnementaux et enfin les modalités d'insertion de l'entreprise dans un espace donné. Nous avons pu mettre en évidence l'augmentation progressive de la production de services. Cette évolution s'est faite dans un contexte marqué par la prise en considération progressive par les entreprises et les politiques des problèmes environnementaux, sous la pression sociale. Cette consommation servicielle peut-elle se substituer à ce que fut la consommation de biens manufacturés comme l'automobile ou les équipements électroménagers pendant les années de forte croissance d'après-guerre ? La question doit être posée, mais la réponse n'est pas simple. Il importe par ailleurs de revenir sur les conditions extraordinaires sur les plans économique, social, politique, technique et scientifique qui furent à l'origine de cette période d'expansion, sans précédent historique. Dans quelles conditions cette économie servicielle pourrait-elle être le moteur d'une croissance nouvelle ? Quels doivent être le rôle et la place de l'entreprise dans l'économie de la fonctionnalité de manière à atteindre des objectifs qualitatifs en matière de développement économique et social (amélioration des conditions de vie : santé, logement, éducation, etc.) ? Comment la mise en œuvre d'une nouvelle logique de fonctionnement de l'économie entraîne-t-elle la transformation du comportement de la firme, mais aussi les modalités selon lesquelles elle s'insère dans un espace géographique donné, en modifiant du même coup ses relations avec les autres acteurs de l'économie (d'autres firmes et les consommateurs notamment) ?

Plus on est conscient de l'impact négatif sur l'environnement du paradigme de l'économie industrielle, plus le rôle de l'entreprise devient central dans le développement d'un modèle économique capable de répondre à des besoins fonctionnels et s'arroge une place importante dans la recherche de cohérence entre les intérêts de ses différentes parties prenantes. L'espace n'est plus alors une contrainte caractérisé par un coût élevé durant la période de sa spécialisation, mais un véritable contexte de création de valeur à travers sa dimension multifonctionnelle (au sens de capacité à valoriser plusieurs aspects du même espace à travers l'activité des entreprises dans différents secteurs : agriculture, tourisme, production d'énergie éolienne, etc.). L'intérêt de cette approche est de comprendre l'économie de la fonctionnalité comme le résultat d'une dynamique de l'évolution du modèle économique dominant vers une compatibilité avec le développement durable qui offre un rôle plus important aux entreprises dans la société.

Mais, nombre de questions se posent. D'une part, le paradigme de l'économie de la fonctionnalité est-il, tel que le prétendent ses défenseurs, forcement synonyme d'un développement respectueux de l'environnement ? D'autre part, le mode de consommation qu'il propose n'est-il pas essentiellement orienté vers la demande des consommateurs les plus fortunés ? Comment dans ces conditions, l'économie de la fonctionnalité (outre son caractère encore embryonnaire que nous avons souligné à maintes reprises) est-elle susceptible d'améliorer le bien-être des populations ?

Bibliographie

Aglietta, M. (2011), « Croissance durable : mesurons-nous bien le défi ? », *Revue d'économie du développement*, vol. 25, 199-250.

Ansoff, H.J. (1968), *Stratégie du développement de l'entreprise*, Éditions Hommes et Techniques.

Beck, U. (2000), *La société du risque. Sur la voie d'une autre modernité*, Aubier, 1re éd. : 1986.

Beraud, P., Cormerais, F. (2011), « Économie de la contribution et innovation sociétale », *Innovations. Cahiers d'économie de l'innovation*, De Boeck, n° 34, 163-183.

Berger, S. (2006), *Made in monde. Les nouvelles frontières de l'économie mondiale*, Seuil.

Bodet, C., Lamarche, T. (2007), « Responsabilité sociale des entreprises comme innovation institutionnelle. Une lecture régulationniste », *Revue de la régulation*, n° 1.

Boutillier, S., Matagne, P. (2010), « Théories économiques, écologie et histoire », Forum IV *Environment, Innovation and Sustainable development*, Marseille, 7-8 octobre.

Boutillier, S., Uzunidis, D. (dir.) (1998), *Ports et industries du Nord. Clichés dunkerquois*, L'Harmattan.

Bourg, D., Buclet, N. (2005), « L'économie de fonctionnalité : changer la consommation dans le sens du développement durable », *Futuribles*, n° 313, novembre, 27-37.

Carroll, A. B. (1989), *Business and Society*, South-Western Publishing.

Cazal, D. (2011), « RSE et théorie des parties prenantes : les impasses du contrat », *Revue de la régulation*, n° 9, http://regulation.revues.org/index9173.html.

Chandler, A. (1977), *La main visible des managers*, Economica.

Chantier n° 31 (2008), Groupe d'étude « Économie de fonctionnalité », Rapport final au ministre d'État, ministre de l'Énergie, de l'Écologie, du Développement durable et de l'Aménagement de l'espace, octobre.

Coase, R. (1937), « The nature of the Firm », *Economica*, vol. 4, n° 16, 384-405.

Cohen, D. (2009), *Sortie de crise. Vers l'émergence de nouveaux modèles de croissance ?*, Centre d'analyse stratégique.

Crague, G. (2005), « Le travail industriel hors les murs. Enquête sur les nouvelles figures de l'entreprise », *Réseaux*, n° 134, 65-89.

Crague, G., Guillemot, D. (2010), « Structure fonctionnelle et frontière des entreprises », *Réseaux*, n° 162, 129-164.

Djellal, F., Gallouj, F. (2009), « Innovation dans les services et entrepreneuriat : au-delà des conceptions industrialistes et technologistes du développement durable », *Innovations, Cahiers d'économie de l'innovation*, n° 29, 59-86.

Dujarier, M.-A. (2008), *Le travail du consommateur. Comment nous coproduisons ce que nous achetons*, La Découverte.

Du Tertre, C. (1999), « Intangible and Interpersonal Services : Towards New Political Economy Tools. The French Case », *The Services Industries Journal*, vol. 19, n° 1, 18-34.

Du Tertre, C. (2008), « Ouvrir le champ de l'évaluation de la performance au registre des externalités – Une condition des coopérations entreprises/collectivités territoriales », in Heurgon E. (dir.), *Le développement durable, c'est enfin du bonheur !*, Éditions de l'Aube, 104-120.

Du Tertre, C. (2009), « Économie de la fonctionnalité : vers un nouvel Eco Business Model ? », Communication Journée d'étude, 2 avril, Université de Lausanne.

Erkman, S. (2004), « Vers une écologie industrielle », Éditions Charles Léopold Mayer, 157-170.

Ernult J., Ashta A. (2007), « Développement durable, responsabilité sociétale de l'entreprise, théorie des parties prenantes : évolution et perspectives », *Cahiers du CEREN*, n° 21, 4-31.

Fondation Concorde (2010), *Nouvelles visions pour une société de la connaissance : L'économie de la fonctionnalité, vers un nouveau modèle économique durable*, Rapport, novembre, http://www.fondationconcorde.com/publications.php.

Gadrey, J. (1996), *Économie des services*, La découverte, coll. Repères (2e éd.).

Gadrey, J. (2000), « The characterization of Goods and Services : an alternative approach », *Review of Income and Wealth*, 4, 3, 369-387.

Gadrey, J., Zarifian, Ph. (2002), *L'émergence d'un modèle de service*, Éditions Liaisons.

Gadrey, J. (2009), « Écologie, révolution des services et emploi », in Laperche B., Crétiéneau A.-M., Uzunidis D. (dir.), *Développement durable : pour une nouvelle économie*, P.I.E. Peter Lang, 121-142.

Galbraith, J.K. (1968), *Le nouvel état industriel*, Gallimard, 1re éd. en anglais : 1967.

Gallouj, F., Djellal, F. (eds.) (2010), *The Handbook of Innovation and Services*, Edward Elgar.

Gond, J.-P., Mercier, S. (2006), « La théorie des parties prenantes », in Allouche J. (dir.), *Encyclopédie des ressources humaines*, Vuibert, 917-925.

Granovetter, M. (1985), « Economic Action and Social Structure : The Problem of Embeddedness », *American Journal of Sociology*, 91 (3), 481-510.

Gravereau, J., Truman, J. (2011), *L'incroyable histoire de Wall Street*, Albin Michel.

Hatzfeld, N. (2007), « Organisation du travail, repères pour une histoire comparée (1945-2000) », in Costa-Lascoux, J., Dreyfus-Armand, G., Temmine, E. (dir.), *Renault sur seine. Hommes et lieux de mémoires dans l'industrie automobile*, La découverte, 37-54.

Helfrich, V. (2010), « Peut-on normaliser efficacement la RSE et ses pratiques ? Étude du cas de la norme ISO 26 000 sur la responsabilité sociétale », *Revue de l'organisation responsable*, n° 1, juillet, 51-60.

Kergoat, J., Linhart, D., Boutet, J. (dir.) (1998), *Le monde ouvrier*, La découverte.

Kuhn, Th. (2008), *La structure des révolutions scientifiques*, Champs-Flammarion, édition originale : 1962.

Langlet, D., Laperche, B., Lefbvre, G. (2010), *Financiarisation et crise économique mondiale, quels impacts sur la stratégie d'innovation des groupes industriels*, Réseau de recherche sur l'innovation, Document de travail, n° 17.

Laperche, B., Uzunidis, D. (2011), « Crise innovation et renouveau des espaces : dépendance de sentier et trajectoires d'évolution », *Innovations, Cahiers d'économie de l'innovation*, n° 35, 159-183.

Matagne, P. (2003), « Aux origines de l'écologie », *Innovations, Cahiers d'économie de l'innovation*, n° 18, 27-42.

Mazaud, F. (2006), « De la firme sous-traitante de premier rang à la firme pivot. Une mutation de l'organisation du système productif "Airbus" », *Revue d'économie industrielle*, n° 113, 45-60.

MEEDDM, 2010, *Budget 2010, Construire un nouveau modèle de croissance*, http://ebookbrowse.com/2010-budget-meeddm-def-1-1-ppt-d135306595.

Merlin-Brogniart, C. (2007), « Compétitivité, innovation et services publics marchands », *Innovations. Cahiers d'économie de l'innovation*, n° 25, 205-222.

Moati, Ph., Mouhoud, E.M. (2005), « Les nouvelles logiques de décomposition internationale des processus productifs », *Revue d'économie politique*, vol. 115, n° 5, 573-589.

Mont, O. (2002), « Clarifying the Concept of Product-Service System », *Journal of Cleaner Production*, http://www.iiiee.lu.se/Publication.nsf/$webAll/0E4B621AEE907184C1256CD8003C2115/$FILE/PSS-JCP.pdf.

Nelson, R.R., Winter, S.G. (1982), *An Evolutionary Theory of Economic Change*, Cambridge Mass, Harvard University Press.

Pastré, O., Lorenzi, J.-H., Toledano, J. (1980), *La crise du XXe siècle*, Economica.

Paun, F., von Tunzelmann, N., Richard, P. (2010), « Transferring new dynamic capabilities to SMEs : the role of ONERA – the French Aerospace LabTM », ideas.repec.org/f/ppa720.html.

Penrose, E. (1959), *The Theory of the Growth of the Firm*, Wiley.

Petit, B. (2003), « Responsabilités et transparence dans les économies fondées sur le savoir : une vision régulationniste des changements institutionnels contemporains », *Économie appliquée*, (WPRR série K 2003-1, www.théorie-régulation.org) LVI, 229-253.

Poirot, J. (2009), « L'économie de la fonctionnalité. Une contribution à la préservation de l'environnement par la substitution de services à des activités de production », in Laperche, B., Crétiéneau, A.-M., Uzunidis, D. (dir.), *Développement durable : pour une nouvelle économie*, P.I.E. Peter Lang, 189-212.

Rifkin, J. (2000), *L'âge de l'accès. La nouvelle culture du capitalisme*, La découverte.

Rochefort, R. (1997), *Le consommateur entrepreneur. Les nouveaux modes de vie*, Odile Jacob.

Simon, H. (1947), *Administrative Behavior. Au Study of decision-making processes in Administrative Organizations*, Free Press.

Stahel, W. (2006), *The Performance Economy*, Palgrave Macmillan.

Steinberger, J.K., van NIEL, J., Bourg, D. (2009), « Profiting from megawatts : Reducing absolute consumption and emissions through a performance-based energy economy », *Energy Policy*, vol. 37, issue 1, 361-370.

Stigltz, J., Sen, A., Fitoussi, J.-P. (2009), *Richesse des nations et bien-être des individus. Performances économiques et progrès social*, Odile Jacob.

Uzunidis, D. (2008), « Proximity and Innovative Milieu, Forum The Spirit of Innovation III », Tacoma, Seattle, May, http://rrifr.univ-littoral.fr/wp-content/uploads/2008/05/seattledu.pdf.

Vaileanu-Paun, I. (2009a), *Stratégies des entreprises et des espaces dans l'économie de la fonctionnalité. Le Cas EDF*, Thèse de sciences économiques en cours, Université Paris Diderot (présoutenance en 2009).

Vaielanu Paun , I. (2009b), Travail, capital-savoir dans la mondialisation » : *La valeur entrepreneuriale comme construit institutionnel encastré dans l'espace dans le contexte de globalisation*, Colloque RRI, Grenoble http://www.colloque.wesford.fr/index.adml?l=111&r=1368.

Vaileanu Paun, I. (2010a), « Vers une évaluation territoriale des entreprises Collège énergie climat du Conseil général de l'environnement », http://extranet.college-energie.cgedd.developpement-durable.gouv.fr/IMG/pdf/These_Ingrid_Valeanu_Paun_cle2523a7.pdf).

Vaielanu Paun, I. (2010b), « Économie de la fonctionnalité et Smart Grids », Atelier Bepos et Smart Grids, DGALN/PUCA.

Vaileanu-Pau I., Boutillier S. (2012), « Économie de la fonctionnalité. Une nouvelle synergie entre l'espace, la firme et le consommateur ? », *Innovations, Cahiers d'économie de l'innovation*, n° 37, 95-125.

Verret, M., Nugues, P. (1999), *Le travail ouvrier*, L'Harmattan.

Walras, L. (1993), *Éléments d'économie pure ou théorie de la richesse sociale*, Economica, édition originale : 1874.

Zacklad, E. (2007), « L'économie de la fonctionnalité encastrée dans la socio-économie des transactions coopératives : dynamique servicielle et filiation soutenable », in Heurgon, E., Landrieu, J., *L'économie des services pour un développement durable*, L'Harmattan, 273-288.

L'innovation dans les services

Une innovation (plus) verte ?

Faridah DJELLAL et Faïz GALLOUJ

Clersé, Université Lille 1

Introduction

Les économies développées contemporaines peuvent être décrites selon trois perspectives fondamentales, qui constituent des objets de recherche et des enjeux de politique économique extrêmement importants. Elles sont en effet des économies de *services*, des économies de l'*innovation* et des économies du *développement durable*.

Tout d'abord, qu'on le déplore, qu'on s'en réjouisse ou qu'on y soit indifférent, les économies contemporaines sont ainsi incontestablement des *économies de services*. Le tertiaire représente en effet l'essentiel des richesses et des emplois créés dans la plupart des pays développés, et les pays émergents fournissent une nouvelle illustration de ce qu'on peut appeler la loi de Fisher-Clark-Fourastié (qui traduit un glissement sectoriel de la population active du primaire, vers le secondaire puis le tertiaire).

Ensuite, les économies contemporaines sont des *économies de l'innovation* (dite permanente), de la qualité et de la connaissance. Pour les désigner, on utilise également fréquemment les expressions « nouvelle économie » ou « net-économie ». Contrairement à la précédente, cette seconde facette des économies contemporaines est le plus souvent positivement connotée (tout au moins dans la théorie économique). L'innovation et la connaissance sont en effet considérées comme des moteurs puissants du progrès socio-économique. Si l'argument n'est pas nouveau, ce qui l'est c'est l'ampleur de cette innovation et de ces dynamiques cognitives ainsi que leur vitesse de renouvellement.

Enfin, les économies contemporaines sont ou aspirent à être des *économies du développement durable* et en particulier des économies vertes. Ainsi, la question écologique a quitté son statut de revendication militante et utopique pour devenir une problématique socio-économique et politique majeure.

Envisagées séparément, chacune de ces perspectives a fait l'objet de travaux nombreux et importants dont il ne s'agit pas de rendre compte ici. Mais la force de ces trajectoires de recherche individuelles tranche avec la faiblesse de leurs intersections, quand on les examine deux à deux.

Par exemple, si l'économie contemporaine est à la fois une économie des services et une économie de l'innovation, paradoxalement, elle n'est pas (suffisamment ou véritablement) envisagée comme une économie de l'innovation *dans* les services ; c'est-à-dire comme une économie dans laquelle les efforts d'innovation des firmes de services seraient proportionnels à leur contribution aux grands agrégats économiques. Tout se passe comme si les services et l'innovation constituaient deux univers parallèles, qui coexistent en s'ignorant.

De même, dans une économie post-industrielle et de service, la notion de développement durable s'est, pour l'essentiel, construite en réaction aux dégâts initialement environnementaux puis également socio-économiques associés à une économie industrielle et agricole intensive (épuisement des ressources non renouvelables, prolifération des déchets, pollution, désertification, déforestation, réchauffement climatique, exclusion sociale dans les pays riches, accroissement des inégalités entre le Nord et le Sud...). Elle continue de véhiculer une forte connotation industrielle, même si certains services (le tourisme, le transport, etc.) peuvent jouer un rôle important dans les dégradations environnementales, et même si la montée en puissance de la facette sociale ou socio-économique du développement durable ouvre la voie à une meilleure prise en compte des services. Ainsi, comme le note à juste titre Jean Gadrey (2010), « les services sont ignorés par l'écologie politique et l'écologie est ignorée par l'économie des services » ou encore « l'économie des services, telle qu'elle existe, est à de rares exceptions près, a-écologique et a-sociale ». Les effets des services sur l'environnement et sur les inégalités sociales sont rarement au cœur de ses préoccupations.

L'intersection entre le champ de l'économie de l'innovation et celui du développement durable est quant à elle moins ténue. Mais elle est technologiquement biaisée. Il existe en effet une abondante littérature qui analyse le lien entre les innovations technologiques et le développement durable envisagé essentiellement sous l'angle environnemental. Ce biais technologiste dans l'analyse de la relation entre innovation et développement durable est renforcé par le statut ambivalent des technologies, envisagées à la fois comme source du problème (par exemple, source de la pollution) et comme solution (technologie réparatrice, dépolluante ou décontaminante).

L'objet de ce chapitre est de contribuer à l'articulation de ces trois facettes essentielles de l'économie contemporaine que sont les services, l'innovation et le développement durable, en cherchant à répondre à la question suivante : dans quelle mesure l'innovation dans les services est-elle une innovation verte, c'est-à-dire soucieuse du respect de l'environnement (et plus généralement, dans quelle mesure est-elle une innovation durable) ?

Pour aborder cette question, nous commençons par examiner l'hypothèse plus générale d'une économie des services envisagée comme une économie plus verte que l'économie industrielle. Cette hypothèse renvoie à un certain nombre de caractéristiques réelles ou mythiques des services (en particulier leur immatérialité, leur interactivité) (section 1). Nous examinons ensuite la manière dont les différentes perspectives théoriques mobilisées pour appréhender l'innovation dans les services peuvent être liées à la question de la durabilité (écologique et socio-économique). Nous envisageons tout d'abord la dimension verte de l'innovation dans les services (section 2), puis la contribution des firmes et des organisations de services à la mise en œuvre d'une innovation verte dans d'autres organisations et d'autres secteurs (section 3).

1. L'économie des services est-elle plus « verte » que l'économie des biens ?

L'idée selon laquelle, compte tenu de certaines de leurs caractéristiques intrinsèques, les services seraient plus « verts » et également plus « durables » que l'industrie est fréquente dans la littérature. Cette hypothèse optimiste et séduisante s'appuie sur l'idée qu'en termes de préservation de l'environnement « mieux vaut le bureau que l'usine ».

L'argument théorique principal qui étaie cette hypothèse est celui de l'immatérialité des services par opposition à la matérialité des biens. Or, c'est la transformation matérielle qui engloutit les ressources naturelles et qui porte préjudice à l'environnement. L'« empreinte écologique »[1] des services est généralement considérée comme relativement plus faible que celle de la production industrielle et agricole (Laval, 2006 ; Gadrey, 2004). Certaines validations statistiques viennent apparemment conforter cette thèse. Ainsi, par exemple, en France, en 2006, le tertiaire

[1] L'empreinte écologique d'une population est un indicateur simple qui estime la superficie de la planète dont cette population dépend compte tenu de ses activités économiques.

(hors transport) ne consomme que 14 % de l'énergie totale (Mairet, 2009). Ce bilan énergétique plus favorable serait lié à un moindre usage d'équipements lourds et consommateurs d'énergie. L'argument écologique est également soutenu et renforcé par un argument socio-économique, dans une perspective plus générale de développement durable. Ainsi, le secteur tertiaire apparaît comme naturellement plus « durable », car il est le domaine privilégié de la mise en œuvre d'activités motivées par une finalité sociale et civique : il s'agit d'activités de services (publiques, privées ou associatives) orientées vers la réduction du chômage, le développement humain, la cohésion sociale.

L'hypothèse des services verts et durables est néanmoins contestée. Ainsi, sur le plan théorique, la question de l'immatérialité des services est en débat. L'empreinte écologique de certains services est particulièrement élevée. C'est le cas, par exemple, d'activités de services comme le transport, le tourisme, la distribution et la publicité. Les dégâts socio-économiques récents liés à la crise financière et au rôle des services financiers dans cette crise affaiblissent l'argument de la durabilité socio-économique des services, tout au moins sous certaines de ses formes. Les économies contemporaines les plus tertiarisées ne sont pas les moins polluantes. Bien au contraire, on constate une élévation de la pollution en fonction du degré de tertiarisation de ces économies (Gadrey, 2010). Les économies les plus tertiaires sont ainsi les plus polluantes.

Si l'on peut probablement soutenir l'hypothèse que les services sont globalement plus « *environment-friendly* » que les industries manufacturières, en revanche il est tout aussi probable que nous sous-estimions fortement leurs capacités de nuisances écologiques (Fourcroy *et al.*, 2012). Il est ainsi probable que l'hypothèse de services verts ou sensiblement plus verts que l'industrie soit peu crédible à l'avenir à moins d'innovations importantes dans le domaine des services comme le souligne Gadrey (2010). Dans les paragraphes qui suivent, nous ne prétendons donc pas apporter une réponse définitive à la question posée (par le titre de la section), mais nous nous contenterons d'évoquer un certain nombre de pistes de réflexion en nous appuyant sur les caractéristiques des services discutées dans la littérature et sur un certain nombre de leurs évolutions récentes.

1.1. L'immatérialité des services : un mythe ?

Si on les compare aux biens, la principale caractéristique des services supposée être favorable à l'environnement est leur immatérialité. Il est important de comprendre tout d'abord ce que signifie cette notion, ensuite si elle constitue un facteur favorable au respect de l'environnement, et enfin si elle caractérise réellement les services.

a) L'immatérialité des services et son caractère « environment-friendly »

C'est à Adam Smith qu'on attribue généralement la paternité de l'idée de l'immatérialité des services. En effet, en s'intéressant essentiellement aux serviteurs de l'État, aux domestiques, aux artistes, aux avocats, aux médecins, Smith écrit dans *La Richesse des Nations* que les « services s'évanouissent au moment de leur production ». Cette caractéristique technique intrinsèque supposée des services a été (et continue d'être) au cœur des travaux contemporains sur les services, que ce soit en économie ou en gestion. Elle signifie que contrairement au bien qui est consubstantiel aux composants techniques qui permettent son existence, le service est évanescent et incorporel. Il ne prend pas une forme « matérielle », qui pourrait faire l'objet d'une accumulation, et circuler économiquement indépendamment de son support (un bien, un individu, etc.). Ce n'est pas une entité donnée, c'est un processus, un acte, un changement d'état. On ne peut pas « revendre » ou « rétrocéder » un tel état. Sa « réparation » est également difficile à envisager tout au moins dans les termes de la réparation d'un bien matériel. L'analyse lancastérienne en termes de caractéristiques (cf. section 2) permet de traduire cette immatérialité des services (Gallouj et Weinstein, 1997).

L'immatérialité des services est souvent associée à l'idée d'un impact environnemental plus limité que celui des biens matériels. En effet, la fabrication d'un bien suppose une plus forte consommation d'énergie et de ressources naturelles que la fourniture d'un service. Au niveau macroéconomique, certains travaux ont constaté une évolution vers une économie de plus en plus immatérielle (dématérialisée), jugée par conséquent moins nuisible à l'environnement (Ettighoffer, 1992 ; Romm *et al.*, 1999). L'hypothèse séduisante selon laquelle la tertiarisation inexorable de nos économies est un facteur mécanique de durabilité écologique est ainsi présente dans la littérature y compris institutionnelle (OCDE, 2000).

Bien que le lien avec la question de la matérialité ne soit pas très clair, certains constats statistiques viennent confirmer le caractère « plus vert » des services, c'est-à-dire leur caractère plus durable dans une perspective écologique. Ainsi, le secteur tertiaire hors transport ne contribuerait qu'à 6 % des émissions de CO_2 en France (cf. figure 1), alors qu'il représente plus de 70 % de l'emploi. Cette statistique est en réalité trompeuse car seules sont comptabilisées les émissions liées au chauffage et à l'éclairage des bâtiments ainsi qu'à la consommation d'énergie par certains systèmes techniques. Elle ne tient pas compte d'autres consommations liées à des dimensions matérielles oubliées.

Figure 1

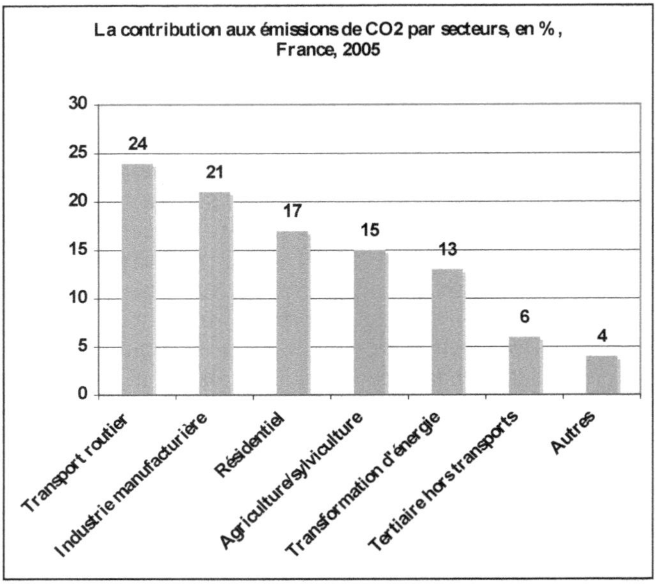

Source : Citepa 2007, Émissions « hors puits » en 2005 http://www.citepa.org/emissions/nationale/Ges/Emissions_FRmt_GES.pdf

b) Les services sont moins immatériels qu'on ne le croit

En réalité, les services sont plus matériels que ce que l'on imagine généralement. Cette affirmation vaut à la fois en statique (pour des services qui ont toujours été matériels, mais dont on a occulté la matérialité) et en dynamique (pour des services dont la matérialité est allée grandissante au cours du temps).

Ainsi, l'hypothèse d'immatérialité des services est facilement mise en défaut dans certains cas. En effet, pour de nombreux services, la matérialité est une caractéristique centrale. C'est le cas des services qui ont pour support principal la matière ou l'objet. Ces services sont d'ailleurs définis comme des services de logistique et de transformation matérielle (Gadrey, 1991, Gallouj, 1999). Leur activité consiste à transporter, transformer, réparer, mettre à disposition des objets matériels. On peut citer à titre d'exemple les services de transport de marchandises, le commerce, la restauration, la distribution d'eau, de gaz ou d'électricité, les services de location, de maintenance et de réparation. Leur rapport à la matière est évident et essentiel. Ces services sont par ailleurs parmi les plus intensifs en capital et parmi les moins verts. La figure 1 indique, par exemple, que le transport routier est le principal émetteur de CO_2 (24 %).

Dans l'ensemble des services (il est vrai à des degrés divers), une partie de la matérialité a été introduite par l'innovation technologique. C'est la conséquence de la manifestation de la trajectoire technologique naturelle de mécanisation croissante au sens de la théorie évolutionniste (Nelson et Winter, 1982). Les technologies en question ne se limitent pas aux technologies informationnelles, même si celles-ci occupent une place privilégiée dans les services où elles sont décrites comme invasives. Il faut tenir compte de nombreuses autres technologies essentielles dans les services : technologie du transport, de la cuisson, de la réfrigération, de la restauration, biotechnologies, etc., qui bien souvent d'ailleurs s'hybrident avec les TIC. En ce qui concerne ces dernières, si les logiciels sont des « technologies invisibles », il n'en va pas de même du hardware qui est fondamentalement matériel et dont de nombreuses études montrent qu'il est fortement consommateur de ressources naturelles épuisables (métaux rares) et d'énergie. Ces matériels connaissent des développements spectaculaires et une obsolescence quasi-programmée, inscrits dans des cycles de vie extrêmement courts. Ils soulèvent également de redoutables problèmes liés au traitement de déchets.

Dans certaines entreprises et secteurs de services, on constate également une industrialisation du service, ce qui signifie une matérialisation plus ou moins prononcée. L'industrialisation peut revêtir différentes modalités. La première modalité est le processus conduisant au remplacement de prestations de services par des biens industriels utilisés à domicile (self-service) : par exemple, le remplacement du service de laverie automatique par l'usage à domicile de sa propre machine à laver, le renoncement à la séance de cinéma pour l'usage à domicile d'un DVD, etc. La seconde modalité de l'industrialisation est la standardisation des procédés de travail qui (dans le cas des services) est synonyme de, ou aboutit à, une standardisation du service lui-même. Le produit, dans ce cas, n'est pas un bien, mais un quasi-produit : par exemple, un contrat d'assurance ou un produit financier standard, une formule touristique-type, un menu-type inchangeable dans un fast-food… L'industrialisation signifie, alors, le renoncement au traitement de cas qui ne sont pas des cas-types. On notera que la stratégie d'industrialisation (en particulier sous sa deuxième forme) a parfois été instituée en règle stratégique. Levitt (1972) préconise une industrialisation systématique des services par l'usage notamment des méthodes industrielles de production. Shostack (1984), de même, trouve dans cette stratégie d'industrialisation une solution à la « divergence » (degré de liberté) et à la complexité de la prestation de service. Elle recommande tout comme d'autres auteurs (Lovelock, 1992 ; Kingman-Brundage, 1992) l'élaboration de maquettes de la prestation (« *flowcharting* », « *blueprinting* »), qui constituent de véritables « manuels » de production du service.

c) Le débat matérialité/immatérialité et la convergence entre les biens et les services

La question de l'immatérialité propre aux services perd de sa pertinence lorsqu'on évolue vers une convergence (réelle ou théorique) entre biens et services, c'est-à-dire une dialectique d'industrialisation des services, mais aussi une montée en puissance du service et de la relation de service, du processus de « *servitization* » (Vandermerwe et Rada, 1998) comme mode de coordination entre agents économiques, dans les secteurs produisant des biens (industriels, mais aussi agricoles). De plus en plus nombreux sont les travaux contemporains à constater un brouillage des frontières entre les secteurs et quant à la nature des « produits » (Barcet et Bonamy, 1999). Certains travaux (Broussolle, 2001) montrent que, en tant que système technique partagé par l'industrie et les services, les NTIC contribuent à ce « brouillage ».

Le brouillage des frontières et l'orientation vers le « tout service » se manifeste de différentes manières. On assiste, par exemple, à la sensible augmentation de l'information et du service dans la valeur de la plupart des biens (industriels et agricoles). Qu'il s'agisse de la pomme de terre, de l'eau de toilette ou de la calculette, le service et l'information (les dépenses de R-D, de transport, de distribution, de marketing, etc.) sont devenus les composantes principales de la valeur produite. La généralisation des « services autour du produit » (services avant-vente, après-vente, pendant la vente, etc.) (Furrer, 1997) participe également de ce brouillage, de même que la transformation d'entreprises industrielles parmi les plus emblématiques (par exemple, IBM, Benetton) en entreprises de services, dans la mesure où désormais l'essentiel de leur chiffre d'affaires provient de ce type d'activités. Une autre illustration du brouillage des frontières est fournie par la transformation du modèle économique de certaines entreprises industrielles, qui passent de la vente à la location de leurs biens (les photocopieurs Xerox...) ou de la fabrication d'un bien à son « rafraîchissement », sa remise à neuf ou son recyclage.

Ces différentes illustrations du brouillage des frontières (et de la montée de l'immatériel dans l'industrie) se manifestent parallèlement à l'apparition d'un discours qui conduit certaines entreprises à ne plus se définir comme des fabricants de biens, mais comme des fournisseurs de solutions, de fonctions ou d'expériences. Il est évident que dans le cadre d'une telle conception du produit, l'opposition binaire entre matérialité et immatérialité perd une grande partie de sa pertinence.

On conclut de cette réflexion que, dans une perspective systémique et historique (dynamique), l'immatérialité supposée des services en tant qu'argument de leur caractère « *environment-friendly* » est remise en question. Les services, même si on accepte l'idée qu'ils sont moins énergivores et moins polluants que l'industrie, le sont bien plus qu'on ne le croit. La seconde caractéristique essentielle des services, à savoir leur interactivité, est, quant à elle, une source considérable de détérioration environnementale.

1.2. L'interactivité, une source de matérialité

L'économie des services a eu tendance à envisager l'immatérialité et l'interactivité des services comme deux caractéristiques techniques intrinsèques séparées. En réalité, en ce qui concerne la question de la durabilité (en particulier sous l'angle écologique), ces deux caractéristiques sont indissociables. En effet, l'interactivité comporte une dimension matérielle, préjudiciable à l'environnement, qui s'exprime à deux niveaux.

Le premier niveau de la matérialité de l'interaction est direct. C'est aussi le plus ancien. L'interactivité des services signifie en effet coproduction. La coproduction est souvent synonyme de rencontre physique, autrement dit de déplacement des protagonistes, ce qui mobilise tous les éléments matériels du déplacement. Il peut s'agir du déplacement des clients/usagers/consommateurs vers le prestataire (c'est le cas du commerce, de la restauration, de l'hôtellerie, de l'éducation ou de la santé), du déplacement du prestataire vers le client (par exemple, le conseil, certaines formules de ventes, les services à domicile), du déplacement simultané des prestataires et des clients (c'est le cas du transport de personnes). À ces déplacements des clients et des prestataires, il faut également ajouter les déplacements de la main-d'œuvre vers son lieu de travail. Il est nécessaire de mesurer cette matérialité et ses conséquences écologiques non seulement en flux, c'est-à-dire en évaluant l'effet direct (émissions de CO_2, consommations énergétiques) des biens matériels (moyens de locomotions individuels ou collectifs) utilisés au cours des prestations, mais aussi en stock, c'est-à-dire de manière indirecte en prenant en compte les consommations énergétiques et de ressources nécessaires à la production de ces matériels (tout au moins pour la part utilisée dans les services) de même d'ailleurs que celles des biens durables (équipements) utilisés pour fabriquer ces matériels (Gadrey, 2010, Fourcroy, Gallouj et Decellas, 2012). C'est ce qu'on appelle « l'énergie grise ». La dimension antiécologique est une fonction croissante de la distance géographique entre les acteurs et la fréquence de leurs interactions. Par ailleurs, la coproduction et la rencontre physique nécessitent généralement un lieu de rencontre (des guichets, des bureaux, des magasins, des hôpitaux, des universités, etc.) dont la matérialité est évidente, et nécessite également des ressources matérielles pour le construire et l'entretenir.

Le deuxième niveau de la matérialité de l'interaction est plus indirect. Elle est liée au développement des TIC. Pour un certain nombre de prestations, les TIC ont en effet été envisagées comme un remède aux conséquences écologiques néfastes de la matérialité liée à la coproduction. En effet, les téléservices (banque à domicile, commerce électronique, administration électronique, visioconférences, télétravail, télémédecine) réduisent les déplacements physiques et ses nuisances. L'argument n'est donc pas totalement faux. Cependant le bénéfice écologique de ces évolutions technologiques doit être nuancé de différentes manières. Tout d'abord, ce que l'on gagne en réduisant la matérialité des déplacements doit être grevé de ce que l'on perd en augmentant la matérialité liée à l'introduction de TICs. Par ailleurs, certaines formes de téléservices augmentent la circulation des biens (vente par correspondance). De manière plus générale, les TIC ont contribué à une augmentation des flux matériels, et l'on constate que la croissance des flux informationnels est positivement corrélée à la croissance des flux matériels (cf. l'EDI).

La conclusion de la réflexion précédente est qu'en fonction du périmètre de la matérialité des services qu'on se fixe, les résultats en termes écologiques sont fondamentalement différents. Une vision restrictive du périmètre (ou du système) des services conduit à des résultats favorables. Mais il serait plus approprié d'agrandir le périmètre (ou le système). En conclusion, l'augmentation réelle ou (socialement) « construite » de la matérialité des services conduit à réduire leur caractère favorable à l'environnement.

1.3. Le modèle de Baumol, les services et la pollution

Les travaux théoriques centrés sur la relation entre la croissance des services et la question de la pollution sont extrêmement rares. Les quelques exceptions à ce constat s'appuient, en le revisitant, sur le modèle de croissance déséquilibrée de Baumol (1967). Parmi elles figurent une réflexion de Baumol lui-même (Baumol, 2010) et une analyse particulièrement stimulante de Gadrey (2010).

Baumol reprend les principaux arguments de son modèle initial dit de *croissance déséquilibrée*. L'économie est divisée en deux secteurs : 1) un secteur (qualifié de stagnant) dans lequel la productivité du travail est constante, compte tenu de son faible niveau technologique ; 2) un secteur (qualifié de progressif) dans lequel la productivité du travail est croissante en raison de l'introduction de technologies.

La plupart des services appartiennent, selon Baumol, au secteur non progressif ou stagnant. Peu de gains de productivité peuvent y être réalisés, car les possibilités de mécanisation y sont limitées, le produit final y étant souvent identifiable au facteur travail lui-même. Le raisonnement de Baumol est illustré par des exemples particulièrement suggestifs et désormais bien connus, tels que celui du concert d'un quintette à vent, dont il est difficile d'imaginer comment on peut en augmenter la productivité, et en tout cas, certainement pas par l'accélération des cadences de travail.

Dans sa contribution de 2010, Baumol ajoute que la maladie des coûts (c'est-à-dire l'inflation chronique) qui touche les services est un facteur explicatif de la pollution. En effet, dans un tel contexte les services de réparation des biens peuvent s'avérer plus coûteux que l'acquisition d'un bien neuf et la mise au rebut de l'ancien. La société de services est ainsi une société du jetable, une « *throw away society* » selon les termes de Baumol (2010).

C'est également sur le modèle de Baumol que Gadrey assoit son analyse de la pollution dans une économie de services. Il montre à l'inverse que la maladie des coûts peut être enrayée, dans une certaine mesure si l'on internalise les externalités écologiques (par exemple en instaurant des taxes). En effet, dans ce cas, le coût des biens du secteur progressif va augmenter même si ce secteur réalise des gains de productivité du travail. Tout se passe, selon Gadrey, comme si on avait introduit dans le modèle une part fixe de service stagnant (en quelque sorte le service de la nature). La conséquence est que « le prix relatif des biens industriels par rapport à celui des services stagnants n'est plus condamné à tendre vers zéro ». Gadrey ajoute que, compte tenu de la rareté des ressources naturelles, on devrait assister à une augmentation progressive du « tarif » des services de la nature. La conclusion de cette analyse est que la part de l'industrie dans l'emploi qui était condamnée à baisser dans le modèle de Baumol initial devrait être amenée à augmenter et par conséquent la part des services dans l'emploi pourrait diminuer à l'avenir.

2. L'innovation verte *dans* les services[2]

Notre objectif n'est pas ici de fournir un nouveau bilan de la littérature sur l'innovation dans les services (cf. Gallouj et Djellal, 2010). Il

[2] La deuxième partie de ce chapitre reprend certains points développés dans Djellal F., Gallouj F. (2009), « Innovation dans les services et entrepreneuriat : au-delà des conceptions industrialistes et technologistes du développement durable », *Les Cahiers de l'innovation*, n° 29 (1), p. 59-86.

est d'examiner la manière dont les principaux travaux réalisés durant deux décennies de recherche sur l'innovation dans les services prennent explicitement en compte ou peuvent être extrapolés pour prendre en compte la question de l'innovation verte (et plus généralement durable). Il est aussi d'identifier les lacunes de cette littérature et de tracer des pistes de recherche et d'action.

Le champ de l'innovation dans les services s'est établi sur quatre perspectives théoriques différentes (assimilation, démarcation, inversion et intégration), qui traduisent des conceptions différentes de la relation vis-à-vis du champ dominant de l'innovation dans l'industrie manufacturière. L'*assimilation* envisage l'innovation dans les services de la même manière que l'innovation dans l'industrie, en se centrant sur leurs relations avec les systèmes techniques. Dans la mesure où elle met l'accent sur l'innovation adoptée (en provenance des secteurs industriels), la perspective assimilationniste est également une perspective subordonnée. La *différenciation* (*ou démarcation*) est quant à elle centrée sur les spécificités des services et elle vise à rendre compte d'activités d'innovation là où la perspective (technologiste or assimilationniste) traditionnelle ne perçoit rien. L'*inversion* traduit la revanche du secteur des services : elle souligne le rôle actif des services intensifs en connaissances (SIC) dans l'innovation des autres organisations, en particulier celles du secteur industriel. L'*intégration*, enfin, vise à élaborer la même grille analytique pour appréhender les biens et les services, l'innovation technologique et non-technologique. Ces quatre perspectives théoriques permettent également d'envisager l'innovation dans les services dans ses relations au développement durable.

2.1. Assimilation : une trajectoire technologique écologique

La littérature qui s'intéresse aux liens entre les innovations technologiques et le développement durable sous sa facette écologique est relativement abondante. La notion de développement durable est souvent associée avant tout à l'innovation technologique qui lui porte préjudice ou la conforte. L'innovation dans les services dans ses relations au développement durable n'échappe pas à ce biais technologiste. Pour les services aussi, ce sont bien souvent les technologies mises en œuvre qui sont les sources de problèmes écologiques (moyens de transport polluants, par exemple), et c'est donc dans l'innovation technologique adoptée par les services qu'on cherche la solution à ces problèmes.

La perspective assimilatrice adopte une conception technologiste de l'innovation et considère que les services se contentent d'adopter l'innovation technologique produite dans les secteurs industriels : par exemple, des moyens de transport, de cuisson, de réfrigération, des distributeurs automatiques, des ordinateurs, etc. Cette perspective semble également fréquente, voire dominante dans les travaux consacrés à l'innovation dans les services dans leurs relations au développement durable.

Cette perspective assimilatrice dominante suscite un certain nombre de remarques.

1) Elle traduit une position subordonnée des services en matière d'innovation. Par exemple, une municipalité qui introduit, pour ses transports en commun, des véhicules au gaz ou électriques (propres, silencieux, nécessitant peu d'entretien), n'est pas l'innovateur à proprement parler, mais simplement l'adopteur d'une innovation. Dans ce cas, le rôle des services dans la dégradation comme dans la réparation écologique se situe du côté non pas de la production de l'innovation, mais de son usage. On peut également envisager que les organisations de service puissent exercer une pression pour orienter la dynamique technologique vers des trajectoires vertes ou plus vertes. À cet égard, certaines firmes de services (c'est le cas de la grande distribution, cf. C. Gallouj, 2007) exercent une influence décisive sur les fournisseurs industriels qui sont dépendants d'eux, à tel point qu'il faudrait introduire une trajectoire d'innovation « *consumer dominated* » par opposition à la trajectoire « *supplier dominated* » de Pavitt. Ce constat traduit donc un certain relâchement de l'hypothèse de subordination des services vis-à-vis des biens.

2) Si, dans une perspective assimilatrice, l'éco-innovation centrée sur les problématiques écologiques est la plus apparente, elle ne doit pas occulter le développement de technologies orientées vers les dimensions sociales du développement durable. Ainsi, les innovations technologiques répondant aux problèmes des personnes âgées (par exemple, les robots domestiques, l'habitat intelligent, la télésurveillance…) constituent une trajectoire d'innovation puissante dans des sociétés de services vieillissantes (Djellal *et al.*, 2004). On peut ainsi distinguer, au sein de ces technologies matérielles, qui sont au cœur de la perspective assimilatrice, des *technologies environnementales* et des *technologies sociales*.

3) Les approches assimilatrices de l'innovation dans les services ont beaucoup insisté sur la diffusion invasive (*pervasiveness*) des TIC dans les services, et les principales théories de l'innovation dans les services se fondent sur la dynamique des TIC (cf. le modèle de Barras, 1986). Comme nous l'avons envisagé dans la première partie de ce chapitre, les TIC ne sont pas nécessairement des technologies vertes. En effet, la fabrication et l'usage des matériels informatiques sont consommateurs de ressources rares et d'énergie, et de ce point de vue l'idée de dématérialisation de nos sociétés contemporaines apparaît illusoire. Cependant, au sein des services, l'innovation dans les TIC (souvent hybridées avec les autres technologies environnementales ou sociales) joue également

(ou est susceptible de jouer) un rôle croissant dans le développement durable. Parmi les exemples les plus fréquemment évoqués, on peut citer la substitution de la vidéoconférence au déplacement physique (voyages d'affaires) ; l'introduction de nouvelles modalités de travail (par exemple, le télétravail). Les TIC constituent également un outil puissant de mesure, de contrôle et de suivi des problématiques de développement durable. Elles interviennent également dans d'autres dimensions de la durabilité (en particulier sociale). Elles permettent ainsi, en particulier à travers les réseaux sociaux, d'interpeller les pouvoirs publics et de mobiliser rapidement les citoyens.

4) La perspective assimilatrice peut également être interprétée, sous l'angle stratégique, comme une volonté de gommer les spécificités des services, de sorte qu'ils diffèrent le moins possible des biens. Il s'agit, par conséquent, de les rendre moins flous ou immatériels, de réduire ou d'annuler les temps d'interactivité (autrement dit, la relation de service), de les rendre moins immédiats en mettant en œuvre certaines formes de stockabilité. La finalité est donc de réduire la diversité des possibles, d'élaborer un produit ou quasi-produit qui peut se traduire par un contrat explicite. On parle d'industrialisation du service. L'industrialisation du service, qu'il s'agisse de l'évolution vers la production de biens tangibles, au détriment de la prestation de services immatériels ou qu'il s'agisse de la mise en œuvre d'un certain mode de production (Gadrey, 1996b), a contribué à assurer le succès du régime de croissance fordiste. Elle est souvent envisagée comme un facteur influençant négativement la notion de développement durable. Les exemples les plus connus sont la restauration rapide, les compagnies *low cost*, le discount, le tourisme de masse, le grand commerce alimentaire.

2.2. Différenciation : une trajectoire d'innovation immatérielle et sociale

L'approche assimilatrice est insuffisante pour rendre compte de l'innovation dans les services. Elle est à l'origine de ce que l'on peut appeler un « *innovation gap* » (NESTA, 2006). Il existe en effet de nombreuses formes d'innovations non technologiques qui échappent aux indicateurs traditionnels. On parle d'innovations cachées ou invisibles. Cet « *innovation gap* » a fait l'objet d'une littérature croissante depuis une quinzaine d'années (pour un bilan, cf. Gallouj, 1994 ; et Gallouj et Djellal, 2010).

Ce « *gap* » concerne aussi les innovations de services liées au développement durable (Seyfang et Smith, 2006). L'approche assimilatrice se focalise sur les innovations technologiques au détriment d'innovations moins spectaculaires, mais pourtant extrêmement nombreuses et importantes dans le domaine du développement durable. Il s'agit d'innovations non technologiques et en particulier d'innovations sociales, qui sont généralement négligées par la littérature économique.

Au total, pour rendre compte de l'innovation (durable) invisible ou cachée, il faut adopter une perspective de différenciation, qui s'efforce de mettre en évidence des formes particulières d'innovation de service liées à la durabilité, qu'elle soit économique, sociale ou écologique.

Tableau 2 :
Exemples d'innovation dans une perspective de différenciation

Type de service	Exemple d'innovations selon les dimensions du développement durable	
	Écologique	Socio-économique
• Traitement de la matière *Transport de marchandises, eau, gaz, électricité...*	Auto-partage, nettoyage sans eau, recyclage de matériaux	Non coupure de gaz, d'eau, d'électricité, commerce équitable, magasins de producteurs, AMAP (associations pour le maintien de l'agriculture paysanne)
• Traitement de la personne *Transport, services à la personne, santé, éducation...*	Entreprises d'insertion, tourisme durable (agricole, industriel, à vélo...)	Entreprises d'insertion, tourisme durable (articulé aux tissus sociaux locaux), soins aux personnes âgées, services aux personnes en difficulté, garderies coopératives
• Traitement de l'information *Banque, assurance, caisses d'allocations familiales, collectivités locales...*	Informations sur la situation écologique et sociale, prêts bonifiés	Microcrédits, PIMM'S (points d'information et de médiation multiservices, Points Services Publics (PS), « Maisons des services »
• Traitement de la connaissance des organisations *Services de conseil...*	Nouveau champ d'expertise (droit de l'environnement, conseil en développement durable), innovation ad hoc, innovations méthodologiques (MIPS, modèle PER)	Nouveau champ d'expertise (droit social, conseil en développement durable), innovation ad hoc, innovations méthodologiques

Le tableau 2 fournit des exemples d'innovations de services durables, dans une perspective de différenciation (c'est-à-dire non centrée sur la dimension technologique).

Dans les services de traitement de la matière, on peut citer, parmi d'autres, les exemples de l'autopartage, du nettoyage sans eau, qui poursuivent un objectif écologique et ceux du commerce équitable, de la multiplication de magasins de producteurs ou d'associations pour le maintien de l'agriculture paysanne (AMAP) ou encore du maintien de la fourniture d'eau, de gaz ou d'électricité pour des populations en difficulté, qui visent des objectifs socio-économiques.

Certaines formules de tourisme durable, les multiples initiatives innovantes dans le domaine des soins aux personnes âgées ou à la petite enfance constituent des exemples d'innovations non technologiques dans le cas des services de traitement de la personne.

En ce qui concerne les services de traitement de l'information, on peut citer les cas des innovations financières au service du développement durable : par exemple, les microcrédits pour répondre au problème de l'exclusion bancaire, les prêts bonifiés pour favoriser les équipements écologiques des entreprises. On peut également évoquer la mise au point par les collectivités locales (éventuellement en partenariat avec des entreprises privées et notamment dans les territoires pauvres en services à la personne) de dispositifs visant à proposer aux personnes en difficulté des guichets de services uniques : PIMM'S (points d'information et de médiation multiservices), Points Services Publics (PS), « Maisons des services ».

Les innovations engendrées par les services cognitifs aux entreprises (SIC) semblent être *a priori* « *environment friendly* ». Les SIC sont en effet parmi les activités de services les plus immatérielles. Elles produisent des solutions cognitives qui ne semblent pas *a priori* entraîner des dégradations particulières directes de la durabilité, en particulier écologique. Gallouj (1994) distingue ainsi, dans les activités de conseil, trois types d'innovation : l'innovation *ad hoc* (la coconstruction avec le client d'une solution inédite à un problème), l'innovation de *nouveau champ d'expertise* (la détection d'un champ de connaissances émergent et la fourniture de conseil sur ce champ), l'innovation de *formalisation* (la mise en œuvre de méthodes visant à rendre le service moins flou). Cette typologie de l'innovation peut s'appliquer sans difficulté au champ du développement durable. En effet, nombreuses sont les solutions *ad hoc* apportées par les consultants aux problèmes environnementaux ou sociaux. Ce champ d'expertise nouveau qu'est le développement durable sous ses différentes facettes a donné naissance à de nombreux cabinets spécialisés : par exemple, dans le droit de l'environnement, le droit social, le conseil en développement durable... Enfin, les innovations méthodologiques, dans le domaine du développement durable, sont particulièrement nombreuses. On peut citer, à titre d'exemple, l'indicateur MIPS évoqué précédemment. En réalité, certaines solutions cognitives de consultants peuvent induire une dégradation de la durabilité sociale en particulier lorsqu'il s'agit de fermeture d'entreprise ou de réduction des effectifs... Par ailleurs, comme nous l'avons souligné dans la première partie de ce chapitre, les consultants utilisent eux aussi des systèmes techniques (en particulier des TICs), des locaux, et des moyens de déplacement physique qui, envisagés en stock ou en flux, ont un impact négatif sur l'environnement.

Cette perspective de démarcation suscite également un certain nombre de remarques.

1) Nous avons souligné précédemment l'erreur qu'il y a à associer, de manière trop exclusive, les innovations technologiques aux finalités environnementales et écologiques, puisque ces innovations peuvent également prétendre à une finalité économique et sociale (résolution des problèmes des personnes âgées, des handicapés…). On peut utiliser ici le même argument pour les innovations non technologiques. Leur finalité n'est pas exclusivement sociale, elle peut être aussi économique et écologique. Tel est le cas, par exemple, de certaines formes de tourisme durable, qui visent non seulement la préservation de l'environnement, mais aussi le soutien économique et la mise en valeur et la préservation des tissus socio-économiques locaux.

2) Dans cette perspective de différenciation, l'innovation de service, dans sa relation à la durabilité, croise et se confond avec le champ vaste et prolifique (pourtant peu exploré par la théorie économique) de l'innovation sociale (Djellal et Gallouj, 2012). On peut ainsi dire que la perspective assimilatrice privilégie une approche « par le haut » de l'innovation technologique dans ses relations au développement durable. En revanche, compte tenu de la nature non tangible, non nécessairement spectaculaire de l'innovation prise en compte, les perspectives différenciatrices privilégient une approche de l'innovation « par le bas » (*bottom-up*). Seyfang et Smith (2006) utilisent l'expression « *grassroot innovation* » (par opposition aux « *green mainstream business innovations* ») pour désigner la conception par des individus ou des organisations de solutions durables innovantes de type « *bottom-up* » afin de répondre à des problèmes locaux et aux intérêts et valeurs des communautés impliquées.

3) Si la perspective assimilatrice est associée à l'industrialisation des services, la perspective différenciatrice l'est quant à elle à une autre forme de rationalisation porteuse d'innovation, que Gadrey (1996b) qualifie de rationalisation professionnelle ou cognitive, par opposition à la rationalisation industrielle. Cette *rationalisation cognitive*, qui est à l'œuvre par exemple dans certains cabinets de conseil, peut se décliner en trois stratégies de *typification* des cas, de *formalisation* des procédures de résolution de problèmes (méthodes), et de recours à des *routines* individuelles ou organisationnelles. Contrairement à la rationalisation industrielle, cette rationalisation professionnelle, quant à elle, ne semble pas avoir d'effet *a priori* négatif sur la notion de développement durable.

2.3. Intégration : intégrer les composantes écologiques aux autres

La perspective intégratrice de l'innovation considère qu'il est possible, voire nécessaire, de traiter l'innovation dans les biens et les services avec les mêmes outils. Elle prend en compte l'innovation technologique, mais aussi les formes non technologiques de l'innovation, en particulier l'innovation sociale.

Comme nous l'avons souligné dans la première partie de ce chapitre, cette intégration s'appuie sur plusieurs constats qui traduisent l'idée que la frontière entre les biens et les services s'estompe. Elle s'appuie, tout d'abord, sur le constat selon lequel les biens et les services sont de moins en moins vendus et consommés de manière indépendante, mais de plus en plus en tant que solutions, systèmes, fonctions ou expérience. Des perspectives théoriques de recherche nouvelles ont ainsi vu le jour : économie des fonctionnalités (Stahel, 1997), économie de l'expérience (Pine et Gilmore, 1999), approches en termes de caractéristiques (Gallouj et Weinstein, 1997). Cette intégration s'appuie, ensuite, sur le constat que le service ou l'information sont les principaux composants de nombreux biens. Un certain nombre de travaux sont ainsi consacrés à identifier et à mesurer la valeur informationnelle ou servicielle des biens, ou encore la montée en puissance de la dimension service dans les biens. On trouve des travaux de ce type dans l'industrie manufacturière, en particulier l'automobile (Lenfle et Midler, 2003), dans l'agriculture (Le Roy, 1997).

Mais une argumentation en faveur de l'intégration se trouve aussi du côté du développement durable. En effet, la définition même de ce concept milite en faveur d'une conception synthétique ou intégratrice de l'innovation. En effet, la notion de développement durable couvre les dimensions économiques, écologiques et sociales et donc l'innovation durable devrait articuler ces différentes dimensions et favoriser ainsi une conception intégratrice de l'innovation.

L'intégration des biens et des services (le passage d'une économie de la production et de la consommation de biens à une économie de la production et de la consommation de solutions hybrides ou packages) peut être envisagée, dans une certaine mesure, comme un facteur de durabilité. C'est la thèse défendue en particulier par l'économie des fonctionnalités. En effet, en ajoutant des services à leur produit ou en augmentant l'intensité en service de leurs biens, et en substituant à la vente d'un bien la vente de l'usage de ce bien, les entreprises optimisent la durée d'utilisation du bien et réduisent la part relative d'activités de traitement de la matière, sources de nuisances environnementales. Mais de nouveau ici, le caractère potentiellement matériel du « service ajouté » conduit à nuancer ce raisonnement.

Pour proposer une grille de lecture intégratrice des biens et des services et de leurs multiples modalités d'innovation, Gallouj et Weinstein (1997) (cf. aussi Gallouj, 2002a) s'appuient sur une représentation lancastérienne du produit (adaptée aux services). Ils définissent le produit (qu'il s'agisse d'un bien ou d'un service) comme la mise en relation de vecteurs de caractéristiques et de compétences : caractéristiques de service [Y], caractéristiques techniques internes [T] et externes [T'][3], compétences internes [C] et externes [C'] (cf. figure 2).

Figure 2 : Le produit comme vecteurs de caractéristiques et de compétences mis en correspondance (d'après Gallouj et Weinstein, 1997)

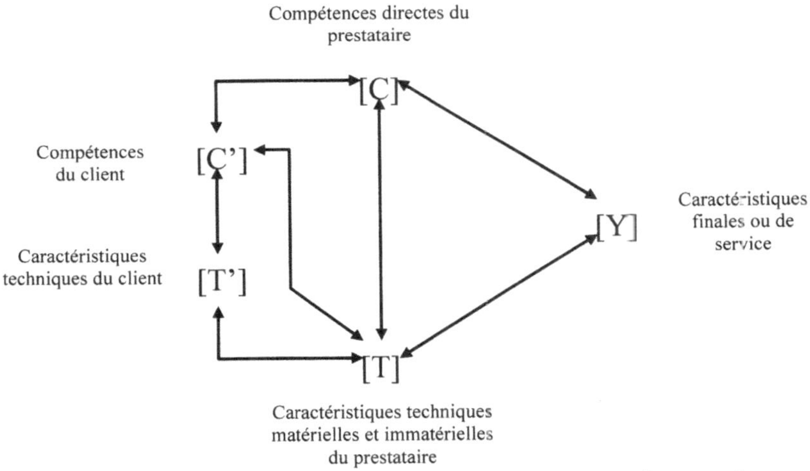

La représentation de la figure 2 peut faire l'objet d'un usage très flexible. Elle peut permettre de rendre compte d'un artefact matériel (une automobile ou un ordinateur), comme d'un produit immatériel (un contrat d'assurance, un produit financier, une prestation de conseil). Elle peut rendre compte d'un service pur ([C']—[C]—[Y]), comme d'un service moins pur ([C]—[T]—[Y]) ou encore d'une prestation de self-

3 L'introduction des caractéristiques techniques des clients a été suggérée par De Vries (2006) afin de prendre en compte les nouveaux canaux de consommation et de livraison (par exemple, lorsqu'un consommateur utilise ses propres technologies pour accéder à un service sur le web).

service ([C']—[T]—[Y]). Elle est, par ailleurs, également en mesure d'illustrer la fourniture de solutions hybrides (biens et services) : par exemple, une voiture et différents types de services associés en amont ou aval (assurance, entretien, financements, garanties...).

Une telle représentation du produit permet de prendre en compte certains aspects de la durabilité. En effet, on peut y intégrer des caractéristiques de services durables, sur le plan socio-économique comme sur le plan écologique (par exemple, des caractéristiques de services sociales-civiques), ainsi que les compétences et les caractéristiques techniques correspondantes. On peut citer à titre d'exemple les caractéristiques social-civiques suivantes dans le cas des services postaux : le traitement équitable des usagers (guichets, tournées), l'accessibilité équitable, la non-discrimination (jeunes, étrangers) dans les contacts, l'assistance aux populations marginalisées, les tarifs « sociaux », les services de « banque sociale » (acceptation d'ouverture de comptes pour les faibles revenus, sanctions « humanisées », conseils aux personnes en difficulté) (cf. Gallouj, Gadrey, Ghillebaert, 1999). On peut également intégrer les externalités négatives (pollutions, congestion, dans le cas du produit automobile) dans le vecteur des caractéristiques de service.

Sur la base de la représentation précédente du produit, l'innovation est alors envisagée comme une dynamique des caractéristiques, qui s'opère selon une arithmétique d'addition, de soustraction, d'association, de dissociation et de formatage des caractéristiques. Une telle définition permet de mettre en évidence plusieurs modèles d'innovation : innovation radicale, d'amélioration, incrémentielle, de recombinaison, de formalisation (cf. Gallouj et Weinstein, 1997), qui peuvent être appliqués sans difficulté aux innovations de service durables.

L'innovation radicale décrit la création d'un nouvel ensemble de caractéristiques et de compétences. La mise en œuvre en leur temps des éoliennes en constitue un exemple.

L'innovation d'amélioration traduit l'augmentation du « poids » (ou de la qualité) de certaines caractéristiques, sans modification de la structure du système de compétences et de caractéristiques. Il s'agit ici d'augmenter le poids d'une caractéristique technique ou d'une compétence durable, c'est-à-dire orientée vers l'amélioration d'une caractéristique de service durable, qu'il s'agisse de composantes « *environment friendly* » (par exemple, l'augmentation de l'efficacité énergétique, la réduction du niveau de pollution), ou qu'il s'agisse de composantes « sociales-civiques » (par exemple, le renforcement de la solidarité envers les publics défavorisés).

L'innovation incrémentielle décrit l'adjonction (mais aussi éventuellement la suppression ou la substitution) de caractéristiques. Les technologies dites additives (« *add-on technology* ») relèvent de cette logique.

Un autre exemple fréquent est l'adjonction de services autour du produit. Cette modalité d'innovation augmente « mécaniquement » la durabilité des entreprises industrielles qui la pratiquent, dans la mesure où elle contribue à une dématérialisation de leur activité, qui est favorable à la durabilité écologique. Mais l'adjonction peut également concerner des caractéristiques et des compétences sociales ou civiques (cf. les exemples fournis précédemment dans le cas des services postaux).

L'innovation de recombinaison est une modalité d'innovation qui s'appuie sur les principes élémentaires de dissociation et d'association des caractéristiques finales et techniques.

L'innovation de formalisation enfin traduit le formatage et la standardisation des caractéristiques. Elle peut être illustrée par la mise au point de nombreuses méthodologies orientées vers la durabilité.

3. L'innovation verte *par* les services

Dans la partie précédente, nous avons abordé la question de l'innovation au sein des firmes et des secteurs des services. Il s'agit ici de s'intéresser à la manière dont les firmes ou les organisations de services induisent des innovations dans d'autres firmes ou secteurs (innovation par les services). Deux groupes d'activités sont concernés ici au premier chef. Il s'agit des services aux entreprises intensifs en connaissances (SIC) et des services publics. Ces deux secteurs ont cette caractéristique particulière d'innover pour eux-mêmes et de contribuer, de différentes manières, à l'innovation des autres secteurs.

3.1. Les SIC et l'innovation verte induite

Les SIC réunissent un certain nombre d'activités de services dont la particularité est que la connaissance constitue à la fois leur input et leur output principal (Miles *et al.*, 1994 ; Gallouj, 2002b ; Toivonen, 2004). Ils regroupent les multiples activités de conseil et d'ingénierie, mais aussi certains aspects d'autres activités comme les services financiers ou d'assurance… Ces activités sont parmi les plus innovantes par elles-mêmes, comme l'indiquent les données des enquêtes communautaires sur l'innovation. Mais, une de leurs caractéristiques principales est qu'elles exercent aussi une activité de soutien à l'innovation de leurs clients.

Ce soutien peut prendre différentes formes. Par exemple, les consultants peuvent participer à l'introduction de nouvelles normes écologiques. Ainsi, Nicolas (2004) analyse la manière dont l'introduction de normes, écolabel (exemple : la norme AB : agriculture biologique) entraîne un processus d'apprentissage organisationnel pour les firmes, qui s'appuie sur le recours à des SIC extérieurs (exemple : services de formation). Une autre forme est celle des SIC qui participent à l'élaboration d'innovations durables pour le compte de leurs clients, généralement avec la participation de ceux-ci (coproduction). Ces innovations peuvent relever des sciences et techniques matérielles (cas des activités de R-D) ou des SHS et de l'ingénierie organisationnelle. Il peut donc s'agir d'innovations technologiques, mais aussi non technologiques et en particulier sociales. Un dernier exemple de soutien à l'innovation durable par les SIC est celui des banques, qui peuvent jouer un rôle de déterminant en tant que catalyseur de l'innovation en proposant des produits financiers favorables au développement durable (exemple : prêts bonifiés, etc.).

Les autorités publiques qui sont envisagées dans le paragraphe suivant peuvent également faciliter l'usage des SIC dans une perspective de durabilité. C'est le cas, par exemple, des régions qui ont mis en place des « programmes incitatifs » à la mise à niveau, à la mise aux normes et à l'innovation dans le domaine du développement durable, par l'intermédiaire de dispositifs tels que les fonds régionaux d'aide au conseil (FRAC) (Maubrey, 2003).

3.2. Les services publics et l'innovation verte induite

Dans leurs relations au développement durable, les services publics (qu'ils soient de niveau national, régional ou local) peuvent être envisagés sous différents angles. Le premier angle a déjà été évoqué précédemment. C'est celui du service public en tant que fournisseur (selon différentes modalités) d'un produit (eau, énergie, transports) susceptible de poser des problèmes de durabilité, qui peuvent être pris en charge par des innovations. Le deuxième angle est celui des pouvoirs publics locaux, nationaux ou supranationaux en tant que producteurs de lois, réglementations et normes auxquelles les organisations et les usagers doivent se conformer. Dans ce cas, le pouvoir public, par l'intermédiaire de la législation, intervient comme un déterminant du changement et de l'innovation dans le domaine de la durabilité. Le troisième angle, enfin, celui qui nous intéresse ici, est celui des politiques publiques de soutien à l'innovation durable.

Ces politiques publiques d'induction de l'innovation durable peuvent prendre différentes formes. Comme pour l'innovation dans les services, la grille d'analyse « assimilation, différenciation, intégration » (ADI) permet de les appréhender de manière satisfaisante.

En effet, de nombreuses politiques publiques de soutien à l'innovation de service dans ses relations au développement durable s'inscrivent dans une approche de type A. Il s'agit, en effet, dans les services, comme ailleurs, de soutenir les innovations technologiques durables, du côté de la production comme de celui de la consommation. Ce soutien peut prendre différentes formes : le financement, la taxation (par exemple, en concédant des crédits d'impôt pour les technologies propres ou économisant de l'énergie), les commandes publiques, la diffusion de l'information…

Les approches de type D (politiques de démarcation) quant à elles, mettent l'accent sur les spécificités de l'innovation durable dans les services. Elles privilégient généralement les innovations non technologiques, en particulier les innovations sociales. On peut citer comme exemple le soutien (par les autorités locales) au développement de pépinières d'entreprises spécialisées dans des problèmes écologiques, sociaux, etc.

Seyfang et Smith (2006) identifient, pour la Grande-Bretagne (sur la base de HM Government, 2005), deux stratégies de développement durable qui illustrent bien à un niveau national cette opposition entre approches de type A et D : d'une part, la modernisation écologique et l'innovation technologique et, d'autre part, l'action locale et l'économie sociale. Selon ces auteurs, ces deux types de stratégies de développement durable ont fait l'objet de littératures séparées, l'une sur l'innovation technologique au service de la production et de la consommation durables (Fusslar et James, 1996 ; Smith *et al.*, 2005) et l'autre sur les activités locales et la société civile (Amin *et al.*, 2002 ; Seyfang, 2001).

Certaines politiques publiques, enfin, s'inscrivent dans la perspective de type I. Il s'agit de politiques intégratrices qui portent sur le soutien à des catégories dont on considère qu'elles dépassent les frontières sectorielles : c'est, semble-t-il, le cas des stratégies publiques en faveur du développement de certaines formes de gouvernance durables (responsabilité sociale des entreprises). La promotion d'une culture de l'innovation peut également être considérée comme relevant d'une perspective de type I, dans la mesure où elle transcende les secteurs. Patris *et al.* (2001) fournissent un certain nombre d'illustrations de programmes nationaux ou européens poursuivant cet objectif : par exemple, le « National Action Plan for Environmental Education for a Sustainable Future », lancé en l'an 2000 par le gouvernement australien.

Conclusion

Les économies développées contemporaines sont des économies de service et de l'innovation qui aspirent au développement durable. La question de la durabilité (en particulier sous l'angle écologique) est cependant souvent essentiellement associée à l'industrie manufacturière et aux technologies matérielles. Les services sont ainsi en moyenne souvent jugés plus verts que l'industrie, même s'il existe des contre-exemples notables : le tourisme et le transport par exemple. « Le bureau moins polluant que l'usine » est l'image qui résume cette hypothèse optimiste. Cet optimisme est renforcé par le rôle socio-économique essentiel des services : ce sont eux en effet qui créent la plupart des emplois dans les économies contemporaines.

Dans ce chapitre, nous nous sommes efforcés de montrer que la réalité est plus complexe. Ainsi, sur le plan analytique, comme sur le plan empirique, des arguments peuvent être évoqués pour remettre en question le caractère « *environment-friendly* » des services. Les arguments analytiques sont la remise en cause de l'immatérialité comme caractéristique distinctive des services par rapport aux biens et de l'idée de dématérialisation des économies postindustrielles. Ainsi, une conception systémique du service, qui intègre l'intervention de service, les déplacements, la mise en condition des lieux de la prestation, met en évidence de nombreuses sources de matérialité (de consommation d'énergie et de pollution) directes et indirectes, qui peuvent se prêter à certaines mesures (Fourcroy *et al.*, 2012).

De même que le service ne peut pas être considéré comme durable ou vert par nature, l'innovation dans les services ne peut pas l'être non plus. Si l'on ne peut pas conclure de manière franche que les services sont plus verts que l'industrie et que l'innovation dans les services est une innovation plus verte, en revanche, il est clair que c'est dans le secteur tertiaire dominant que se joue positivement ou négativement l'avenir de la question du développement durable. Dans les services comme ailleurs, l'innovation jouera un rôle fondamental dans l'orientation des économies vers un développement durable.

Bibliographie

Amin, A., Cameron, A., Hudson, R. (2002), *Placing the social economy*, Routledge, London.

Barcet, A., Bonamy, J. (1999), « Éléments pour une théorie de l'intégration biens/services », *Économies et Sociétés*, série EGS, n° 1, 5, p. 197-220.

Barras, R. (1986), « Towards a Theory of Innovation in Services », *Research Policy*, 15, p. 161-173.

Baumol, W.J. (1967), « Macroeconomics of unbalanced growth : the anatomy of urban crisis », *The American Economic Review*, 57, p. 415-426.

Broussolle, D. (2001), *Les NTIC et l'innovation dans la production de biens et services : des frontières qui se déplacent*, 11e Conférence internationale du RÉSER, Grenoble, octobre.

De Vries, E. (2006), « Innovation in services in networks of organizations and in the distribution of services », *Research Policy*, vol. 35, Issue 7, p. 1037-1051.

Djellal, F., Gallouj, F. (2012), « Innovation sociale et innovation de service : première ébauche d'un dialogue nécessaire », *Innovations. Cahiers de l'innovation*, 39 (2), (à paraître).

Djellal, F., Gallouj, F., Gallouj, K. (2004), « La dynamique de l'innovation et du changement dans les services de soins aux personnes âgées », *Revue française des affaires sociales*, n° 3, juillet-septembre, p. 139-169.

Ettighoffer, D. (1992), *L'entreprise virtuelle. Ou les nouveaux modes de travail*, Odile Jacob, Paris.

Fourcroy, C., Gallouj, F., Decellas, F. (2012), *Energy consumption in services industries : challenging the myth of non-materiality*, Clersé, Univ. of Lille, France (à paraître).

Furrer, O. (1997), « Le rôle stratégique des services autour des produits », *Revue française de gestion*, mars-avril-mai, p. 98-108.

Fusslar, C., James, P. (1996), *Driving eco-innovation : understanding wealth creation*, Pitman, London.

Gadrey, J. (1991), « Le service n'est pas un produit. Quelques implications pour l'analyse économique et pour la gestion », *Politiques et management public*, vol. 9, n° 1, mars, p. 1-24.

Gadrey, J. (1996a), *L'économie des services*, Repères, La découverte (2e éd.), Paris.

Gadrey, J. (1996b), *Services : la productivité en question*, Desclée de Brouwer, Paris.

Gadrey, J. (2004), « Services, croissance, décroissance », *Alternatives économiques*, n° 228, septembre.

Gadrey, J. (2010), « The environmental crisis and the economics of services : the need for revolution », in Gallouj, F., Djellal, F. (eds.) *The handbook of innovation and services*, Edward Elgar Publishers, Cheltenham, p. 93-125.

Gallouj, C. (2007), *Innover dans la grande distribution*, De Boeck, Bruxelles.

Gallouj, F. (1994), *Économie de l'innovation dans les services*, L'Harmattan, Paris, 255 p.

Gallouj, F. (1999), « Les trajectoires de l'innovation dans les services : vers un enrichissement des taxonomies évolutionnistes », *Économies et Sociétés*, Série EGS, n° 1, 5, p. 143-169.

Gallouj, F. (2002a), *Innovation in the Service Economy : the New Wealth of Nations*, Edward Elgar Publishers, Cheltenham, UK, Northampton MA, USA.

Gallouj, F. (2002b), « Knowledge intensive business services : processing knowledge and producing innovation », in Gadrey, J., Gallouj, F. (eds.), *Productivity, Innovation and knowledge in services*, Edward Elgar Publishers, Cheltenham, p. 256-284.

Gallouj, F., Djellal, F. (2010), *The handbook of innovation in services*, Edward Elgar Publishers, Cheltenham.

Gallouj, F., Weinstein, O. (1997), « Innovation in services », *Research Policy*, 26, p. 537-556.

Gallouj, F., Gadrey, J., E. Ghillebaert (1999), « La construction sociale du produit financier postal », *Annals of Public and Cooperative Economics*, 70 (3), p. 417-445.

HM Government (2005), *Securing the future : delivering UK sustainable development strategy*, The Stationary Office, Norwich.

Kingman-Brundage, J. (1992), « The ABCs of Service System Blueprinting », in Lovelock, C. (ed.), *Managing services*, Prentice-Hall International Editions, Englewood Cliffs, New Jersey, p. 96-102.

Laval, P. (2006), « Le développement durable : stratégies descendantes et stratégies ascendantes », *Géographie, Économie et Sociétés*, vol. 8 (4), p. 415-445.

Le Roy, A. (1997), *Les activités de service : une chance pour les économies rurales ? Vers de nouvelles logiques de développement rural*, L'Harmattan, Paris.

Lenfle, S., Midler, C. (2003), « Innovation in automative telematic services : characteristics of the field and management principles », *International Journal of Automative Technology and Management*, vol. 3, n° 1/2, p. 144-159.

Levitt, T. (1972), « Production line approach to service », *Harvard Business Review*, 50, septembre-octobre, p. 41-52.

Lovelock, C. (1992), « A basic toolkit for service managers », in Lovelock, C. (ed.), *Managing services*, Prentice-Hall International editions, Englewood Cliffs, New Jersey, p. 17-30.

Mairet, N. (2009), *Déterminants de la demande d'énergie dans le secteur tertiaire en France, une analyse technico-économique*, Thèse de doctorat en Sciences économiques, Montpellier 1.

Maubrey, R. (2003), « Les problèmes et solutions pour accéder aux innovations environnementales au sein d'entreprises et de collectivités, Innovations », *Cahiers d'économie de l'innovation*, n° 18, p. 113-138.

Miles, I., Kastrinos, N., Flanagan, K., Bilderbek, R., den Hertog, P., Huntink, W., Bouman, M. (1994), *Knowledge-Intensive Business Services : Their Role as Users, Carriers and Sources of Innovation*, PREST, Université de Manchester.

Nelson, R. et Winter, S. (1982), *An evolutionary theory of economic change*, Belknap Harvard, Cambridge Ma. And London.

NESTA (2006), *The innovation gap : why policy needs to reflect the reality of innovation in the UK*, National Endowment for Science, Technology and the Arts, Research Report.

Nicolas, E. (2004), « Apprentissage organisationnel et développement durable. La norme AB », *Revue française de gestion*, 2, n° 149, p. 153-172.

OCDE (2000), *The service economy*, OECD Publications, Paris.

Patris, C., Valenduc, G., Warrant, F. (2001), *L'innovation technologique au service du développement durable*, Rapport pour les Services fédéraux des affaires scientifiques techniques et culturelles (SSTC), Fondation Travail-Université, Namur, Belgique.

Pine, J. and Gilmore, J. (1999), *The Experience Economy*, Harvard Business School Press, Boston.

Romm, J., Rosenfeld, A., Herrman, S. (1999), *The internet economy and global warming*, The Center for Energy and Climate Solutions.

Seyfang, G. (2001), « Community currencies : small change for a green economy », *Environment and planning*, vol. 33 (6), p. 581-593.

Seyfang, G., Smith, A. (2006), *Community action : a neglected site of innovation for sustainable development ?*, CSERGE Working Paper EDM 06-10.

Shostack, G.L. (1984), « Service Design in the Operating Environment », in George, W., Marshall, C. (eds.), *Developing New Services*, American Marketing Association, Proceedings Series, 1984, p. 27-43.

Smith, A., Stirling, A., Berkhout, F. (2005), « The governance of sustainable socio-technical transitions », *Research Policy*, 343, p. 1491-1510.

Stahel, W. (1997), « The Functional Economy : Cultural and Organizational Change », in Richards, D.J. (ed.), *The industrial green game : implications for environmental design and management*, Washington DC, National Academy Press, p. 91-100.

Toivonen, M. (2004), *Expertise as business : Long-term development and future prospects of knowledge-intensive business services*, PhD, Helsinki University of Technology.

Vandermerwe, S. et Rada, J. (1988), « Servitization of Business : Adding Value by Adding Services », *European Management Journal*, 6(4), p. 314-324.

L'évaluation de la performance des services

Vers une approche adaptée à la nature des services et de leur durabilité

Céline MERLIN-BROGNIART

CLERSÉ, Université Lille 1

Les services sont au cœur de nos économies modernes. Ils sont les principaux contributeurs de l'emploi et du PIB, et ils participent ainsi à la performance du système productif global. Par ailleurs, plus de vingt ans après la parution du rapport « Brundtland » (WCED, 1987), la nature de la performance recherchée par la société évolue, intégrant de différentes manières d'autres dimensions que la dimension purement économique.

Ces deux constats posent la question de la prédisposition des services à contribuer à la durabilité[1] économique, sociale et écologique de la société. En outre, bien que les liens entre les services et le développement durable d'une part, et les services et leur performance, d'autre part, soient désormais manifestes et multiples, la question de l'évaluation de la durabilité des services est encore peu traitée.

L'objectif de ce chapitre est de présenter une grille analytique de la performance permettant de prendre en compte les spécificités des services, et de rendre compte des formes de la durabilité qui en découlent. Les services sont-ils par nature plus durables que d'autres activités ? Leurs processus d'innovation favorisent-ils la recherche de durabilité ? Les outils d'évaluation de la performance sont-ils suffisamment développés pour rendre compte de la contribution des services en matière de durabilité ?

Afin de répondre à ces questions, nous examinerons les typologies existantes relatives à la durabilité des services, et leur capacité à rendre

---

[1] Tout en ayant conscience que les termes « durable » et « soutenable » ne sont pas synonymes, pour des raisons pratiques, nous emploierons ici le terme « durable » comme un terme englobant la notion de durabilité et de soutenabilité.

compte des spécificités et de la variété des sources de performance des services. Sur quels critères reposent les typologies des services durables ? Ces typologies peuvent-elles servir de base à l'étude de la performance durable des services ? Quelles sont leurs limites ?

Dans un premier temps, les travaux sur la performance ont évolué indépendamment de toute préoccupation vis-à-vis des services. En effet, la société de service s'est construite progressivement autour d'un modèle de société bâti sur une logique industrialiste. Elle a donc emprunté aux entreprises manufacturières les modes de mesures productivistes de la performance. Confrontés aux spécificités des services, de plus en plus d'auteurs ont mis en avant la difficulté de ces techniques de mesure à rendre compte des spécificités des services (Gadrey, 1989 ; Djellal, Gallouj, 2007a ; Zarifian, 2007). Progressivement, la littérature managériale a introduit la notion de performance globale, afin d'évaluer les différentes facettes du développement durable. Ces outils de mesure permettent-ils d'appréhender toutes les formes de durabilité des services ? Sont-ils conçus pour rendre compte non seulement des enjeux, mais aussi des résultats des activités des services ? Faut-il repenser le cadre analytique de la performance sur un autre référentiel ?

Ce chapitre se base sur une revue des caractéristiques de services et des outils de mesure de la performance issue de la littérature consacrée à l'économie des services. Le cadre conceptuel exposé en seconde partie de ce chapitre s'appuie sur des travaux antérieurs (Merlin-Brogniart, Moursli-Provost, 2010 ; Merlin-Brogniart, 2010, 2011). Les indicateurs proposés à titre d'illustration s'appuient sur les travaux empiriques réalisés au cours de ces recherches dans des services en réseaux, des services de santé ou des services publics marchands. Cette présentation accompagne une étude en cours réalisée dans le cadre d'un contrat de recherche sur la durabilité des services[2]. Ces indicateurs sont complétés par les résultats d'autres études de cas utilisant le même cadre conceptuel appliqué à d'autres secteurs.

Nous proposons dans la première partie d'articuler les caractéristiques des activités de services avec la problématique de durabilité, et de confronter cette articulation aux typologies existantes sur la durabilité des services. Dans une deuxième partie, nous réfléchirons à la pertinence du type de performance des services qui est actuellement mesuré. Un cadre d'analyse multicritère sera ensuite présenté afin de prendre en compte l'ensemble des dimensions de la durabilité des services.

---

[2] Contrat PEPS-INSHS 2011 « Les services durables ».

1. Les activités de services et la problématique du développement durable

En transposant la conception du développement durable vulgarisée par le rapport « Brundtland » (1987) aux services, nous pouvons considérer qu'un service durable devrait répondre à trois séries de besoins ou d'objectifs de production correspondant aux trois piliers du développement durable (économique, social, et écologique). Ce découpage classique de la notion de développement durable, bien qu'il ne soit pas exempt de limites, constituera ici notre point de départ à l'analyse de la durabilité des services. Cette première partie consiste à montrer, à partir d'une revue de la littérature, que certaines caractéristiques des services entraînent par nature des comportements favorables au développement durable. Nous prolongerons cet examen en analysant la nature des actions (à caractère durable) menées par les services, ainsi qu'en étudiant la pertinence des critères utilisés pour établir les typologies de services durables.

1.1. Les caractéristiques de service et la durabilité

Pour présenter les analogies entre les caractéristiques des services et les principes de développement durable, partons de la définition des services. Une activité de service peut être définie comme « une "opération" visant une "transformation d'état" d'une réalité C, possédée, contrôlée ou utilisée par un agent B, réalisée par un prestataire A à la demande de B, mais n'aboutissant pas à la production d'un bien susceptible de circuler économiquement indépendamment du support C » (Gadrey, 2008, p. 13). À partir de cette définition, il est possible de relever plusieurs similitudes entre le fonctionnement des services et la notion de durabilité.

a) La dimension interactivité

La plupart des services nécessitent une rencontre physique entre le prestataire de service et son destinataire afin de « rendre un service » ou de coproduire le service. Par conséquent, le client ne peut être ignoré. Ainsi, la principale valeur dégagée par les services est le lien social qu'ils créent ou maintiennent grâce à cette dimension d'interactivité. De ce fait, la durabilité sociale constitue par nature un *objectif* des activités de services. Si la relation de service est commune à la plupart des services, la dimension sociale est cependant plus ou moins poussée en fonction du prestataire de service. Ainsi, les services portant sur l'individu dans ses dimensions cognitives (ex. : enseignement) et physiologiques (ex. : santé) ; et plus généralement les services de proximité, développent du lien social. D'autres services ont une finalité sociale et civique (les services publics marchands ou non marchands, les associations) et maintiennent une certaine cohésion sociale. D'autres services enfin, génèrent du progrès social car leurs règles de fonctionnement impliquent l'usage d'une démocratie participative qui est censée amener davantage de diversité (ex. : économie sociale et solidaire).

b) Un processus de long terme

Le service est un processus (Hill, 1977 ; Gadrey, 1996). Il se construit voire se coproduit avec le client. Par conséquent, la relation de service mais aussi la réalisation des engagements sont au cœur de la création de la valeur socio-économique générée par les services. Ainsi, un service sera durable s'il propose un engagement durable aux clients (Zarifian, 2007). Cet engagement « durable » (au sens où le service permet une « relation [de service] continue » avec le client (Zarifian, 2007)) dépendra du mode d'organisation du service. La mise en place d'un tel engagement est possible dès lors que le processus de production du service est conçu autour de la relation de service. Lorsque les activités de services sont élaborées sur un mode d'organisation industrialiste, les étapes de production linéaires et relativement indépendantes ralentissent le temps de réaction face aux demandes des clients. La défection du client qui peut s'ensuivre réduit la durabilité de l'engagement. Cette durabilité, de type socio-économique, s'étend au-delà de la seule pérennité de l'entreprise. Les résultats des services ont des répercussions sur divers horizons temporels et notamment le long terme. Certains auteurs distinguent entre les résultats de court terme de la prestation de service (nommés output) et les résultats de long terme (ou outcome) (Gadrey, 1996 ; Djellal, Gallouj, 2007b). L'output correspond au produit direct (ou immédiat) du service, ce qu'on pourrait appeler (dans l'acception du terme utilisé pour les services de santé) l'obligation de moyen. L'outcome correspond au produit indirect (ou médiat), autrement dit, l'obligation de résultat. Par conséquent, une fois la prestation de service réalisée, la qualité (et l'efficacité) de la prestation de service dépendra non seulement de l'entreprise, mais aussi de l'investissement présent et futur du client (qualité de la coproduction du service, suivi des recommandations du prestataire), éventuellement d'autres intermédiaires (État, famille), ainsi que du contexte de la prestation. Par ailleurs, les finalités de la prestation de service peuvent être convergentes avec les objectifs de développement durable. Par exemple, l'outcome des prestations de service public ou de santé, les prestations cognitives ont un impact sur la durabilité de la société, d'autant plus que ces prestations concernent un grand nombre de personnes. On remarque cependant que les résultats de court terme (par exemple, la consultation du médecin) peuvent aussi avoir un impact sur la société, surtout dans la mesure où la répétition de résultats immédiats peut donner lieu à des résultats médiats. Par ailleurs, l'étendue de l'horizon temporel des services amène à de l'incertitude

portant sur les résultats de la prestation de service. L'incertitude liée à la notion de développement durable a bien entendu une tout autre envergure. Nous ne connaissons pas avec précisions les risques économiques, environnementaux ou sociaux résultant de nos comportements actuels, ni l'exacte capacité de renouvellement des ressources, d'où le développement d'un principe de précaution. L'incertitude peut par conséquent être décuplée lorsque l'objectif de la prestation de service correspond à des objectifs de développement durable (par exemple, en matière de santé, de connaissance).

c) La relative immatérialité des services

Le caractère immatériel des services est souvent invoqué pour qualifier ces activités. Il implique pour certains services une difficulté de stockage et de transport pour le produit final (Stanback, 1980). Cette relative immatérialité a des conséquences sur les externalités générées par les services. Les services les moins assis sur une infrastructure « matérielle », moins consommatrice de ressources, devraient par nature être moins polluants. Cette affirmation doit être nuancée. En effet, au-delà du produit final, la rencontre physique entre le prestataire et le destinataire du service sur laquelle beaucoup de services reposent génère un coût supplémentaire d'émissions de gaz à effet de serre à cause des transports induits par les déplacements. Cette conséquence n'est pas actuellement prise en compte dans l'évaluation de la performance des services. Ces externalités sont liées aux facteurs matériels non pas de la production mais de la coproduction (Gadrey, 2008).

La relative immatérialité des services, par certains égards source d'une moindre consommation en ressources, et plus généralement la logique servicielle sont pour certains auteurs les bases d'un nouveau modèle de société. Il en est ainsi des tenants de l'économie de la fonctionnalité. Cette notion désigne « la production et la vente de "solutions globales" dont l'aspect fonctionnel repose sur un usage intégré de biens d'équipements et de services associés » (Du Tertre, 2007, p. 241). L'immatérialité des services limiterait l'exploitation des ressources. Ainsi, lorsque cela est possible, l'utilisation d'un service de location (d'un bien) plutôt que l'achat du bien rendant le même service participerait à la construction d'un monde durable. Cette théorie s'applique avant tout aux producteurs industriels, mais elle rend légitime la société de services puisque ce modèle économique repose sur le principe selon lequel la création de valeur s'obtient par l'usage. Dans ce modèle, la rentabilité du service augmente avec la durée d'utilisation de son support (le bien). Elle est liée au nombre d'unités fonctionnelles vendues (et non au nombre d'objets vendus) (Bourg, 2011). Par conséquent, les modèles les plus durables seraient ceux comportant de nouvelles logiques de production, tels que le modèle de l'économie servicielle (de type B to B) ou l'économie de la fonctionnalité à proprement parler (le B to C) (Du Tertre, cité par Bourg, 2011).

d) L'attachement à un système de valeur

Comme nous l'avons vu précédemment, le résultat des services dépend de la participation du destinataire et éventuellement d'autres intermédiaires. Le contexte de la prestation modifie la relation de service. Ainsi, au-delà des descriptions techniques, le produit fini des services ne sera pas forcément perçu de la même manière par les acteurs. Contrairement aux biens, une évaluation objective n'est pas possible. La description et l'évaluation du service dépendront des critères de jugement des acteurs. Par ailleurs, plusieurs formulations de la performance seront envisageables en fonction des objectifs qu'ils cherchent à privilégier (résultats médiats ou immédiats). Le service est ainsi une « construction sociale » contingente. Cette subjectivité de l'évaluation des services aura des conséquences en termes de performance. Tout d'abord, mesurer uniquement la productivité d'un service ne rendra pas compte de la satisfaction du client. Chaque acteur aura une conception différente, voire contradictoire, du type de performance à privilégier en fonction de sa position économique (prestataire, destinataire du service, etc.) et en fonction de l'identité qu'il choisira d'afficher (client, usager, salarié, administrés…) (Merlin 2006 ; Eiglier, Langeard, 1994). Enfin, les critères d'évaluation des acteurs pourront intégrer des critères de développement durable.

e) La question de la territorialisation

Tout comme le développement durable, l'économie des services a un ancrage local et des répercussions globales. Au niveau local, par leur caractère interactif, certaines activités de services permettent de maintenir de la cohésion sociale, et de créer de l'emploi (commerce de proximité, services publics territoriaux, certains services en réseaux). Elles favorisent ainsi la durabilité sociale. Cependant, certains de ces services ont un impact écologique important. Par exemple, les services en réseau, ou le grand commerce, émettent beaucoup de gaz à effet de serre pour amener les objets à chaque point de contact. Si la proximité des services est un atout pour la durabilité socio-économique des territoires, la recherche de productivisme des entreprises de service a eu tendance, même si l'offre de services est locale, à aligner leur logique de production sur les logiques de marché et l'économie mondialisée. Les entreprises qui se situent à des échelles territoriales différentes se trouvent fragilisées par la confrontation des principes du productivisme aux évaluations de plus en plus relationnelles de la performance (Landrieu, 2007). Par ailleurs, les activités de services, comme toute activité, sont susceptibles d'être délocalisées. Ces délocalisations sont une « régression générale des droits collectifs » dans la mesure où elles mettent en compétition les systèmes socio-économiques de tous les pays (Gadrey, 2008, p. 18).

1.2. Des actions préventives et curatives

La durabilité des services peut s'exprimer en particulier par deux types d'actions : des actions curatives et des actions préventives. Ces deux types d'actions ne sont pas exclusives l'une de l'autre.

Les actions curatives (ou défensives) relèvent de tentatives de réparation. Leur but est de rétablir la cohésion sociale ou économique perdue, de réduire les nuisances souvent engendrées par l'activité humaine, ou de diminuer les ressources consommées. Ces prestations de « réparation » peuvent concerner une entreprise cliente ou être réalisées par l'entreprise qui génère ou subit ces impacts négatifs. De manière générale, la prise de conscience des impacts négatifs des activités a plutôt été le déclencheur d'actions curatives ou défensives. Les actions curatives écologiques identifiées par l'économie écologique prennent généralement la forme d'innovations technologiques vertes de « bout de chaîne », permettant d'atténuer les conséquences d'une pollution. Mais ce type d'action correspond aussi au cœur de métier d'un certain nombre de services : les services qui, par nature, ont pour fonction de réparer, et d'entretenir en vue d'une durabilité écologique curative (service de dépollution, services traditionnels basés sur des technologies vertes, services à l'environnement, services de régulation et d'approvisionnement, nouveaux services à l'environnement (ex. : Consulting environnemental ou en énergie renouvelable, Monitoring de l'environnement). Les innovations environnementales mises en place dans ce cadre sont aussi non purement technologiques ou mixtes. Ces innovations comprennent « l'ensemble des modes d'organisation, des routines, des pratiques et des services que l'entreprise doit mettre en œuvre, soit pour innover (technologiquement) dans le domaine de l'environnement, soit pour intégrer la dimension environnementale à chaque étape du cycle de vie […] de ses produits/services/process, soit encore pour sensibiliser ses salariés, ses fournisseurs ou ses clients au respect de l'environnement » (Depret, Hamdouch, 2009, p. 5). Ces actions ou innovations se retrouvent dans les domaines sociaux (ex. : rétablissement de la cohésion sociale) telles que la mutualisation de certaines activités afin d'éviter la désertification des territoires ou dans le domaine économique (ex. : accompagnement des reconversions).

Les actions préventives présageraient de la recherche d'un comportement d'emblée « durable » de la part des services. Les prestations proposées sont *a priori* moins consommatrices de ressources naturelles ou financières, ou encore créatrices de lien social ou/et de valeur ajoutée immédiate ou médiate. Certains services contribuent de manière préventive, par nature, à ces comportements. Par exemple, les services traditionnels à l'environnement (ex. : services d'eau, énergie, propreté, gestion des déchets), ou encore les services à la personne dans le cas de la durabilité sociale. L'environnement est par ailleurs actuellement perçu comme une opportunité pour le développement de nouvelles activités de services, comme le tourisme durable ou le nettoyage écologique. Ces nouveaux créneaux correspondent bien souvent à des niches pour des activités plus traditionnelles qui se basent dorénavant sur des technologies ou de nouveaux processus verts (ex. : services d'autopartage). De nouveaux services à l'environnement complètent les services traditionnels (ex. : conseil en environnement, services en TIC durables).

En passant en revue les différentes activités de services, et en s'intéressant ici uniquement aux comportements positifs envers le développement durable, le premier constat que l'on relève est que les prestataires de service développent davantage d'actions préventives dans le cadre de la durabilité économique et sociale[3] que dans le cas d'une durabilité écologique. Le tableau 1 propose une série d'illustrations d'objectifs de prestataires de services relevant d'actions préventives et d'actions défensives dans les trois dimensions de la durabilité (sociale, écologique et économique).

Tableau 1 : La durabilité appliquée aux services

Nature de l'action/ Durabilité	**Actions (préventives) en faveur de la durabilité**	**Actions défensives ou curatives**
Écologie (ou environnement)	*Préservation de l'environnement, Aménagement du territoire/ Recherche de nouvelles ressources ou sources d'approvisionnement :* Exemples : - Services à l'environnement, services de régulation et d'approvisionnement (gestion des déchets, eau énergie), - Nouveaux services à l'environnement, nouvelles niches : Conseil en environnement, TIC durable, tourisme durable, nettoyage	*Services de réparation et d'entretien* Exemples : - Service de dépollution, Services traditionnels basés sur des technologies vertes, - Services à l'environnement, Services de régulation et d'approvisionnement (gestion des déchets, eau énergie),

[3] La durabilité sociale étant une finalité pour de nombreux services, nous considérons qu'elle relève d'actions préventives en faveur du développement durable, même si à l'origine leur conception relève souvent d'une recherche de durabilité économique.

	écologique; jardinage respectueux de l'environnement, - Services reposant sur des processus verts (Économie de la fonctionnalité) ex : services autopartage, services de couches lavables. - Opérateurs de liens entre le territoire (services en réseau)	- Nouveaux services à l'environnement (Conseil en environnement)
Social	*Création de lien social, coproduction, création d'emplois/ Interaction, co-construction participative dans certains services* Exemples : Services à la personne, services de proximité Services en réseau, services locaux Économie sociale et solidaire Maîtrise des risques (santé, alimentaire)	*Rétablissement de Cohésion sociale* *Réduction du déficit de services en zone rurale* *Mutualisation de la réparation* Exemples : Services à la personne Services en réseau, Services locaux
Économie	*Création de valeur socio-économique, engagement durable, Création de ressources marchandes et non marchandes* Exemples : Potentiellement tous les services (mais plutôt les services relationnels et non productivistes)	*Accompagnement des reconversions* Exemple : Pépinière d'entreprises

Source : Merlin-Brogniart.

Nous remarquons que les actions des services (préventives ou curatives) nécessitent l'élaboration d'indicateurs de performance médiats. En effet, la performance peut difficilement être mesurée uniquement par des indicateurs retranscrivant l'efficience opérationnelle. La performance durable (généralement médiate) est une source de « valeur ajoutée » sociale, économique ou écologique, qui requiert des indicateurs reflétant l'efficacité réelle de ces services. Elle sera forcément complexe à évaluer puisqu'elle sera liée à une variété d'acteurs dont l'entreprise ne maîtrise pas le comportement, ainsi qu'au contexte (économique, institutionnel, etc.). Par ailleurs, les innovations des activités de services (innovations vertes, innovations sociales) sont un indicateur important de la performance durable des services. Cette prise de conscience collective sur la durabilité des actions, même si elle n'est pas encore généralisée, conduit progressivement les acteurs à réfléchir à un nouveau cadre d'évaluation du service incluant les questions écologiques et sociales.

1.3. Typologie des services durables

Plusieurs auteurs se sont intéressés au degré de durabilité des activites en général, ou plus particulièrement des activités de services et en ont fourni des typologies (Djellal, Gallouj, 2009 ; Gadrey, 2008). Ces typologies s'intéressent avant tout aux dimensions de la durabilité affectées par les activités des services, ainsi qu'aux enjeux des services. Nous avons vu précédemment que la relative immatérialité des services explique en partie leur durabilité écologique. Ce principe a conduit Djellal et Gallouj (2009) à réfléchir à une typologie de la durabilité des services en fonction des supports (plus ou moins matériels) du service. Le résultat principal de leur recherche est le suivant : la durabilité écologique semblerait être inversement proportionnelle à la dimension matérielle des services. Autrement dit, les services à forte dimension matérielle exerceraient une pression directe sur l'environnement par leur émission de pollution, mais ces services affecteraient aussi la durabilité sociale à cause des pressions productivistes associées à leur mode de prestation. À l'inverse, les services plus immatériels et relationnels contribueraient favorablement à la durabilité socio-économique (service de proximité, de santé, d'éducation).

Dans la typologie de Gadrey (2008), la réflexion sur la durabilité des services s'effectue à partir des perspectives d'emploi à long terme de différents secteurs d'activité. Cette typologie est intéressante car un des grands objectifs de la durabilité sociale est la création d'emplois. Or, de nombreux auteurs soulignent la forte capacité actuelle des services à créer des emplois[4]. La quête de durabilité devrait remettre en question cette tendance. En effet, la réponse aux transformations nécessaires de la production de certains biens ou services « verts » favoriserait une régression de la productivité du travail car ces produits seraient plus exigeants en travail par unité produite que les produits issus des procédés productivistes. Sous cette hypothèse, les services ne devraient plus être systématiquement un gisement d'emplois. Selon cet auteur, les services les plus socialement durables (les services qui répondent à des besoins sociaux et des besoins de proximité) et faisant l'objet d'innovation, devraient continuer à créer des emplois. En revanche, les services peu durables notamment dans leur dimension écologique devraient voir leur nombre d'emplois diminuer. Ce constat peut être généralisé aux secteurs primaires et secondaires.

Les résultats de ces typologies, et notre réflexion sur les caractéristiques des services et la durabilité présentée précédemment, nous amènent à formuler plusieurs remarques quant à la performance des services :

– La durabilité portée par les services n'est pas homogène selon les secteurs. Au-delà du caractère matériel, c'est la manière de produire le

4 En trente ans, les entreprises de services ont créé 3,5 millions d'emplois en France (solde net du pays : 2,8 millions d'emplois) (Djellal, Gallouj, 2007a).

service, c'est-à-dire le caractère productiviste de certains services, qui explique les différences de durabilité. Aussi, bien souvent, les services reposant sur une logique de production industrielle auront plus de difficultés à présenter une performance durable. Les services de traitement de l'individu et de traitement de la connaissance, qui s'appuient généralement sur une logique de production servicielle, auront plus de facilité à établir des performances durables.

– L'évaluation de la durabilité dans les services devrait comporter une analyse complète de l'ensemble du processus de prestation du service et non pas seulement du degré de matérialité du service. Ces caractéristiques négatives de la durabilité ne sont actuellement pratiquement pas prises en compte dans les mesures de la performance (Gadrey, 2008).

– Au-delà d'une réflexion par secteur, une réflexion plus globale sur la durabilité de la consommation et de la production pourrait être complémentaire à notre approche (ex. : nouveaux modes de délivrance des biens et services).

Avant de poursuivre notre analyse de la performance, il est nécessaire ici de prendre en compte les limites d'une approche de la durabilité par les trois dimensions du développement durable.

Tout d'abord, le référentiel autour des trois dimensions économique, sociale, et écologique est régulièrement discuté. Le travail de construction des normes (socio-éthiques, scientifiques et économiques) reste encore à concevoir. En particulier, dans les approches théoriques, il n'est pas rare qu'une norme soit prédominante sur les autres (Torres, 2002), ce qui pourrait poser problème pour l'évaluation de la performance. Certains auteurs soulignent l'importance de prendre en compte la dimension territoriale (Laganier *et al.*, 2002 ; Theys, 2002) car c'est à cette échelle que la possibilité de prendre des décisions démocratiques est la plus envisageable, et la plus pragmatique. Or, actuellement, les normes nécessaires à la constitution du référentiel « sont souvent élaborées à un niveau global et "a-spatial" (sans articulation avec la réalité des territoires) » (Torres, 2002, p. 4).

Une seconde limite est liée à l'existence de frontières entre les trois dimensions de la durabilité. Ces types de durabilité sont parfois en contradiction, parfois en compromis. Les liens entre eux sont complexes. Par exemple, les décisions économiques prises dans le cadre de la santé améliorent la durabilité sociale, mais l'augmentation de la population peut venir perturber la durabilité écologique de notre société. D'autres actions ont des répercussions à la fois sur la durabilité économique et sociale (ex. : microfinance). Ainsi, faudrait-il appuyer l'analyse de la performance directement sur des catégories mixtes (écogie/société, société/économie, écologie/économie ; écologie/économie/société).

Enfin, chacune des trois dimensions du développement durable comporte des limites liées à la perception qu'en ont les auteurs. Faut-il considérer la « durabilité écologique » ou utiliser la notion de « durabilité environnementale » ? La durabilité sociale doit-elle être limitée à la durabilité sociale interne de l'entreprise ou s'entendre dans son rapport avec les citoyens ? Faut-il limiter la norme économique à la rationalité économique (au sens de Pezzey, 1989, ou Hotelling, 1931) ou la repenser complètement autour d'une autre création de valeur et de sa redistribution ? Cette conception de la valeur pourrait être plus large et inclure, par exemple, des préoccupations d'usage.

Dans cette première partie, nous avons remarqué que certaines caractéristiques de service ont des points communs avec celles du développement durable. Par ailleurs, en fonction du mode d'organisation de leur production (plus productiviste ou au contraire plus relationnel) certains services auraient davantage la capacité de développer une performance durable. Cette réflexion sur la durabilité des services nous invite à revoir la conception de la valeur au sens large et à y inclure des éléments d'usage et de développement. Elle soulève la question de la pertinence de l'évaluation de la performance réalisée actuellement dans les services. Dans notre seconde partie, nous proposons d'examiner les mesures de la performance appliquées aux services.

2. L'évaluation de la performance dans les services : vers un outil de mesure de la durabilité

Nous avons effectué dans notre première partie deux constats importants. Le premier est que l'économie des services s'est développée sur les mêmes logiques productivistes, de performance et de rentabilité des capitaux que l'économie des biens (Landrieu, 2007 ; Gadrey, 2008). Ce modèle historique a contribué à développer dans certains services un mode de production basé sur les gains de productivité obtenus par les économies d'échelle, par la division du travail, et par la substitution du capital au travail. Le second constat est que la prise de conscience du développement durable engendre de nouveaux enjeux. Le développement durable peut être perçu comme une contrainte pour certaines entreprises dont les finalités demeurent économiques, mais même pour ces acteurs, les pressions en provenance des parties prenantes et plus généralement de la société, ou encore de la législation, peuvent les amener à réfléchir aux types de performance que leurs activités développent. Nous revenons dans les points suivants sur ces deux constats et leurs conséquences.

2.1. Des mesures traditionnelles de la productivité utiles mais insuffisantes

Depuis la conception de la valeur-travail développée par Smith (1776), retenant comme seul travail productif celui qui engendre des biens matériels, le concept de travail est demeuré la base de la mesure de la performance. Le concept de productivité comme mesure de la performance est encore largement dominant aujourd'hui, et relayé par un grand nombre d'institutions. Dans cette conception, la productivité est non seulement « interne à la sphère de l'économique (donc des entreprises), mais détachée des compétences des salariés » (Zarifian, 2007, p. 31). C'est sur cette mesure du travail que l'industrie capitaliste a établi son organisation. Aujourd'hui encore, les organismes internationaux (OCDE, 1995, 2001) recensent les améliorations réalisées dans les méthodes traditionnelles de mesure de la productivité dans les services (méthodes indicielles, par enveloppement ou paramétriques) (Djellal, Gallouj, 2007a).

Depuis la fin des années 1970, un consensus existe sur l'inadéquation des outils industriels pour mesurer le secteur des services et donc pour évaluer leur productivité (Gadrey, 1996 ; Hill, 1977 ; Zarifian, 2007). L'utilisation de ces mesures de productivité renforce l'idée que les services seraient à faible productivité, simplement car ces indicateurs ne sont pas en mesure de calculer la performance des services. Ces difficultés sont liées avant tout aux caractéristiques de service que l'on a précédemment évoquées. Tout d'abord, le produit des services n'est pas facile à définir car les unités de services sont peu homogènes. Par ailleurs, le choix entre les actes immédiats (mesurés en heures de travail ou en actes) ou les résultats ultérieurs (mesurés en évolution des effets et influençables par des éléments extérieurs) comme numérateur du ratio amène à des débats (Gadrey, 1996). Le dénominateur du ratio de productivité traditionnel, et notamment l'unité de temps à considérer, pose aussi problème. Si cette unité constitue le produit (par exemple, le temps de travail d'une prestation), l'output et l'input seront identiques. Par ailleurs, certains services, comme les services publics, n'ont pas de prix par nature (Djellal, Gallouj, 2007b). Il est alors difficile d'évaluer le ratio de productivité dans ces conditions.

Les deux principales mesures de la performance basées sur les résultats immédiats sont la mesure de la productivité dont on vient de parler, ainsi que la mesure de l'efficience économique (ou efficience-coût), autrement dit, le résultat comparé au coût. L'amélioration de ce second ratio n'implique pas nécessairement un gain de productivité[5].

D'autres mesures alternatives de la performance peuvent s'établir à partir des résultats médiats (Djellal, Gallouj, 2007a). Dans ce cas, deux formes de performance sont souvent mesurées : « l'efficacité », pour laquelle on calcule le ratio du résultat médiat rapporté aux facteurs de production. Ce calcul mesure le résultat à moyen ou long terme de l'utilisation des inputs. Il est aussi possible de mesurer « l'efficacité économique », autrement dit, le ratio du résultat médiat sur les dépenses engagées, qui mesure la performance face aux dépenses engagées. Le problème de l'utilisation de ces ratios est que le résultat obtenu est influencé par d'autres facteurs externes, ainsi que d'autres acteurs qui jouent un rôle important sur l'obtention du résultat médiat. Ces résultats sont généralement multidimensionnels. De plus, ces résultats ne seront visibles qu'à long terme, ce qui incite les agents à privilégier les mesures de la performance immédiate.

Conformément aux résultats formulés en première partie, nous remarquons que les services les plus proches de la production matérielle classique (tels que les transports de biens, les télécommunications, le commerce, la banque, etc.) sont les services pour lesquels la mesure de la productivité s'adapte le mieux. La raison essentielle est la possibilité de normaliser et reproduire ces actes (Gadrey, 1996). Au contraire, lorsque les activités de services font appel à une forte interaction avec le client (ex. : services intellectuels, le conseil, l'éducation, la santé, les loisirs), les ratios de productivité sont plus difficiles à appliquer car le produit réalisé par ces services n'est pas normalisé et les résultats obtenus ne sont souvent pas séparables des personnes. Nous pouvons donc faire la relation avec la durabilité. Nous constatons que plus un service est proche de la production matérielle, plus la mesure de la productivité sera facile à réaliser, mais dans la majeure partie des cas, moins ces activités de services seront écologiquement et socialement durables. Les caractéristiques techniques de ces activités ne correspondent que de manière partielle, aux spécificités des activités de services (immatérialité, interactivité, immédiateté) (Djellal, Gallouj, 2007b).

2.2. Vers l'utilisation d'analyses multicritères

La nécessité de développer une approche différente de la performance a conduit les institutions à compléter les mesures de productivité par des analyses de la performance de la qualité et de la variété des

---

[5] Ces mesures de la productivité posent d'autres problèmes techniques d'application aux services que nous n'aborderons pas ici. Nous renvoyons le lecteur aux travaux de Djellal et Gallouj (2008).

produits. Cependant, ces mesures apparaissent bien souvent comme des « modes de différenciation », plutôt que de la performance centrale de l'entreprise (Zarifian, 2007). Pour véritablement faire un pas vers une nouvelle analyse de la performance, cette dernière doit pouvoir être reconnue et acceptée par l'ensemble des acteurs, et notamment par le client. Cette mesure de la performance doit intégrer non seulement la productivité perçue par le prestataire, mais aussi la perception que d'autres acteurs ont de la prestation de service. Ainsi, on passerait « d'une problématique de la mesure à une problématique de l'évaluation » (Zarifian, 2007, p. 35). Il est nécessaire de ce fait, de faire reposer la construction des indicateurs de performance sur des « conventions d'évaluation » (Djellal, Gallouj, 2007a). Ce cadre conceptuel devra pouvoir retracer les systèmes de valeur contradictoires (ou non) des différents acteurs, sachant qu'un même acteur peut aussi se référer à plusieurs systèmes de valeur simultanément. Cette analyse multicritère de la performance pourra ainsi tenir compte de la durabilité des activités.

a) D'une mesure de la productivité à une problématique de l'évaluation

Dans la littérature managériale actuelle, c'est le concept de performance globale qui est mobilisé pour évaluer la mise en œuvre par les entreprises de la notion de développement durable (Capron, Quairel, 2006). Cette performance globale des entreprises réunit les performances économiques, sociales et environnementales. Beaucoup d'entreprises tentent de mesurer leur performance à partir d'outils existants. Parmi les outils globaux, c'est-à-dire qui considèrent les trois dimensions du développement durable, on recense le guide SD 21 000, la norme ISO 26 000, la Balanced Scorecard améliorée, la Triple Bottom Line Reporting, et la Global reporting initiative, mais seuls les deux derniers permettent de mesurer les résultats obtenus (Berland, Dohou, 2007). Ces approches ont cependant des limites importantes. Selon ces auteurs, seule la Global reporting initiative est en mesure de proposer des indicateurs croisés de performance intégrée pour évaluer les interactions entre les dimensions du développement durable. Par ailleurs, ces interactions ne sont effectives qu'entre deux dimensions (économique/sociale ou économique/environnementale). Une autre limite de ces outils managériaux est relative au cadre analytique sur lequel ils reposent. Ils ont été conçus à partir de l'approche instrumentale de la théorie des parties prenantes. Or, dans son application, les dirigeants d'entreprise favorisent dans leurs critères d'évaluation de la performance globale, les attentes des parties prenantes qui ont une influence sur l'entreprise, ce qui ne permet pas d'obtenir une performance globale représentant tous les acteurs (Berland, Dohou, 2007).

Pour contourner ces limites, nous proposons de nous appuyer sur les registres de justification mis en évidence par Boltanski et Thévenot (1987, 1991). Ce modèle des Économies de la Grandeur analyse la raison pour laquelle les individus et les groupes d'individus utilisent différents principes de justification pour exprimer leurs divergences dans les modes de coordination, et justifier leurs actions. Boltanski et Thévenot ont identifié six « mondes purs » qui doivent se comprendre comme des formes idéal-typiques : le monde de l'inspiration, domestique, de l'opinion, civique, marchand et industriel. Chacune de ces grandeurs peut être utilisée pour justifier une action particulière. Ainsi, lorsque des individus devront choisir entre plusieurs projets, les indicateurs relatifs à ces différents mondes serviront de base à leur réflexion lors de la recherche de compromis. L'évaluation multicritère joue sur ce point un grand rôle car c'est elle qui permettra aux acteurs de fonder leur discours et faire des choix (Torres, 2002). Le modèle des Économies de la Grandeur a déjà été utilisé dans un certain nombre de travaux pour analyser la performance de différentes organisations de service (Adjerad, 1996 ; Gadrey *et al.*, 1996 ; Delfini, 1997 ; Gadrey, 1996), respectivement dans le cas de la CAF, La Poste, l'ANPE et de l'assurance. D'autres auteurs ont utilisé ce modèle pour évaluer les modes de production ou identifier les compromis d'innovation (Boisard, Letablier (1987) ; Merlin-Brogniart (2007)) respectivement dans l'industrie laitière et à La Poste. Par ailleurs, beaucoup d'auteurs ont tenté d'appliquer les concepts des mondes (ou des cités) à l'environnement (Godard, 1990 ; Lafaye, Thévenot, 1993 ; Latour, 1995). Ainsi, il nous semble judicieux d'utiliser cette grille analytique dans le cadre de l'étude de la performance durable des services.

La grille d'analyse multicritère du produit et de la performance des services que nous présentons ici s'inspire du modèle des Économies de la Grandeur (Djellal, Gallouj, 2007a, Gadrey *et al.*, 1996). Elle croise les critères de justification de Boltanski et Thévenot (1991) aux résultats médiats et immédiats du service (tableau 2). À chaque registre de justification proposé par Boltanski et Thévenot correspond un type de performance. À ces types de performance sont associés des indicateurs relatifs aux produits directs ou indirects des services. Les indicateurs utilisés pour remplir cette grille seront propres à l'activité de service considérée (même si certains indicateurs sont standard), et dépendront des acteurs qui évaluent le service (usager, prestataire de service, etc.). À titre d'illustration, nous avons ajouté dans le tableau 2, pour chaque registre de référence, des exemples d'indicateurs de performance direct et indirect issus des travaux empiriques (cités plus haut) réalisés dans différentes activités de services.

Dans ce tableau, le monde industriel et technique reflète les modes d'évaluation des produits relatifs aux volumes, aux trafics et aux opérations techniques. Le monde marchand et financier rend compte du produit en termes de valeur, d'opérations monétaires et financières. Il permettra de retracer la performance marchande et financière de l'entreprise. Le monde relationnel ou domestique valorise les relations interpersonnelles et les liens de confiance consolidés au cours du temps. L'évaluation des produits dans cette perspective (la performance relationnelle) rendra compte de la qualité des relations entre agents et clients. Le monde civique est celui des relations sociales appliquant les principes de l'égalité de traitement, de l'équité et de la justice. Il est particulièrement important dans les services publics, sociaux ou certains services en réseaux. La performance correspondante sera la performance civique. Le monde de l'inspiration indique la créativité. Les auteurs l'ont renommé dans le tableau 2 « monde de l'innovation ». La performance correspondante sera la performance en matière d'innovation. Enfin, le monde de l'opinion reflète l'image de marque de l'entreprise. Il est qualifié ici de monde de la réputation. La performance associée est la performance de réputation.

Cette réflexion sur la mesure de la performance est effectuée ici sur les activités de services. Ainsi, le travail sera plutôt conçu non pas comme une suite d'opérations rationalisées (rationalisation industrielle), mais comme une mise à disposition de compétences professionnelles (Zarifian, 2007). L'accent est alors mis sur la relation de service et non pas seulement sur le produit. La coproduction a en effet des incidences sur la réussite du service et donc sur la performance générée. Certains des indicateurs de performance proposés (en particulier médiats) tiendront compte des comportements de multiples acteurs et de l'impact des facteurs externes. Ce cadre conceptuel permet ainsi de rendre compte des spécificités des activités de services associées au caractère interactif, incertain et relativement immatériel des services, telles que la confiance, la qualité, la fidélisation attachées à la relation de service (retranscrites dans le monde relationnel et domestique), aussi bien que les éléments plus traditionnels liés à l'infrastructure matérielle du service ou aux préoccupations de valeur (correspondants respectivement au monde industriel et au monde marchand). Ce cadre conceptuel est en effet capable d'intégrer les mesures de productivité, ou la mesure des coûts, mais ces mesures traditionnelles ne sont plus dominantes relativement à d'autres critères de la performance. Ces mesures restent cependant nécessaires pour que le prestataire de service puisse évaluer l'utilisation des ressources.

Tableau 2 : Une grille multicritère d'analyse du produit et de la performance des services

	Monde industriel et technique	Monde marchand et financier	Monde relationnel ou domestique	Monde civique	Monde de l'innovation	Monde de la réputation
Produit direct (court terme)	Nombre d'opérations *x* traitées	Recettes obtenues selon tel type d'opérations	Temps passé à entretenir les liens sociaux avec la clientèle	Traitement équitable des usagers	Nombre de projets innovants introduits	Nombre d'actions menées
Performances relatives au produit direct	Productivité technique Réduction des délais et des erreurs	Croissance du rendement des placements	Amélioration des indicateurs de satisfaction de la clientèle à l'égard de la relation de service	Proportion de contrats où l'entreprise accepte de prendre des risques supplémentaires pour motifs civiques	Améliorations effectuées dans tel domaine	Amélioration des indicateurs d'opinion
Produit indirect (long terme)	Création et circulation monétaire	Stabilité et sécurité financière	Fidélisation de la clientèle	Péréquation des tarifs	% de formation du personnel encadrant à l'innovation et ses outils	Retour sur investtissement de la publicité
Performances relatives au produit indirect	Volume de monnaie créée (ex : banque) performance technique de l'entreprise	Indicateurs de rendements financiers à long terme de l'entreprise	Production de comportement de fidélisation Réduction du turnover des clients	Contribution à la cohésion sociale	Instauration d'un modèle de management de l'innovation	Clients obtenus par la publicité effectuée par les clients

Source : Djellal, Gallouj, 2007a, p. 89, indicateurs ajoutés par l'auteur.

b) Un cadre conceptuel de la performance adapté à la mesure de la durabilité des services

L'intégration d'indicateurs de durabilité des services à la grille multicritères d'analyse du produit peut s'effectuer de deux manières.

Une première approche de ce cadre analytique consiste à intégrer dans chacun des registres de justification, des indicateurs médiats ou immédiats, correspondant aux trois dimensions de la durabilité. De tels indicateurs sont déjà proposés dans les rapports de développement durable, et peuvent être intégrés de cette manière à cette grille analytique.

La durabilité sociale (sociétale) semble, à première vue, retranscrite essentiellement par le monde civique (représentant la cohésion sociale, la solidarité collective). Des indicateurs d'égalité intergénérationnelle, les efforts en matière de maîtrise des risques, de démocratie participative, par exemple, pourraient venir compléter cette dimension. Mais le monde relationnel et domestique participe tout autant à la durabilité sociale dans la mesure où ce monde reflète la création de lien social. Ainsi, les indicateurs de parité homme-femme, le taux d'absentéisme, le taux de formation, plus spécifiques à la durabilité sociale interne à l'entreprise, pourraient se retrouver dans le monde relationnel et domestique. L'indicateur du nombre de points de contact avec les clients pourrait être intégré, soit dans le monde relationnel et domestique (pour un service privé), soit dans le monde civique (dans le cas d'un service public). Si ces deux registres de justification semblent les plus appropriés, il n'est pas exclu cependant d'associer des indicateurs de durabilité sociale au monde marchand et financier, en fonction des finalités de l'entreprise (ex. : services non lucratifs), ou dans le monde industriel et technique (ex. : nombre d'accidents).

La durabilité écologique (ou environnementale) est plus difficile à rattacher à une catégorie particulière. Le monde des volumes, autrement dit le monde industriel et technique, semble le mieux placé pour intégrer les indicateurs de consommation de ressources et d'énergie ou certains processus de normalisation, déjà proposés par ailleurs dans les rapports de développement. Mais ce monde industriel et technique ne peut pas rendre compte de toutes les dimensions de la durabilité écologique. Ainsi, les indicateurs d'aménagement du territoire, l'empreinte environnementale pourraient se retrouver davantage dans le monde civique. Tous les registres peuvent potentiellement comporter des indicateurs de durabilité écologique.

Cette grille d'analyse tient également compte de la durabilité économique des services. Le monde industriel et le monde marchand comportent les indicateurs économiques traditionnels (les mesures d'efficience économique). Mais ces indicateurs pourraient être complétés par des évaluations de la dimension de l'usage du service et des objectifs de développement afin d'étendre la conception de la valeur économique. Ainsi, le monde relationnel reflète aussi une dimension importante de la durabilité économique puisqu'il retranscrit la durabilité des engagements réalisés, et met en évidence les performances en termes de relation de service. Le monde de la réputation, en intégrant les efforts de l'entreprise en matière de communication, complète dans une certaine mesure, l'évaluation de la durabilité de l'engagement.

Le monde de l'innovation traduit les efforts effectués pour améliorer la prestation de service en général. Notons que les innovations ne relèvent pas que de ce monde « pur » de la créativité (Gallouj, 1997). Il est tout à fait possible de dissocier les innovations en fonction de la finalité visée (et donc des mondes de justifications correspondants). Par exemple, une amélioration de la vitesse des machines peut être davantage rattachée au monde industriel et technique ; une amélioration des méthodes de fidélisation, associée au monde relationnel et domestique (Merlin-Brogniart, 2010). Dans le cadre de la performance, et à ce stade de présentation, nous proposons de simplifier l'analyse de l'innovation en la limitant à ce registre de référence. En matière de durabilité, le monde de l'innovation peut retracer les progrès des services relatifs aux innovations vertes (ex. : nouveaux dispositifs permettant la réduction de la consommation de certaines ressources, nouvelles techniques de recyclage). Nous remarquons que la majorité des innovations vertes retranscrites par la littérature sont des innovations technologiques (ex. : transports durables). Il s'agit cependant bien souvent d'innovations adoptées par les services. Or les services peuvent développer des dispositifs nouveaux. Par ailleurs, par leur caractère immatériel et relationnel, ils produisent d'autres formes d'innovations durables, non forcément technologiques. Ces innovations peuvent porter sur la durabilité écologique (ex. : autopartage, tourisme durable) et sur la durabilité socio-économique (ex. : microcrédits, innovations méthodologiques) (Djellal, Gallouj, 2009 ; Merlin-Brogniart, 2010). Il est ainsi possible d'orienter l'innovation autour de l'usage, ou de nouvelles solutions proposées au client.

Le choix des indicateurs et de leurs registres de justification associés est donné ici à titre d'exemple, mais il pourra varier en fonction du statut de l'entreprise, de ses finalités, des attentes des parties prenantes et de la société, de la législation et de la culture d'un pays. Cette réflexion sur la performance relève d'un construit social. Afin d'affiner les finalités de l'entreprise, il est aussi possible de dissocier les indicateurs en faveur de la durabilité qui relèvent d'actions préventives ou d'actions curatives. Dans cette première approche de la grille analytique, nous remarquons que certains registres de justification paraissent plus naturellement « dédiés » aux indicateurs de durabilité économique et sociale, que pour la durabilité écologique. Ceci nous amène à réfléchir à la seconde approche de ce cadre analytique.

Dans une seconde approche, il est possible de se demander si, dans la mesure où aucun monde ne correspond vraiment à la sphère environnementale ni surtout ne permet de l'englober, il n'existerait pas un principe de justification écologique indépendant des autres registres de référence existants. (Ce principe formerait une 7e colonne du tableau 2). Existe-t-il un monde (ou une cité) écologique, auquel correspondent des critères spécifiques de performance écologique ? Certains auteurs ont réfléchi à la pertinence de reconnaître cette cité « écologique » (Godard, 1990 ; Lafaye, Thévenot, 1993 ; Latour, 1995). Ajouter une septième cité écologique pose plusieurs problèmes. D'une part, le propre d'une cité est de rester immuable dans le temps, ce serait davantage les compromis entre des cités déjà données qui évoluent, autrement dit, les modes de socialisation (Liagouras, 2000). D'autre part, cette construction reviendrait à élargir le champ des droits au-delà de l'humain (Lafaye, Thévenot, 1993 ; Boidin, Zuindeau, 2006). Enfin, selon Godard (1994), la notion de développement durable ne pourrait constituer en elle-même un nouveau monde de référence dans la mesure où l'axiome de « commune humanité » et « d'égale puissance d'accès aux différents états » propre aux registres de justification des Économies de la Grandeur, ne serait pas respecté. Ces réflexions en faveur d'un monde écologique ne permettent pas actuellement de conclure à l'existence de ce septième monde. Par ailleurs, du point de vue de la performance, ajouter un monde « écologique » ne serait pas forcément une solution intéressante, au sens où les indicateurs écologiques seraient privilégiés au détriment des indicateurs mixtes.

Compte tenu des difficultés théoriques que génère l'introduction d'un monde écologique, nous nous limiterons à la première approche du cadre conceptuel. Pour l'analyse de la durabilité des services, ce cadre conceptuel de la performance présente plusieurs avantages :

– D'abord, il peut être utilisé pour analyser les processus de coordination des acteurs (l'élaboration de compromis entre les systèmes de valeur) et évaluer la performance à plusieurs niveaux. Au niveau macroéconomique (par exemple, pour comprendre et évaluer les politiques territoriales) ; au niveau microéconomique, pour évaluer la performance durable d'une entreprise, en lien avec ses parties prenantes ; ou encore au niveau mésoéconomique, pour identifier, par exemple, des critères de performance plus spécifiques à un secteur donné.

– Ensuite, grâce à l'utilisation de systèmes de valeur plus larges que les trois dimensions du développement durable, ce cadre conceptuel a l'avantage de pouvoir présenter des indicateurs croisés (ou mixtes), retranscrivant les interactions entre les dimensions économique, sociale et écologique, soit sous la forme de ratios (ex. : quantité de déchets recyclés par unité de produits vendus), soit sous la forme de processus (ex. : la formation à l'éco-conduite)[6]. La notion de durabilité est aussi étendue à d'autres considérations (par exemple, aux aspects techniques ou relationnels de la prestation, à la réputation de l'organisation), et les dimensions existantes peuvent être élargies (telles que la durabilité économique par l'intégration d'une autre vision de la création de valeur que la seule efficience économique).

– Enfin, ce cadre conceptuel de mesure de la performance peut tout à fait être appliqué aux secteurs secondaire et primaire.

Nous ne sommes qu'au début des réflexions sur de nouveaux modèles de mesure de la performance et les enjeux sont importants, notamment parce que ce sont les référentiels sur lesquels la compétition s'est établie au niveau mondial qu'il faut modifier. Ce type de grille d'évaluation suppose que l'on accepte que le comportement d'autres acteurs ainsi que certains facteurs externes viennent « perturber » certains résultats des entreprises (notamment des résultats médiats). De plus, l'évaluation étant subjective, cela signifie que les comparaisons d'entreprises, et la standardisation des indicateurs seront plus délicates. Actuellement, les tentatives d'introduction de systèmes d'évaluation sont souvent contraintes par la loi (par exemple, les rapports de développement durable pour certaines entreprises) et ces avancées restent encore marquées par les logiques industrielles (Gadrey, 2008). Les changements de mesure de la performance se font par à-coups (par ajouts, à côté des indicateurs plus traditionnels) et sans penser à une refonte globale de l'analyse de la performance.

Conclusion

L'analyse de la performance durable des services nous a conduit à nous interroger sur l'influence des spécificités de ces activités sur la durabilité de leurs actions. Les caractéristiques de services possèdent certaines similitudes avec celles du développement durable. En particulier, les services sont créateurs de liens sociaux. Plus généralement, grâce aux spécificités d'interactivité, d'immatérialité et d'immédiateté des services, la durabilité des services se manifeste avant tout dans la dimension sociale et économique. Concernant la durabilité écologique, les résultats sont plus mitigés. Bien que l'immatérialité des services soit en faveur de la durabilité écologique, une réflexion plus globale incluant les transports induits par les services réduit l'étendue de cette durabilité. Le processus d'innovation des services participe aussi à la performance durable des services. Avec un processus de production moins ancré sur

6 La formation à l'éco-conduite n'améliore pas que la performance écologique, elle réduit aussi le nombre d'accident (dimension sociale) et les coûts de l'entreprise (dimension économique).

les technologies, les services développent aussi des innovations vertes ou des innovations sociales durables non purement technologiques, et davantage préventives que curatives.

Par ailleurs, tous les services n'ont pas le même potentiel pour développer des actions durables. Le mode d'organisation et de production des services, et notamment le caractère productiviste de certains services expliquent en grande partie les différences de durabilité. Les services reposant sur une logique de production industrielle auront plus de difficultés à présenter une performance durable. Les services plus relationnels et cognitifs, qui s'appuient sur une logique de production servicielle, auront davantage la capacité de développer ce type de performance.

L'étude de la durabilité des services nécessite l'utilisation d'une grille d'évaluation de leurs performances. Nous avons rappelé que les outils traditionnels construits sur une logique industrialiste ne sont pas adaptés pour rendre compte de l'ensemble des spécificités de la performance des services, ni de la durabilité des activités. La littérature managériale a apporté, avec la notion de performance globale, une première évaluation possible des formes de durabilité des activités. Cependant, ces grilles d'analyse sont limitées par le référentiel sur lequel elles reposent, autrement dit, un découpage par les trois dimensions du développement durable, qui réduit l'usage d'indicateurs reflétant les interactions entre ces trois dimensions.

Le cadre d'analyse multicritère de l'Économie des Grandeurs, adapté aux services, c'est-à-dire croisant les critères de justification des acteurs aux résultats médiats et immédiats des services, permet de dépasser cette limite grâce à l'utilisation de systèmes de valeur plus étendus que les seuls registres du développement durable. Il autorise la prise en compte de l'évaluation du service par d'autres intervenants à la prestation de service que le seul prestataire et destinataire du service, et développe une approche de la performance de long terme. De plus, ce cadre conceptuel permet aussi d'étendre la notion de durabilité à d'autres considérations (relationnelles, techniques, réputation, recherche d'un engagement durable). Il autorise une autre vision de la création de valeur que la seule efficience économique (inclure des éléments d'usage et de développement par exemple). Enfin, il peut être utilisé pour comprendre les processus de coordination des acteurs et la recherche de compromis entre les systèmes de valeur.

Nous nous sommes intéressé dans ce chapitre, à l'intégration de la performance durable de cette grille d'analyse mais pas à son application concrète. Il est important de noter que la coordination sur le choix des indicateurs, le respect (ou non) d'un équilibre entre les différentes dimensions de la durabilité ou les différents registres de référence, les acteurs qui participeront à l'élaboration de cette grille, les finalités divergentes de l'entreprise et de la société, posent évidemment un grand nombre de questionnements. L'obtention ou non d'une évaluation équilibrée des systèmes de valeurs dépendra des processus de négociation du choix des systèmes de valeur et des indicateurs correspondants. Il serait intéressant à l'avenir de réfléchir à une traduction opérationnelle (adaptée aux entreprises) de cette grille théorique.

Cette analyse de la durabilité des services a sans doute amené davantage de questionnements qu'elle n'a apporté de réponses. Plusieurs voies de recherche sont proposées. La première concerne l'importance de poursuivre l'application de cette grille d'analyse de la performance dans des études empiriques afin d'améliorer les indicateurs d'évaluation multicritères et leurs interactions avec les différents systèmes de valeur. La seconde est relative au référentiel de la durabilité utilisé. Il est nécessaire de continuer la réflexion à ce sujet et de mener au-delà d'une étude par secteur, une analyse plus globale sur la durabilité de la consommation et de la production (ex. : reconstruire le référentiel à partir du territoire, élargir la durabilité économique, réfléchir aux nouveaux modes de délivrance des biens et services). La troisième voie concerne l'extension de cette réflexion sur les activités de services à la chaîne de valeur des entreprises industrielles. Cette réflexion pourrait amener à affiner les caractéristiques de la durabilité ainsi que les principes de la logique servicielle. Ces différentes voies de recherche requièrent toutes une approche pluridisciplinaire afin d'intégrer et de confronter les méthodes et les logiques propres à chaque discipline.

Bibliographie

Adjerad, S. (1997), « Une analyse conventionnaliste du système de protection sociale et de l'évaluation de ses performances : le cas des CAF », 5e Journées de l'IFRESI, Lille, 20-21 mars.

Berland, B., Dohou, A. (2007), « Mesure de la performance globale des entreprises », 28e Congrès de l'AFC *Comptabilité et Environnement*, Poitiers, 23-25 mai, 1-23.

Boidin, B., Zuindeau, B. (2006), « Socio-économie de l'environnement et du développement durable : état des lieux et perspectives », *Mondes en développement*, vol. 34, n° 135.

Boisard, P., Letablier, M.-T. (1987), « Le camembert : normand ou normé ; deux modèles de production dans l'industrie fromagère », Entreprise et produits, *Cahiers du CEE*, Paris, CEE-PUF.

Boltanski, L., Thevenot, L. (1987), « Les Économies de la grandeur », *Cahiers du centre d'études de l'emploi*, n° 31, Paris, collection Protée, PUF.

Boltanski, L., Thevenot, L. (1991), *De la justification, les économies de la grandeur*, Paris, Gallimard, collection NRF Essais.

Bourg, D. (2011), « Vers un modèle d'économie durable "acheter le service plutôt que le bien" », in Pennequin, G. (ed.), *L'atlas du développement durable et responsable*, Eyrolles, Éd. d'Organisation.

Brundtland, G.H. (1987), *Report of the world commission on Environment and Development. Our common Future*, United Nations.

Capron, M., Quairel-Lanoizelée, F. (2006), « Évaluer les stratégies de développement durable des entreprises : l'utopie mobilisatrice de la performance globale », *La Revue de l'organisation responsable*, n° 1, 5-17.

Delfini, C. (1997), *Les services et l'évaluation de la performance à l'ANPE*, miméo, Université Lille 1, mai.

Depret, M.-H., Hamdouch, A. (2009), « Clusters émergents et nature de la proximité entre acteurs de l'innovation : Le cas des green technologies », 6e Journée de la proximité *Le Temps des débats*, 14-15-16 octobre, Poitiers.

Djellal, F., Gallouj, C. (2007a), *Introduction à l'économie des services*, Presses universitaires de Grenoble, collection L'économie en plus.

Djellal, F., Gallouj, F. (2007b), « Les services publics à l'épreuve de la productivité et la productivité à l'épreuve des services publics », *Revue d'économie Industrielle*, n° 119, 3e trim., 25-54.

Djellal, F., Gallouj, F. (2008), *Measuring and Enhancing Productivity in services, issues strategies and challenges*, Cheltenham, Edward Elgar.

Djellal, F., Gallouj, F. (2009), « Innovation dans les services et entrepreneuriat : au-delà des conceptions industrialistes et technologistes du développement durable », *Les Cahiers de l'innovation*, n° 29 (1), 59-86.

Du Tertre, C. (2007), « Économie de la fonctionnalité, développement durable et innovations institutionnelles », in *L'économie des services pour un développement durable, Nouvelles richesses, nouvelles solidarités*, colloque de Cerisy, coord. par E. Heurgon, et J. Landrieu, Paris, L'Harmattan, collection Prospective Essais et Recherches.

Eiglier, P., Langeard, E. (1994), « Relation de service et marketing », in De Bandt et J. Gadrey (eds.), *Relations de service, marchés de services*, Paris, CNRS éditions, collection Recherche et entreprise, 85-100.

Gadrey, J. (1989), « La productivité des systèmes hospitaliers : une méthodologie critique », *Cahiers lillois d'économie et de sociologie*, n° 14, 2e semestre.

Gadrey, J. (1996), *Services : la productivité en question*, Paris, Desclée de Brouwer, 359 p.

Gadrey, J. (2008), « La crise écologique exige une révolution de l'économie des services », Colloque *Services, innovation et développement durable*, Poitiers, 27 mars, 1-27.

Gadrey, J., Gallouj, F., Ghillebaert, E. (1996), *La Poste : Mondes de production, types de produits, contribution à la cohésion sociale*. Rapports de recherche pour la Direction de la stratégie de La Poste.

Gallouj, F. (avec la coll. de F. Djellal et C. Gallouj) (1997), *Vers une théorie de l'innovation dans les services*, Recherche effectuée pour le Commissariat Général du Plan, décision d'aide n° 18/1995, juillet.

Godard, O. (1990), « Environnement, modes de coordination et systèmes de légitimité : Analyse de la catégorie du patrimoine naturel », *Revue économique*, vol. 41, n° 2, 215-242.

Godard, O. (1994), « Développement soutenable et processus de justification des choix en univers controversé », Communication au Colloque *Modèles de développement soutenable. Des approches exclusives ou complémentaires de la soutenabilité ?*, Paris, 16-18 mars.

Hill, P. (1977), « On goods and Services », *The review of Income and Wealth*, 4, December, 315-338.

Hotelling, H. (1931), « The Economics of Exhaustible Resources », *Journal of political Economy*, 39, pp. 137-175.

Lafaye, C., Thevenot, L. (1993), « Une justification écologique ? Conflits dans l'aménagement de la nature », *Revue française de sociologie*, vol. 34, 495-524.

Laganier, R., Villalba, B., Zuindeau, B. (2002), « Le développement durable face au territoire : éléments pour une recherche pluridisciplinaire », *Développement durable et territoire*, Dossier 1, Approches territoriales du développement durable ; http://developpement durable.revues.org/774.

Landrieu, J. (2007), « Les services au cœur du développement durable. Pour une culture économique différente », in Heurgon, E. et Landrieu, J. (eds.), *L'économie des services pour un développement durable, Nouvelles richesses, nouvelles solidarités*, Paris, L'Harmattan.

Latour, B. (1995), « Moderniser ou écologiser ? À la recherche de la septième cité », *Écologie politique*, vol. 4, n° 1, 5-27.

Liagouras, G. (2000), « Évolutionnisme et économie des conventions. Sur les limites symétriques de deux hétérodoxes actuelles », *Économies et sociétés*, n° 11, 1, 183-205.

Merlin, C. (2006), *Les services publics en mutation, La Poste innove*, Paris, L'Harmattan.

Merlin-Brogniart, C. (2007), « Les services publics en réseau face aux défis de la globalisation : les innovations de compromis », in Monnoyer, M.C., Ternaux, P. (eds.), *Mondialisation des services, innovation et dynamique territoriales*, ouvrage collectif, Paris, L'Harmattan, septembre.

Merlin-Brogniart, C. (2010), « The integration of sustainable development in for-profit public service networks in France. The case of the Postal and energy fields (GDF, EDF) », *Journal of Innovation Economics*, 1, n° 5, 105-126.

Merlin-Brogniart, C. (2011), « An evolutionist and conventionalist approach to sustainable development : the case of for-profit public network services », *Journal of Innovation Economics*, 2, n° 8, 119-140.

Merlin-Brogniart, C., Moursli-Provost, A.-C. (2010), « Les dynamiques de l'innovation au sein des maisons de repos : le cas d'un établissement associatif », *Économies et sociétés*, série EGS, 44(2), 197-230.

OCDE (1995), *Services : Measuring Real Annual Value Added*, Paris, OCDE.

OCDE (2001), *Mesurer la productivité : mesurer la croissance de la productivité par secteur et pour l'ensemble de l'économie*, Paris, (www.source OCDE.org).

Pezzey, J. (1989), *Economic Analysis of Sustainable Growth and Sustainable Development*, World Bank, environment Department Working paper n° 15, Washington.

Smith, A. (1776), *Recherches sur la nature et les causes de la richesse des nations*, Édition Folio Essais, 1976, 38-39.

Stanback, T. (1980), *Understanding the Service Economy*, Baltimore, Johns Hopkins University Press.

Theys, J. (2002), « L'approche territoriale du développement durable, condition d'une prise en compte de sa dimension sociale », *Développement durable et territoire*, http://developpement durable.revues.org/1475.

Torres, E. (2002), « Adapter localement la problématique du développement durable : rationalité procédurale et démarche-qualité », *Développement durable et territoires*, http://developpement durable.revues.org/878.

WCED (1987), *Our Common Future*, Oxford, O.U.P.

Zarifian, P. (2007), « Histoire et enjeux du service durable », in Heurgon, E. et Landrieu, J., *L'économie des services pour un développement durable, Nouvelles richesses, nouvelles solidarités*, Paris, L'Harmattan, collection Prospective Essais et Recherches.

Les opérateurs de mobilité électrique

Jonathan BAINÉE

ENSTA ParisTech – Unité d'Économie Appliquée
Université Paris 1 Panthéon-Sorbonne

Prenant sa source d'abord dans la sphère financière et gagnant par la suite l'ensemble des secteurs de l'économie, la crise apparue en 2007 a contribué à synchroniser les temps politiques, économiques, sociaux et environnementaux. Au gré des transformations d'ordres socio-économiques et institutionnels qu'elle imprime, parallèlement aux potentialités technologiques qui la traversent et la dépassent, cette crise a engendré des conditions propices à l'émergence du véhicule électrique (VE). D'une part, la saturation des marchés occidentaux[1] associée à l'émergence des BRIC induit un déplacement du centre de gravité mondial des lieux de production et de consommation automobiles. Or, la Chine et l'Inde en particulier, mettent l'accent sur le VE (Michaux, 2010). D'autre part, le constat du déficit de soutenabilité du modèle de croissance prôné jusqu'ici par les économies de marché incite nombre de pays à engager des choix de société revus, consistant notamment à s'affranchir des énergies fossiles. Notons que le VE se situe à la confluence de la hausse tendancielle des prix du pétrole, qui le qualifie inexorablement, et de l'intégration ardue des énergies renouvelables intermittentes, selon des modalités que nous expliciterons plus en avant. Finalement, ces faits stylisés doivent être resitués dans un contexte de maîtrise de technologies avancées dans le domaine des batteries et dans celui d'un monde « connecté » en permanence par l'intermédiaire d'Internet. À maints égards, cette période marque ainsi un point d'inflexion dans les politiques économique et énergétique des pays occidentaux, de même que dans les stratégies menées par leurs industriels.

---

[1] La saturation des marchés automobiles occidentaux est liée à plusieurs phénomènes concomitants. Le taux élevé d'équipement des ménages en fait un marché de renouvellement, qui plus est, traversé par un ralentissement de la croissance démographique. En outre, ce marché se singularise par une modification des usages (co-voiturage, autopartage), de même que par une désaffection croissante des jeunes générations.

Fondamentalement renouvelé par rapport au véhicule thermique usuel, tant du point de vue de sa conception technique que de son modèle socio-économique, le VE émerge sur la base d'un écosystème, effervescent et non stabilisé, composé d'acteurs traditionnels de l'industrie automobile (équipementiers, etc.), mais également d'une myriade d'acteurs inédits. Il s'agit, en particulier, du cas de firmes créées *ex nihilo*, les « opérateurs de mobilité électrique », qui se placent à l'intersection des dynamiques complexes et multiéchelles. En capitalisant sur la propriété systémique du VE, nous verrons que ces opérateurs apportent une solution simultanément favorable à l'intégration des énergies alternatives intermittentes et du VE aux systèmes électrique et énergétique existants. Dans le sillage des théoriciens des cycles technologiques[2], partageant le constat que le changement technique a un impact profond et de nature exogène sur le rythme et la trajectoire de développement des industries et des firmes, nous souhaitons ici ouvrir la « boîte noire » de la technologie (Murmann, Frenken, 2006, p. 932). L'apparition de ces nouveaux acteurs est-elle, en effet, de nature à amorcer la diffusion du VE, lui qui n'a jusqu'à présent jamais dépassé le stade de l'émergence, malgré de nombreuses tentatives (Fréry, 2000) ? Si oui, dans quelle mesure, à quelles conditions et suivant quelles modalités ? Au-delà, le rôle des opérateurs de mobilité électrique se cantonne-t-il à l'émergence du VE, ou bien est-il susceptible d'en impacter le rythme de diffusion ?

Dans la conduite de cet exercice prospectif, nous emprunterons à deux courants théoriques distincts. Le premier emprunt puisera sa source dans l'économie industrielle et abordera la problématique des marchés bifaces (Rochet, Tirole, 2003). Le second mobilisera la littérature évolutionniste relative aux rendements croissants d'adoption, dans le cadre original d'une perspective à la fois intersectorielle et territorialisée. En écho à la problématique et afin d'embrasser les dynamiques à l'œuvre au sein de l'industrie de l'électromobilité et d'en saisir les singularités, nous proposons – dans un premier temps – d'expliciter la genèse du marché des opérateurs de mobilité électrique puis, dans un second temps, d'en préciser le périmètre et les parties prenantes à l'aide du concept de marché bifaces. Par la suite, en nous appuyant sur les apports de l'économie des réseaux, nous interpréterons l'apparition des opérateurs de mobilité électrique comme visant à créer les conditions cadres de rendements croissants d'adoption spécifiquement articulés au VE.

---

2 Nous pensons aux concepts de « Dominant Design » (Abernathy, Utterback, 1978), de « système technique » (Gille, 1979), ou encore de « Paradigme technologique » (Dosi, 1982).

1. Genèse du marché des opérateurs de mobilité électrique

1.1. Problématique de l'intégration du véhicule électrique et des énergies renouvelables intermittentes au système électrique

Préalablement à l'analyse de la raison d'être des opérateurs de mobilité électrique, nous souhaitons considérer les contraintes techniques soulevées par l'émergence du VE et des énergies renouvelables intermittentes, à travers le filtre du système énergétique et du réseau de production électrique.

Dans la mesure où les transports, majoritairement automobiles, consomment près de 55 % de la production mondiale de pétrole (ADEME, 2009a), et que les projets gouvernementaux français et allemand font chacun état d'un million de VE commercialisés à l'horizon 2020, l'avènement de cette technologie interroge fondamentalement la capacité de nos économies à organiser la substitution du véhicule à moteur à explosion par son homologue à batterie. La problématique de l'accès à l'électricité, qui dépasse amplement la seule question du maillage en infrastructures de recharge, est absolument centrale dans l'émergence du VE au regard des contraintes qu'il représente pour le réseau électrique. Ainsi, l'intégration d'un nombre substantiel de VE induira, *ceteris paribus*, une inflation corrélative de la consommation – de base et de pointe – d'électricité, étant entendu que la recharge d'un tel véhicule sur une prise ordinaire de 16 ampères s'étend sur une période de 6 à 10 heures[3]. Par ailleurs, le bilan énergétique global du VE est étroitement corrélé au mode de production de l'électricité qui lui permet, *in fine*, de se mouvoir (cf. annexe 1), si bien que sa combinaison aux énergies renouvelables apparaît nécessaire. Remarquons qu'au point de jonction des questions relatives au bilan énergétique global du VE et au dimensionnement du système électrique, seules les sources d'énergies fossiles les plus polluantes (centrales au charbon, fuel, etc.) sont aujourd'hui suffisamment flexibles pour répondre instantanément à tout accroissement momentané de la consommation.

L'intégration des énergies renouvelables intermittentes (éolien, photovoltaïque) au réseau électrique fait intervenir des éléments de contingence distincts. En effet, dans un système énergétique principalement doté de moyens de production classiques (fossiles), les variations de la demande sont les principales sources de déséquilibre. Lorsque s'y ajoutent des sources versatiles (baisse momentanée du vent, rayons

[3] Au surplus, si la durée de la recharge est inversement proportionnelle à l'ampérage de la borne qui l'alimente, l'appel de puissance formulé au réseau électrique évolue-lui de manière exponentielle (EDF, 2010).

solaires cachés par les nuages, etc.), les variations imprévues de l'offre des producteurs constituent un aléa additionnel qui doit être compensé (Menanteau *et al.*, 2003). Rappelons en effet que l'électricité est une énergie correspondant à un déplacement d'électrons, qu'elle ne peut donc se stocker au sens propre du terme, mais seulement être convertie en une forme alternative d'énergie s'avérant, elle, stockable. Schématiquement, cette propriété occasionne le fait que le niveau de la production d'électricité doit, à tout moment, se superposer rigoureusement à celui de sa consommation. C'est dans cette mesure que l'intégration de sources « non programmables » génère des coûts techniques supplémentaires (Milborrow, 2001). Ceux-là ont trait en particulier aux capacités de production et aux réserves supplémentaires dans lesquelles il est nécessaire d'investir à mesure que les énergies renouvelables imprègnent le mixte énergétique territorial. L'objectif est de maintenir en temps réel l'équilibre entre offre et demande d'électricité et compenser, par là, les risques d'indisponibilité en période de pointe et de fluctuation de la production d'électricité.

Devant les contraintes que représente le VE pour le réseau électrique et la difficulté d'intégration des énergies renouvelables intermittentes, la procédure privilégiée par l'opérateur de réseaux repose sur une démarche rigide et contraignante consistant à recharger les VE en priorité en période creuse de consommation, c'est-à-dire durant la nuit (EDF, 2010). Une solution plus commode s'esquisse néanmoins, capitalisant sur l'apparition du *smart grid* sous la forme de « grappes d'innovations » (Lesgards, 2011) et sur la propriété systémique du VE. Le *smart grid* correspond à l'application des technologies de l'information (TIC) à l'aval de la production électrique, *i.e.* aux réseaux de transport et de distribution. Dans le système qui prend forme, ces puces savantes permettent tout à la fois d'intégrer sans heurts les énergies renouvelables, de les discriminer des sources fossiles d'électricité, et également de rendre le consommateur actif en passant d'un système centralisé à un véritable réseau type « internet » pour l'électricité. Le *smart grid* assure ainsi une intermédiation efficiente entre les énergies renouvelables et le VE qui se révèle, lui-même, un maillon central du système. En effet, le VE est non seulement un moyen de locomotion, mais aussi une instance de stockage transitoire de l'électricité. Il a une double fonction de mobilité et de stockage.

1.2. Fonction de stockage et fonction de mobilité attachées au véhicule électrique

Le VE, que l'on peut définir comme un véhicule mû par un moteur électrique alimenté par une batterie d'accumulateurs, elle-même susceptible d'être rechargée depuis le réseau électrique[4], a toujours buté sur trois principaux verrous d'ordre technico-économique. Au premier chef, le coût élevé de ses batteries, situé aujourd'hui entre 10 000 et 20 000 euros (Electrification Coalition, 2009) pour un élément d'une puissance de 25 kWh, suivant la technologie – non tout à fait standardisée – des batteries et le positionnement le long de la courbe d'apprentissage. En second lieu, son autonomie limitée à une distance comprise entre 120 et 250 kilomètres, en fonction de la technologie, du coût et du poids des batteries. En troisième lieu, la durée de sa recharge, élément d'ores et déjà évoqué. L'idée que nous défendons ici repose sur la fertilisation croisée des problématiques de la charge du VE et de l'intégration des énergies renouvelables intermittentes au système électrique, dans la mesure où celle-ci cherche à contourner, sinon à défaire les verrous technico-économiques s'imposant au VE. Deux caractéristiques précisent les contours de ce phénomène. Il s'agit tout d'abord d'une évolution vers une charge optimisée du VE, puis du passage implicite de la notion de déplacement à celle de la mobilité.

Nous avons vu que l'adoption en masse du VE imposait une gestion raisonnée de sa charge afin de veiller à une étroite adéquation entre les capacités de production et le volume de la demande d'électricité. Quelles qu'en soient les modalités[5], cette gestion raisonnée consiste à s'assurer que les VE sont rechargés, non pas de façon aléatoire, mais lorsque l'énergie disponible est effectivement abondante. En particulier, il fait sens de privilégier les sources propres et ainsi renoncer aux sources d'énergies fossiles polluantes. C'est précisément ici qu'intervient la capacité de stockage (d'électricité) du VE, dont le bénéfice est double. Tandis que jusqu'ici, le pic de production des énergies éolienne et photovoltaïque ne se superposait pas avec le pic de consommation d'électricité, sans possibilité de stocker l'énergie ainsi produite, la gestion de la fourniture et de la consommation d'énergie *via* l'association du *smart grid* et du stockage d'électricité par les batteries des VE est susceptible de changer la donne. Au moyen de protocoles *Vehicle-to-Grid* et *Vehicle-to-Home*[6], dont le développement est initié

---

4 Cette définition prend en compte les véhicules électriques « purs », de même que les véhicules hybrides rechargeables (*Plug-in hybrid*), pour lesquels la chaîne de traction électrique (moteur électrique, batterie d'accumulateur et électronique de puissance) est associée à un moteur thermique usuel.

5 Ces modalités sont au nombre de deux. D'une part, privilégier les recharges lentes en périodes creuses de consommation. D'autre part, s'assurer que la recharge s'opère durant une période marquée par un niveau de production – variable – d'électricité supérieur à la consommation, au besoin, en stockant ce surplus.

6 La première nommée permet le transfert d'énergie du VE au réseau électrique local ou national, tandis le protocole *Vehicle-to-Home* assure le transfert d'énergie depuis le VE jusqu'au réseau électrique domestique.

dès 2006 aux États-Unis, il devient non seulement bien moins complexe de relever le défi de leur intégration respective que de traiter chaque enjeu séparément, mais au surplus, ces technologies tendent à se qualifier mutuellement. En outre, en ayant la capacité d'absorber l'excédent d'énergie en période creuse de consommation d'électricité et de le dégager sur le réseau aux heures de pointe, il est possible de dégager un revenu du VE en tirant parti du différentiel de valeur (*spread*) entre le prix de l'électricité à l'achat et son prix à la revente. Ce dernier s'assimile alors à une centrale électrique virtuelle répartie et consolide, par là, l'équation économique du VE (Kempton, Tomic, 2005)[7].

En constituant dans ce cadre un maillon central du système électrique, le VE se situe à la croisée d'un changement de paradigme dans l'usage de « l'automobilité » qui marque un passage de la notion de déplacement à la notion de mobilité. À rebours de l'usage traditionnel de l'automobile, c'est-à-dire flexible, polyvalent et parfaitement individualisé, l'usage du VE est davantage régi et contraint car collectivement organisé. En effet, la gestion optimisée des périodes de charge et de décharge doit être intimement articulée à la problématique des déplacements, dans la mesure où ces derniers impriment le volume de charge nécessaire pour parcourir une distance conforme aux desideratas de l'usager de la route et qu'ils conditionnent ainsi la période de temps pendant laquelle le VE est relié ou non au réseau. Faire en sorte qu'un VE soit mis à disposition à une heure précise et en état de rouler sur une distance déterminée met l'accent sur les moyens de juguler ses faiblesses en termes de durée de recharge et d'autonomie. Le but est ici de minimiser la plage horaire durant laquelle le VE quitte son rôle de maillon du système électrique, ce qui suppose de multiples retours d'informations[8], dont il est l'origine ou la destination. En cela, le VE devient le support d'un bouquet de services innovants ou d'une « suite servicielle ».

Ce rapide aperçu des problématiques soulevées par le déploiement du VE indique que celui-ci n'est pas neutre quant à la physionomie du système électrique, ou encore vis-à-vis de l'étendue des services innovants, qu'il est nécessaire d'initier pour contourner les faiblesses inhérentes à l'électromobilité. À notre sens, cet aperçu nous permet de tirer deux enseignements essentiels. D'une part, la nature systémique du VE

---

[7] Kempton et Tomic (2005) démontrent que le concept de *Vehicle-to-Grid* permettrait aux propriétaires de VE de générer un revenu annuel de 3 000 dollars par le biais d'un contrat de rachat de l'électricité auprès d'un distributeur d'électricité.

[8] Ces informations relèvent tout à la fois de l'accès à l'infrastructure publique et privée de recharge (positionnement, disponibilité, etc.), de la maîtrise en temps réel du niveau de charge du VE, ou encore de la maîtrise de la modulation en charge du VE, en fonction d'un degré de priorité préétabli.

génère les conditions d'existence d'un écosystème solide. Alors qu'il avait jusqu'à présent toujours failli dans la création de telles conditions[9], le VE entre probablement dans un schéma schumpétérien de destruction créatrice (Schumpeter, 1942), puisque des secteurs d'activités autrefois cloisonnés se reconfigurent et convergent désormais. Il semble de fait que ce ne soit pas tant la percée des batteries d'accumulateurs avancées, que les promesses d'un développement extraordinaire des services associés à l'électromobilité, qui invite de nombreux acteurs à investir l'industrie du VE et ainsi à en précipiter l'émergence. Chacun d'eux est, en effet, incité à accéder à une place enviable le long d'une chaîne de valeur qui se crée de manière *ad hoc*, notamment en procédant à des innovations organisationnelles et technologiques, contribuant ainsi à rendre intelligent et interactif le VE évoluant dans un réseau routier, mais également électrique. D'autre part, le VE peut s'appréhender comme un « bien-système territorialisé » car il est spécifié par les territoires de production et de consommation dans lesquels il s'insère[10]. Il constitue en cela la pierre angulaire d'un changement profond de paradigme de la mobilité en nécessitant le recours à une gestion fine et optimisée des déplacements, mais également des productions et des consommations d'électricité. À l'interface entre le VE et les infrastructures électrique, télécoms, routières et énergétiques, il existe un espace, un marché, que de nouveaux acteurs visent à combler en capitalisant sur le décloisonnement de secteurs économiques jusqu'ici hermétiques et dont ils assurent désormais le bouclage : les opérateurs de mobilité électrique.

2. Le marché des opérateurs de mobilité électrique : un marché bifaces

Un exercice de compréhension du rôle tenu par les opérateurs de mobilité électrique, ou encore « agrégateurs de charges », se heurte rapidement au problème de la définition d'une activité qui n'est pas encore totalement stabilisée. Dans une approche générique, il s'agit d'offrir un plan énergétique adapté aux habitudes ou aux besoins ponc-

---

9 Compte tenu de la fiabilité importante et des coûts de maintenance modiques du VE, conjugués au fait que le réseau de distribution automobile vit essentiellement des réparations et de l'entretien des voitures, la substitution des véhicules thermiques par leurs homologues électriques engendre de vives inquiétudes. Hamilton (1980) estimait que celle-ci provoquerait la reconversion ou la disparition de 3 millions d'emplois aux États-Unis.

10 Bainée Jonathan, *Conditions d'émergence et de diffusion d'un « Bien Système Territorialisé » : le cas du Véhicule Électrique*, Thèse en cours de préparation à l'Unité d'économie appliquée de l'ENSTA ParisTech pour le doctorat de Sciences économiques, Université Paris 1 Panthéon Sorbonne.

tuels de déplacement des usagers de l'électromobilité, en créant les conditions d'un management dynamique des productions et consommations électriques, ainsi que des périodes de charge et décharge des batteries. De la sorte, « les opérateurs de mobilité électrique s'immiscent au sein d'un marché qui offre des opportunités de création et de captation de valeur, à tous les industriels ayant les moyens et la stratégie de pénétrer une autre industrie que la leur, mais connexe grâce à l'existence d'un soubassement d'infrastructures supportant des réseaux de différentes natures » (Bainée, Le Goff, 2012). Afin d'appréhender la physionomie d'émergence contemporaine du VE associé aux opérateurs de mobilité électrique et, dans le prolongement, d'en interpréter les modèles d'affaires, nous entreprenons d'ouvrir la boîte à outils que constituent les travaux en économie industrielle. Au regard de sa proximité avec les éléments précédents et de son caractère opérationnel, il nous semble que la notion de « marché bifaces » ou de « marché à multiples versants » est particulièrement opportune en première approximation. Après avoir défini puis étalonné la pertinence de cet outil analytique, nous tenterons de l'adapter au cas de l'industrie du VE.

2.1. Comprendre, définir et interpréter la notion de marché bifaces

Pour les sciences économiques, un marché bifaces est un marché dont l'agencement entretient, voire nécessite, l'existence de deux clientèles tout à fait différentes, mais néanmoins interdépendantes l'une de l'autre pour les produits qui y sont échangés. En d'autres termes, ces marchés mettent en relation deux groupes d'agents qui ont des gains potentiels à interagir (Rochet, Tirole, 2006). À titre d'exemple, l'utilité pour un consommateur de posséder une carte de crédit dépend du nombre de marchands et de commerçants qui sont prêts à l'accepter comme moyen de paiement. À l'inverse, l'utilité pour un marchand de payer une redevance à la banque pour détenir la machine qui permet d'accepter une carte dépend du nombre de consommateurs qui la possèdent (Grabszewicz, Wauthy, 2004). Dans cette représentation, les banques constituent la « plateforme » d'un marché composé de deux versants complémentaires : les consommateurs sur l'un des versants et les commerçants sur l'autre. Sans « embarquer » sur cette plateforme, l'opportunité d'opérer certains échanges marchands entre vendeurs et acheteurs – voire le marché lui-même – n'aurait pas existé, dans la mesure où la valeur d'usage du produit pour une catégorie d'agents est réciproquement et positivement corrélée au nombre d'agents présents sur l'autre versant du marché. Cette plateforme est, en fait, le média d'externalités de réseau croisées. « Externalités de réseau » au sens où la valeur du produit dépend du nombre d'utilisateurs et « croisées » parce que les utilisateurs en question appartiennent à des catégories différentes (Wauthy, 2008).

Si la notion de marché bifaces s'est longtemps heurtée à sa nature polysémique, des réalités multiformes pouvant se réclamer de ce vocable, elle tend désormais à se stabiliser autour de trois caractéristiques essentielles (Weyl, 2010). D'une part, ces marchés se structurent autour d'une plateforme qui propose des services différents à deux versants d'un même marché. D'autre part, la plateforme jouit d'un pouvoir de marché bilatéral, dans le sens où elle dispose de la capacité de proposer un mode de tarification (et donc un prix) spécifique à chacun des versants du marché. Finalement, ces marchés présentent des effets de réseau croisés puisque l'utilité qu'un agent – situé sur l'un des versants du marché – retire de sa participation à la prestation offerte par la plateforme dépend du nombre de participants de l'autre côté du marché, nombre qui dépend lui-même des décisions de prix de la plateforme. Remarquons que l'absence de l'une de ces caractéristiques permet généralement de se ramener à des situations où la dimension à multiples versants est peu pertinente (*ibid.*), le marché relevant alors d'un réseau simple ou d'un monopole vertical. Afin de mesurer la pertinence de l'analogie entre le diptyque VE-opérateur de mobilité électrique et le concept de marché bifaces, nous proposons de discuter notre cas d'espèce au regard de ces trois critères.

2.2. Analogie entre le couple VE-opérateur de mobilité électrique et le concept de marché biface

En premier lieu, le marché du VE se structure-t-il autour d'une plateforme qui propose des services distincts à deux versants d'un même marché ? Dans le cadre de la première partie de ce travail, nous avons mis en exergue les deux fonctionnalités attachées au VE. Il s'agit de ce que nous avons dénommé la fonction de mobilité et la fonction de stockage d'énergie. De plus, nous avons mis en évidence le fait que l'émergence contemporaine du VE entraîne l'apparition d'un nouveau type d'acteurs qui se placent à l'interface de plusieurs marchés sur l'autel d'un soubassement d'infrastructures commun supportant des réseaux de différentes natures (électrique, télécoms, routières et énergétiques), les opérateurs de mobilité électrique. Il est ainsi possible d'interpréter la fonction de mobilité et la fonction de stockage comme les deux versants d'un marché dont le rôle de plateforme est assuré par l'opérateur de mobilité électrique (cf. annexe 2). Il est en outre possible d'appréhender ce rôle de plateforme comme le cumul de propriétés fonctionnelles (fonctions de stockage et fonction de mobilité) et structurales, puisque le VE devient un véhicule « connecté » et communicant, qui fait système avec les réseaux électriques, télécoms, énergétiques, ou encore routiers.

En second lieu, la plateforme mentionnée jouit-elle d'un pouvoir de monopole bilatéral, *i.e.* est-elle susceptible de proposer un mode de tarification (et donc un prix) spécifique à chacun des versants du marché ? Les opérateurs de mobilité électrique disposent de la capacité de proposer des modalités de tarification propres à chaque versant dans la mesure où ils font face à des acteurs distincts sur chacun d'eux. D'une part, ces opérateurs dégagent un revenu de la prestation avancée qu'ils offrent aux usagers de la mobilité (particuliers, collectivités, firmes). D'autre part, sur la fonction de stockage, l'opérateur de mobilité se finance en revendant, auprès d'énergéticiens, l'électricité qu'il a provisoirement stockée grâce aux batteries du VE qui s'assimile alors à une centrale électrique virtuelle répartie. Rappelons, en effet, que *via* les protocoles *vehicle-to-grid* et *vehicle-to-home*, le VE est susceptible d'absorber l'excédent d'énergie en période creuse de consommation d'électricité et de le dégager sur le réseau aux heures de pointe. L'enjeu est alors d'optimiser les recettes potentielles en maximisant le *spread* entre le prix de l'électricité à l'achat, le plus souvent établi sur un marché spot, et le prix de l'électricité à la revente (cf. annexe 2), dont les modalités et les perspectives de gains dépendent de la nature du marché, réglementé ou libre.

En troisième lieu, le marché du VE présente-t-il des effets de réseau croisés, de manière à ce que l'utilité perçue par un agent participant à la prestation offerte par la plateforme et située sur l'un des versants du marché dépende du nombre de participants sur l'autre versant ? Les effets de réseau croisés entre les fonctions de mobilité et de stockage du VE n'apparaissent pas prégnants de prime abord. *A contrario*, il semble même qu'il existe un effet de ciseaux entre les revenus appuyés sur la fonction de stockage [d'électricité] et les revenus appuyés sur la fonction de mobilité. En effet, dans une certaine mesure[11], l'énergie qui permet au VE de se mouvoir puise dans un capital énergétique commun avec la fonction de stockage mobilisée pour dégager l'électricité sur le réseau. Pour autant, nous estimons qu'un effet de synergie est bel et bien présent entre les deux versants de ce marché, mais par le biais de canaux indirects. Pour l'appréhender, il est ainsi nécessaire de se départir d'un raisonnement atomisé pour épouser un raisonnement agrégé. Alors même que dans les cas traditionnels de marchés bifaces, la plateforme assure le simple appariement d'offres et de demandes latentes dont la valorisation marchande est individualisable, dans le cas du VE,

---

[11] Au cours de sa vie, une automobile reste en moyenne immobilisée l'équivalent de 92 % du temps sur une place de parking ou bien dans un garage.

l'appariement des offres et demandes draine des externalités positives collectives et, par définition, imparfaitement valorisables en termes monétaires[12]. Dans ce cadre, chaque versant du marché qualifie son vis-à-vis, et ce, dans une acception large, tant économique, qu'écologique, ou encore technique.

En vue de préciser cette assertion, rappelons, d'une part, que la fonction de stockage de la batterie d'accumulateurs contribue à valider l'usage des énergies alternatives intermittentes qui, en retour, font écho au caractère non polluant à l'usage du VE. C'est précisément dans cette combinaison que s'ancre la perspective d'un véritable « verdissement » de la mobilité. D'autre part, précisons le caractère polymorphe de la contribution de la fonction de stockage du VE à la stabilisation, la sûreté et à la rentabilité des réseaux de transport et de distribution d'électricité. En premier lieu, elle permet de stabiliser le réseau électrique, *i.e.* de limiter les pointes et les basses tensions qui conduisent à une usure prématurée du matériel, à un « claquage » de l'isolant préjudiciable pour la qualité du service, voire à un risque de *black out* généralisé. Également, elle minimise le « *curtailment* », c'est-à-dire la perte d'énergie, faute de capacité de stockage (Dietrich *et al.*, 2011). Ajoutons enfin que le VE constitue une aide non négligeable pour la continuité du service, en particulier dans les vallées encaissées et les régions escarpées ou structurellement fragilisées. En corollaire, si le cas du diptyque VE-opérateurs n'apparaît pas comme un cas générique de marché bifaces, il s'inscrit néanmoins dans un contexte marqué par l'existence de deux clientèles tout à fait distinctes, mais interdépendantes pour les prestations qui y sont échangées. Singulières, les externalités croisées entre les versants ne transitent ni de manière univoque, ni même de manière uniforme, mais indirectement par le biais d'effets externes positifs collectifs.

Après l'avoir défini, nous avons étalonné la pertinence du concept de marché bifaces au regard du cas contemporain de l'industrie du VE. Il nous est apparu, à l'instar de ce type spécifique de marché, que les opérateurs de mobilité électrique constituent l'équivalent d'une plateforme reliant deux versants d'un même marché, la fonction de mobilité et la fonction de stockage, caractérisées par des gains potentiels à interagir. En tant que tels, les opérateurs sont ainsi les médias d'externalités de réseau croisées et jouissent d'un pouvoir de marché bilatéral leur permettant de proposer un mode de tarification propre à chaque versant du marché. Une fois le couple formé par le VE et les opérateurs de

12 Remarquons que cette propriété justifie une contribution publique à l'émergence du VE, dans la mesure où le libre fonctionnement du marché conduirait à un sous-investissement dans cette solution technologique, le bien-être collectif se montrant supérieur au bien-être individuel. Il s'agit d'un cas usuel de défaillance du marché.

mobilité appréhendé, nous proposons d'en compléter la portée théorique et empirique en lien avec la question de l'émergence du VE. Au-delà des phénomènes précédents, jouant essentiellement un rôle d'impulsion, abordons désormais la problématique des rendements croissants d'adoption et leur capacité à porter la diffusion du VE. Nous interprétons, en effet, la survenue des opérateurs de mobilité comme créant les conditions cadres de rendements croissants d'adoption du VE, c'est-à-dire une situation dans laquelle l'utilité associée à l'adoption d'un standard croît avec son degré de diffusion (Katz, Shapiro, 1985). Ce faisant, nous estimons pouvoir alimenter la théorie des rendements croissants d'adoption, en l'associant à des problématiques intersectorielle et territorialisée. À cette fin, nous ferons un retour sur les éléments théoriques de l'économie des réseaux et modéliserons les dynamiques observées.

3. Opérateurs de mobilité électrique et diffusion du véhicule électrique : les enseignements de l'économie des réseaux

3.1. Retour sur les notions de réseau et d'externalité de réseau

On appelle traditionnellement « réseau » un ensemble d'éléments ou d'unités (entendus au sens large), unis par des liens univoques ou multivoques de nature variée, dont une partie au moins nécessite d'être mobilisée pour la réalisation d'une production ou d'un service quelconque. Les éléments qui constituent le réseau, comportant deux points *A* et *B* ou plus, sont donc *complémentaires* entre eux (Economidès, 1996). Deux types de réseau sont distingués dans la littérature. Lorsque l'une des deux liaisons *AB* et *BA* n'existe pas, ou que la première est identique à la seconde, le réseau est appelé « réseau à simple voie » (cf. annexe 3). Dans ce type de réseau, la communication de point à point s'effectue en sens unique, à l'instar de la radio ou encore des réseaux électriques préalablement à l'avènement du smart grid. Lorsque la liaison *AB* est distincte de la liaison *BA*, le réseau est appelé « réseau à double voie » (cf. annexe 4). Dans ce cas, la communication entre le point *A* et le point *B* peut s'effectuer dans les deux sens, à l'image des réseaux de transport (aérien, autoroutier, etc.) ou encore du réseau téléphonique, caractérisés par une allure en étoile où les liaisons de point à point passent par un élément central *S* (ou *hub*), chargé de rediriger les appels, ou les voyageurs, vers le pôle de destination.

En adoptant une démarche qui consiste à distinguer deux alternatives, celle d'un VE dont l'usage s'appuierait sur un opérateur de mobilité électrique et celle d'un VE qui en serait dépourvu, il est possible de cerner d'un point de vue théorique et pratique la plus-value du concept de management de l'électromobilité. Dans le second cas, l'usage du VE est parfaitement individualisé, non coordonné et finalement sujet aux limites inhérentes à l'électromobilité. Concrètement, un quelconque usager n'est pas en mesure de connaître la disponibilité des bornes de recharge l'environnant, et rien ne lui assure de pouvoir recharger son véhicule à partir d'une ressource énergétique « décarbonée ». Dans le cas d'un VE couplé à un opérateur, condition *sine qua non* d'une gestion optimale de l'autonomie, du temps de charge voire de l'équilibre de l'équation économique du VE, les déplacements et les recharges de l'usager sont collectivement organisés, priorisés et ainsi optimisés, par le truchement d'une adéquation entre l'offre et la demande de mobilité et la disponibilité de la ressource en énergie. Une multitude d'outils ou de moyens sont mobilisables pour parvenir à offrir ce type de prestations. À titre d'exemple, Better Place déploie depuis 2011 en Israël une stratégie bâtie sur un centre de données collectant, en temps réel, des informations provenant de l'ensemble des utilisateurs du réseau et abordant les thèmes de la disponibilité des bornes de recharge, de l'état de charge des VE, des pics de production d'énergies renouvelables, des parcours individuels de circulation des automobiles, y compris la topographie du territoire et la structure de la circulation, ainsi que les schémas et les habitudes de conduite (cf. annexe 5).

Suivant la littérature économique, il y a externalité lorsque la production ou la consommation d'un agent économique n'agit pas uniquement sur son propre bien-être, mais également sur la satisfaction d'un ou plusieurs autres agents. Dans le cas des externalités positives de réseau, ce phénomène implique que les valeurs d'usage et marchande d'un bien augmentent en fonction du nombre d'unités de ce bien qui composent le réseau. On distingue aussi deux types d'externalités de réseau (Katz, Shapiro, 1985). Le premier type, les externalités directes, interviennent lorsque l'accroissement du nombre d'utilisateurs d'un produit a un effet direct sur l'utilité que retirent les autres agents consommant ce produit. Elles se manifestent, par exemple, dans le cas du réseau téléphonique, où plus le nombre d'abonnés est élevé, plus l'utilité du service offert à chaque utilisateur est importante. Le second type, les externalités indirectes, se produisent lorsque l'accroissement du nombre d'utilisateurs d'un produit ou d'une technologie engendre une amélioration des caractéristiques de l'offre de ce produit (respectivement de cette technologie), ou encore de l'offre de biens et services complémentaires, c'est-à-dire liées aux « effets de club ». L'exemple-type de ces externalités est l'accroissement en qualité et en variété des progiciels spécifiquement étudiés pour une machine bénéficiant d'une large base installée.

Le croisement des typologies ayant trait aux réseaux à simple ou à double voie et aux externalités directes ou indirectes de réseaux est riche d'enseignements. Ainsi, dans le cas typique d'un réseau à simple voie, à l'image d'un VE dépourvu des services d'un opérateur de mobilité, les externalités de réseau existent, mais ne peuvent être qu'indirectes. Un consommateur supplémentaire ne viendra pas accroître directement la valeur du réseau, mais seulement indirectement, suivant de multiples modalités. Par exemple, il pourra contribuer à l'extension et à la densification du réseau d'infrastructure de recharge, à la diversité des VE offerts et, par le jeu des économies d'échelle, à précipiter la réduction de leurs coûts de production.

À ces externalités indirectes de réseau s'ajoutent des effets directs, associés aux propriétés du réseau à double voie, lorsqu'un VE est associé à un opérateur de mobilité électrique et agrégateur de charges. La raison essentielle réside dans la complémentarité existant entre les éléments qui composent le réseau, si bien que chaque utilisateur supplémentaire engendre des externalités [directes] de réseau, qui accroissent tant l'utilité du service rendu par le réseau que la satisfaction de chaque utilisateur, depuis l'adoptant initial et jusqu'aux futurs adoptants. L'apparition et la nature de l'activité des opérateurs de mobilité électrique engendrent ainsi l'existence de rendements croissants d'adoption (Arthur, 1989) spécifiquement articulés autour de la dimension systémique du VE. Tandis que, jusqu'alors, l'accroissement du nombre des déplacements automobiles induisait surtout des externalités négatives liées à la congestion urbaine et à la saturation du réseau routier, la croissance du nombre des usagers bénéficiant d'une gestion collective de leur [électro]mobilité occasionne désormais des externalités directes de réseau, qui transitent par la maximisation de la qualité des informations transmises à chaque VE, composant un parc donné, grâce à un système intelligent qui agrège ces informations, les « contextualise », les croise et les optimise. C'est dans cette mesure que les opérateurs de mobilité sont capables de définir un plan énergétique individualisé et adapté aux besoins ponctuels et habituels de déplacement des usagers de l'électromobilité. Nous désignons cette activité par l'expression « management de l'électromobilité ».

3.2. Modélisation

La confrontation de la problématique du management de l'électromobilité avec l'économie des réseaux a montré que l'existence d'opérateurs de mobilité électrique engendre des rendements croissants d'adoption spécifiquement articulés autour du VE. La modélisation de ces effets externes de consommation, sur le modèle de Katz et Shapiro (1985), doit désormais nous permettre d'éclairer la portée de ce phénomène sur les dynamiques d'émergence et de diffusion du VE. Ce modèle d'oligopole statique est destiné à analyser les marchés sur lesquels les externalités de consommation sont présentes (Becker *et al.*, 2009) et à en mesurer les effets, en particulier, sur la concurrence et sur la forme de l'équilibre concurrentiel. L'hypothèse retenue est que les consommateurs forment des attentes liées à la taille des réseaux concurrents puisque leurs surplus dérivent du nombre des autres agents rejoignant le réseau associé à ce même bien. Lorsque ce bien est durable, tel que l'est l'automobile, c'est la taille future du réseau qui importe dans ce modèle statique. Ajoutons que dans ce modèle simplificateur, on pose l'hypothèse que les consommateurs formulent des estimations homogènes sur la taille future du réseau.

Admettons deux générations de consommateurs qui désirent acheter un VE. Ils décident rationnellement du modèle qu'ils achètent au regard de la technologie embarquée qui maximise leur valeur totale de détention. Ce choix, qui s'opère ici entre un VE couplé à un opérateur (RCA) et un VE qui en est dépourvu (~~RCA~~), se base sur trois facteurs. En premier lieu, le nombre des autres acheteurs qui ont choisi chacune des technologies durant la première période (E_t) et le nombre estimé d'acheteurs pour chaque alternative durant la deuxième période ($\breve{E}[E_{t+1}]$), en deuxième lieu, le prix (coût d'achat) du VE durant la période courante (p_t) et, finalement, le coût d'usage au cours de la période courante (e_t) et au cours de la seconde période ($\breve{E}[e_{t+1}]$). La formulation du type $\breve{E}[.]$ rend compte de l'incertitude attachée à la taille future du réseau et vis-à-vis du coût d'usage du VE lors de la deuxième période.

De manière générique, le bénéfice net pour un consommateur achetant un VE est donné par :

$$(1)\ B_{VE} = v(E_t + \breve{E}[E_{t+1}]) - p_t - e_t - \delta\breve{E}[e_{t+1}], \text{ où}$$

v(.) est une fonction croissante du nombre d'adoptants qui saisit les externalités positives de réseau liées aux choix des consommateurs. Il s'agit indifféremment d'externalités indirectes ou directes. δ(.) est un terme d'actualisation du futur coût de l'électricité.

Trois cas de figure sont possibles. Soit le bénéfice net est (2) négatif ($B_{VE} < 0$), soit il est (3) nul ($B_{VE} = 0$), soit il est (4) positif ($B_{VE} > 0$).

$$(2)\ v(E_t + \breve{E}[E_{t+1}]) < p_t + e_t + \delta\breve{E}[e_{t+1}]$$

$$(3)\ v(E_t + \breve{E}[E_{t+1}]) = p_t + e_t + \delta\breve{E}[e_{t+1}]$$

Si le bénéfice net est négatif ou nul, il n'y a pas de marché pour le VE. Il se montre trop onéreux à l'achat et/ou à l'usage au regard des anticipations que formulent les consommateurs sur le nombre d'agents qui adopteront le VE et/ou sur la portée des externalités de réseaux qui lui sont associées. Outre les subventions à l'achat et à l'usage, visant à intégrer les externalités positives collectives appuyées sur le déploiement du VE, un travail de sensibilisation des consommateurs, de même qu'un signal positif sur la taille future du marché par le biais des commandes publiques, pourraient s'avérer pertinents.

$$(4)\ v(E_t + \breve{E}[E_{t+1}]) > p_t + e_t + \delta\breve{E}[e_{t+1}]$$

Il y a un marché du VE, dont la taille est d'autant plus grande que les effets externes de réseaux sont eux-mêmes prégnants. Or, rappelons que les externalités positives de réseau sont décuplées avec l'apparition des opérateurs de mobilité électrique puiqu'en combinant externalités indirectes et directes de réseau, dans une perspective trans-sectorielle, ils occasionnent l'existence de rendements croissants d'adoption (RCA), si bien que :

$$(5)\ v_{RCA}(E_t + \breve{E}[E_{t+1}]) > v_{\cancel{RCA}}\ (E_t + \breve{E}[E_{t+1}]).$$

L'effet net de l'apparition des opérateurs de mobilité électrique sur le bénéfice net pour le consommateur ne saurait se limiter à ces seules externalités. En effet, nous avons vu qu'en ayant les moyens d'absorber l'excédent d'énergie en période creuse de consommation d'électricité et de le dégager sur le réseau aux heures de pointe, les opérateurs pouvaient non seulement contenir les coûts de recharge du VE, mais au surplus, en dégager un revenu tirant parti du *spread* entre le prix du kilowattheure d'électricité à l'achat et son prix à la revente (6). En outre, il est possible de justifier que ce revenu bénéficie systématiquement au propriétaire du VE en prolongeant les enseignements du concept de marché bifaces dans une perspective trans-sectorielle (Bainée, 2011).

$$(6)\ e_{t(RCA)} + \delta\breve{E}[e_{t(RCA)+1}] < e_{t(\cancel{RCA})} + \delta\breve{E}[e_{t(\cancel{RCA})+1}]$$

Par souci de rigueur, mentionnons que la prestation de l'opérateur de mobilité est coûteuse, mais qu'il est raisonnable de penser que ce coût est inférieur aux bénéfices attendus, d'autant que « si la première spécificité de l'économie des réseaux réside dans l'existence d'externalités, la seconde tient certainement à la structure particulière des coûts » (Lequeux, 2002, p. 179). Sur la base d'une distinction entre les coûts des services (« couche haute » du réseau) et les coûts de l'infrastructure sur lesquels reposent ces services (« couche basse » du réseau), la littérature mentionne que si les coûts fixes liés à l'infrastructure sont souvent colossaux, les coûts variables liés à l'exploitation du réseau sont relativement faibles, sinon quasi nuls. En tout état de cause, la faiblesse des coûts marginaux implique un coût moyen de production décroissant avec le nombre d'utilisateurs.

Au total, on retire de (1), (5) et (6) que le bénéfice net pour le consommateur qui achète un VE associé à un management collectif de son usage ($B_{VE(RCA)}$) est toujours supérieur à un VE qui en est privé ($B_{VE(\cancel{RCA})}$) car :

$$(7)\ v_{RCA}(E_t + \breve{E}[E_{t+1}]) - e_{t(RCA)} - \delta\breve{E}[e_{t(RCA)+1}] > v_{\cancel{RCA}}(E_t + \breve{E}[E_{t+1}]) - e_{t(\cancel{RCA})} - \delta\breve{E}[e_{t(\cancel{RCA})+1}]$$

Les externalités de réseau du côté de la demande et les rendements d'échelle croissants du côté de l'offre constituent les éléments fondamentaux d'une dynamique de diffusion singulière des biens et des services offerts en réseau, dont le corollaire pour la diffusion du VE est que son association fertile à un opérateur de mobilité électrique tendra probablement à constituer un standard de fait.

Conclusion

Dans ce travail, nous nous sommes donnés pour but d'analyser les logiques et conditions d'apparition des opérateurs de mobilité électrique et de comprendre en quoi ces derniers sont susceptibles d'affecter l'émergence et la diffusion du VE.

Dans un premier temps, nous nous sommes penchés sur la genèse du marché des opérateurs de mobilité électrique. Nous avons tout d'abord analysé la nature et la portée des difficultés liées à l'intégration du VE et des énergies renouvelables intermittentes au système électrique et, plus généralement, au système énergétique. Loin de se confondre et de se superposer, ces problématiques d'intégration se nourrissent mutuellement à la faveur de l'apparition du *smart grid* et de la propriété systémique du VE qui, outre sa fonction de mobilité, est le support d'une fonction de stockage de l'électricité. En constituant un moyen de stockage transitoire, le VE contribue, en effet, à solutionner les contraintes liées à l'intermittence de la production des sources d'énergie alternatives (éolien, photovoltaïque), tout en réduisant également l'impact de ses recharges successives pour le réseau. De fait, à l'interface entre le VE et les infrastructures électriques, télécoms, routières et énergétiques, nous avons vu qu'il existe un espace, un marché, que de nouveaux acteurs comblent en capitalisant sur le décloisonnement de secteurs économiques jusqu'ici hermétiques et dont ils assurent désormais le bouclage : les opérateurs de mobilité électrique.

Dans un deuxième temps, nous avons tenté d'appréhender les conditions d'existence des opérateurs de mobilité électrique, dont l'objet est d'offrir un plan énergétique adapté aux habitudes et aux besoins ponctuels de déplacement des usagers de l'électromobilité, en créant les conditions d'un management dynamique des productions et consommations d'électricité, des périodes de charge et de décharge des batteries, ainsi que des déplacements de la totalité d'une flotte de VE en temps réel. À cette fin, nous nous sommes appuyés sur le concept de marché bifaces, *i.e.* un marché dont l'agencement entretient, voire nécessite, l'existence de deux clientèles distinctes mais interdépendantes l'une de l'autre pour les produits qui y sont échangés. L'analogie au marché bifaces nous a ensuite permis d'estimer que les opérateurs s'assimilent à une « plateforme » reliant deux versants d'un même marché, la fonction de mobilité et la fonction de stockage et qu'en tant que telle, ils sont les médias d'externalités de réseau croisées et jouissent d'un pouvoir de marché bilatéral. Ces propriétés permettent aux opérateurs de procéder à un subventionnement croisé entre les versants, consolidant par là l'équation économique du VE. Associé aux externalités positives appuyées sur la fonction de stockage du VE, ce phénomène forme les conditions cadres de l'émergence de ce dernier.

Dans un troisième temps, nous avons complété notre analyse des opérateurs de mobilité électrique par l'intermédiaire d'une lecture fondée sur l'économie des réseaux. En nous appuyant sur les notions de réseau et d'externalités de réseau, nous avons montré de quelle manière l'apparition de ces opérateurs induisait l'existence de rendements croissants d'adoption spécifiquement articulés autour du VE, c'est-à-dire une situation dans laquelle l'utilité associée à l'adoption d'un standard croît avec son degré de diffusion (Katz, Shapiro, 1985). Nous avons ensuite modélisé ces effets de réseau et appréhendé leur implication sur la diffusion du VE. Cette modélisation s'est révélée précieuse par sa portée pratique et pour ses recommandations. Partant du principe que la taille du marché du VE est d'autant plus grande que les externalités directes et indirectes de réseaux sont elles-mêmes prégnantes, elle a mis en exergue les considérations centrales des agents dans leurs choix de consommation. Outre les subventions à l'achat et/ou à l'usage, il apparaît ainsi opportun de sensibiliser les consommateurs aux effets externes associés au VE, ou encore d'envoyer un signal positif sur la taille future du marché par le biais de la commande publique. Au total, en engendrant des externalités de réseau du côté de la demande et en capitalisant sur des rendements d'échelle croissants du côté de l'offre, les opérateurs de mobilité électrique ne jouent pas uniquement un rôle crucial dans l'impulsion du marché du VE, mais en constituent également les acteurs d'une dynamique de diffusion singulière.

Afin de comprendre les raisons de l'apparition des opérateurs de mobilité électrique au sein de l'industrie automobile, ainsi que d'en mesurer les effets sur l'émergence et la diffusion du VE, nous avons ainsi relié le phénomène des rendements croissants d'adoption à des problématiques intersectorielle et territorialisée. En effet, en contribuant à mettre en cohérence, dans le même cadre territorial, les offres et demandes de mobilité d'une part, et les offres et demandes d'électricité d'autre part, les opérateurs de mobilité électrique s'inscrivent pleinement dans une perspective territorialisée. Ainsi, s'il est vrai que le VE – qui avait jusqu'à maintenant toujours failli à créer un écosystème propice à sa diffusion – entre désormais dans un schéma schumpétérien de destruction créatrice, il semble néanmoins que son émergence soit intimement liée à la capacité et la dextérité des opérateurs à superposer effectivement des mobilités (déplacements) et des systèmes électriques, souvent très spécifiques et contingents. Cette aptitude varie, par exemple, selon le caractère régulé ou, au contraire, libre du marché de l'électricité, en fonction du niveau de pénétration des énergies renouvelables intermittentes et de leur répartition spatiale, ou encore, suivant la physionomie du parc immobilier, conditionnant l'accessibilité des bornes de recharge à domicile et sur le lieu de travail.

Au regard de ces conditions initiales déterminantes pour l'émergence et la diffusion du VE, dans le sens où elles gouvernent l'ensemble des externalités positives que les opérateurs de mobilité électrique calquent sur le VE, il nous semble que ce travail trouve deux prolongements naturels. Il s'agira d'une part, de dresser une liste exhaustive des conditions initiales favorables ou non à l'articulation du VE appréhendé comme un « bien système » à son territoire de destination (structures sociales, institutionnelles, politiques, etc.). Il s'agira d'autre part, de tester l'hypothèse d'un processus d'émergence territorialisée du VE, non pas à l'échelle continentale ou nationale, mais probablement régionale. Dans le prolongement, nous pourrions tester l'hypothèse de sa généralisation par capillarité, notamment en empruntant à la physique statistique, à l'instar de la théorie des champs de Gibbs (Dalle, 1995) et l'emploi de treillis. Recourir à ces outils vise à mettre l'accent sur l'aspect localisé des interactions régissant l'adoption des technologies, ainsi qu'à tenir compte du fait que l'adoption d'une modalité technologique par un agent est susceptible de modifier la probabilité d'adoption de l'ensemble des modalités technologiques dans son voisinage proche.

Bibliographie

Abernathy, W.J., Utterback, J.M. (1978), « Patterns of Industrial Innovation », *Technology Review*, 80 (7), 40-47.

ADEME (2009a), *Les transports électriques en France : un développement nécessaire sous contraintes*, (7), Paris.

ADEME (2009b), *Enjeux, consommations électriques, émissions CO_2 des transports électriques à l'horizon 2020-2030*, (22), Paris.

Arthur, W.B. (1989), « Competing Technologies, Increasing Returns, and Lock-in by Historical Events », *The Economic Journal*, 99 (394), 116-131.

Bainee, J. (2011), « Les opérateurs de mobilité électrique et le véhicule électrique (VE). Quel(s) modèle(s) d'affaires ? », *Rencontres Internationales Mobilis 2011*, 15-16 novembre, Belfort (France).

Bainee, J., Le Goff, R. (2012), « Crises, mondialisation et résilience des territoires : le cas de la Californie dans l'émergence de l'industrie du véhicule électrique », *Revue d'économie régionale et urbaine* (à paraître).

Becker, T.A., Sidhu, I., Tenderich, B. (2009), Electric Vehicles in the United States A New Model with Forecasts to 2030, Technical Brief – Center for Entrepreneurship, Technology, University of California, Berkeley.

Dalle, J.M. (1995), « Dynamiques d'adoption, coordination et diversité : la diffusion des standards technologiques », *Revue économique*, 46 (4), 1081-1098.

Dietrich, K., Latorre, J.M., Olmos, L., Ramos, A. (2011), « How can the use of electric vehicles affect the curtailment of renewable generation ? », *6th Conference on Energy Economics and Technology* – ENERDAY 2011, 8 Avril 2011, Dresde (Allemagne).

Dosi, G. (1982), « Technological paradigms and technological trajectories », *Research Policy*, 2 (3), 147-162.

Economidès, N. (1996), « The economics of networks, International journal of industrial organization », 16 (4), 675-699.

EDF (2010), *EDF, acteur incontournable de la mobilité électrique*, Dossier de presse, septembre.

Electrification Coalition (2009), Electrification Roadmap – Revolutionizing Transportation and Achieving Energy Security, novembre.

Fréry, F. (2000), « Les produits éternellement émergents : le cas de la voiture électrique », in Manceau, D., Bloch, A. (eds.), *De l'idée au marché. Innovation et lancement de produits*, Vuibert, Paris, 234-264.

Gabszewicz, J., Wauthy, X. (2004), *Two-sided Markets and Price Competition with Multi-Homing*, CORE Discussion Paper, 2004/30, Center for Operations Research and Econometrics.

Gille, B. (1979), « La Notion de "Système Technique". Essai d'épistémologie technique », *Technique et Culture*, 1, 8-18.

Hamilton, W. (1980), *Electric Automobiles : Energy Environmental and Economic Prospects for the Future*, McGraw Hill, Columbus.

Katz, M., Shapiro, C. (1985), « Network Externalities, Competition and Compatibility », *American Economic Review*, 75 (3), 424-440.

Kempton, W., Tomic, J. (2005), « Vehicle to Grid Fundamentals : Calculating Capacity and Net Revenue », *Journal of Power Sources*, 144 (1), 268-279.

Lequeux, F. (2002), *Concurrence et effets de dominance économique dans l'industrie multimédia*, Thèse de Doctorat, Université Paris I Panthéon Sorbonne.

Lesgards, V. (2011), « Grappes d'innovations sur les réseaux électriques et les concessions des collectivités locales (eau, déchets). Une lecture schumpétérienne du *smart grid* », *Innovations, Cahiers d'économie de l'innovation*, De Boeck, Bruxelles, 34, 57-76.

Menanteau, P., Finon, D., Lamy, M.-L. (2003), *L'intégration de la production intermittente dans les marchés électriques libéralisés : des surcoûts tech-*

niques aux pénalités économiques imposées par les règles de fonctionnement des marchés, Cahier de recherche LEPII, Série EPE, 32, 1-17.

Michaux, F. (2010), Monographies des plans nationaux d'action en faveur de l'électro-mobilité, Confrontation Europe – Entretiens européens à la recherche de la voiture propre, avril.

Milborrow, D. (2001), « Penalties for intermittent sources of energy », *Working Paper for PIU (Performance and Innovation Unit) Energy Review*.

Murmann, P., Frenken, K. (2006), « Toward a systematic framework for research on dominant designs, technological innovations, and industrial change », *Research Policy*, 35, 925-952.

Rochet, J.-C., Tirole, J. (2003), « Platform Competition in Two-Sided Markets », *Journal of the European Economic Association*, 1 (4), 990-1029.

Rochet J.-C., Tirole J. (2006), « Two-Sided Markets : A Progress Report », *RAND Journal of Economics*, 37 (3), 645-667.

Schumpeter, J.A. (1942), *Capitalism, Socialism and Democracy*, Harper Brothers, New York.

Wauthy, X. (2008), « Concurrence et régulation sur les marchés de plateforme : une introduction », *Reflets et perspectives de la vie économique*, De Boeck, Bruxelles, 0 (1), 39-54.

Weyl, G. (2010), « A Price Theory of Multi-sided Platforms », *American Economic Review*, 100 (4), 1642-1672.

Annexes

Annexe 1 : Émissions de CO_2 « du puits à la roue » des véhicules électriques et thermiques

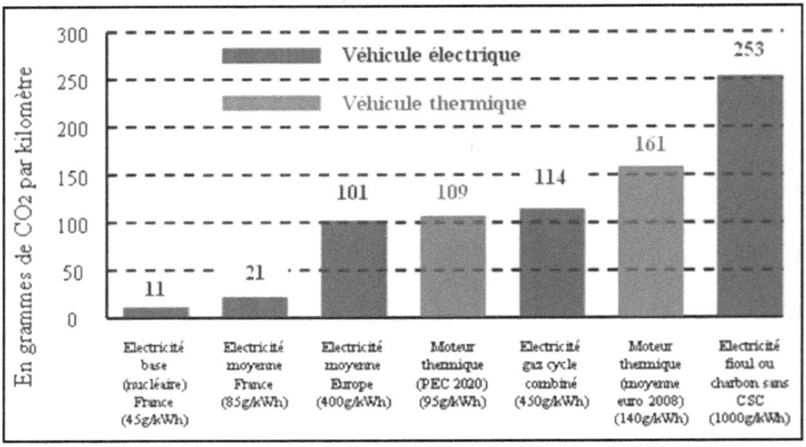

Source : ADEME (2009b).

Annexe 2 : VE et marché bifaces : le cas de l'opérateur français Freshmile

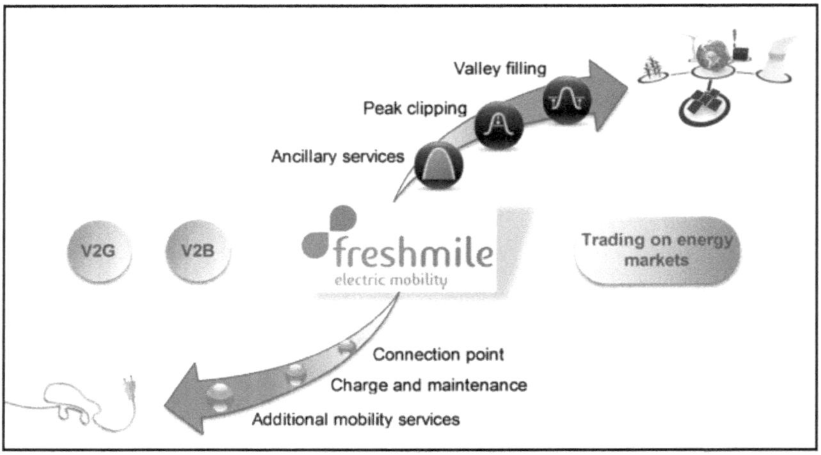

Source : Freshmile (http://www.freshmile.com/)

Annexe 3 : Représentation d'un réseau à simple voie

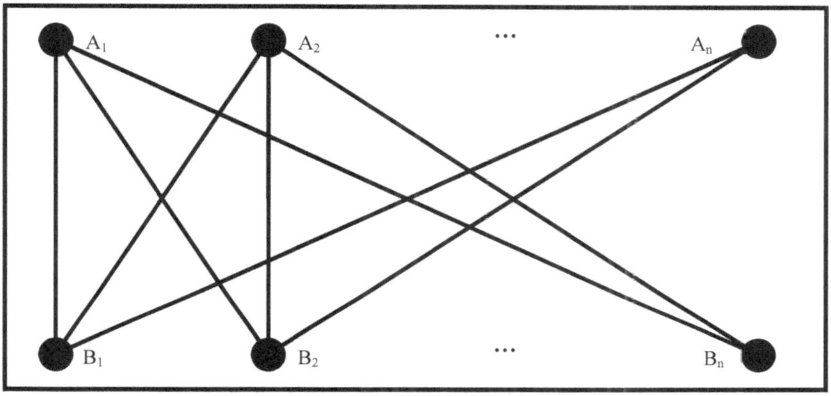

Source : ECONOMIDES (1996)

Annexe 4 : Représentation d'un réseau à double voie

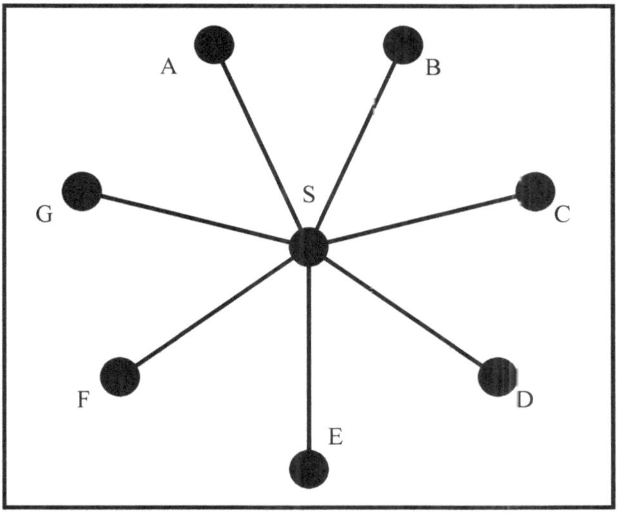

Source : ECONOMIDÈS (1996)

Annexe 5 : Modèle de structure réticulaire déployée par l'opérateur Better Place

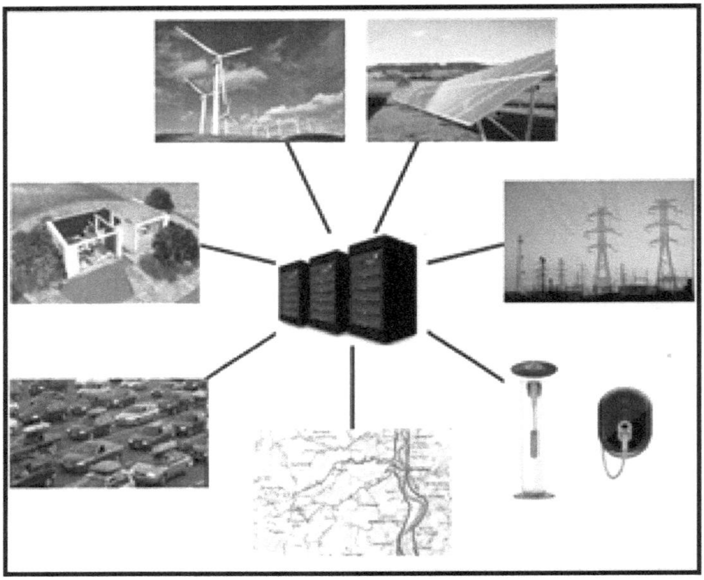

Stratégies environnementales proactives et réglementation

Le cas de l'application de l'« Eco-Management and Audit Scheme » au Centre de Valorisation des déchets de Thumaide (Belgique)

Aurore MORONCINI et Mouloud KADRI

UMONS – Belgique, Université de MONS

Pour mener à bien l'activité d'incinération des déchets et éviter ses effets nocifs, sur l'environnement et la santé humaine, la directive européenne 2000/76/CE fut adoptée en 2000. Résultat de la fusion des directives 89/369/CEE et 89/429/CEE sur l'incinération des déchets municipaux et de la directive 94/67/CE sur l'incinération des déchets dangereux, elle permet de simplifier la réglementation relative à l'incinération et d'en améliorer l'application. La directive « Incinération » comporte quatre exigences principales. Elle fixe les conditions préalables à l'exercice de l'activité d'incinération, définit les procédures en termes de réception et d'exploitation des déchets, décrit les obligations en termes de mesures et fixe les valeurs limites d'émission des rejets dans l'eau et l'air de substances telles que les métaux lourds, le dioxyde de soufre, le dioxyde d'azote, les dioxines et furannes et les solides en expansion.

Depuis 2010, la directive « Incinération » a cédé sa place à la directive 2010/76/UE relative aux émissions industrielles. Cette dernière s'adresse à l'ensemble des installations industrielles, une partie de celle-ci s'appliquant aux installations d'incinération et de coïncinération. Afin d'atteindre un niveau élevé de protection de l'environnement, la directive 2010 s'est fixée deux principaux objectifs, à savoir de fixer les règles permettant une prévention et une réduction intégrées de la pollution résultant de ces activités et d'éviter ou réduire les émissions polluantes dans le milieu naturel voire d'empêcher la production de déchets. À l'exception de l'appel à l'utilisation des meilleures technologies disponibles, la directive 2010 n'apporte pas de nouvelles exigences, en termes de mesures ou de limites d'émission.

La mise en place d'un SME (Système de management environnemental) rencontrant les exigences du règlement EMAS (Eco-Management and Audit Scheme) sous-entend des efforts conséquents de la part de l'organisation et suit une procédure de mise en place et de fonctionnement bien déterminée. Les bénéfices d'un tel enregistrement étant connus lorsque la démarche est volontaire, notre contribution vise à identifier les avantages tirés d'un enregistrement EMAS résultant d'une obligation légale et à les comparer à ceux découlant d'une démarche volontaire. Pour répondre à cette question, nous avons choisi d'étudier le cas de l'établissement d'incinération des déchets situé à Thumaide (Région wallonne de Belgique) qui a été obligé de se doter d'un SME respectant les exigences de l'enregistrement EMAS. Nous débutons par une brève présentation de l'établissement avant de passer à l'analyse de la mise en place et du fonctionnement d'un SME rencontrant les prescriptions du règlement EMAS.

1. L'enregistrement EMAS : mise en place et atouts

La mise en place d'un SME selon le référentiel EMAS doit suivre les étapes schématisées à la figure 1.

Figure 1 : Les étapes de l'enregistrement EMAS

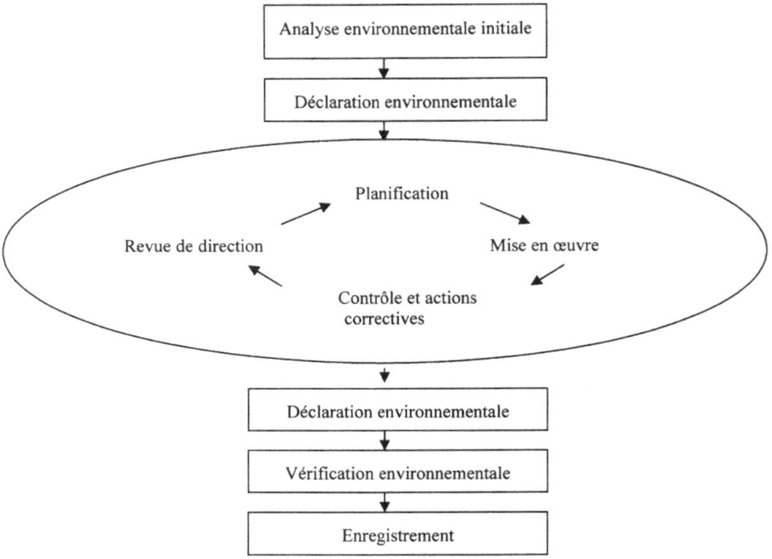

L'analyse environnementale initiale réalisée par les personnes compétentes doit couvrir « les exigences législatives et réglementaires ; le recensement des aspects environnementaux significatifs ; la description des critères pour juger du caractère significatif des aspects environnementaux ; l'examen des pratiques et procédures relatives au management environnemental ; ainsi que l'évaluation des résultats des enquêtes réalisées suite aux accidents » (Gallez, Moroncini, 2003, p. 19). La politique environnementale définie par la direction reprend les engagements principaux de l'organisation en matière environnementale. La mise en œuvre traduit en actions tout ce qui a été planifié. Pour s'assurer du respect des engagements initiaux de la direction, un contrôle régulier doit être réalisé en interne. L'ensemble des éléments constituant le SME, son fonctionnement et ses résultats sont traduits dans une déclaration environnementale rédigée par l'organisation et communiquée à toute partie prenante intéressée. Le SME ainsi mis en place est examiné par un vérificateur externe agréé qui en vérifie la conformité avec les exigences du système EMAS et qui attribue, le cas échéant, l'enregistrement à l'organisation.

La mise en œuvre et le fonctionnement d'un tel SME exigent de l'organisation des efforts conséquents en termes financiers et humains mais également un engagement de l'ensemble du personnel de l'organisation et un investissement en temps non négligeable. Ceux-ci n'ont de sens que si l'entreprise peut retirer un minimum d'avantages de l'enregistrement auprès d'EMAS. De nombreux auteurs se sont penchés sur les difficultés et les bénéfices d'une telle démarche pour les organisations ayant tenté l'aventure. Parmi ceux-ci, nous pouvons citer, plus particulièrement, Azzone *et al.* (1997), Christensen, Ramussen (1998), Freimann, Shwedes (2000), Merritt (1998), Strachan (1999), Vivian (1997), Kadri (2009) et Williams *et al.* (2000). L'analyse de leurs travaux nous a permis d'identifier un total de 8 avantages contre 2 inconvénients à la mise en œuvre, sur la base volontaire, d'un SME selon le référentiel EMAS (tableau 1).

Tableau 1 : Avantages et inconvénient de l'enregistrement volontaire EMAS[1]

Avantages	Inconvénients
Réduction de la pression des actionnaires Amélioration de l'image de l'entreprise Réduction des coûts Conformité à la législation Motivation des employés Assurance environnementale envers les parties internes et externes, Amélioration de la coopération avec l'État et l'administration, Augmentation de la conscience environnementale à travers une meilleure connaissance des impacts environnementaux.	Temps de mise en œuvre relativement long Coût élevé de la démarche

Christensen et Ramussen (1998), qui ont analysé une douzaine d'entreprises danoises, ont tiré essentiellement quatre conclusions de leur étude. Bien qu'un SME certifié ou enregistré puisse être utilisé à des fins de marketing, il n'exerce aucune influence sur le prix ou la qualité. Les procédures écrites que le SME induit permettent, d'une part, d'améliorer la communication au sein de l'entreprise et, d'autre part, de servir de premier guide aux nouveaux employés. L'amélioration d'image de l'entreprise réconforte sa position sur le marché, rassure les actionnaires et réduit les pressions externes. Quant à la conformité réglementaire découlant de l'enregistrement, celle-ci fortifie les relations entre l'entreprise et l'administration et facilite l'octroi des permis et autres. La connaissance des impacts environnementaux conduit le personnel à adopter un comportement préventif, ce qui réduit leur résurgence, d'un côté, et le coût de leur réparation, d'un autre. La motivation des employés dépend de la capacité du chef de l'entreprise à sensibiliser et à converger leurs efforts autour du projet d'enregistrement.

Merritt (1998) identifie un problème lié à l'attitude de certains managers qui se contentent de saisir les opportunités financières que le SME peut induire plutôt que d'adopter des pratiques qui améliorent la performance environnementale de l'organisation. Or, la présence et le soutien de la direction sont indispensables pour augmenter continuellement la conscience environnementale et favoriser une meilleure connaissance des impacts environnementaux. Le coût et le temps demeurent

[1] Établi à partir de Azzone *et al.* (1997) ; Christensen, Ramussen (1998) ; Freimann, Shwedes (2000) ; Merritt (1998) ; Strachan (1999) ; Vivian (1997) ; Kadri (2009) et Williams *et al.* (2000).

les principales difficultés à surmonter par une entreprise lors de la mise en œuvre du SME. Le premier varie en fonction de la situation de l'entreprise et de son secteur d'activité. Le second, quant à lui, dépend des moyens de l'entreprise et des non-conformités à corriger.

2. Le Centre de Valorisation des Déchets de Thumaide

Mis en service en 1980, le Centre de valorisation des déchets de Thumaide appartient à l'Intercommunale de Propreté publique du Hainaut occidental, Ipalle. Créée en 1976, cette dernière dessert vingt-trois communes et assure, aussi bien, la gestion des déchets que l'épuration des eaux usées. Pour garantir un service de qualité, Ipalle dispose, outre le Centre de valorisation de Thumaide :

d'un réseau de vingt et un parcs à conteneurs,
d'un réseau de plus de trois cent cinquante bulles à verre,
d'un dispositif de collecte sélective des déchets d'emballages ménagers en porte-à-porte (Fost plus),
d'un dispositif de collecte sélective des encombrants ménagers réutilisables, et
de trente stations d'épuration en activité.

Lors de sa mise en exploitation, le Centre de Thumaide était une simple station d'incinération destinée à réduire la mise en décharge. Il était constitué de deux fours d'une capacité de trois tonnes par heure chacun. La récupération de l'énergie issue de la combustion des déchets a débuté, en 1985, avec la mise en service du troisième four d'une capacité de 7 T/h. Quant au traitement des fumées et des mâchefers, ce dernier a démarré en 1996[2]. L'accroissement des pressions réglementaires sur les rejets atmosphériques a conduit à la fermeture de bon nombre d'installations d'incinération en milieu hospitalier. Pour faire face à cette situation et contribuer à trouver une solution appropriée à la gestion des déchets provenant de ces établissements, Thumaide a mis en exploitation une unité de manutention des déchets hospitaliers en 1999, année qui a coïncidé avec le lancement des travaux de remplacement des fours 1 et 2 et des premiers essais du broyeur des encombrants.

En 2001, après deux années de chantier, les fours 1 et 2 ont, respectivement, cédé leur place aux fours 3 et 4. Ce renouvellement avait pour but d'améliorer la gestion des déchets générés, d'étendre les capacités de traitement et d'augmenter la production électrique Les capacités de traitement des déchets de Thumaide sont donc passées de 100 000 à 300 000 T/an, volume qui représente la capacité maximale autorisée.

---

[2] Le lecteur désirant connaître les détails sur le fonctionnement des installations d'incinération des déchets est invité à consulter Le Goux et Le Douce (1995), Bertholon (2002) et Collectif Dunod (2008).

Depuis 1998, la production électrique a augmenté jusqu'en 2008 (tableau 2). Une part de celle-ci est utilisée pour les besoins internes, l'excédent énergétique qui représente la majeure partie étant cédé au réseau électrique[3].

Tableau 2 : Évolution de la production énergétique et de la remise de la remise sur le réseau[4]

Années	Production/ KWh	Remise sur réseau Elia/ KWh
1998	20.254.400	8.250.069
1999	21.497.100	9.839.200
2000	20.911.203	9.738.644
2001	18.314.656	8.969.000
2002	92.630.940	75.094.736
2003	131.355.200	110.760.926
2004	149.097.882	126.217.595
2005	155.845.700	131.655.866
2006	158.926.287	132.873.655
2007	162.622.765	137.551.200
2008	171.538.764	138.808.160
2009	166.550.119	130.561.745

L'analyse du tableau 2 montre une augmentation croissante de l'énergie produite et de celle remise sur le réseau Elia avec une augmentation de 400 % en 2002 suite à la mise en service des fours 4 et 5. Une baisse du volume de déchets à incinérer en 2009 a conduit à une faible baisse de la production énergétique (moins de 1 %).

En vue de répondre aux standards européens en termes d'émissions et d'atteindre une production électrique supérieure à 200 millions de kWh découlant de l'entrée en application des directives européennes successives ayant légiféré dans ce domaine[5], des travaux de remplacement du four 3 ont démarré en 2006. La mise en exploitation du nouveau four (four 6) prévue initialement pour 2010 n'est, à ce jour, toujours pas effective.

---

3 L'électricité excédentaire vendue à la société Elia spécialisée dans le transport d'électricité en Belgique. Elle gère le réseau de transport d'électricité à haute tension au niveau national et assure le transport de l'électricité depuis les producteurs vers les gestionnaires de réseau de distribution.

4 Données issues des déclarations environnementales Ipalle 2003, 2004, 2005, 2007, 2008 et 2009.

5 Directive européenne 2000/76/CE, résultat de la fusion des directives 89/369/CEE et 89/429/CEE sur l'incinération des déchets municipaux et de la directive 94/67/CE sur l'incinération des déchets dangereux, et directive 2010/76/UE relative aux émissions industrielles.

En 2009, un permis d'exploitation d'un quatrième four (four 7) fut octroyé à Thumaide. Il devrait lui permettre d'étendre ses capacités d'incinération à 400 000 T/an et d'accueillir tout ou partie des déchets d'autres intercommunales voisines. La mise en exploitation du four 7 est actuellement programmée pour 2012 et vise la mise en conformité avec le plan 2006 des équipements de gestion des déchets adopté par le Gouvernement wallon qui vise le développement d'une approche partenariale entre acteurs des secteurs publics et privés en vue d'optimiser les investissements et les outils de gestion des déchets (RDC-Environnement S.A., 2011, p. 42).

3. Thumaide : son enregistrement EMAS et ses apports

Pour étudier le cas du Centre de valorisation des déchets de Thumaide, nous nous sommes reposés sur trois sources de données :

- documentation : déclarations environnementales, audits d'enregistrement et de suivi du SME, fiches de formations et permis et autorisations délivrés à l'organisation ;
- enquêtes auprès des responsables et du personnel de l'entreprise ;
- visites de sites appartenant à Thumaide, à leurs clients et à leurs fournisseurs.

L'analyse de ces données a permis diverses observations réparties en quatre groupes reprises dans les sous-sections suivantes.

3.1. Mise en place de EMAS

Conformément aux principes d'amélioration continue, Thumaide a entamé sa démarche d'enregistrement EMAS par une analyse environnementale initiale. Sur la base des aspects environnementaux identifiés et de la réglementation à laquelle elle est soumise, l'organisation a rédigé une politique environnementale reprenant ses engagements qui, depuis 2003, oscillent autour de cinq principes, à savoir la conformité législative et réglementaire, la prévention et la limitation de la pollution de l'air et des eaux, l'amélioration des conditions de travail et le respect du voisinage. Les engagements énoncés dans la politique environnementale se traduisent en objectifs et cibles de réalisation. Le tout est repris dans un programme désignant les personnes impliquées et les délais d'exécution de chaque action. Depuis l'obtention de l'enregistrement EMAS, en 2003, Thumaide assure le suivi de son SME afin d'en garantir la conformité. Dès qu'un problème est détecté (tableau 3), des mesures sont prises afin d'en minimiser les effets ou d'en éviter la récurrence. Pour faciliter la mise en place et le suivi de son SME, l'entreprise organise régulièrement des formations à destination de son personnel ayant pour objet le référentiel EMAS, la prévention des déchets, l'analyse des risques, la sécurité des travaux en hauteur, les risques et accidents environnementaux, les situations d'urgence et l'audit interne. Enfin, les informations liées au SME sont reprises dans des déclarations environnementales triannuelles actualisées dès qu'un changement important survient.

3.2. Apports – Période 2003-2005

L'analyse du tableau 3 révèle l'apport positif de l'enregistrement EMAS en termes de maîtrise des contraintes environnementales et sécuritaires. Lors de la réalisation de l'analyse environnementale, associée à la période d'enregistrement 2003-2005, Thumaide a pris en considération les conditions d'exploitation normales (régime normal), les conditions d'arrêt et de démarrage (régime anormal), les conditions d'urgence raisonnablement prévisibles (régime accidentel) ainsi que les activités passées, présentes et prévues. Le classement des aspects est effectué en fonction de leur gravité (atteinte à l'image de l'entreprise), de la fréquence de leur survenance et de l'aptitude de l'entreprise à les maîtriser. Thumaide a recensé une multitude d'aspects environnementaux qui concernent quatre activités principales : la réception des déchets, les fours et chaudières, le traitement des fumées et le reste du site.

La réception des déchets est associée à quatre aspects environnementaux pour chacun desquels des actions d'évitement et/ou d'amélioration sont définies. Pour éviter d'endommager les installations et de dépasser les limites d'émissions suite à la réception de déchets non prévus ou en dehors des heures d'ouverture, le Centre a entrepris d'augmenter la fréquence du contrôle des déchets à la réception et de sensibiliser le responsable du poste de surveillance. Quant aux odeurs provenant du transport des boues, Thumaide a songé à bâcher les camions les amenant.

L'une des grandes réalisations de la période 2003-2005 consiste en la réduction totale de la mise en décharge des mâchefers. Ces derniers sont valorisés en cimenterie, en aciérie, dans l'industrie des non-ferreux et comme sous-fondation des routes.

En confinant les éléments bruyants, Thumaide a également trouvé une solution définitive à la problématique des nuisances sonores provenant de ses installations. Les dépassements des limites d'émissions atmosphériques sont tous justifiés et des actions préventives et correctives sont définies, continuellement, pour assurer une conformité réglementaire permanente.

Contrairement aux autres installations incinérant des déchets, le Centre de Thumaide ne rejette pas d'eaux usées résultant de l'épuration des fumées. En effet, l'absence d'un exutoire naturel suffisant à proximité de ses installations l'a poussé à procéder à l'évaporation de ses eaux. Les rejets d'eaux usées de l'organisation proviennent, entre autres, des eaux de régénération des filtres, des eaux de nettoyage, des purges sur la chaudière et des eaux domestiques (douches et toilettes). Les eaux usées rejetées sont traitées dans des stations d'épuration construites par l'organisation. Les risques environnementaux et sanitaires provenant des autres activités du site sont pris en considération et ont donné lieu à des mesures appropriées.

Pendant la période 2003-2005, de nombreux objectifs environnementaux définis initialement ont été atteints dont notamment la limitation de la pollution atmosphérique des fumées, la limitation de mise en décharge des mâchefers (0 tonne en 2005), la limitation des nuisances olfactives et sonores (0 plainte en 2005) et l'amélioration du traitement des eaux usées.

3.3. Apports – Période 2006-2008

Durant la période 2006-2008, les aspects environnementaux provenant de la réception des déchets ont été réduits à deux. Le premier résulte de la circulation des camions qui provoque la salissure des voiries et l'envol des déchets. La parade, à cette non-conformité réglementaire et environnementale, a consisté en la surveillance et au ramassage des déchets ainsi qu'en l'installation d'un souffleur vidant les papiers collés aux conteneurs après déchargement. Le second aspect découle du non-respect de l'itinéraire de passage par les camions. Le désagrément sonore provenant de cette situation engendre des non-conformités aussi bien environnementales, réglementaires que sociales. Pour parer à cette situation, un suivi des plaintes des riverains et une organisation de campagnes annuelles de rappel de l'itinéraire ont eu lieu.

Les problèmes du broyage des encombrants et de manutention des déchets hospitaliers et médicaux se traduisent, essentiellement, par des pannes qui prolongent leur durée de stockage et engendrent des risques environnementaux et sociaux ainsi qu'une non-conformité réglementaire. Pour faire face à cette situation, Thumaide a installé un dispositif de secours pour la manutention des palettes en cas de panne de la chaîne alimentant les déchets hospitaliers et médicaux et a procédé au développement d'un logiciel de maintenance et à la mise à disposition des pièces de rechange.

Trois actions principales ont été menées pour assurer un fonctionnement optimal des installations et du traitement des fumées, à savoir la fiabilisation du circuit des REFIOM, l'installation d'une aspiration centralisée des poussières et d'un dévoûteur ainsi que le développement d'un logiciel de maintenance.

Les réalisations de la période 2006-2008 se résument donc essentiellement en l'amélioration de la surveillance informatique, au renforcement de l'implantation aux abords du site et en l'installation d'un système de dévoûtement.

3.4. Apports – Période 2009-2011

Deux aspects principaux ont été identifiés durant la période 2009-2011. Le premier concerne le dysfonctionnement des installations qui occasionne le dépassement des limites d'émissions atmosphériques. Pour remédier à cette non-conformité réglementaire, environnementale et sociale, Thumaide a procédé au suivi quotidien du niveau des réactifs (charbon actif), au remplacement du capteur et à la mise en place d'alarmes détectant un temps trop long entre deux remplissages de la cuve de charbon actif. Le second problème, engendrant également les trois non-conformités précitées, consiste en un risque d'épanchement lors du dépotage de la chaux, de la soude caustique et de l'acide chlorhydrique. Thumaide y a remédié en plaçant ces zones sur une dalle étanche équipée d'un système de récupération des eaux.

Enfin, il est utile de signaler que les bons résultats auxquels est parvenu le Centre de Thumaide reposent sur une communication forte, tant en interne qu'en externe. Outre le fait de satisfaire les besoins d'information interne, sa communication externe vise plusieurs buts. Elle est organisée en vue d'assurer la publication de toutes les informations liées à ses activités et à ses projets (politique environnementale, déclaration environnementale, brochures, etc.). Elle joue aussi un rôle éducatif à travers des animations scolaires et extrascolaires (visites guidées, journées portes ouvertes, etc.). Enfin, elle sensibilise la population environnante au recyclage des déchets qui va à l'encontre de l'activité d'incinération car encourager le recyclage conduit à une diminution la quantité des déchets à incinérer et, par conséquent, à un moindre fonctionnement des incinérateurs.

Conclusion

L'engagement de Thumaide dans la mise en place d'un SME selon EMAS peut être qualifié de positif dans la mesure où elle a réussi à engranger les principaux avantages qui découlent d'une démarche volontaire. Cette dernière bénéficie d'une conformité réglementaire qui lui a facilité, notamment, l'obtention du permis accroissant ses capacités d'exploitation (passage de 300 000 T/an à 400 000 T/an). Les dépassements, conjoncturels, en termes d'émission ne constituent pas une non-conformité en tant que telle dans la mesure où Thumaide assure un suivi permanent de ses émanations. La coopération de Thumaide avec son environnement externe n'a pas cessé de s'intensifier. Elle travaille en collaboration, aussi bien, avec les administrations publiques que les établissements privés. Thumaide réduit continuellement ses aspects environnementaux négatifs, ce qui constitue, vis-à-vis d'elle-même et de son entourage, une garantie quant à sa volonté de les atténuer. C'est pourquoi aucune plainte ne lui est parvenue durant les trois dernières années, ni des riverains ni des administrations de l'État. Depuis son enregistrement, Thumaide veille à préserver son image d'une entreprise responsable et durable. C'est ainsi qu'elle bénéficie de l'appui de ses actionnaires.

Nous restons prudents quant à l'évaluation de la motivation des employés de Thumaide. Les données auxquelles nous avons pu accéder ne nous permettent pas d'infirmer ou de confirmer l'existence d'un engagement réel du personnel de Thumaide dans la démarche d'amélioration continue de ses performances.

À l'issue de cette analyse, deux questions méritent d'être posées. D'une part, quelle est l'utilité d'imposer l'engagement dans une démarche censée être volontaire à la base ? Bien qu'elle garantisse la conformité réglementaire, une telle obligation suffit-elle pour instaurer une véritable culture environnementale au sein d'une organisation ? D'autre part, une organisation active dans un secteur aussi délicat que celui du traitement de déchets se serait-elle, en l'absence de contrainte légale, engagée volontairement dans une démarche aussi contraignante que l'enregistrement EMAS ? De plus, les conclusions résultant de l'analyse du cas du Centre de valorisation de déchets de Thumaide ne sont pas transposables à d'autres organisations actives dans le même secteur, ni dans d'autres secteurs d'activités. Il y aurait donc lieu, dans un premier temps, de prolonger cette étude en étendant le champ d'investigation à d'autres organisations similaires sachant que toutes les installations d'incinération wallonnes sont soumises à l'obligation d'être enregistrées auprès d'EMAS. Les conclusions qui en résulteraient permettraient, au moins, de confirmer ou d'infirmer le bien-fondé du caractère obligatoire de l'enregistrement EMAS pour ces organisations. Une extension de l'analyse à des organisations actives dans d'autres secteurs d'activités donnerait une indication sur l'intérêt réel qu'auraient les autorités publiques à imposer l'enregistrement EMAS à certaines activités présentant des risques environnementaux importants.

Bibliographie

Azzone, G., Bianchi, R., Noci, G. (1997), « Implementing Environmental certification in Italy : Managment and competitive implications for firms », *Eco-Management and Auditing*, 4 (3).

Bertholon, J. (2002), *Les déchets solides de l'incinération des ordures ménagères*, mémoire de Maîtrise en Sciences de l'environnement, milieux urbains et industriels, Université de Cergy-Pontoise.

Christensen, P., Ramussen, B.D. (1998), « Implementation of the environmental managment in the Danish printing industry », *Eco-Management and Auditing*, 5 (2).

Collectif Dunod (2008), *Mâchefers d'incinération des ordures ménagères. État de l'art et perspectives*, Dunod, ADEME, Paris.

Déclaration environnementale Ipalle 2003.2004.2005.

Déclaration environnementale Ipalle 2006.2007.2008.

Déclaration environnementale Ipalle 2009.2010.2011.

Différents documents internes (fiches de suivi EMAS, rapport d'audit, etc.).

Directive 2010/76/UE du Parlement Européen et du Conseil du 24 novembre 2010 relative aux émissions industrielles (prévention et réduction intégrées de la pollution), JO n° L 334 du 17.12.2010.

Directive 2000/76/UE du Parlement Européen et du Conseil du 04 décembre 2000 sur l'incinération des déchets, JO n° L 332 du 28.12.2000.

Freimann, J., Shwedes, R. (2000), « EMAS Experiences in German Companies : A survey On Empirical Studies », *Eco-Management and Auditing*, 7 (3).

Gallez, C., Moroncini, A. (2003), *Le manager et l'environnement, outils d'aide à la décision stratégique et opérationnelle*, Presses polytechniques et universitaires, Genève.

Kadri, M. (2009), « Le développement durable, l'entreprise et la certification ISO 14001, Marché et Organisations », *Marché et Organisations*, 8.

Le Goux, J.-Y., Le Douce, C. (1995), *L'incinération des déchets ménagers*, Economica, Paris.

Merritt, J.Q. (1998), « EM into SME won't go ? Attitudes, Awareness and Practices in the London Borough of Croydon », *Business Strategy and the Environment*, 7 (2).

RDC-Environnement S.A, Rapport janvier 2011 : Préparation du plan Wallon des déchets volet « infrastructures de valorisation et d'élimination de déchets ménagers et assimilés » phase 1 : évaluation ex-post des actions et mesures prévues dans le Plan Wallon des Déchets Horizon 2010.

Règlement (CE) n° 1221/2009 du Parlement Européen et du Conseil du 25 novembre 2009 concernant la participation volontaire des organisations à un système communautaire de management environnemental et d'audit (EMAS), abrogeant le règlement (CE) n° 761/2001 et les décisions de la Commission 2001/681/CE et 2006/193/CE.

Strachan, P.A. (1999), « Is the eco-Managment and audit scheme (EMAS) regulation an effective strategic marketing tool for implementing industrial organization ? », *Eco-Managment and Auditing*, 6 (1).

Vivian, B. (1997), « Environmental managment systems : asset or liability ? », *Eco-Managment and Auditing*, 4 (1).

Williams, H., Van Hooydonk, A., Dingle, P., Annandale, D. (2000), « Developing Tailored Environmental Managment System for small businesses », *Eco-Managment an Auditing*, 7 (3).

DEUXIÈME PARTIE

L'ENTREPRISE ÉCO-INNOVANTE DANS SON ENVIRONNEMENT

Les caractéristiques de la firme « éco-innovante » et le développement durable

Blandine LAPERCHE et Dimitri UZUNIDIS

RRI

Le développement durable tel qu'il a été défini dans le Rapport Brundtland (Brundtland, 1987) est un mode de développement conciliant les principes du capitalisme (propriété privée, processus d'accumulation, réalisation de profit), la préservation des ressources naturelles telles que l'eau, l'air, la terre et les richesses qu'elle contient et la réalisation du bien-être social. Sa popularité découle en grande partie de la possibilité de mutation « douce » du mode de développement actuel, privilégiant l'adaptation de l'infrastructure et de la structure sociale. Ainsi les progrès technologiques pourraient permettre de faire face aux problèmes environnementaux ; ou encore les comportements des agents pourraient être et/ou se modifier afin de favoriser la transformation du mode de production, encore largement fondé sur une appréciation classique de la nature comme « stock de ressources inépuisable » (Boutillier, Matagne, 2012) et sur l'existence d'inégalités sociales fortes.

L'exemple très largement étudié est celui de l'entreprise et sa politique de responsabilité sociale (RSE), qui constitue une application du développement durable à l'échelle microéconomique (European Commission, 2001). L'entreprise peut contribuer à préserver l'environnement en développement des innovations vertes (ou éco-innovations) et en s'adaptant aux objectifs de ses « parties prenantes » (salariés, actionnaires, fournisseurs, clients, et société dans son ensemble). Dans cet article, nous nous consacrons précisément à cette entreprise « éco-innovante ». Nous cherchons à déterminer les caractéristiques et les spécificités de cette firme éco-innovante, telles qu'elles apparaissent dans la littérature. Dans quelle mesure sa stratégie actuelle contribue-t-elle à la préservation des ressources naturelles et à l'atteinte d'un plus grand bien-être social ? Considérant la firme comme un élément d'un système, nous soulignons également les entraves à son action durable.

Dans un premier temps, nous nous intéressons aux caractéristiques de l'entreprise éco-innovante. Cela impose de revenir à la définition de l'éco-innovation, d'étudier les modalités du développement de ce type d'innovation et de prise en compte des différentes parties prenantes dans sa stratégie. Dans un second temps, nous replaçons la firme dans l'ensemble social, afin de montrer les enjeux d'une mutation systémique de celui-ci.

1. La firme éco-innovante

1.1. Éco-innovations et logiques d'entreprise

Les innovations environnementales regroupent principalement l'ensemble des produits et procédés permettant de réduire l'impact de l'activité économique sur l'environnement. Mais, en réalité, l'impact environnemental de ces innovations, qu'il soit intentionnel ou non, direct ou indirect, est très difficile à appréhender aussi bien par les producteurs que par les consommateurs. Les difficultés d'évaluation de l'impact environnemental d'une pratique ou d'une technologie sont dues aux asymétries d'information, aux incertitudes et à l'existence de controverses scientifiques. Ainsi, plusieurs critères peuvent être utilisés pour évaluer l'impact environnemental d'une innovation : les émissions de gaz à effet de serre, l'efficacité énergétique, la pollution de l'air, de l'eau, des sols, le bruit, les déchets, etc. (voir par ex. André *et al.*, 2010).

Compte tenu de cette multiplicité de critères environnementaux, l'impact environnemental global d'une innovation est très difficile à apprécier, d'autant plus qu'il peut y avoir des effets contre-productifs au moment d'une diffusion massive d'une nouvelle technologie *environmentally friendly* dans le tissu économique. En effet, des effets rebonds peuvent se produire tels que l'accumulation des pollutions due à l'usage intensif d'une technologie plus propre, d'où une augmentation des coûts internes et externes durant le stade initial de l'introduction de la nouvelle technologie. Les innovations environnementales ne peuvent pas être définies en termes d'impact environnemental immédiat et absolu mais en référence à des technologies alternatives et au temps nécessaire à leur maturation. Nous pouvons donc les définir comme étant la production, l'assimilation ou l'exploitation d'un produit, d'un procédé de production, d'un service ou d'une méthode de management qui sont nouveaux pour l'organisation (développés ou adoptés par celle-ci) et qui conduisent, tout au long de leurs cycles de vie, à la réduction des risques environnementaux, de la pollution et d'autres impacts négatifs sur l'utilisation des ressources (y compris énergétiques) par rapport aux alternatives courantes (OCDE, 2010).

Une telle définition regroupe un ensemble très hétérogène d'innovations, puisque tout procédé ou produit plus économe en ressources et/ou moins polluant est une innovation environnementale. Ainsi, selon cette définition, les innovations qui permettent à une firme de diminuer progressivement ou drastiquement ses effets environnementaux négatifs à travers des nouveaux produits, procédés, méthodes ou services sont des innovations environnementales. Plus particulièrement, concernant les innovations technologiques, Kemp et Soete (1992) distinguent quatre types de technologies propres : les technologies de substitution et d'économie d'inputs, les technologies de prévention et de contrôle de la pollution, les technologies de récupération et de recyclage interne et, enfin, les procédés propres radicalement nouveaux.

De nombreuses définitions des éco-innovations existent donc (Carrillo-Hermosilla *et al.*, 2010). En 2009, et en synthétisant les travaux précédents (notamment Rennings, 2000, Kemp et Pearson, 2008), l'OCDE (2009) propose une typologie des éco-innovations basée sur les cibles, les mécanismes et les impacts des éco-innovations (schéma 1). Les cibles de l'éco-innovation sont les produits et les procédés, mais incluent aussi les changements organisationnels et institutionnels. Quatre mécanismes, en d'autres termes les méthodes par lesquelles la modification des cibles est introduite, sont identifiés : Modification – changement mineur et progressif dans les produits, les processus (…) –, Redesign – changements significatifs –, Alternatives – par exemple, l'introduction de biens et services qui peuvent répondre aux mêmes besoins et être considérés comme des substituts – et Création – conception et introduction de produits, processus, procédures, organisations et institutions complètement nouveaux. Les impacts définissent les effets provoqués sur l'environnement.

Tableau 1 : Typologie de l'éco-innovation (OECD, 2009)

Cibles de l'Éco-innovation	Institutions	Changement principalement non technologique		Potentiel de bénéfices environnementaux élevés mais difficiles à coordonner	
	Organisations et méthodes marketing				
	Processus et produits	Changement principalement technologique			
		Modification	Re-design	Alternatives	Création
		Mécanismes de l'Éco-innovation			

Source : OECD (2009)

La capacité de la firme à développer ces éco-innovations, va dépendre d'un certain nombre de facteurs, comme la disponibilité des inputs du côté offre et les possibilités de rentabilisation côté demande. Mais la firme doit avoir pour première caractéristique d'être une firme « apprenante ».

1.2. Une firme apprenante

Pour développer ces innovations environnementales, l'entreprise éco-innovante est nécessairement une firme apprenante, dotée de ressources humaines, financières, scientifiques et techniques. Appréhender la firme éco-innovante nécessite en effet de s'éloigner de la vision simplifiée des économistes néoclassiques qui résument la firme au « producteur » et enferment ses caractéristiques organisationnelles dans une boîte noire. C'est résolument une approche managériale de la firme (E. Penrose, 1959 ; J.K. Galbraith, 1967), enrichie par les travaux de l'économie de l'innovation (ceux de J. Schumpeter d'abord, et ceux de l'école évolutionniste initiée par Nelson et Winter, 1982) qui permet de comprendre la combinaison des ressources et la mise en œuvre de l'innovation.

Comprendre la firme éco-innovante implique donc d'étudier la manière dont celle-ci constitue son « capital-savoir », c'est-à-dire l'ensemble des connaissances et informations produites, acquises, combinées et systématisées par la firme dans le but d'être utilisées dans un processus de production de valeur (Laperche, 2007). Ce capital-savoir est en effet l'outil d'émergence d'éco-innovations mais aussi l'outil du changement de trajectoire. L'entreprise peut naître éco-innovante (c'est le cas des start-up de l'économie verte). Mais le développement et la diffusion des innovations environnementales dépendent aussi largement du changement de trajectoire des entreprises déjà installées sur les marchés. L'école évolutionniste mais aussi la théorie des ressources se sont particulièrement penchées sur la question du changement. Pour l'approche évolutionniste, c'est la production de nouvelles « routines organisationnelles » définies comme des modèles d'interactions qui constituent des solutions efficaces à des problèmes particuliers (Lazaric, 2000), qui favorisent le changement du portefeuille d'activités des entreprises. Elles forment une « mémoire organisationnelle », et sont intégrées dans les compétences des salariés et dans les machines (Nelson, Winter, 1982). Ces routines, tacites, constituent pour la firme des « actifs spécifiques » qui ne peuvent être redéployés vers des usages alternatifs sans perdre leur valeur et sont donc difficilement transférables. La firme évolue en suivant un sentier déterminé par les compétences accumulées par le biais de l'apprentissage ; les actifs spécifiques déterminent donc le sentier d'évolution ou la trajectoire de la firme. Mais l'évolution de la firme n'est pas obligatoirement graduelle et n'exclut donc pas les ruptures et les bifurcations. Ce sont les actifs secondaires ou complémentaires à l'actif principal qui, présents le long de la chaîne de valeur, peuvent permettre à la firme de changer de direction. La théorie évolutionniste de la firme permet donc de comprendre la transformation endogène de la firme au cours du temps (Dosi *et al.*, 1990).

La théorie des ressources met l'accent sur le rôle des capacités (*capabilities*). Les capacités à même de développer de nouveaux actifs spécifiques rassemblés dans les routines organisationnelles sont appelées « capacités dynamiques » par Teece *et al.* (1997). Elles se réfèrent à la « capacité de la firme à intégrer, construire et reconfigurer des compétences internes et externes pour répondre rapidement aux changements de l'environnement » (*ibid.*, p. 516, notre trad.). Il existe différents types de capacités dynamiques comme celles permettant de générer de nouvelles idées, de modifier les projets de l'entreprise, de développer de nouvelles connaissances scientifiques et techniques pour faire évoluer le potentiel de connaissance de la firme, de lancer de nouveaux produits sur les marchés. Ici nous mettons l'accent sur le changement de la base de connaissances de la firme.

Selon nous, le processus d'apprentissage et la construction d'actifs spécifiques immatériels rassemblant ressources internes et externes s'effectue par – et aboutit à – la constitution que ce que nous nommons un « capital-savoir ». Le capital-savoir se définit comme l'ensemble des informations, connaissances et savoir-faire produits, acquis, combinés et systématisés par l'entreprise dans un objectif de production de valeur. S'y intéresser revient donc à étudier la manière dont les entreprises acquièrent et recueillent des informations sur les marchés (veille stratégique), produisent des connaissances seules ou en collaboration (R&D internes, partenariats), transforment ces informations en connaissances, en routines et en savoir-faire sources d'avantages spécifiques et utilisent ces connaissances et informations dans un processus de création de valeur (schéma 1).

Schéma 1
Le Capital-savoir construit par une firme, seule ou en collaboration

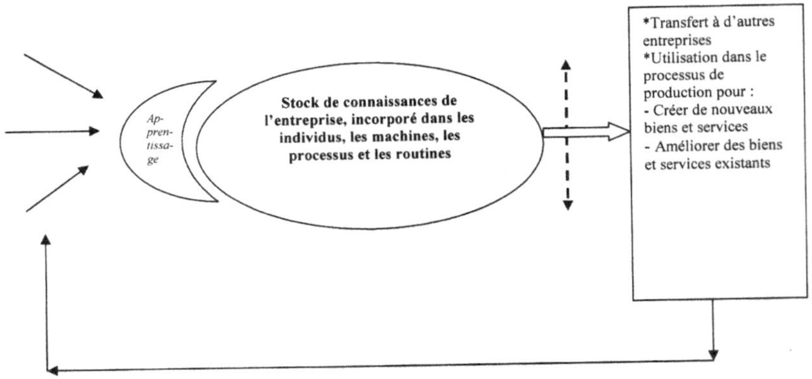

: Informations scientifiques et techniques qui alimentent le stock de connaissances de l'entreprise

: Utilité et objectif du capital-savoir

: Diffusion d'une partie de l'information scientifique et technique constituant le capital-savoir

Source : Laperche (2007).

Le capital-savoir (sa construction, son renouvellement) apparaît ainsi comme un outil de création de nouvelles capacités dynamiques. Sa mobilisation s'effectue aujourd'hui de manière collaborative, dans la grande majorité des secteurs d'activité, et en particulier pour le développement des innovations environnementales.

1.3. Une firme ouverte et collaborative

La mutation de la trajectoire des entreprises vers l'éco-innovation est coûteuse et risquée. C'est pourquoi elle s'inscrit dans et renforce la tendance à la constitution collaborative du capital-savoir (ou stratégie *d'open innovation*), laquelle est confirmée dans la littérature récente (Chesbrough, 2003 ; Chesbrough, 2006, Gassman, 2006, Chesbrough *et al.*, 2010) et concerne des secteurs d'activités variés, de l'automobile (Ili *et al.*, 2010) à la pharmacie (Yacoub, Laperche, 2010 ; Hughes, Wareham, 2010) ou bien encore à la chimie (Sieg *et al.*, 2010), etc.

Pour développer des innovations environnementales, les collaborations sont engagées avec les universités, avec les clients et fournisseurs, avec les concurrents et avec les start-up innovantes (tableau 2). Les objectifs sont en plus de la réduction du coût et du risque, l'accès à des connaissances amont, le développement conjoint de produits, de technologies d'avenir et l'accès à des compétences pointues (Laperche, Lefebvre, 2011a, 2011b ; OCDE, 2009, Jaruzelski, Dehoff, 2010, Oltra V., Saint-Jean M., 2010, Faucheux S., Nicolaï I., 1998).

Tableau 2 : Partenaires, formes et objectifs des collaborations

Type de partenaires	Formes de collaboration	Objectifs des collaborations (du point de vue de la grande entreprise)
Recherche académique	- Programmes de recherche - Appels d'offres nationaux et européens - Échange des chercheurs / installation de laboratoires dans l'entreprise, financement de thèses - Licences	- Accès à une vision anticipée de l'évolution technologique et à des connaissances appropriables - Réduction du risque et du coût de la recherche amont
Clients/ fournisseurs	- Alliances (avec participation au capital ou non) - Licences	- Recherche appliquée et développement de produits conjoints - Réduction du risque et du coût de mise au point
Concurrents	- Joint-ventures - Programmes de recherche nationaux ou européens	- Développement de technologies d'avenir - Recherche précompétitive - Réduction du risque et du coût de développement
Petites entreprises innovantes	- Financement, *spin off* et parfois rachat de *start-ups* - Accords de coopération dans le cadre des pôles de compétitivité - Programmes de recherche nationaux ou européens	- Accès à des compétences très pointues - Veille technologique - Réduction du risque et du coût de développement

Source : Laperche, Lefebvre, 2011b.

Dans le développement d'éco-innovations, la collaboration avec différents partenaires s'explique aussi par une autre raison : celle de prendre en compte les objectifs variés des parties prenantes (*stakeholders*) impliquées dans ces innovations à vocation « responsable ». Les parties prenantes correspondent selon la définition de Freeman (1984, p. 46) à « tout groupe ou individu qui peut affecter ou qui peut être affecté par la réalisation des objectifs de l'entreprise ». Il existe deux grandes catégories de parties prenantes (Carroll, 1989), les parties prenantes primaires (ou contractuelles) qui concernent les agents en relation directe et définie contractuellement avec l'entreprise, comprenant les actionnaires, salariés, clients, fournisseurs ; les parties prenantes secondaires (ou involontaires) qui regroupent les agents situés autour de l'entreprise et envers lesquels l'action de l'entreprise peut avoir un impact : consommateurs, riverains, collectivités, organisations non gouvernementales[1].

Les travaux portant sur les capacités nécessaires au développement d'éco-innovations confirment l'importance de l'accumulation d'actifs immatériels ainsi que les capacités de la firme à collaborer pour partager la connaissance mais aussi pour prendre en compte les intérêts de différentes parties prenantes impliquées dans la stratégie. Lin *et al.* (2011) définissent les capacités relatives au « green business » comme « un processus d'innovation vert dans lequel les firmes cherchent explicitement à mettre en œuvre des capacités nécessaires à la réalisation d'une plus grande efficacité environnementale, de même qu'une plus grande performance commerciale » (p. 1840). Ils évaluent ces capacités à l'échelle de la firme et proposent un cadre d'analyse composé de 7 dimensions et 25 critères d'évaluation, incluant la définition d'une stratégie d'innovation technologique verte, l'attitude des salariés à l'égard des changements de routines, la capacité de la firme à formuler des projets innovants verts, le développement et la protection de connaissances vertes, la capacité à communiquer, la capacité à travailler avec des partenaires externes, et le management des innovations. Sur la base d'une revue de la littérature, Van Kleef, Roome (2007) comparent les capacités (*capabilities*) nécessaires au développement d'innovations traditionnelles (*innovation oriented towards competitiveness*) et d'innovations durables ou responsables (*innovation oriented towards sustainability*). Ils montrent que le même type de capacités se retrouve

---

1 Donaldson et Preston (1995) regroupent les travaux, nombreux, portant sur les parties prenantes en trois approches : l'approche normative, dans laquelle la responsabilité sociale, mue par l'éthique et la morale est un idéal à atteindre ; l'entreprise doit y aboutir par la prise en compte (contrainte ou non) des objectifs de ses différentes parties prenantes. Prélevant des ressources (travail, matières premières), elle doit à son tour préserver leur renouvellement. L'approche descriptive comprend des travaux étudiant empiriquement le comportement des entreprises et évaluant leur responsabilité ; l'approche instrumentale regroupe des études qui cherchent à démontrer que la prise en compte des aspects sociaux et environnementaux est un moyen d'améliorer les résultats de l'entreprise. Dans ce contexte, l'idée est que la RSE peut revêtir une valeur économique directe. Bien que leur responsabilité première soit de générer des profits, les entreprises peuvent en même temps contribuer à des objectifs sociaux et à la protection de l'environnement, en intégrant la RSE comme investissement stratégique au cœur de leur stratégie commerciale, dans leurs instruments de gestion et leurs activités.

dans les deux formes d'innovation, ce qui est justifié par le fait que l'objectif de compétitivité soit commun aux deux types d'innovation. Mais, ils soulignent aussi l'importance donnée dans la littérature consacrée à l'innovation verte, à la communication et à la collaboration avec des réseaux d'acteurs (des parties prenantes) très divers et non habituels, à l'intégration de leurs perspectives différentes, aux formes de diffusion de l'information et aux styles de décisions variées (Van Kleef, Roome, 2007, p. 45).

La collaboration est donc doublement justifiée par les arguments traditionnels du management de l'innovation (partager les coûts et les risques de l'éco-innovation, accéder à des compétences et connaissances nouvelles) mais aussi par la responsabilité sociale de l'entreprise, qui implique de prendre en compte non seulement les intérêts propres à la firme mais aussi ceux des parties prenantes.

1.4. Une gouvernance d'entreprise guidée par le profit

Pourtant, l'intégration des objectifs des parties prenantes pose la question de leur compatibilité avec la réalisation de profit, essentielle à la survie de l'entreprise. Rappelons que l'analyse économique de la firme met l'accent soit sur un objectif principal (la maximisation de profit dans l'approche néoclassique), soit sur une pluralité d'objectifs (à la réalisation de profit s'ajoutent par exemple la virtuosité technique et la croissance de la taille dans l'approche managériale) soit encore sur l'absence d'objectif (lorsque la firme disparaît au profit d'un nœud de contrat dans les approches transactionnelles contemporaines et dans la théorie des droits de propriété). Lorsqu'une pluralité d'objectifs est acceptée, deux éléments importants sont notables : d'une part, la réalisation de profit (et non sa maximisation) reste la condition du développement d'autres objectifs et d'autre part, les objectifs acceptés sont des objectifs internes à l'entreprise (le développement technologique, la croissance de la taille). La préoccupation envers l'environnement et la préoccupation envers la société, que l'on peut qualifier d'objectifs externes, ne sont pas appréhendés par les théories traditionnelles de la firme (Laperche, Uzunidis, 2011a).

Dans les faits, la prise en compte des intérêts et objectifs des parties prenantes est d'autant plus observée qu'elle résulte d'une obligation légale. Étant donné l'évolution du contexte des affaires face à la contrainte environnementale, les entreprises sont souvent amenées de passer d'une perception curative de leurs actions et innovations environnementales à une perception stratégique. Jusqu'alors la contrainte environnementale était plus ou moins intégrée dans la fonction de production, la logique est en train de s'inverser par la force de la réglementation et les changements observés dans les comportements des consommateurs. La fonction de production, en effet, doit s'adapter *ex ante* aux effets externes négatifs de l'activité de la firme, à la raréfaction des ressources et au changement de la trajectoire de la demande. Pour qu'une entreprise accepte de se lancer dans un projet de développement et/ou d'adoption d'une technologie propre, il faut qu'il y ait, outre l'incitation réglementaire, une incitation privée qui se traduise par des gains de productivité et/ou de compétitivité. En d'autres termes, il faut que l'objectif de minimisation des dommages environnementaux créés par la firme soit compatible avec son objectif de recherche de profits et de parts de marché. Cette capacité à combiner les objectifs environnementaux avec les objectifs d'efficacité productive et de compétitivité des firmes est une condition nécessaire à l'adoption d'une technologie propre. Le développement/adoption des technologies propres dépend de la capacité des firmes à associer, dans le désordre, quatre dimensions stratégiques : les performances environnementales, l'efficacité productive, la qualité du produit et le niveau du prix de vente.

Mais les liens entre responsabilité environnementale et performance économique de l'entreprise ne sont pas systématiques, en raison, il est vrai, de difficultés méthodologiques, mais aussi peut-être de l'absence de simultanéité entre la mise en place d'une stratégie et la perception de ses résultats. Ainsi certaines études montrent une relation positive, d'autres une relation négative et d'autres concluent sur une absence de relation évidente (Griffin, Mahon, 1997 ; Roman *et al.*, 1999 ; McWilliams, Siegel, 2000 ; Orlitzky *et al.*, 2003). Si les effets ne sont pas directs, de nombreuses études théoriques et empiriques réalisées à la fin des années 1990 et aux débuts des années 2000 ont montré qu'une attitude favorable à l'environnement peut renforcer l'avantage compétitif (Porter, Kramer, 2006) et améliorer les résultats économiques, par le biais d'une meilleure réputation qui ouvre l'accès à des nouveaux marchés. De même, l'amélioration des performances environnementales peut permettre de réduire de certains coûts (coûts légaux, coût des ressources matérielles, énergétiques, des services mais aussi coûts du capital et du travail) (voir Laperche, Levratto, 2012).

L'aspect multidimensionnel des technologies propres renvoie à ce que Porter et Van der Linde (1995) appellent les effets de compensation liés aux innovations environnementales (*innovation offsets*). Pour ces auteurs, les innovations environnementales impulsées par la réglementation et par la réorientation de la demande peuvent créer des effets induits sur les procédés (et/ou les produits) susceptibles de compenser les coûts de mise en conformité avec la réglementation et, dans certains cas, être source d'avantages compétitifs pour les firmes. Les auteurs distinguent deux types d'effets de compensation : les effets liés aux innovations de procédé (*process offset*) qui se traduisent essentiellement par des gains de productivité, et les effets liés aux innovations de produit (*product offset*) entraînant une amélioration de la qualité du produit. Ces deux effets peuvent se combiner selon le type de technologies propres permettant ainsi de rendre compatibles les quatre dimensions précitées (qui dans l'état actuel des technologies de routine semblent contradictoires). Les effets de compensation sont donc une condition nécessaire au développement ou à l'utilisation d'une technologie propre.

La compatibilité entre profit et préservation de l'environnement peut être expliquée d'une part par la nature des effets externes produits par le lancement ou l'adoption d'innovations environnementales, et d'autre part par la « portée » de ces innovations. Selon Rennings (2000), les innovations environnementales produisent des externalités positives aussi bien au moment de la conception et du lancement de l'innovation que durant sa diffusion. En effet, ces innovations produisent non seulement des effets de *spillover* typiques des efforts de R&D associés au processus d'innovation, mais aussi des externalités positives en améliorant la qualité environnementale des procédés ou des produits. Cette propriété, qualifiée par Rennings de « double externalité », est liée aux caractéristiques de bien public des biens environnementaux. Ainsi, les innovations environnementales seraient par définition source d'externalités positives et leur diffusion serait toujours socialement désirable en raison de leur contribution à la protection de l'environnement. Dès lors, l'existence de cette propriété légitime l'intervention publique en encourageant ou en fournissant elle-même une partie de l'effort de R&D. C'est pourquoi la réglementation constitue la principale source d'incitation à investir dans des innovations environnementales. Comme le souligne Rennings (2000), il faut ajouter aux deux déterminants classiques des innovations, à savoir les effets *technology push* et *demand pull*, un troisième déterminant appelé *regulatory push-pull effect*.

En l'absence de coïncidence entre le développement d'innovations environnementales et de perspectives de profit, le risque est grand de voir se développer des stratégies d'image, dans lesquelles les entreprises développent des politiques marketing destinées à promouvoir leur image écologique, sans modification parallèle des processus de production. Nous y reviendrons.

2. La firme éco-innovante ouvre-t-elle la voie à un nouveau mode de développement… durable ?

2.1. Soutenabilité faible, soutenabilité forte et développement durable

Les économistes néoclassiques considèrent que les différentes formes de capital (capital naturel, physique, social et financier) sont substituables les unes par rapport aux autres, ce qui donne à l'innovation un rôle important, notamment lorsque le capital naturel s'épuise. Cette approche, dite de la « soutenabilité faible » (Pearce et Atkinson, 1995), est contredite par l'approche dite de la « soutenabilité forte » (Daly, 1992) selon laquelle le stock de capital naturel existant doit être maintenu puisque ses fonctions ne peuvent pas être assurées par le capital physique, produit par l'homme. Dans les deux cas, le comportement des agents économiques doit évoluer. Le progrès technique n'est plus considéré comme un « *deus ex machina* » mais comme le fruit d'investissements réalisés par les firmes, mais aussi par l'État comme le reconnaissent et le soulignent tant les théories de la croissance endogène (voir, par ex. Romer, 1990 ; Lucas, 1980) que les approches systémiques de l'innovation (approche évolutionniste avec Nelson et Winter, 1982 et des systèmes d'innovation : Freeman, 1987 Lundvall, 1988), etc. Le comportement des entreprises et des consommateurs d'un autre côté, qu'il soit fondé sur une sobriété dans l'usage des ressources ou bien sur un usage d'énergies alternatives nécessite d'être accompagné, incité voire contraint.

Les firmes donc, ne sont qu'un élément de ce système. Qu'elles cherchent à développer des éco-innovations à même de résoudre les problèmes environnementaux, ou qu'elles adaptent leurs comportements aux objectifs des parties prenantes (en faisant l'hypothèse qu'elles convergent vers le développement d'éco-innovations), les firmes doivent à la fois y être incitées par des possibilités de rentabilisation des investissements (notamment l'appui de l'État) et par l'existence de marchés potentiels (consommateurs solvables et « préparés »).

2.2. Changements systémiques et opportunités entrepreneuriales

Si le changement est nécessaire, il n'est pas toujours simple à mettre en œuvre. La firme apprenante peut se trouver dans une situation de dépendance de sentier, situation dans laquelle elle est contrainte par les investissements passés. Si les compétences accumulées peuvent renforcer l'avantage concurrentiel de la firme, elles peuvent aussi constituer une sorte de piège (*competency trap*, selon l'expression de Levitt et

March, 1996). L'investissement dans les technologies, produits, procédés fondés sur les ressources fossiles ont été si élevés, que leur moindre utilisation ou l'usage de ressources alternatives impose un changement complet de la chaîne de valeur de l'entreprise. La firme empêtrée dans ses routines organisationnelles peut avoir des difficultés à développer de nouvelles capacités dynamiques aptes à modifier sa trajectoire.

De même, l'existence d'un marché ne se décrète pas. Le changement des modes de consommation nécessite un changement des habitudes et des routines individuelles et collectives (Lazaric, Oltra, 2012). Dans le cas d'une adoption des produits éco-efficients développés par les firmes (une consommation soutenable « faible »), un changement des habitudes individuelles, appuyé par des processus d'apprentissage favorisés par des incitations (informations, taxes) est un appui essentiel au changement. En revanche des modifications plus drastiques des modes de consommation (y compris la réduction des niveaux de consommation, une consommation soutenable « forte ») impliquent des modifications plus profondes, associant les niveaux micro, méso et macroéconomiques (*ibid.*). Que ce soit du côté de l'offre ou de la demande, c'est souvent sur l'État que se reposent les analystes. Par un système à la fois coercitif et incitatif, il est considéré comme le vecteur en dernier ressort du changement.

Côté offre, progressivement, les travaux portant sur l'impact de la réglementation sur l'innovation et la compétitivité des firmes ont mis en évidence l'importance du cadre réglementaire (coercitif et/ou incitatif) (Depret, Hamdouch, 2009). Comment la réglementation oriente-t-elle la capacité à innover des entreprises ? Outre l'obligation de se conformer aux normes et aux lois environnementales, les stratégies d'innovation des entreprises sont également déterminées par la perception du caractère plus ou moins contraignant des réglementations existantes et par les anticipations quant à l'évolution future du cadre réglementaire (Johnstone, 2007). Mais si la réglementation joue un rôle déterminant, les innovations environnementales répondent également à d'autres objectifs (qui ne sont pas sans rapport avec la réglementation qui biaise forcement les prix et les coûts). Ces objectifs sont l'amélioration de la productivité des facteurs et la réduction des coûts, en particulier des coûts liés à l'utilisation de matières premières et d'énergie (ex. Kemp, 2010).

Du côté de la demande, même s'il est généralement admis que les innovations environnementales sont « tirées » par les exigences environnementales croissantes des consommateurs dues à la sensibilisation médiatique et/ou sanitaire, les effets du type *demand pull* sont largement encouragés par des instruments de politique environnementale, comme les taxes et les subventions, qui cherchent à influencer les motivations et les critères d'achat des consommateurs. Les politiques publiques plus structurelles, comme l'éducation, sont également considérées comme des moteurs des processus d'apprentissage aptes à rendre les changements possibles.

Mais, si l'on considère que les biens environnementaux s'apparentent aux biens publics, le succès des innovations environnementales dépend de la mise en œuvre d'un changement paradigmatique (*via* la réglementation et la pression des consommateurs, par ex.) et de la capacité de l'entreprise individuelle à saisir des nouvelles opportunités d'investissement lesquelles, de leur côté, émanent de l'introduction dans l'économie des nouvelles normes de production, d'échange et de consommation. Si l'on se réfère à la typologie des innovations de Freeman (1992), si les innovations incrémentales (à la fin du processus de production et de commercialisation d'un produit) peuvent avoir des effets bénéfiques sur le plan environnemental, ce sont les innovations radicales et plus encore les innovations systémiques qui apportent des solutions plus intéressantes en matière de protection de l'environnement et qui créent des nouvelles opportunités entrepreneuriales.

Les innovations radicales supposent un saut technologique nécessitant des changements considérables dans les connaissances et les compétences requises pour produire ou utiliser la nouvelle technologie. Sur ce plan, la question qui se pose est une question de compatibilité entre les dimensions économiques (performances et compétitivité des entreprises innovantes) et les dimensions environnementales (curatives ou préventives) des innovations environnementales. Les technologies propres sont généralement le résultat d'innovations environnementales radicales permettant la réduction de la pollution à la source. Les innovations systémiques sont portées par des grappes d'innovations radicales qui sont économiquement et techniquement en interrelation. Il est ainsi clair que le climat des affaires entropique peut donner lieu à un changement de paradigme *via* la diffusion avec succès commercial des innovations radicales par grappes. D'où l'importance de l'action publique dans le soutien, la validation et la « sécurisation » des nouvelles trajectoires technologiques (celles liées à l'environnement). Le développement de nouvelles technologies doit permettre, par exemple, d'optimiser les quantités d'intrants. Les gouvernements et les décideurs ont, en effet, un rôle éminent à jouer dans le contrôle et l'édiction de normes, dans l'orientation des choix par la fiscalité, dans l'impulsion de politiques de transport, de l'énergie, d'aménagement du territoire.

2.3. « Greenwashing » et « business management »

En l'absence de catastrophe environnementale globale[2], le changement pourrait être le résultat de la concordance, d'une alchimie entre des comportements (et les intérêts) d'agents multiples qui doivent être coordonnés. Mais le risque est grand de constater que le mode de production reste englué dans ses routines, lesquelles sont le résultat de l'expérience et des connaissances accumulées mais aussi des rapports de force économiques et sociaux (coûts comparés, perspectives différenciées de rentabilisation).

Si l'économie est mondiale, les marchés restent segmentés, caractérisés par des cadres d'accumulation différents. Par cadre d'accumulation, nous entendons l'ensemble des règles et caractéristiques institutionnelles qui régissent les transactions (Uzunidis, Gabus, 2009). En matière environnementale, et malgré la multiplication des sommets internationaux, les lois et règles relatives à la pollution restent très différenciées. En l'absence de gouvernance environnementale mondiale, la coopération entre États-nations souverains s'est imposée comme principe moteur pour traiter des enjeux juridiques et politiques d'une action concertée. Depuis 2003, l'administration américaine refuse toute idée de gouvernance environnementale mondiale préférant, comme dans tous les autres domaines de politique internationale (commerce, finance, armement, propriété industrielle, etc.) et avec plus ou moins de succès, d'imposer son hégémonie et sa conduite. La contrainte globale sur les rejets à effet de serre a été matérialisée par le protocole de Kyoto ; dispositif tout de même imparfait puisque (i) les pays du Sud sont temporairement en marge d'engagements chiffrés et (ii) des nations industrialisées dissidentes comme les États-Unis, l'Australie et, depuis fin 2011, le Canada faussent les règles du jeu[3].

De ce désordre mondial et en l'absence d'une redéfinition des rôles, relations et objectifs de tous les acteurs du système (ce que nous appelons un changement systémique), il découle que de nombreuses entreprises adoptent des stratégies environnementales adaptées aux marchés

---

[2] Les catastrophes environnementales (marées noires, tsunami, accidents nucléaires) existent mais ne sont pas globales (ou ne sont pas perçues comme telles du fait de la lente diffusion de leurs effets et/ou de leur dilution dans un ensemble de phénomènes plus ou moins naturels).

[3] Les Nations unies ont été saisies du problème dès le début des années 1970. La conférence des Nations unies sur l'environnement humain, tenue à Stockholm en 1972, a proposé un modèle de développement économique compatible avec l'équité sociale et la préservation du milieu mettant en avant le concept d'écodéveloppement. Cette conférence aboutit à la création du programme des Nations unies pour l'environnement (PNUE), complément du programme des Nations unies pour le développement (PNUD).

où elles commercialisent leurs biens et services. Développer des voitures électriques destinées aux marchés des pays industriels, et continuer à diffuser des automobiles plus polluantes dans les pays en développement est un exemple typique. Transformer son processus de production (recyclage, énergies alternatives…) et produire des aciers spéciaux plus légers là où les législations et les normes sont plus sévères et utiliser des technologies plus polluantes sur d'autres marchés en est un autre… La stratégie peut aussi n'être que fondée sur une politique de communication agressive portant sur les investissements réalisés par l'entreprise pour préserver la biodiversité (plantation d'arbres par exemple) ou sur la définition de normes appliquées dans certains pays, sans par ailleurs modifier ses processus de production ou les caractéristiques des biens et services offerts. Ces stratégies d'image ont souvent été qualifiées d'éco-blanchiment (*greenwashing*) par les organisations non gouvernementales, dont de nombreuses se sont créées pour justement combattre les comportements non respectueux envers l'environnement (voir par ex. Greer, Kenny, 1996 ; Lubbers, 2002).

Les mêmes critiques peuvent être formulées concernant le volet social ou sociétal de la RSE. La prise en compte des intérêts des salariés peut/doit se traduire par l'amélioration (au-delà de la loi) des conditions de sécurité, des formations, par un aménagement spécifique du temps de travail, etc. Mais elle peut apparaître comme une forme de management visant à accroître la productivité du travail et renforcer l'identité entre le salarié et l'organisation, dans un contexte où l'entreprise et ses externalités négatives (impact sur l'environnement, délocalisations et chômage) font d'elle un objet de critique forte. À ce titre, l'entreprise responsable peut être comparée au paternalisme du XIXe siècle qui visait aussi à l'harmonie des intérêts entre classes sociales, le bonheur de ceux qui travaillent et l'autoréglementation des organisations (Jorda, 2009).

En l'absence de changement systémique donc, la sphère économique (et financière) domine et réduit la responsabilité sociale de l'entreprise et le développement durable à un vœu pieux. La crise économique et financière de 2007 est-elle de nature à accélérer le changement ?

2.4. La crise économique : laboratoire d'éco-innovations ?

La période de crise actuelle, débutée en 2007, peut avoir un effet négatif sur l'évolution du comportement des acteurs. Les politiques de rigueur imposées actuellement dans les pays industriels réduisent les capacités d'absorption de la demande et les possibilités de rentabilisation des investissements. L'endettement des États remet en cause les projets d'investissements coûteux et risqués. Les entreprises restent soumises à la réduction des coûts pour maintenir les résultats financiers et satisfaire ainsi l'appétit des actionnaires. La spéculation caractérise tous les types d'actifs (et souvent chacun leur tour : monnaie, matières premières, actions et obligations, produits dérivés…) (Langlet, 2008 ; Duménil, Lévy, 2011).

Mais, en période d'incertitude, l'activité économique génère des opportunités d'investissement et d'innovation, qui peuvent être plus ou moins radicales. Ces opportunités rendent possible la sélection de nouvelles technologies et de nouvelles pratiques. Dans le contexte économique actuel, l'introduction, l'adoption et la diffusion d'innovations environnementales sont soumises, à court terme, aux considérations financières de leur rentabilité et, à long terme, à la compétition technologique. Les technologies environnementales doivent être capables de se substituer aux technologies existantes tout en satisfaisant des fonctions similaires et, dans d'autres cas, elles doivent remplir des fonctions différentes pour des besoins différents. Dans tous les cas, les opportunités d'innovations environnementales naissent par la demande de qualité environnementale exprimée par des clients à des fournisseurs et validée par un ensemble de règles (formelles et/ou informelles) que les entreprises doivent respecter. Lorsque, toutefois, l'entreprise applique une stratégie environnementale active, avec un effet positif sur ses résultats, le signal apparaît positif dans une perspective de développement durable. Dans le domaine de la protection de l'environnement par exemple, l'éco-conception, les innovations intégrant des énergies renouvelables, etc. peuvent inciter à considérer que l'apprentissage de nouvelles pratiques, en l'occurrence respectueuses de l'environnement, aura des effets d'entraînement conséquents. Il en est de même sur le plan social pour la lutte contre les discriminations ou encore le financement de formations dans et hors l'entreprise. Pourtant dans le domaine environnemental par exemple, l'étude plus précise des innovations générées montre que la majorité de celles-ci restent des innovations mineures et non pas des changements radicaux. L'innovation majeure (sur les plans technologique, commercial, organisationnel) a un coût élevé et un horizon temporel de long terme, qui se trouve en contradiction avec l'impératif de rentabilité qui caractérise l'entreprise d'aujourd'hui.

À ce niveau d'analyse, plusieurs questions demeurent ouvertes : comment garantir le développement durable ? À commencer par le court terme, quelles modifications systémiques doivent être initiées sur le plan de l'activité économique et de la logique de l'accumulation sans mettre en péril l'équilibre naturel de la planète ? Et comment réduire le fossé entre le Nord et le Sud alors que la planète souffre de l'extraction effrénée de ses ressources ? Sans revenir sur la valeur « économique » du social et de l'environnement, le recours à des stratégies d'innovation, globales ou parcellaires, des entreprises ne peuvent fournir, à elles seules, des réponses fiables à long terme. De plus, les conflits et les crises montrent le peu de réponses concrètes que l'organisation de l'économie mondiale actuelle peut apporter au « problème de l'environnement ». L'entreprise est partie prenante d'un cadre global de gouvernance qui souffre aujourd'hui d'un manque évident d'innovations institutionnelles allant dans le sens de la préservation et de gestion parcimonieuse des ressources naturelles (Laperche, Uzunidis, 2011b).

Un changement systémique, nous l'avons dit, passe par la définition de nouvelles relations entre producteurs et consommateurs. Ainsi, selon certains, une nouvelle économie de la fonctionnalité, dont quelques prémisses apparaissent au sein du système productif, pourrait contribuer à cette redéfinition : à la logique consumériste qui impose un renouvellement permanent, est opposée une logique utilitariste : le producteur pourrait ainsi fournir des efforts en termes de durée de vie des produits. L'obligation de recyclage pour les entreprises constitue un puissant incitatif dans ce sens. La relation entre le producteur et le consommateur vise à apporter une satisfaction à un besoin. Cette relation ne s'inscrit pas nécessairement dans la vente d'un produit. Elle peut passer par la location du produit, la mise à disposition ou le transfert d'un savoir-faire, la délivrance d'un service apportant une satisfaction équivalente, voire plus importante qu'un bien, mais dont la production entraîne une ponction moindre du capital naturel. Recyclage, valorisation énergétique, valorisation matière : la nouvelle trajectoire serait conditionnée par les nouveaux comportements des acteurs économiques qui, pour s'adapter aux risques globaux, proposeraient des nouveaux modes de consommation et de satisfaction des besoins (Poirot, 2009 ; Vaileanu-Paun, Boutillier, 2012).

Il va de soi qu'une transformation systémique nécessiterait et/ou irait de pair avec une nouvelle gouvernance, nécessaire globale s'il s'agit de prendre en compte des problèmes environnementaux et sociaux, eux aussi globaux (Uzunidis, Yacoub, 2010 ; Yacoub, Uzunidis, 2012). Car il est assez paradoxal que les problèmes liés à la dégradation de l'environnement apparaissent à une échelle globale, alors que les réglementations dans ce domaine restent nationales, restreignant donc les possibilités de bifurcation des trajectoires d'innovation sur une large échelle. Les conflits de normes, ayant parfois une grande portée symbolique (industrie et environnement, commerce et droits sociaux, commerce et santé publique…), soulèvent de plus la question de l'arbitrage entre des objectifs nationaux et des objectifs globaux légitimes au niveau d'un système de gouvernance qui doit être mondial et où chaque domaine est confié à une institution internationale spécialisée (commerce, finance, justice). D'un autre côté, l'émergence d'éléments de conscience civique planétaire en matière de préservation de l'environnement s'inscrit dans cette lignée des nouvelles préoccupations qui devraient relever d'un tel système et qui constituent, si elles sont admises, de formidables leviers d'innovations tirées par la demande.

Si l'on suit les propositions de J. Stiglitz (Stiglitz, 2006), la nouvelle configuration de la gouvernance mondiale dans laquelle les entreprises sont des parties prenantes influentes (en tant que mobilisatrices de gros volume de capitaux et émettrices de normes d'investissement et de consommation) pourrait s'appuyer sur le concept de biens publics mondiaux (BPM). Annoncé par Kindleberger (1986) et enrichi par les contributions d'autres économistes, le concept de BPM a pris, depuis la fin des années 1990, une dimension importante dans les débats au sein des organisations internationales. La référence à ce concept, encore en construction, révèle aujourd'hui les échecs de la gestion internationale des ressources naturelles au niveau planétaire et met en cause les fondements mêmes du modèle de développement, où la quête de la richesse matérielle laisse peu de place aux considérations environnementales et sociales.

Traditionnellement définie par les économistes comme un bien non exclusif et non rival, la palette des BPM peut être très large. Selon l'étude de Kaul *et al.* (1999), le domaine des BPM inclut la réduction du réchauffement climatique, la recherche fondamentale, la lutte contre la propagation de certaines maladies, la stabilité financière et la réduction de la pauvreté. Pour Stiglitz (1999), le climat, l'eau, l'air, la biodiversité, mais aussi la sécurité internationale, les connaissances, la stabilisation économique et financière internationale sont des BPM. Si l'on suit cette approche, l'environnement devient une contrainte insurmontable pour l'entreprise actuelle. Face aux risques globaux, il serait illusoire de croire que les avancées technologiques ou la main invisible du marché pourront permettre de sortir d'une économie dirigée par le carbone – pétrole, gaz et charbon – sans une rupture systémique. Le passage à une économie sans carbone peut offrir de nouvelles opportunités aux entreprises (nouveaux secteurs de production, nouveaux services liés aux nouvelles habitudes de consommation, moindre dépendance aux aléas du marché du pétrole). Mais, dans ce cas, le modèle d'entreprise doit lui aussi être remis en question. Pour l'heure, le concept de BPM est employé dans un sens plus métaphorique qu'analytique (Jacquet *et al.*, 2002 ; Uzunidis, Gabus, 2009).

Conclusion

La perturbation climatique, la raréfaction des ressources naturelles ou encore la pollution sont les trois grands enjeux actuels pour l'économie globale et qui illustrent l'incompatibilité irrémédiable entre l'activité économique et la donne écologique. La question de la réversibilité des tendances actuelles oriente la recherche de nombreux économistes vers un retour aux fondamentaux pour comprendre les raisons pour lesquelles la trajectoire économique ne fléchit pas et pour explorer les possibilités d'un changement systémique susceptible de contrecarrer la dégradation de l'environnement *via* l'émergence et la diffusion généralisée d'innovations organisationnelles et technologiques.

Les causes de la dégradation de l'environnement naturel sont multiples : elles vont de l'accroissement incontrôlé de la population humaine jusqu'aux normes comportementales en passant par le système technique et le mode de consommation dominants, fortement gaspilleurs, énergivores et polluants. La « routine » veut que l'économie consomme d'énormes quantités de ressources et produise d'aussi importantes quantités de déchets. Dans ce contexte problématique, la protection, la préservation et la restauration de l'environnement inspirent l'entreprise innovante (en particulier dans les secteurs de l'énergie, de la chimie et des transports). Alors que pendant longtemps l'innovation était perçue comme un élément clé de la performance économique et de la compétitivité des entreprises, elle est de plus en plus associée aux solutions apportées à des problèmes environnementaux sans pour autant que la performance et la compétitivité soient revues et corrigées. L'entreprise devient éco-innovante, et pour cela modifie non sans difficulté, sa trajectoire, en misant sur le développement de compétences et connaissances nouvelles. Mais, les relations entre innovations environnementales, performance économique, compétitivité entrepreneuriale et changement économique et social font toujours débat.

Au terme de ce chapitre, il apparaît que l'« éco-innovation » peut difficilement émerger de la seule stratégie des entreprises mues, dans le contexte actuel, par une tension forte vers la réalisation de profit à court terme. Le développement durable nécessiterait sans doute une autre vision différente de la société sur l'entreprise mais aussi plus largement sur les finalités de la production et de la consommation que la profonde crise économique actuelle peut contribuer à faire émerger. La régulation publique, nationale et internationale a bien entendu un rôle important à jouer afin de construire un contexte social, économique et politique dans lequel pourront s'intégrer les stratégies des acteurs. Mais là encore, cette régulation ne peut pas être de nature conjoncturelle ni dépendante de la rentabilité forte et à court terme des capitaux engagés.

Bibliographie

André, P., Delisle, C., Revéret, J.-P. (2010), *L'évaluation des impacts sur l'environnement*, 3e éd. : *Processus, acteurs et pratique*, Presses internationales Polytechnique, Québec.

Boutillier, S., Matagne, P. (2012), « Economic Theories, environmental issues and history of thought », in Laperche, B., Levratto, N., Uzunidis, D. (eds.), *Crisis, innovation and sustainable development*, E. Elgar, Cheltenham.

Brundtland, G.H. (1987), *Report of the world commission on Environment and Development. Our common Future*, United Nations.

Caroll, A.B. (1989), *Business and Society*, South Western Publishing, Cincinnati.

Carrillo-Hermosilla, J., Del Rio, P., Könnölä, T. (2010), « Diversity of eco-innovations : Reflection from selected case studies », *Journal of Cleaner Production*, 14 (4), 1073-1083.

Chesbrough, H. (2003), *Open Innovation : the new imperative for creating and profiting from technology*, Harvard Business School Press, Boston.

Chesbrough, H. (2006), « Open Innovation : A New Paradigm for Understanding Industrial Innovation », in Chesbrough, H., Vanhaverbeke, W., West, J. (eds.), *Open Innovation : Researching a New Paradigm*, Oxford University Press, Oxford, 1-12.

Chesbrough, H., Enkel, E., Gassmann, O. (2010), « The Future of Open Innovation », *R&D Management*, 40 (3), 213-221.

Daly, H. (1992), *Steady-State Economics* ?, Earthscan Publications, London.

Depret, M.-H., Hamdouch, A. (2009), « Quelles politiques de l'innovation et de l'environnement pour quelle dynamique d'innovation environnementale ? », *Innovations, Cahiers d'économie de l'innovation*, 29, 127-147.

Donaldson, T., Preston, L.E. (1995), « The Stakeholder Theory of the Corporation : Concepts, Evidence, and Implications », *Academy of Management Review*, 20 (1), 65-91.

Dosi, G., Teece, D.J., Winter, S.G. (1990), « Les frontières de l'entreprise : vers une théorie de la cohérence de la grande entreprise », *Revue d'Économie industrielle*, 51, 238-254.

Duménil, G., Levy, D. (2011), *The crisis of neoliberalism*, Harvard University Press, Cambridge, Massachusetts.

European Commission (2001), Green Paper « Promoting a European Framework for Corporate Social Responsibility », COM(2001)366 Final, Brussels.

Faucheux, S., Nicolaï, I. (1998), « Les firmes face au développement soutenable : changement technologique et gouvernance au sein de la dynamique industrielle », *Revue d'Économie industrielle*, 83, 127-145.

Freeman, C. (1987), *Technology and Economic Performance : Lessons from Japan*, Pinter, London.

Freeman, C. (1992), *The Economics of Hope : Essays on Technical Change, Economic Growth, and the Environment*, Pinter, London.

Freeman, E.R. (1984), *Strategic Management : A Stakeholder Approach*, Pitman, Boston.

Galbraith, J.K. (1967), *Le nouvel état industriel*, 3e éd., Gallimard, Paris.

Gassman, O. (2006), « Opening up the innovation process : towards an agenda », *R&D Management*, 36 (3), 223-228.

Greer, J., Bruno, K. (1996), *Greenwash : The Reality Behind Corporate Environmentalism*, Penang, Third World Network.

Griffin, J.J., Mahon, J. F. (1997), « The corporate social performance and corporate financial performance debate », *Business and Society*, 36 (1), 5-31.

Hughes, B., Wareham, J. (2010), « Knowledge arbitrage in global pharma : a synthetic view of absorptive capacity and open innovation », *R&D Management*, 40 (3), 324-343.

Ili, S., Albers, A., Miller, S. (2010), « Open innovation in the automotive industry », *R&D Management*, 40 (3), 246-255.

Jacquet, P., Pisani-Ferry, J., Tubiana, L. (2002), *Gouvernance mondiale*, Rapport du Conseil d'analyse économique, 37, La Documentation française, Paris.

Jaruzelski, B., Dehoff, K. (2010), *The Global innovation 1000*, Strategy+ Business, 61, Booz&co.

Johnstone, N. (ed.) (2007), *Environmental Policy and Corporate Behaviour*, E. Elgar, Cheltenham.

Jorda, H. (2009), « Du paternalisme au managerialisme : les entreprises en quête de responsabilité sociale », *Innovations, Cahiers d'économie de l'innovation*, 29 (1), 149-168.

Kaul, I., I. Grunberg and M. Stern (eds.) (1999), *Global Public Goods : International Cooperation in the 21st Century*, Oxford University Press, New York and Oxford.

Kemp, R. (2010), « Eco-innovation : Definition, measurement and open research issues », *Economia politica*, 3, 397-420.

Kemp, R., Pearson, P. (2008). Final report MEI project about measuring eco-innovation : Deliverable 15 of MEI project (D15). Project Report, available at http://www.merit.unu.edu/MEI/.

Kemp, R., Soete, L. (1992), « The greening of technological progress : An evolutionary perspective », *Futures*, 24 (5), 437-445.

Kindleberger, C.P. (1986), *The International Economic Order. Essays on Financial Crisis and International Public Goods*, University of California Press, Berkeley.

Langlet, D. (2008), *L'industrie dans la tourmente de la finance*, L'Harmattan, Paris.

Laperche, B. (2007), « Knowledge Capital and innovation in multinational corporations », *Int. J. Technology and Globalisation*, 3 (1), 24-41.

Laperche, B., Lefebvre, G. (2011b), « Les petites entreprises dans la dynamique d'innovation des groupes industriels », in Hamdouch, A., Reboud, S., Tanguy, C. (eds.), PME, dynamiques entrepreneuriales et innovation, P.I.E. Peter Lang, Bruxelles.

Laperche, B., Lefebvre, G., Langlet, D. (2011a), « Innovation strategies of industrial groups in the global crisis : Rationalization and new paths », *Technological Forecasting and Social Change*, 78, 1319-1331.

Laperche, B., Levratto, N. (2012), « Emergence of ecological opportunities and firms' behavior », in Laperche, B., Levratto, N., Uzunidis, D., *Crisis, Inno-*

vation and Sustainable Development. The Ecological Opportunity, E. Elgar, Cheltenham, 139-162.

Laperche, B., Uzunidis D. (2011a), « Responsabilité sociale de l'entreprise et profit. Repenser les objectifs de l'entreprise », *Revue des sciences de gestion*, 247-248, 111-120.

Laperche, B., Uzunidis, D. (2011b), « The New Mercantilism and the Crisis of the Global Knowledge Economy », *Journal of the Knowledge Economy*, 2 (3), 373-392.

Lazaric, N. (2000), « The role of routines, rules and habits in collective learning : some epistemological and ontological considerations », *European Journal of Economics and Social Systems*, 14 (2), 157-171.

Lazaric, N., Oltra, V. (2012), « Sustainable consumption in an evolutionary framework : how to foster behavioural change », in Laperche, B., Levratto, N., Uzunidis, D., *Crisis, Innovation and Sustainable Development. The Ecological Opportunity*, E. Elgar, Cheltenham, 67-95.

Levitt, B., March, J. (1996), « Organizational Learning », in Cohen, M., Sproull, L. (eds.), *Organizational Learning*, Sage, Thousand Oaks, pp. 516-541.

Lin, Y., Tseng, M.L., Chen, C.C., Chia, A.S.F. (2011), « Positioning strategic competitiveness of green business innovation capabilities using hybrid methods », *Expert systems with applications*, 38 (3), 1839-1849.

Lubbers, E. (2002), *Battling Big Business : Countering Greenwash, Infiltration, and Other Forms of Corporate Bullying*, Monroe, ME, Common Courage Press.

Lucas, R.E.Jr (1980), « Methods and Problems in Business Cycle Theory », *Journal of Money, Credit and Banking*, 12, 696-715.

Lundvall, B.-Å. (1988), « Innovation as an interactive process – from user-producer interaction to national systems of innovation », in Dosi, G. (ed.), *Technology and Economic Theory*, Pinter Publishers, London.

McWilliams, A., Siegel, D. (2000), « Corporate social responsibility and financial performance : Correlation or misspecification ? », *Strategic Management Journal*, 21, 603-609.

Nelson, R., Winter, S. (1982), *An Evolutionary Theory of Economic Change*, Harvard University Press, Cambridge.

OECD (2009), *Policy Responses to the Economic Crisis : Investing in Innovation for Long-Term Growth*, June, Paris.

OECD (2010). *Eco-Innovation in Industry : Enabling Green Growth*, Paris.

Oltra, V., Saint-Jean, M. (2010), « Innovations environnementales et dynamique industrielle », in Bélis-Bergouignan, M.-C., Jullien, B., Lung, Y., Yildizoglu, M. (eds.), *Industries, Innovations, Institutions. Éléments de dynamique industrielle*, Presses universitaires de Bordeaux.

Orlitzky, M., Schmidt, F.L., Rynes, S.L. (2003), « Corporate Social and Financial Performance : A Meta-analysis », *Organization Studies*, 24 (3), 403-441.

Pearce, D.W., Atkinson, G. (1995), « Measuring sustainable development », in Bromley, D.W. (ed.), *The Handbook of environmental economics*, Blackwell, Oxford.

Penrose, E. (1959), *The theory of the growth of the firm*, Oxford University Press, Oxford.

Poirot, J. (2009), « L'économie de la fonctionnalité. Une contribution à la préservation de l'environnement par la substitution de services à des activités de production », in Laperche, B., Crétieneau, A.-M., Uzunidis D., *Développement durable : Pour une nouvelle économie*, P.I.E. Peter Lang, Bruxelles, 189-212.

Porter, M.E., Kramer, M.R. (2006), « Strategy & society : The link between competitive advantage and corporate social responsibility », *Harvard Business Review*, 84 (12), 78-92.

Porter, M.E., Van der Linde, C. (1995), « Towards a new conception of the environmental competitiveness relationship », *Journal of Economic Perspectives*, 9 (4), 97-118.

Rennings, K. (2000) « Redefining innovation – eco-innovation research and the contribution from ecological economics », *Ecological Economics*, 32, 319-332.

Roman, R.M., Hayibor, S., Agle, B.R. (1999), « The relationship between social and financial performance. Repainting a portrait », *Business and Society*, 38 (4), 109-125.

Romer, P. (1990), « Endogenous Technological Change », *Journal of Political Economy*, October, 71-102.

Schumpeter, J.A. (1942), *Capitalism, Socialism and Democracy*, Harper and Brothers, New York.

Sieg, J.H., Wallin, M.W., Von Krogh, G. (2010), « Managerial challenges in open innovation : a study of innovation intermediation in the chemical industry », *R&D management*, 40 (3), 281-291.

Stiglitz, J.E. (1999), *Knowledge as a Global Public Good*, mimeo, World Bank.

Stiglitz, J.E. (2006), *Un autre monde. Contre le fanatisme du marché*, Fayard, Paris.

Teece, D.J., Pisano, G., Shuen, A. (1997), « Dynamic capabilities and strategic management », *Strategic Management Journal*, 18 (7), 509-533.

Uzunidis, D., Gabus, A. (2009), « Le "développement durable" comme champ d'accumulation et d'innovations. L'exemple de la réduction de la pollution atmosphérique », in Laperche, B., Crétieneau, A.-M., Uzunidis, D., *Développement durable : Pour une nouvelle économie*, P.I.E. Peter Lang, Bruxelles, 273-292.

Uzunidis, D., Yacoub, L. (2010), « Le renouveau de la politique de développement dans la mondialisation. Aspects et perspectives », *Annuaire français de relations internationales*, XI, Paris.

Vaileanu-Paun, I., Boutillier, S. (2012), « Économie de la fonctionnalité. Une nouvelle synergie entre le territoire, la firme et le consommateur ? », *Innovations, Cahiers d'économie de l'innovation*, 37 (1), 95-125.

Van Kleef, J.A.G., Roome, N.J. (2007), « Developing capabilities and competence for sustainable business management as innovation : a research agenda », *Journal of Cleaner Production*, 15, 38-51.

Yacoub, L., Uzunidis, D. (2012), « Global governance, resources and sustainable economic developement. A critical approach of the international economy », in Laperche, B., Levratto, N., Uzunidis, D., *Crisis, Innovation and Sustainable Development. The Ecological Opportunity*, E. Elgar, Cheltenham.

Yacoub, N., Laperche, B. (2010), « Stratégies des grandes firmes pharmaceutiques face aux médicaments génériques », *Innovations, Cahiers d'économie de l'innovation*, 32, 81-107.

De l'opportunité technologique à l'opportunité entrepreneuriale

L'exemple des technologies de réduction des émissions des gaz à effet de serre

Fabienne PICARD

Université de Technologie de Belfort-Montbéliard

En juin 1992, la convention cadre sur le changement climatique de Rio mettait en avant la nécessité de stabiliser la concentration des gaz à effets de serre (désormais GES) contenus dans l'atmosphère afin de limiter l'impact des activités humaines sur le réchauffement climatique. Ce signal d'alarme, sans être le premier, ouvrit cependant la voie à la mise en place d'une régulation environnementale internationale concrétisée par la signature du protocole de Kyoto en décembre 1997 qui fixe le calendrier de réduction des émissions de six GES considérés comme la cause principale du réchauffement climatique des cinquante dernières années. Cet événement favorisa la prise de conscience de la nécessité croissante d'une transition écologique des économies[1]. Ces enjeux climatiques questionnent le devenir du système économique et les modalités d'évolution des systèmes productifs des pays industrialisés comme des pays émergents, entre continuité et rupture.

La réduction des effets anthropiques passe certes par un changement de comportements de l'ensemble des acteurs économiques, mais elle mobilise aussi de nouvelles technologies, portant une évolution des processus de production et des produits (Johnstone *et al.*, 2010). Ces technologies visent à réduire les émissions de GES en étant plus économes d'un point de vue énergétique, notamment en ce qui concerne le recours aux énergies fossiles, plus respectueuses de l'environnement, en apportant des solutions curatives face aux problèmes environnementaux (technologies d'adaptation) ou en limitant les impacts environnemen-

1 Cette question fait l'objet de débats dans une revue récemment créée *Environmental Innovation and Societal Transition.*

taux de l'activité humaine (technologies de transformation) (OMC, PNUE, 2009). Elles comprennent plus concrètement les technologies permettant d'économiser de l'énergie (efficience énergétique), de développer de nouvelles sources d'énergie (solaire, éolien, biomasse…), de concevoir des systèmes de filtration et de captation des émissions de CO_2 et autres gaz à effet de serre.

L'émergence de ces technologies est loin d'être un épiphénomène. Selon le rapport UNEP, EPO, ICTSD (2010), la production de connaissances dans le domaine des technologies de réduction des émissions de GES représente environ 20 % de l'évolution annuelle du taux de dépôt de brevets dans les pays de l'OCDE depuis 1997. Si ce constat est avéré, et quand bien même on peut admettre que les efforts d'investissements fournis dans ce domaine restent en deçà des besoins (Lorenzi et Villemeur, 2009), la question reste posée des modalités de valorisation économique de ces connaissances qui constituent autant d'opportunités technologiques.

En effet, si la transition écologique ne peut qu'être le fruit du dialogue entre changement comportemental et changement technologique, la forme organisationnelle médiatrice de ces changements reste ouverte (Pott *et al.*, 2010). Les organisations existantes peuvent-elles assumer ce changement paradigmatique et rompre avec leurs routines ou ce changement passe-t-il essentiellement par l'émergence d'acteurs, d'organisations nouvelles capables non seulement de produire de nouvelles compétences technologiques mais également de penser de nouveaux usages, de proposer de nouveaux modèles d'affaires ? Autrement dit, dans ce processus de changement techno-économique, la création d'organisations nouvelles pourrait trouver toute sa place et participer au processus schumpétérien de destruction créatrice. Après avoir été ignoré jusque dans les années 1990 (Acs, Audretsch, 2003), l'entrepreneuriat se trouverait ainsi réhabilité comme moteur de la croissance économique (Audretsch, 2006, 2007), voire territoriale (Facchini, 2007), vecteur d'innovations et de ruptures technologiques.

Dans cette perspective, cet article s'attache plus précisément à analyser le potentiel entrepreneurial des technologies contribuant à la réduction des émissions de gaz à effet de serre en prenant appui sur l'étude des brevets déposés par trois principaux pays européens. Pour ce faire, la première partie expose notre cadre d'analyse des relations entre ces deux formes d'opportunités que sont l'opportunité technologique et l'opportunité entrepreneuriale. La deuxième partie propose une étude empirique des opportunités technologiques à partir des données de brevets déposés sur la période 1998-2007 par trois principaux pays européens (Allemagne, France et Royaume-Uni) dans les champs technologiques relatifs à la réduction des émissions des GES. La troisième partie ouvre la discussion sur les implications, en matière d'opportunités entrepreneuriales, des résultats empiriques obtenus et interroge le potentiel entrepreneurial sous-jacent à ce domaine technologique.

1. Cadre d'analyse : de l'opportunité technologique comme source d'opportunités entrepreneuriales

1.1. La notion d'opportunité entrepreneuriale

Le processus entrepreneurial, entendu ici comme une démarche de création d'une nouvelle entreprise, est un processus complexe. Cette complexité est particulièrement bien appréhendée dans le cadre du paradigme de l'opportunité entrepreneuriale (Short *et al.*, 2010). Verstraete et Fayolle (2005) rappellent que l'émergence de nouvelles opportunités d'affaires résulte de la combinaison de facteurs économiques et industriels liés à l'environnement d'affaires, tel que de la structure de marché (Audretsch, 1995), le type de régime technologique (Winter, 1984), ou le cycle de vie de l'industrie, et de facteurs individuels, comme la psychologie de l'entrepreneur, son expérience, ses réseaux personnels, son éducation (Chabaud, Messenghem, 2010). Selon Sarasvathy *et al.*, l'opportunité entrepreneuriale « consists of a set of ideas, beliefs and actions that enable the creation of future goods and services in the absence of current market for them » (2003). De fait, le développement de nouvelles technologies est générateur d'opportunités entrepreneuriales et la question se pose de comprendre comment et par qui ces opportunités de mettre sur le marché de nouveaux biens et services sont découvertes, créées (Venkatamaran, 1997 ; Shane, Venkatamaran, 2000 ; Shane, 2003).

L'opportunité entrepreneuriale ainsi définie peut émerger d'un processus de divergence dans la valeur ou le potentiel économique que différents individus attribuent à une même idée. « À cause des caractéristiques fondamentales inhérentes aux idées nouvelles, ce qu'un agent pense être une idée potentiellement valorisable, peut ne pas l'être autant par ceux qui prennent les décisions dans sa firme, [surtout] si la nouvelle connaissance n'est pas compatible avec les compétences centrales de la firme, ou n'est pas cohérente avec [sa] trajectoire technologique. [Cette] divergence [...] soumet les travailleurs individuels [ou les équipes] contribuant à la connaissance à un choix fondamental : ignorer l'idée et rediriger leurs activités dans une direction plus compatible avec l'organisation, ou bien essayer de s'approprier la valeur de cette nouvelle idée dans le contexte organisationnel d'une nouvelle firme » (Audretsch, 2006, p. 64). Ce type de processus conduit les acteurs à ne pas mobiliser de processus d'appropriation des connaissances produites, voire à en autoriser la diffusion créant des spillovers de connaissances au-delà des frontières au sein desquelles elles ont émergé. Il favorise la création d'entités nouvelles sous forme de spin-off par exemple.

Ainsi, les modalités organisationnelles concrètes d'expression/ valorisation des opportunités entrepreneuriales peuvent être de diverses natures : cession de licences, entrepreneuriat organisationnel, essaimage ou création d'entités juridiques nouvelles (Shane, 2003, p. 224). Dans la lignée des travaux de Shane (2001, 2003), l'hypothèse centrale de notre recherche est que les formes organisationnelles prises par l'opportunité entrepreneuriale (et notamment la décision de créer une entité nouvelle pour exploiter une idée) dépendent des caractéristiques des opportunités technologiques qui leur sont attachées. Dès lors, l'analyse des caractéristiques des opportunités technologiques constitue un indicateur des formes organisationnelles potentielles des opportunités entrepreneuriales. En effet, l'un des déclencheurs du processus entrepreneurial se trouve niché dans ce que l'on appelle les opportunités technologiques, c'est-à-dire l'apparition, la création, de nouvelles solutions technologiques porteuses de valeur économique. Les opportunités technologiques naissent généralement soit d'une évolution des connaissances scientifiques et techniques, selon une dynamique qui leur est propre (Rosenberg, 1974), soit d'une évolution du niveau et de la structure de la demande (Schmookler, 1966) et viennent alimenter le processus d'évolution techno-économique.

1.2. Opportunités technologiques et brevets d'invention

Les opportunités technologiques sont traditionnellement appréhendées à partir du nombre d'innovations, des dépenses de R&D ou des brevets. Les brevets constituent un indicateur[2] intéressant car au-delà de leur trend, leurs caractéristiques qualitatives permettent d'approximer le potentiel entrepreneurial d'une nouvelle solution technologique. Si on admet que les brevets sont les marqueurs d'opportunités technologiques permettant d'évaluer les opportunités entrepreneuriales d'une technologie (Kreft, Sobel, 2003), la question se pose alors de déterminer quels sont les brevets porteurs des opportunités technologiques les plus propices à la création de nouvelles activités et notamment de nouvelles entreprises. Les réponses apportées à cette question passent par une évaluation de la valeur du brevet (Van Zeebroeck, 2011).

---

2 La délivrance d'un brevet confère à son détenteur un droit de propriété lui permettant d'avoir un monopole sur l'exploitation commerciale de son invention dans le domaine limité des revendications qu'il mentionne et dans les zones géographiques du dépôt.

Rappelons qu'il est aujourd'hui bien établi que nombre de brevets déposés et délivrés ne font pas l'objet d'une exploitation commerciale, et ce pour diverses raisons sur lesquelles nous ne revenons pas ici (Trajtenberg, 1990). Par ailleurs, nombre de nouveaux produits ou services ne sont pas protégés par un brevet mais mobilisent d'autres formes de protection/appropriation. De fait, il n'y a pas de lien direct ou systématique entre le nombre de brevets déposés ou délivrés et la création d'entreprises nouvelles ou plus largement d'activités nouvelles (Acs, Sanders, 2011). Pour établir ce lien, il est nécessaire, comme le suggère Shane d'identifier plus précisément la nature des opportunités technologiques attachées aux brevets : « Technological opportunities differ from each other on several dimensions, which influence the decision to found a new firm » (Shane, 2001, p. 205). À cette condition, il devient envisageable de comprendre le processus et la forme organisationnelle de transformation des opportunités technologiques en opportunités entrepreneuriales.

Partant de l'étude de 1 397 inventions brevetées par le MIT entre 1980 et 1996, Shane (2001) retient trois critères pour évaluer l'opportunité entrepreneuriale à partir des données de brevets. L'importance, la radicalité et l'étendue d'un brevet sont des facteurs qui vont influer positivement sur la décision de créer une entreprise à partir de l'exploitation commerciale d'un brevet : « The probability that an invention will be commercialized through the creation of a new firm varies with the nature of the technological opportunity discovered » (Shane, 2001, p. 217). Premièrement, l'importance d'un brevet, mesurée par le nombre total de citations qu'un brevet reçoit des brevets suivants, renvoie à l'hypothèse selon laquelle plus un brevet est important, plus sa probabilité d'être exploité commercialement par la création d'une entité nouvelle est forte. On sait que plus les statistiques de citations (nombre de fois où un brevet est cité par un brevet déposé ultérieurement) sont élevées, plus grande est l'importance du brevet, voire sa valeur économique (Harhoff *et al.*, 1999). Deuxièmement, l'étendue d'un brevet renvoie à la diversité d'applications possibles de la technologie nouvellement créée et constitue un levier de création entrepreneuriale. Elle est mesurée par le nombre de classes technologiques dans lequel le brevet est déposé. Troisièmement, la radicalité d'un brevet implique que plus une technologie est radicale et en rupture avec l'existant, plus elle impliquera de prendre appui sur de nouvelles compétences technologiques, éventuellement en détruisant les compétences des firmes établies. Or, pour les firmes en place, il est plus difficile d'effectuer ce changement technologique, de dépasser à la fois leurs compétences établies, voire de cannibaliser leurs produits. De fait, les innovations radicales seront plutôt introduites par de nouveaux entrepreneurs. La radicalité technologique d'un brevet est mesurée par le nombre de classes technologiques que comptent les brevets cités pour un brevet donné.

En définitive, la création d'entreprises comme forme organisationnelle de valorisation des technologies trouvera une pertinence d'autant plus grande que les opportunités technologiques, appréhendées à partir de l'analyse des brevets, sont importantes, radicales et étendues. Dans la section suivante, nous proposons d'analyser les opportunités technologiques dans le domaine des technologies contribuant à la réduction des gaz à effet de serre à partir de l'analyse statistique des brevets publiés par pays de 1998 à 2007.

2. Analyse empirique des opportunités technologiques dans les technologies de réduction des émissions de gaz à effet de serre

Les technologies de réduction des émissions de GES visant à lutter contre le changement climatique sont répertoriées au niveau de l'Office Européen des Brevets dans un code spécifique depuis fin 2010 (Y02 – Technologies visant à atténuer le changement climatique). L'existence d'opportunités technologiques dans le domaine des technologies de réduction des émissions des GES, appréhendée à partir du trend des investissements en R&D ou des dépôts de brevet, est indéniable. Au niveau mondial, on comptabilise près de 475 000 familles de brevets relevant de ces technologies visant à atténuer le changement climatique. Or si en théorie, le développement de cette base de connaissances nouvelles et leurs effets de débordement constituent un élément clé pour alimenter le processus d'émergence d'opportunités entrepreneuriales, qu'en est-il réellement ? Pour répondre à cette question, nous proposons d'analyser les familles de brevets délivrées entre 1998 et 2007[3].

L'existence d'une codification spécifique permet une identification relativement aisée des technologies qui nous intéressent. Ainsi, parmi les deux sous-classes technologiques, Y02C (Capture, stockage et séquestration des gaz à effet de serre) et Y02E (Réduction des émissions de gaz à effet de serre liées à la production, transmission ou distribution d'énergie), nous retiendrons huit groupes principaux. Les brevets relatifs à la technologie nucléaire seront exclus de l'analyse compte tenu des incertitudes que cette technologie fait peser sur un développement réellement durable respectueux des générations futures. Les documents analysés ici sont des familles de brevets. Une famille est définie comme

[3] Les éléments empiriques sur les brevets proviennent des bases de données d'une centaine d'offices nationaux, de l'Office Européen des Brevets et de l'Organisation mondiale de la Propriété Intellectuelle. Ces données ont été extraites avec le logiciel Orbit.

un ensemble de documents (brevets, extensions) partageant un même numéro de priorité (Graham et Harhoff, 2006) et portant sur la même invention. La période retenue pour l'analyse s'étend sur dix ans, du 1/1/1998 au 31/12/2007. Le choix de ce bornage se justifie pour ce qui est de la borne inférieure par le fait qu'il s'agit de la signature du protocole de Kyoto (10/12/1997) dont on sait qu'il a eu un impact sur l'orientation de la production de connaissances (UNEP, EPO, ICTSD, 2010). Pour ce qui est de la borne supérieure, nous excluons la période de crise financière pour étudier les brevets antérieurs à 2008. Cette césure permet également d'avoir un recul suffisant de plus de trois années pour laisser le temps aux brevets délivrés d'être cités par d'autres brevets. Notre analyse est également limitée dans son périmètre géographique aux trois pays européens les plus actifs dans ces domaines technologiques (Glachant *et al.*, 2011) que sont l'Allemagne, la France et le Royaume-Uni. Rappelons que 80 % des innovations vertes développées dans le monde proviennent de six pays : Japon, États-Unis, Allemagne, Corée, France et Royaume-Uni (UNEP, EPO, ICTSD, 2010). Ces brevets seront sélectionnés en fonction du pays du déposant et non du pays de l'inventeur. Les trois pays européens retenus sont à l'origine de près de 10 % des familles de brevets publiés concernant ces technologies au niveau mondial sur la période (soit près de 15 000 familles), tandis que le Japon, la Corée et les États-Unis totalisent 26,5 % des publications mondiales de brevets dans ces domaines technologiques sur la période. L'analyse de la distribution des brevets publiés entre 1998 et 2007, dans les technologies de réduction des émissions des GES fait apparaître une triple concentration : concentration technologique, géographique et en termes d'acteurs, que nous proposons de détailler ci-après.

2.1. Une dynamique différenciée technologiquement et géographiquement

La production d'énergie à partir de sources d'énergie renouvelable (Y02E10) et les technologies ayant une contribution indirecte à la réduction des émissions de GES (Y02E60) comptabilisent 86 % des brevets publiés dans les technologies de réduction des émissions des GES (graphique 1). Cette concentration s'explique à la fois par la forte implication de deux pays particulièrement actifs en matière de dépôt de brevets, les États-Unis et le Japon, et leur implication dans le domaine des technologies contribuant indirectement à la réduction des émissions des GES (stockage de l'énergie, technologie hydrogène, pile à combustible…) : ces technologies représentent 64 % des familles de brevets américains et 77 % des familles de brevets japonais. Cette concentration est également liée à l'engouement pour les énergies renouvelables

(OCDE, 2008). Cette situation confirme que la propension à déposer un brevet ne suit pas la même dynamique selon les domaines technologiques et les secteurs d'activités « usually one patent covers the whole product in the case of plant or chemical products. In contrast, a software product can easily involve hundreds of patents for a single product » (Mergers, 2006, p. 2), mais aussi, que les brevets jouent un rôle différent selon les technologies concernées (Lemley, 2005 ; OCDE, 2008). Le graphique 1 met clairement en évidence des orientations technologiques différenciées selon les pays, relativement au trend mondial. L'Allemagne et le Royaume-Uni se distinguent par un poids relativement élevé des technologies liées aux sources d'énergie renouvelable. La France et les États-Unis sont bien présents dans les technologies de captage et de stockage des GES notamment du CO_2. Quant au Japon et à la Corée, la grande majorité de leur brevet relève des technologies contribuant indirectement à la réduction des GES.

Graphique 1 : Distribution au sein que chaque pays, des brevets publiés par domaines technologiques

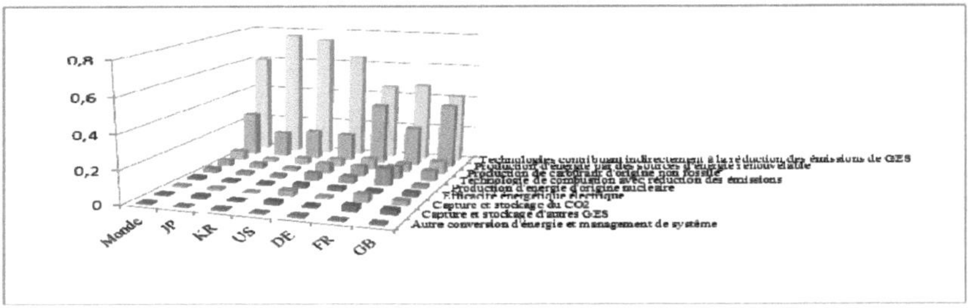

Pays du déposant, date de publication entre le 1/1/1998 et le 31/12/2007.

2.2. La rupture du protocole de Kyoto

57 % des brevets relatifs aux technologies de réduction des GES ont été publiés depuis la signature du protocole de Kyoto et plus de 157 000 l'ont été au cours de la période de dix ans sur laquelle porte notre étude. Globalement, la deuxième partie des années 1990 marque le début d'une croissance dans la publication des brevets dans les technologies visant à réduire les émissions des GES. Ceci vaut au niveau mondial mais également au niveau des trois pays européens étudiés (graphique 2). Cela étant, c'est en Allemagne que l'impact du protocole de Kyoto a été le plus fort, l'année 1998 étant marquée par une multiplication par 3,5 du nombre de brevets publiés par rapport à 1997, contre 2,4 pour la France et 2,3 pour le Royaume-Uni. Ce dynamisme allemand, confirmé sur la période, place ce pays au quatrième rang mondial des déposants de brevets dans les technologies de réduction des émissions des GES.

Graphique 2 : Évolution temporelle des dépôts de brevets dans le domaine des technologies de réduction des émissions de GES dans les trois pays européens étudiés

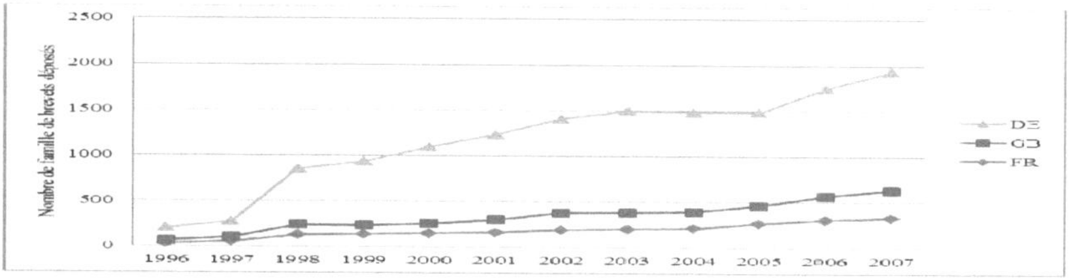

DE : Allemagne ; GB : Grande Bretagne ; FR : France.

2.3. Concentration et stabilisation des acteurs clés

Il est intéressant de compléter l'analyse en regardant qui sont les principaux déposants et à partir de quand ils ont déposé des brevets dans ces technologies. Parmi les déposants les plus actifs dans ces domaines, citons Siemens (de loin le déposant le plus actif), Bosch, Air Liquide, BASF, Merck, Alstom mais aussi les constructeurs automobiles Daimler (qui se situe en 2e position des déposants), Renault, Volkswagen, BMW, PSA. La concentration des déposants n'est pas négligeable puisque les 10 plus gros déposants détiennent 19 % des brevets étudiés et que près de la moitié des brevets publiés dans les technologies de réduction des émissions des GES le sont par les 100 plus importants déposants. Ces principaux déposants sont le plus souvent au cœur de réseaux de codépôt de brevets et font par ailleurs apparaître des stratégies de publication des brevets variables dans le temps et qui s'inscrivent parfois dans la tendance contemporaine de l'open innovation. Enfin, le rythme d'entrée des néodéposants dans ces domaines varie en lien probablement avec les dynamiques propres aux différentes technologies et marque aujourd'hui une stabilisation après un pic en 1998 et 1999 où ce sont 50 nouveaux déposants[4] qui ont fait leur entrée dans ces domaines technologiques. À titre de comparaison, entre 2004 et 2007, ce sont moins de 5 néodéposants qui apparaissent chaque année alors que la moyenne était de 15 au milieu des années 1990. Ceci traduit une stabilisation des acteurs présents dans ces domaines sur la fin de la période.

2.4. Évaluation de la qualité des opportunités technologiques

Plusieurs mesures existent pour apprécier les opportunités entrepreneuriales associées aux brevets. Shane (2001) mobilise des indicateurs d'importance, d'étendue et de radicalité. Ces deux derniers indicateurs

[4] Nous ne considérons ici que les déposants titulaires d'au moins 10 documents.

reposant sur une analyse des classes technologiques, nous ne les utiliserons pas ici puisque la classe technologique est le point d'entrée de construction de notre base de données. En conséquence, afin d'apprécier l'opportunité entrepreneuriale attachée aux technologies de réduction des émissions des GES, nous nous intéressons à l'analyse de l'indicateur d'importance des quelque 15 000 familles de brevets. L'indicateur retenu pour la mesure de l'importance est le nombre de citations des brevets publiés dans les trois pays sur la période. Le premier constat que l'on peut faire est que le nombre de brevets n'obtenant aucune citation est relativement élevé (74 %). De plus, si quelques brevets présentent un nombre de citations supérieur à 10, en moyenne le nombre de citations par brevets publiés est de 0,47 et de 1,93 par brevets cités.

Là encore, la situation diffère entre l'Allemagne d'une part, et le Royaume-Uni et la France, d'autre part. On observe dans le tableau 1 que l'Allemagne se distingue nettement de la France et du Royaume-Uni quant à l'importance des citations de ses brevets. Non seulement les brevets publiés par les déposants allemands ont un taux de citation plus élevé (28 % contre 22 % pour le Royaume-Uni et 19 % pour la France) mais surtout le nombre de citations en moyenne par brevets publiés et/ou cités est également élevé (respectivement 0,63 et 2,23). Par ailleurs, le pourcentage d'autocitation au sein des quinze principaux déposants de chaque pays montre également une différence entre l'Allemagne où le taux d'autocitation est inférieur à 50 %, et la France et le Royaume-Uni où il dépasse 60 % indiquant un potentiel de rayonnement cognitif plus étendu pour les brevets allemands.

Tableau 1 : Analyse statistique des citations des familles de brevets publiés entre 1998 et 2007 par pays

Pays déposants	Nombre de familles de brevets publiés	Nombre de brevets ayant été cités au moins une fois	% de brevets cités au moins une fois	Nombre total de citations	Nombre moyen de citations obtenues par brevets publiés	Nombre moyen de citations obtenues par brevets cités	% d'autocitation pour les 15 principaux déposants dans chaque pays	Nombre maximum de citations pour le brevet le plus cité
FR	2240	435	19 %	769	0,34	1,77	63 %	9
GB	1950	429	22 %	740	0,38	1,72	78 %	9
DE	10322	2930	28 %	6521	0,63	2,23	47,5 %	21

En définitive, l'importance des opportunités technologiques associées aux brevets publiés dans les technologies de réduction des émissions des GES en Allemagne laisse à penser que la qualité des opportunités technologiques est plus élevée et que ce pays pourrait faire émerger des entités nouvelles afin d'exploiter commercialement ces opportunités.

3. Discussion

L'évolution quantitative des dépôts de brevets visant à atténuer le changement climatique a connu une accélération notable, notamment à partir de la signature du protocole de Kyoto. Cette situation traduit l'intérêt des acteurs économiques pour ce domaine technologique. De fait, le capital croissant de connaissances accumulé sur ces technologies permet d'alimenter un potentiel entrepreneurial, dont on a vu que les modes d'expression peuvent être variés. Pour autant, le passage de l'opportunité technologique à la valorisation économique n'est pas automatique et une analyse plus précise de la nature de l'opportunité technologique, et *in fine* de la qualité des brevets, constitue une étape nécessaire à la compréhension des dynamiques nouvelles à l'œuvre. Les données empiriques dont nous disposons ne permettent certes pas d'observer la création d'entreprises nouvelles issues des opportunités technologiques, cependant les premiers résultats quant à l'origine et à la nature des opportunités technologiques ouvrent le débat sur le potentiel entrepreneurial associé à ces technologies.

Premièrement, nous avons observé, à partir des citations de brevets, un différentiel net dans l'importance des brevets selon les pays. Celle-ci apparaît plus élevée dans un pays comme l'Allemagne dont l'investissement environnemental est plus ancien et plus important que ne peut l'être celui de la France ou du Royaume-Uni. On tient probablement là la conséquence à la fois d'un effet cumulatif de l'investissement dans ces technologies auquel s'ajoute une politique environnementale favorable à l'innovation dans ce pays. De fait, la qualité des brevets allemands conduit à supposer qu'ils offrent davantage d'opportunités entrepreneuriales que les brevets français ou anglais. Il est probable qu'un effet d'échelle, dont le seuil reste à estimer, existe, qui permette d'opérer un saut qualitatif dans la proposition de solutions technologiques nouvelles.

Deuxièmement, il apparaît que les brevets étudiés sont pour une large part détenus par de grandes entreprises qui sont souvent des acteurs clés de leur secteur. Ce constat peut s'expliquer par la nature des connaissances à mobiliser pour développer de nouvelles solutions technologiques dans ces domaines et par l'importance des investissements qu'il est parfois nécessaire de consentir. On rejoint ainsi la conclusion de Jorgenson *et al.* (2009) selon lequel, dans les prochaines décennies, l'essentiel de la réduction des émissions de GES passerait davantage par une régulation environnementale et donc une continuité technologique (portée par les acteurs actuels) que par des innovations technologiques favorisant l'émergence de nouvelles trajectoires techno-économiques, voire de nouvelles entités.

Cependant, l'analyse doit être approfondie, notamment au niveau des brevets américains, car une part majeure des innovations actuelles provient de « l'entrepreneuriat de haute technologie situé dans des clusters régionaux d'innovation, tels que la Silicon Valley, le Research Triangle, Austin Texas et la Route 128 autour de Boston » (Audretsch, 2006, p. 53). De plus, de récents travaux (Carlsson *et al.*, 2010) nous invitent à relativiser cette conclusion qui ne tient pas réellement compte de la complexité des stratégies de gestion des portefeuilles de droits de propriété intellectuelle et des technologies associées. En effet, la valorisation économique des opportunités technologiques peut prendre la forme de spillovers de connaissances et être portée par des cessions de licences ou par la création de spin-off. L'existence de ces externalités favorise la diffusion des nouvelles idées, la formation de nouveaux marchés (Minniti, 1999), l'émergence d'une dynamique entrepreneuriale nouvelle, chaînon manquant de la théorie de la croissance endogène (Audrestch *et al.*, 2006). De fait, les connaissances produites et protégées par les acteurs dominants peuvent trouver à s'exprimer selon diverses modalités allant d'une exploitation interne traditionnelle à une valorisation externe. Audrestch et Keilbach (2008) rappellent qu'en générant des connaissances qu'elles ne commercialisent pas et qui se diffusent dans le tissu économique, les entreprises en place vont alimenter les opportunités entrepreneuriales : « [...] the creation of new technological opportunities through R&D increases economic performance directly but also indirectly through inducing knowledge-spillover entrepreneurship » (Audretsch et Keilbach, 2008, p. 1704). Les régions dotées de ce capital entrepreneurial pourront utiliser ces opportunités et obtenir de meilleurs niveaux de croissance économique (Acs, Storey, 2004).

Conclusion

Les développements récents autour des énergies vertes laissent à penser qu'il s'agit là d'une industrie émergente, porteuse de ruptures technologiques et de nouvelles trajectoires, dotée d'un fort potentiel en innovations radicales et susceptible de déboucher, plus globalement, sur de nouvelles formes de croissance économique. Ces caractéristiques sectorielles sont autant d'éléments porteurs d'une dynamique nouvelle dans laquelle l'entrepreneuriat peut trouver une place de choix. Cet article s'interroge sur les formes potentielles d'expression de cette opportunité dans le domaine des technologies de réduction des émissions de GES et propose d'en faire une lecture à partir d'une caractérisation des opportunités technologiques telles qu'elles ressortent des brevets d'invention.

L'analyse temporelle des brevets met clairement en évidence l'impact positif du protocole de Kyoto sur la recherche de solutions innovantes pour réduire les émissions des GES. Cependant, nous avons montré à partir de l'analyse des citations de brevets que les principaux pays européens que sont l'Allemagne, la France et le Royaume-Uni ne disposent pas d'un pool de brevets d'importance homogène. En conséquence, les formes organisationnelles des opportunités entrepreneuriales devraient prendre des configurations différentes, l'Allemagne se distinguant par un potentiel de création d'entreprises nouvelles potentiellement plus élevé. Cette hétérogénéité est à rapprocher de la spécialisation technologique des pays et au degré respectif de maturité de ces technologies : l'Allemagne, contrairement à la France, se trouve en effet positionnée sur des technologies non seulement plus proches du marché mais également plus anciennes telle que notamment les technologies de production d'énergie à partir de ressources renouvelables.

Cette première étude empirique présente un certain nombre de limites et ouvre de ce fait un agenda de recherche sur plusieurs dimensions. Tout d'abord, il convient d'enrichir l'analyse par de nouveaux indicateurs de caractérisation des opportunités technologiques. Ensuite, il importe d'éclairer l'ambiguïté quant au fait de savoir si c'est l'existence d'opportunités technologiques qui favorise la création d'entreprises ou si au contraire, c'est la volonté de création d'entreprises qui est à la base de la création des opportunités technologiques. Pour ce faire, l'analyse de l'origine institutionnelle des déposants peut constituer une piste de recherche intéressante. De plus, si on reconnaît le rôle des spillovers dans l'entrepreneuriat, il importe d'évaluer ces derniers et de tracer plus précisément les flux de connaissances dans ce domaine et ce travail ne peut trouver d'aboutissement sans une confrontation des résultats obtenus aux statistiques de création d'entreprises « vertes ».

La question reste ouverte de savoir si le développement d'une économie verte passera par la création d'entités nouvelles qui vont se saisir de ces opportunités technologiques et développer une offre de nouveaux produits et/ou services ou si cette transition sera davantage portée par le redéploiement d'entités existantes sur de « nouvelles » trajectoires technologiques.

Bibliographie

Acs, Z., Sanders, M. (2011), « Patents, knowledge spillovers, and entrepreneurship », *Small Business Economics*.

Acs, Z., Audretsch, D. (eds.) (2003), *Handbook of Entrepreneurship Research*, 1, Kluwer Academic Publishers, Dordrecht.

Acs, Z., Storey, D. (2004), « Introduction : entrepreneurship and economic development », *Regional Studies*, 38, 871-877.

Audretsch, D. (1995), *Innovation and Industry Evolution*, Cambridge, MIT Press.

Audretsch, D. (2006), « L'émergence de l'économie entrepreneuriale », *Reflets et perspectives de la vie économique*, 1, t. XLV, 43-70.

Audretsch, D. (2007), *The Entrepreneurial Society*, Oxford University Press, New York.

Audretsch, D., Keilbach, M. (2008), « Resolving the Knowledge Paradox : Knowledge-spillover Entrepreneurship and Economic Growth », *Research Policy*, 37, 1697-1705.

Audretsch D., Keilbach, M., Lehmann, E. (2006), *Entrepreneurship and Economics Growth*, Oxford University Press, New York.

Carlsson, B., Acs, Z., Braunerhjelm, P., Audretsch, D. (2010), « The missing link : knowledge diffusion and entrepreneurship in endogenous growth », *Small Business Economics*, 34 (2), 105-125.

Chabaud, D., Messenghem, K. (2010), « Le paradigme de l'opportunité. Des fondements à la refondation », *Revue française de gestion*, 7 (106), 93-112.

Facchini, F. (2007), « Entrepreneur et croissance économique : développements récents », *Revue d'économie industrielle*, 3e trimestre, 119.

Glachant, M., Dechezlepetre, A., Hascic, I., Johnstone, N., Menière, Y. (2011), « Invention and transfer of climate change mitigation technologies on a global scale : a study drawing on patent data », *Review of Environmental Economics and Policy*.

Graham, S., Harhoff, D. (2006), « Can post grant reviews improve patent system design ? A twin study of European and US Patents », *CPER Discussion Paper*, n° 5680, Centre for Economic Policy Research, London.

Harhoff, D., Narin, F., Scherer, F., Vopel, K. (1999), « Citation frequency and the value of patented inventions », *The Review of Economics and Statistics*, 81 (3), 511-515.

Johnstone, N., Hascic, I., Watson, F. (2010), *Climate policy and technology innovation and transfer : an overview of recent results*, Paris, OCDE : OECD Report ENV/EPOC/GSP.

Jorgenson, D., Goettle, R., Sing Hoc, M., Wilcoxen, P. (2009), « Cap and trade climate policy and US economic adjustments », *Journal of Policy Modeling*, 31, 362-381.

Kreft, S.F., Sobel, R.S. (2003), « Public policy, entrepreneurship, and economic growth », *West Virginia University Economics Working Papers 02-2003*, Morgantown.

Lemley, M.A. (2005), « Patenting nanotechnologies », *Stanford Law Review*, 58 (2), 601-630.

Lorenzi, J.H., Villemeur, A. (2009), *L'innovation au cœur de la nouvelle croissance*, Economica.

Merges R.P. (2006), « Patents, Entry and Growth in the Software Industry », *Working Paper*.

Minniti, M. (1999), « Entrepreneurial activity and economic growth », *Global Business and Economics Review*, 1 (1), 31-42.

OCDE (2008), *Politique environnementale, innovation technologique et dépôts de brevets*, OCDE, Paris.

OMC, PNUE (2009), *Commerce et changement climatique*, Genève.

Pott, D., R.G., Foster, J., Straton, A. (2010), « An entrepreneurial model of economic and environmental co-evolution », *Ecological Economics*, 70, 375-383.

Rosenberg, N. (1974), « Science, innovation and economic growth », *Economic Journal*, 84, 90-108.

Sarasvathy, S.D., Dew, N., Velamuri, R., Venkataraman, S. (2003), « Three views of entrepreneurial opportunity », *Handbook of Entrepreneurship Research*, 156.

Schmookler, J. (1966), *Invention and Economic Growth*, Harvard Business Press, Cambridge, Mass.

Shane, S. (2001), « Technological Opportunities and New Firm Creation », *Management Science*, 47 (2), 205-220.

Shane, S. (2003), *A general theory of entrepreneurship. The individual-opportunity nexus*, Edward Elgar, Northampton, MA.

Shane, S., Venkataraman, S. (2000), « The promise of entrepreneurship as a field of research », *Academy of Management Review*, 25 (1), 217-226.

Short, J.C., Ketchen, D.J., Shook, C.L., Ireland, R.D. (2010), « The concept of "opportunity" in entrepreneurship research : past accomplishments and future challenges », *Journal of Management*, 36 (1), 40-65.

Trajtenberg, M. (1990), « A penny for your quotes : patent citations and the value of innovations », *Rand Journal of Economics*, 21 (1), Spring.

UNEP, EPO, ICTSD (2010), *Patents and clean energy : bridging the gap between evidence and policy*, Final Report, 102 p.

Van Zeenbroeck, N. (2011), « The puzzle of patent value indicators », *Economics of Innovation and New Technology*, 20 (1), 33-62.

Venkataraman, S. (1997), « The distinctive domain of entrepreneurship research : an editor's perspective », in J. Katz, R. Brockhaus (eds.), *Advances in Entrepreneurship, Firm Emergence, and Growth*, vol. 3, JAI Press, Greenwich, CT, 119-138.

Verstraete, T., Fayolle, A. (2005), « Paradigmes et entrepreneuriat », *Revue de l'entrepreneuriat*, 4 (1), 34-52.

Winter, S.G. (1984), « Schumpeterian competition in alternative technological regimes », *Journal of Economic Behavior and Organization*, 5 (3-4), 287-320

Quelle communication environnementale de la part des grands groupes ?

Une étude à partir d'une analyse lexicale des rapports de développement durable de l'année 2009

Nader ABBES et Nadine LEVRATTO

Université Paris X Nanterre

Introduction

La prise de conscience environnementale qui a fait suite au premier « Sommet de la Terre » à Stockholm en 1972 et au rapport Meadows « Halte à la croissance » (Meadows *et al.*, 1973), commandé par le Club de Rome et publié la même année, s'est poursuivie au gré des catastrophes écologiques, incidents industriels, marées noires, de la prise de conscience du réchauffement climatique et du combat contre les gaz à effet de serre jusqu'à à sa prise en compte par le droit. Le ministère chargé de la protection de la nature et de l'environnement est créé en 1971, ses prérogatives ont été élargies jusqu'à atteindre son point culminant en 2007 en devenant désormais le ministère de l'Écologie, de l'Énergie, du Développement durable et de l'Aménagement du territoire. La réglementation environnementale n'a cessé de s'étendre, sous l'impulsion de l'Union européenne[1].

Progressivement, l'environnement est devenu un enjeu financier majeur pour les entreprises et les investisseurs. Les proportions que peuvent prendre l'apurement d'un passif environnemental, la remise en état de sites pollués ou la mise en œuvre de réglementations environnementales sont autant d'informations environnementales qui sont de nature à éclairer la situation d'une entreprise si bien que les données extrafinancières ont fait leur apparition parmi les éléments d'appréciation de la valeur d'une entreprise. Afin de permettre les comparaisons, le besoin

---

1 Par exemple le règlement REACH 1907/2006.

de normalisation s'est rapidement fait sentir dans ce domaine aussi, incitant les entreprises à adopter une démarche de responsabilité sociale et environnementale d'abord définie par un livre vert de la Commission européenne (2001) comme le « concept dans lequel les entreprises intègrent les préoccupations sociales, environnementales et économiques dans leurs activités et dans leurs interactions avec leurs parties prenantes sur une base volontaire ». Il s'agit en fait d'une synthèse entre les exigences collectives à long terme et les attentes privées à court terme (Capron, 2003). C'est donc la transcription du concept et des préoccupations du développement durable pour les entreprises qui vont au-delà du simple management environnemental[2] qui nous préoccupe ici.

La RSE est essentiellement visible par la publication d'informations extrafinancières capables d'apporter un autre regard sur les entreprises. À une vision centrée sur des critères économiques se substitue alors une vue globale et générale de l'ensemble de l'entreprise intégrant ses impacts sociaux et environnementaux. Malgré son caractère volontaire et son « flou conceptuel » (Pesqueux, 2011), elle est considérée aujourd'hui, comme une nouvelle pratique organisationnelle mise à la disposition des dirigeants pour développer un management stratégique et participatif (Gendron, 2000). La RSE a fait son entrée dans le corpus législatif par la Loi n° 2001-420 du 15 mai 2001 relative aux Nouvelles régulations économiques (NRE). Elle astreint les sociétés cotées à un « reporting environnemental et social » et leur impose des obligations d'informations qui doivent se matérialiser dans leur rapport de gestion.

Cette loi vise à créer un cadre de référence national qui définit un ensemble d'indicateurs sociaux et environnementaux permettant une comparaison entre les performances des entreprises, conformément aux référentiels internationaux tels que le GRI ou les principes de l'OCDE. Il s'agit de définir des lignes directrices pour effectuer le report des informations relatives aux trois composantes du développement durable : informations économiques, sociales et environnementales. Cet exercice permettra aux entreprises de mieux traiter les enjeux du développement durable et de les partager avec l'ensemble des parties prenantes. Il s'agit également d'inciter les sociétés françaises à s'inscrire dans une démarche de responsabilité sociétale et à se positionner dans un mouvement international pour acquérir de nouveaux avantages concurrentiels à moyen et long termes et consolider leur compétitivité à l'étranger. L'objectif du législateur est ainsi de mettre en place un dispositif juridique pour aider les entreprises à mettre en œuvre le développement durable.

---

[2] Eco-Management and Audit Scheme, EMAS, Règlement CE n° 761/2001.

Afin de produire une information lisible et transparente, en application de la nouvelle réglementation, les entreprises ont de plus en plus recours au cours des dernières années, aux pratiques de *reporting*. Ce nouveau mode de communication, notamment dans le domaine de l'environnement, s'est généralisé dans les entreprises multinationales (Capitalcom et RiskMetrics, 2009). La publication d'un volet correspondant au thème de l'environnement s'y ajoute soit par l'intégration d'un chapitre consacré à la politique environnementale de l'entreprise dans les rapports annuels, soit par la publication d'un document indépendant regroupant l'ensemble des données environnementales et sociales. Cet exercice de communication entré en vigueur en France est destiné à refléter l'engagement des entreprises en faveur de la RSE et à faire état de leurs performances en matière environnementale. Comment apprécier sa portée et son effectivité ?

Cet article porte sur l'étude du comportement des sociétés cotées en matière de communication environnementale à la lumière de la publication du décret d'application de l'article 116 de la loi sur les nouvelles régulations économiques (notée NRE ci-dessous) (2001). Il cherche à analyser le passage du *reporting* environnemental, longtemps perçu comme une initiative individuelle et volontaire, à une obligation légale, voire une contrainte législative, pour les sociétés cotées sur le marché boursier français. Il mobilise donc une analyse de contenu des rapports des entreprises et recourt aux données textuelles afin de mettre en lumière les pratiques de communication environnementale dominantes. Il repose sur les derniers rapports disponibles (exercice 2009) des quarante premières sociétés françaises présentes sur le marché boursier.

1. La RSE selon la loi sur les nouvelles régulations économiques : principes et interrogations

1.1. La loi sur les Nouvelles régulations économiques (NRE) et sa composante environnementale

La loi n° 2001-420 relative aux nouvelles régulations économiques publiée au Journal Officiel le 15 mai 2001 trouve sa source dans le besoin de moderniser le droit des sociétés et de fonder une exigence de transparence de l'information. Elle impose aux sociétés françaises cotées l'obligation de présenter, dans le rapport de gestion annuel, parallèlement à leurs informations comptables et financières, des données sur les conséquences environnementales et sociales de leurs activités. Elle comporte trois parties principales : la régulation financière, la régulation de la concurrence et la régulation de l'entreprise. C'est à la troisième partie, relative à la régulation de l'entreprise et, plus précisément, au titre 1er concernant le droit des sociétés commerciales, que nous nous intéressons ici. C'est en effet dans le chapitre 5 relatif aux droits des actionnaires visant à rendre plus transparent le contrôle des sociétés, que s'inscrit l'article 116.

L'article 116 de la loi NRE impose aux entreprises cotées sur le marché boursier français de publier dans leurs rapports publics des données sur leur manière de gérer l'impact de leurs activités sur le plan social et environnemental. Un décret d'application publié le 20 février 2002 définit une liste d'indicateurs sociaux et environnementaux que les entreprises sont appelées à renseigner. L'article 2 du décret 2002-221 du 20 février 2002 portant sur le *reporting* environnemental précise un ensemble d'indicateurs environnementaux à renseigner. Ils sont au nombre de 9 et sont relatifs à la consommation de ressources en eau, matières premières et énergie, aux mesures prises pour limiter les atteintes à l'équilibre biologique, aux mesures prises pour assurer la conformité de l'activité de la société aux dispositions législatives, aux dépenses engagées pour prévenir les conséquences de l'activité de la société sur l'environnement, aux moyens consacrés à la réduction des risques pour l'environnement, au montant des provisions et garanties pour risques en matière d'environnement, au montant des indemnités versées et aux éléments sur les objectifs que la société assigne à ses filiales à l'étranger.

1.2. Des limites formelles

La loi NRE présente plusieurs limites et insuffisances qui tiennent à son expression même, au flou des termes du décret d'application et à l'utilisation du rapport de développement durable comme un instrument de promotion ou de « verdissement de l'image » des entreprises.

a) Un texte flou

Le texte du décret (2002) ne précise pas le périmètre à l'intérieur duquel les entreprises doivent communiquer et la liste des informations environnementales que les entreprises doivent publier n'est pas exhaustive. En effet, contrairement à certains référentiels internationaux comme le GRI, les indicateurs environnementaux ne sont pas bien détaillés par le décret. Ce flou quant au contenu informationnel des rapports environnementaux à produire est dénoncé par plusieurs rapports produits par des organisations indépendantes. Un rapport de l'Observatoire de la responsabilité sociale des entreprises (ORSE, 2003) dénonce ainsi la médiocre qualité de l'information transmise par les entreprises et le manque de crédibilité de l'information publiée en la matière. Parallèlement, dans son rapport développement durable (2004), le cabinet de conseil et d'étude *Ernst and Young* souligne l'insuffisance de la qualité des informations sociétales délivrées par les entreprises.

Des conclusions similaires sont dégagées par un rapport de KPMG (2003) à partir de l'observation de 36 rapports portant sur 2002. Ce document souligne la confusion et l'hétérogénéité des documents produits, l'insuffisance de critères renseignés et conclut que les entreprises du CAC 40 n'ont pas satisfait leur obligation sur un plan formel. Ces constats font écho à la remarque de Gendron *et al.*, pour qui, « même s'ils sont parfois balisés par des exigences légales, ces rapports demeurent toutefois assez souples quant à leur contenu et leur format, si bien que leur analyse est susceptible de nous révéler le processus de construction de la problématique environnementale de l'organisation qui en est l'auteur. En d'autres termes, les rapports illustrent comment se cristallise l'enjeu écologique dans l'institution, rendant du même coup explicite l'espace où est susceptible de se déployer une visée éthique » (Gendron *et al.*, 2006, p. 43).

b) Un texte qui laisse une grande part à la subjectivité

Une deuxième limite provient de la nature même des indicateurs et du caractère narratif, aléatoire et incertain des informations communiquées. C'est notamment le cas pour le deuxième indicateur de l'art. 2 du décret 2002-221 du 20 février 2002 portant sur « les mesures prises pour limiter les atteintes à l'équilibre biologique, aux milieux naturels, aux espèces animales et végétales protégées » ou encore pour le quatrième indicateur portant sur « la conformité de l'activité de la société aux dispositions législatives et réglementaires applicables en cette matière ». Dans ces domaines, on ne sait si les entreprises doivent s'engager sur des moyens ou des résultats, les conséquences pour l'environnement pouvant se révéler très différentes selon l'interprétation retenue.

c) Un texte non coercitif

Ensuite, et plus grave encore, la loi ne prévoit pas de sanction en cas de non-respect des dispositions réglementaires prévues, ce qui va à l'encontre de la transparence et de la crédibilité de l'information transmise. Elle ne stipule non plus aucun contrôle obligatoire par l'intermédiaire d'un organisme indépendant ou gouvernemental pour vérifier la pertinence des données publiées.

d) Un texte propice à la confusion entre information et promotion

Les précédentes critiques résultent en partie de l'analyse du texte même à laquelle se livrent les auteurs ou organismes qui les portent. Or, dans la mesure où le *reporting* environnemental a pour vocation de justifier et de légitimer les actions de l'entreprise et les conséquences de ses activités sur la société, il ne peut s'analyser comme un rapport annuel classique. En effet, dans la production d'un rapport Développement durable/Responsabilité sociale de l'entreprise (DD/RSE), l'entreprise ne cherche pas seulement à assumer ses obligations légales et à fournir les informations relatives à ses réalisations et à ses résultats en termes de performances environnementales. Elle tend aussi, et peut-être surtout, à soigner son image auprès de ses parties prenantes, au premier rang desquels, ses actionnaires puis ses clients et ses partenaires économiques. En publiant des informations concernant les conséquences de ses activités sur le plan environnemental, l'entreprise cherche à appliquer sommairement les termes de l'article 116 de la loi NRE pour parvenir à créer un sens à ses activités et donner une meilleure image de son fonctionnement. Elle tente également de créer un cadre de référence à ses comportements et à ses représentations. « En se référant à des normes qu'elle choisit, ou qu'elle crée, l'entreprise fait apparaître un sens à sa mission, elle justifie son existence en la faisant apparaître comme naturelle en fonction non d'impératifs marchands mais par rapport à de grandes causes, de grands défis écologiques, humanitaires voire humanistes » (Igalens, 2007, p. 5).

Au-delà de ces points importants qui résultent d'une analyse du texte même, on peut s'interroger sur l'effectivité de l'application du texte par les entreprises qui y sont soumises. En effet, et toujours selon l'ORSE, les sociétés concernées par l'article 116 l'appliquent *a minima*, ce qui soulève des questions à propos de leur aptitude ou de leur volonté à s'engager dans une véritable démarche de *reporting* environnemental (ORSE, 2004). C'est à la détermination d'un cadre d'analyse permettant d'éclairer ce point qu'est consacrée la section suivante.

1.3. Des questions de recherche

Pour prendre en compte cette particularité des rapports de développement durable et apprécier dans quelle mesure les entreprises satisfont à l'esprit du texte, nous proposons de suivre une approche analytique basée sur le contenu même des rapports produits. Il s'agit ainsi de déterminer dans quelle mesure le comportement et les arbitrages des entreprises en matière de *reporting* environnemental sont modelés par la loi NRE.

L'apport d'éléments de réponse à cette question ne peut être réalisé d'un seul bloc au risque d'un réductionnisme excessif. Nous proposons donc de décliner le point de vue porté à partir des critiques formelles recensées dans la partie précédente, ce qui nous conduit à formuler quatre hypothèses de travail qui portent sur différents niveaux d'application et d'impact du texte sur les comportements des agents.

Il s'agit d'abord de s'interroger sur le changement apporté par la loi NRE dans le comportement des sociétés cotées en matière de *repor-*

ting environnemental, ce qui conduit à formuler une première hypothèse inspirée des rapports d'évaluation des effets de la loi selon lesquels les comportements des entreprises n'auraient pas été modifiés par l'entrée en vigueur de la loi NRE. L'hypothèse à tester s'écrit alors :

H 1 : à travers son article 116, la loi NRE n'a pas profondément changé le comportement des entreprises en termes de *reporting* environnemental.

En second lieu, il s'agit de cerner les principaux domaines de l'environnement abordés par les entreprises cotées et de préciser la façon dont elles construisent leur communication. En accord avec les travaux de l'ORSE qui rendent compte du caractère superficiel et très général des rapports produits, nous posons l'hypothèse suivante :

H 2 : Les entreprises ont seulement balayé l'ensemble des domaines de l'environnement.

Nombre d'analyses soulignant les variations de qualité des rapports produits selon le secteur de l'entreprise alors même que les termes de la loi sont identiques quelle que soit l'activité de la firme considérée, nous introduisons une hypothèse sur les liens éventuels entre la nature de l'information environnementale publiée par les entreprises et le secteur d'activité dans lequel elles opèrent. On obtient donc :

H 3 : La nature de l'information environnementale publiée dans les rapports DD/RSE des sociétés cotées, dépend fortement du secteur d'activité de l'entreprise concernée.

Enfin, plusieurs auteurs soulignant un biais informationnel dans le contenu des rapports en faveur des résultats les plus favorables à l'image des entreprises. Or, le texte prévoit que les rapports de DD fassent apparaître aussi bien les progrès que les insuffisances observées dans ce domaine. C'est sur le traitement déséquilibré des éléments positifs et négatifs en matière de politique environnementale que portera la dernière hypothèse qui s'exprime de la façon suivante :

H 4 : Le discours des sociétés est principalement axé sur les programmes, les projets et les résultats positifs enregistrés dans le domaine de l'environnement.

La partie suivante traite de la méthode mise en œuvre pour mettre ces hypothèses à l'épreuve des faits.

2. Approche empirique

Afin de repérer les thématiques les plus souvent mises en avant dans les rapports DD/RSE, et de révéler le sens de l'ensemble des informations environnementales émises par l'entreprise, nous proposons d'explorer le contenu des rapports en insistant sur le vocabulaire utilisé pour répondre aux exigences de la loi en matière d'actions environnementales des entreprises. Fréquemment utilisée en sociologie, l'étude lexicale l'est beaucoup moins en économie. Or, l'analyse de données textuelles se révèle particulièrement bien adaptée à l'étude de rapports du type de ceux auxquels nous avons à faire. Cette section présente les fondements de l'analyse textuelle et les modalités de son application à l'étude des rapports de développement durable.

2.1. L'analyse textuelle : méthode et outil

Souvent avancée pour sa capacité à s'appliquer à toute communication langagière, la méthode d'analyse de contenu est régulièrement mobilisée par les sciences sociales et de gestion pour étudier les aspects lexicaux et thématiques du discours des dirigeants notamment. « L'analyse de contenu figure comme l'un des rares procédés dédiés expressément à l'étude des faits de communication et compte depuis plus d'un demi-siècle comme une des techniques de recherche les plus fréquemment employées par les chercheurs en communication » (De Bonville, 2000, p. 9). C'est une méthode qui consiste d'abord à analyser le contenu d'un texte à travers les mots et les expressions utilisées et, ensuite, à analyser d'une manière objective le sens des idées émises par l'auteur de la communication dans la mesure où « le principe générique de l'analyse de contenu est de repérer puis de coder toutes les parties de la communication recouvrant un thème commun » (Fillol, 2007, p. 4).

À l'intérieur de ce cadre, deux méthodes d'analyse complémentaires sont développées. La première – l'analyse statistique lexicale – est présentée comme une approche objective qui consiste à étudier les formes du discours, tracer la cartographie des associations lexicales et soulever les réseaux sémantiques ou modèles mentaux qui composent le texte. La deuxième – l'analyse thématique du contenu – s'intéresse plutôt à l'étude du fond et du contenu du discours des entreprises sur le thème de l'environnement dans l'objectif de remonter aux facteurs susceptibles d'interpréter et d'expliquer le contenu. Elles seront conjointement mobilisées dans la suite de ce travail.

L'analyse textuelle appelant le traitement d'un grand nombre d'unités de base (des mots ou des groupes de mots), elle ne peut être réalisée sans le recours à un outil *ad hoc*. Parmi les différents logiciels disponibles, le choix s'est porté sur Alceste[3].

---

[3] Alceste est un logiciel d'Analyse de données textuelles issu du CNRS et propriété de la société IMAGE, qui le développe et le commercialise depuis 1986.

La méthode d'analyse proposée par Alceste a été largement utilisée à des fins d'analyse textuelle dans les entreprises. Comme le résume parfaitement Platet-Pierrot, dans son étude portant sur l'analyse du contenu des messages des présidents des sociétés cotées françaises, Alceste permet de « conduire une étude quantitative sur des bases de données qualitatives » (Platet-Pierrot, 2009, p. 199). L'apport principal du logiciel est de permettre, à partir d'un classement automatisé des énoncés, d'analyser le sens des vocabulaires les plus caractéristiques retenus dans un corpus. L'utilisateur est appelé, en fonction de la catégorisation des éléments obtenue dans une première classification, à interpréter les mondes lexicaux les plus caractéristiques dans le corpus et de donner une signification aux éléments de texte classés. Cependant, un retour permanent et systématique au contexte dans lequel ils s'inscrivent est nécessaire pour toute interprétation car « l'analyse du discours devrait pouvoir permettre de retrouver la trace de ces environnements mentaux que le locuteur a successivement investis » (Rouré *et al.*, 2001, p. 8).

Dans le cadre de ce travail, nous mènerons une étude quantitative sur la base de formes textuelles en fonction des données qualitatives qui caractérisent le contenu des discours des entreprises (mots, expressions, phrases, paragraphes).

2.2. L'application au cas de la composante environnementale de l'article 116 de la loi NRE

Les données recueillies pour conduire ce travail sont de nature documentaire et secondaire, ce qui évite les risques liés à la retranscription (Allard-Poesi *et al.*, 2003). Elles consistent dans l'ensemble des données environnementales des quarante premières sociétés cotées sur le marché boursier français figurant dans les différents supports de communication annuels publiés. À défaut de rapports DD/RSE, nous avons retenu les rapports d'activité et de développement durable, les rapports annuels, les rapports de références, le rapport financier et d'autres supports de communication indépendants[4] publiant des données environnementales. Nous présentons la période couverte, la population concernée et les phases de préparation du corpus.

a) La période étudiée

La période retenue pour notre analyse concerne l'exercice 2009, dernière année de disponibilité des rapports DD/RSE des entreprises. L'année 2009 correspond à la huitième année d'application de la loi NRE et constitue la phase de maturité la plus aboutie et/ou atteinte par

[4] Exemple de LVMH : Rapport environnemental : Données environnementales 2009.

les quarante plus grandes entreprises françaises, en matière de *reporting* environnemental.

La sélection de la population

Alors même que la loi NRE s'applique à l'ensemble des sociétés cotées, notre corpus se compose du contenu du volet environnemental des rapports de gestion des quarante premières plus grandes entreprises cotées sur le marché boursier français. Il se révèle néanmoins représentatif car « la méthodologie du *reporting* est appliquée dans 42 % des entreprises du CAC 40 contre 20 % des entreprises du SBF 120 » (Bouin et Braleret, 2010, p. 16). Soumises à des droits étrangers qui n'ont pas les mêmes exigences que le droit français en matière de *reporting* environnemental, 3 entreprises ont été écartées. Il s'agit de EADS, STMicroelectronics et Arcelor-Mital.

La constitution du corpus

La structure du corpus compte 37 observations correspondant aux 37 entreprises retenues. Le texte a d'abord été préparé en collectant les informations environnementales dans l'ensemble des rapports retenus. Nous avons laissé à titre indicatif les écrits en majuscules que le logiciel Alceste ne reconnaît pas, mais les tableaux, graphiques et figures ont été éliminés. Ce faisant, nous avons suivi la règle qui augmente la lisibilité d'un corpus sans en altérer le sens tout en tenant compte des caractéristiques fonctionnelles du logiciel employé (Aubert-Lotarski et Capdevielle-Mougnibas, 2002). Ensuite, après avoir codifié le texte, nous avons individualisé chacune des observations par des unités de séparation qui permettent d'identifier les Unités de contexte initial. Le corpus a donc été divisé en Unités de contexte initiales (UCI) identifiées par des mots étoilés. La première ligne comporte le nom de chaque société, le secteur d'activité et les étoiles nécessaires au repérage (ex. **** *rap_edf_saco)[5]. En définitive, le corpus utilisé est donc composé de 37 UCI. C'est sur la base de cet assemblage de textes préparé selon des règles formelles cohérentes avec le logiciel utilisé que nous avons procédé à l'analyse statistique textuelle proprement dite.

3. Résultats et discussion

Le travail ici proposé ne consiste pas seulement à illustrer les postulats de base de l'analyse distributionnelle effectuée par le logiciel et à décrire les unités linguistiques d'un énoncé sur la simple base de leurs lois de distribution mathématique. Notre approche porte essentiellement sur l'étude des unités de sens et l'interprétation des principales théma-

5 Services aux collectivités.

tiques dégagées dans les discours des entreprises. Pour cela, nous cherchons plutôt à analyser les différentes formes caractéristiques du corpus, à partir de la structure de texte élaboré par Alceste en nous fondant, d'une part, sur la classe sémantique à laquelle on rattache le sens des éléments de chaque catégorie et, d'autre part, sur l'axe syntagmatique qui définit le contexte particulier dans lequel s'inscrit le texte, afin d'enrichir sa compréhension. Dit autrement, l'interprétation du contenu des classes retenues par l'analyse ne peut être effectuée sans se référer aux contextes d'énonciation du discours environnemental de chaque entreprise. Il faut restituer toutes les classes dans leurs contextes économiques et stratégiques afin de mieux comprendre la politique environnementale menée par les acteurs représentatifs de chaque classe.

3.1. L'architecture générale du corpus

À partir de l'analyse effectuée par le logiciel, nous identifions les différentes classes ou « mondes lexicaux » obtenus. Chaque classe peut être considérée comme un reflet ou une « image » des représentations de l'entreprise (Aubert-Lotarski et Capdevielle-Mougnibas, 2002). L'analyse du volet environnemental des rapports des sociétés du CAC 40 à laquelle nous avons procédé fait ressortir six classes correspondant à six groupes thématiques représentatifs du contenu de l'information environnementale souvent avancée par les entreprises.

Le tableau suivant présente la taille ainsi que le niveau d'importance, également appelée « spécificité » de chacune des classes obtenues. Avec 1 611 unités classées, la classe 6 est la plus importante (23 % du total du corpus) alors que la classe 5 représente la catégorie qui compte le moins d'unités de texte classées (u.c.e.) (332) soit seulement 7 % du total.

Tableau 1 : Répartition des u.c.e. classées

	u.c.e. dans la classe	
Classe 1	896	16 %
Classe 2	922	18 %
Classe 3	640	21 %
Classe 4	612	15 %
Classe 5	332	7 %
Classe 6	1611	23 %

Ce découpage général est précisé par la composition interne de chacune des classes telle qu'elle est obtenue à partir d'un arbre de classification descendante suivi du contenu des classes en fonction du coefficient χ^2[6]. Au-dessous de chaque classe, figurent les modalités des variables.

Figure 1 : Dendrogramme

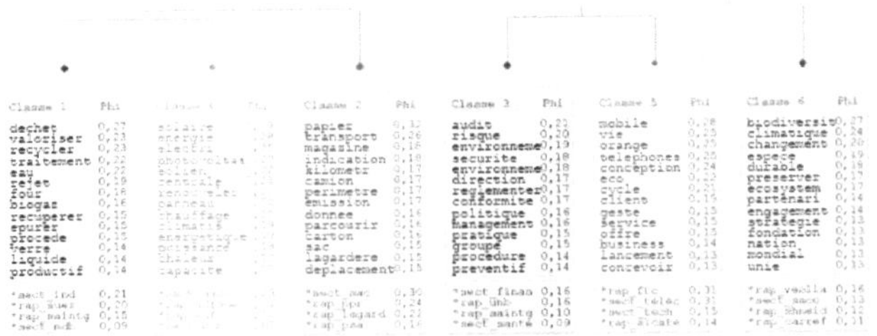

Les unités de contextes élémentaires (u.c.e.) classées sont au nombre de 4 338 et représentent 74 % des unités textuelles du corpus d'origine. Le dendrogramme ci-dessus illustre la composition des six classes retenues par l'analyse Alceste ainsi que l'ordre dans lequel elles ont été formées. Il indique également une projection dans le plan définie par deux axes explicatifs des formes lexicales utilisées par le logiciel. Le premier axe est composé des classes 1, 4 et 2 ; le second, des classes 3, 5 et 6.

Une fois les six classes identifiées, nous pouvons passer à la présentation et à la discussion de chaque classe et à l'analyse du sens des vocables les plus caractéristiques. Dans un premier temps, nous mettrons en évidence le sens des formes lexicales les plus spécifiques de chaque classe et nous traduirons leur portée significative dans son contexte. Nous tenterons dans un deuxième temps de mettre en lumière les entreprises et les secteurs d'activités les plus représentés dans chaque forme linguistique afin de relier chaque catégorie sémantique ou paradigme du discours développé à partir des mondes lexicaux retenus, avec les entreprises. Enfin, nous évoquerons les formes lexicales les plus significativement absentes de chaque classe, ce qui nous permettra de retenir, d'une part, la logique dominante de chaque catégorie en matière de communication environnementale et, d'autre part, les thématiques environnementales délaissées par les entreprises concernées dans leurs publications annuelles.

---

6 χ^2 mesure le lien entre la forme et la classe ; ce coefficient est compris entre -1 et +1.

3.2. Les caractéristiques des entreprises en matière de politique environnementale

La structure du corpus révèle les caractéristiques des contenus des rapports de développement durable produits par les entreprises. Leurs spécificités sont capturées par les caractéristiques internes de chacune des classes dégagées par l'analyse logicielle. Elles sont ici présentées en fonction de leur importance de manière à faire ressortir les registres sémantiques les plus caractéristiques.

a) La domination d'un discours écologiste (classe 6)

Regroupant 1 009 u.c.e., cette classe représente 23 % des formes lexicales significatives. Les formes les plus caractéristiques sont « biodiversité », « climatique », « changement », « espèce », « durable », « préserver », « écosystème », « engagement », « développement ». Elles révèlent un discours purement écologiste qu'on retrouve dans ce vocabulaire. En effet, les entreprises qui sont les plus représentées dans cette classe fournissent des informations au sujet des programmes de restauration écologique qu'elles mettent en œuvre, des objectifs visés en matière de réduction des émissions. Elles soulignent également avec emphase leur conscience des enjeux fondamentaux qui pèsent sur l'environnement et donnent maintes précisions au sujet de leurs actions contre le changement climatique et, prioritairement, pour limiter le phénomène de réchauffement. À ces éléments factuels viennent s'ajouter des éléments interprétatifs qui concernent essentiellement les bienfaits qu'elles attendent des programmes déjà mis en œuvre pour combattre ce phénomène. Les unités de contexte élémentaires (u.c.e.) caractéristiques de la classe 6, précédées de leur unité de contexte initiale (u.c.i.) associée, présentées ci-dessous, indiquent les formes les plus caractéristiques de la classe marquées par des parenthèses.

L'une des spécificités des sociétés représentatives de cette classe dominée par un discours écologiste provient du soin qu'elles prennent à mentionner leur engagement dans les différents pactes mondiaux, leurs travaux de recherche et leurs programmes en faveur de la protection de l'environnement.

Ce discours est fortement présent dans les secteurs de l'industrie des biens de consommation et des services aux consommateurs avec des entreprises comme Danone, LVMH, Carrefour, Pernod-Ricard, Michelin. Il est également assez nettement marqué dans le secteur de la finance avec des banques telles que la SG et Axa. Il est en revanche nettement moins implanté dans l'industrie manufacturière représentée seulement par Vallourec, Lafarge et Bouygues.

Cette classe révèle la puissance d'une information environnementale généralement distinguée par son caractère descriptif, moins technique et par conséquent plus subjectif, déjà relevée par Igalens (2007). Elle résulte au moins en partie de la nature même des rapports DD/RSE dont le contenu central est essentiellement composé d'un discours déclaratif sous forme d'énoncés. À travers leurs publications, les entreprises multiplient les affirmations au sujet de leurs engagements, de leurs projets en faveur de la protection de l'environnement et de leur orientation socialement responsable. Les discours restent ainsi fortement marqués par la notion de responsabilité et d'engagement en faveur de la protection de l'environnement et de la biodiversité sans que cela s'accompagne d'indicateurs détaillés relatifs à la gestion technique de l'environnement. En effet, et *a contrario*, cette classe se caractérise également par l'absence significative d'un monde lexical relatif à une gestion pratique de l'environnement. Les termes absents (consommation, tonne, déchet, émission, recycler, CO_2, papier, etc.) font principalement référence aux aspects techniques du traitement de la pollution et du développement des énergies vertes. Ils sont également révélateurs des choix de communication privilégiés par les entreprises. Favorisant un vocabulaire correspondant à la conservation de la nature et à la protection des écosystèmes sans toutefois exposer les actions concrètes organisées dans ce sens, il n'est pas étonnant que les rapports de DD/RSE de ces unités restent peu diserts sur les modalités de gestion pratique de la pollution, des déchets, des émissions et des énergies renouvelables.

b) Priorité au système de management environnemental (classe 3)

Deuxième en termes d'importance et de significativité, cette classe regroupe 21 % des unités textuelles classées. Elle est caractérisée par des formes lexicales telles que « audit », « risque », « EHS », « environnement », « sécurité », « direction », « réglementer », « conforme », « politique », « ISO », « management » qui révèlent la prégnance d'un discours relatif à un système de management environnemental dominé par le vocabulaire de la procédure.

Les formes lexicales les plus apparentes traduisent une forte préoccupation de la part des entreprises en matière de politique d'hygiène, de sécurité et de santé à tous les niveaux du groupe. Il apparaît également une focalisation claire sur le contrôle de l'application stricte de la réglementation et des procédures internes et à la progression des retours d'expérience en matière de certification environnementale. Il s'agit principalement de mettre l'accent sur les plans d'action adoptés et les priorités définies par les entreprises en matière de protection de l'environnement, de santé et de sécurité. Il convient aussi de noter la volonté de communiquer sur la conformité du système de management environnemental, de la régularité du contrôle interne et du dynamisme de la politique de certification.

Ce vocabulaire s'inscrit dans un registre de gestion traditionnelle de l'environnement axée principalement sur la promotion de la formation professionnelle, l'apport de l'audit et ses retours d'expérience et la mise en place de plans d'actions spécifiques pour limiter les impacts environnementaux. D'après les u.c.e. les plus caractéristiques de cette classe, les secteurs d'activité les plus marquants sont principalement l'industrie manufacturière et la santé qui sont pour des raisons différentes tout autant concernées par les questions d'hygiène, de santé et de sécurité.

Les entreprises les plus représentatives sont Saint-Gobain, Sanofi-Aventis, Alstom, Unibail, Essilor. Ces entreprises sont traditionnellement confrontées à des contrôles de conformité réguliers en matière de système de sécurité et de santé. Elles sont appelées à renforcer continuellement leurs exigences dans leurs domaines respectifs et la coordination de leur système de contrôle interne. Elles évoluent dans des secteurs d'activité exposés à de forts dangers de santé, de sécurité et d'hygiène industrielle. Leurs priorités consistent à définir des plans d'action associés à la nature de leurs activités et à mettre en place des unités opérationnelles ayant une gestion commune des questions de santé, de sécurité et d'hygiène au travail. Elles sont toutefois amenées à assurer un niveau de certification pour l'ensemble du groupe et à poursuivre leurs politiques environnementales à tous les échelons de la structure. Largement présentes sur les marchés étrangers, ces entreprises se réfèrent souvent à des standards, des recommandations, des guides d'applications, des procédures et des normes nationales et internationales pour assurer leur mise à niveau et répondre aux besoins propres à leurs métiers.

Mettant principalement en avant leurs systèmes de management environnement et les efforts accomplis en vue de gérer et de limiter les risques liés à la santé, à la sécurité et à l'hygiène au travail, ces entreprises sont moins préoccupées par la sobriété dans l'usage des ressources (eau, énergie, gaz) et à la gestion des émissions. En atteste l'absence des formes lexicales les plus significativement liées à ce registre à savoir, « émission », « CO_2 », « tonne », « gaz », « consommation », « électri* »[7], « productif », etc. Ce résultat rejoint celui de Damak-Ayadi (2010) mettant principalement en avant les mesures mises

[7] Les mots étoilés sont ceux pour lesquels le radical est utilisé comme occurrence. Dans le cas de « électri* », le logiciel repère de la même manière électrique, électricité ou électricien.

en place par les sociétés du CAC 40 pour limiter les conséquences de leurs activités sur l'environnement.

c) Un focus sur la gestion du transport (classe 2)

La classe n° 2 représente 18 % des unités textuelles classées. Elle correspond à un monde lexical qui favorise la politique de gestion du transport mise en œuvre par les entreprises présentes dans cette classe. Il s'agit d'un vocable technique lié aux termes « transport », « indication », « kilomètre », « camion », « CO_2 », « périmètre », « émission », « serre », « consommation », « véhicule ». Ce vocabulaire est relatif aux actions mises en place par les entreprises dans le cadre de leur politique de développement durable pour réduire les émissions à effet de serre dégagées par l'activité transport. Elles mettent en avant leur politique d'optimisation des flux de transport et les efforts déployés dans ce sens, révélant ainsi l'attention qu'elles portent à la sobriété de cette activité et leur conscience des enjeux que représente cette fonction dans la gestion de leurs émissions.

Cette tendance est confirmée par les listes des formes lexicales caractéristiques de la classe 2 correspondant à des vocables relatifs à la gestion des modes de transports des marchandises, des produits et des matières premières. Elles traduisent une conscience de la part des entreprises concernées, de l'impact des flux de transports engendrés par leurs activités, sur l'environnement et leur intérêt à mettre en place un ensemble d'actions concrètes pour réduire cet impact.

Les services aux consommateurs et les industries de biens de consommation sont les principales concernées car leurs métiers et la nature de leurs services s'appuient sur des flux de transport réguliers et à très forte cadence. Il est en revanche plus surprenant de trouver des banques telles que SG, AXA et BNP-Paribas.

La priorité donnée au transport s'opère au détriment d'autres domaines révélés par les absences significatives signalées (environnement, développement, biodiversité, risque, efficace, durable, ressource, etc.). Les rapports traités relevant de cette classe sont très évasifs, voire muets, sur la promotion des énergies renouvelables, les systèmes de management environnemental et la mise en place de plans d'action en matière de santé et de sécurité au travail.

d) La valorisation des pollutions comme preuve de la performance environnementale (classe 1)

Cette classe regroupe 16 % des unités textuelles classées. Elle repose sur un discours fondé principalement sur la récupération et la valorisation des déchets comme l'atteste la forte présence de formes lexicales telles que « déchet », « recycler », « valoriser », « traitement », « eau », « rejet », « four », « biogaz ».

Les entreprises figurant dans cette classe (Renault, Suez-Environnement, Saint-Gobain, Vallourec, Air-Liquide) mettent largement l'accent sur leur programme de gestion des déchets. Elles orientent leurs communications sur un discours axé essentiellement sur les politiques de recyclage mises en place et sur leurs choix de gestion de l'énergie. Les formes les plus fréquemment rencontrées rendent compte des actions engagées par les entreprises dans le recyclage, dans la récupération des matériaux et leur valorisation pour en faire une matière première de substitution, dans l'utilisation des déchets comme combustible alternatif et dans la récupération de l'énergie issue de l'incinération, etc. Cette politique de traitement et de valorisation des déchets illustre clairement la volonté des entreprises représentées dans cette classe de communiquer sur les moindres prélèvements en ressources non renouvelables.

Le secteur d'activité le plus caractéristique dans cette classe est le secteur manufacturier et, dans une moindre mesure, les secteurs de matériaux de base et de biens de consommation. Les quantités de matière et d'énergie qu'ils utilisent appellent des efforts en faveur du recours à des matériaux recyclés, d'autant que le contexte économique de hausse du coût des matières premières caractéristique de cette période les rend compétitives au regard des matériaux neufs. Renault, Saint-Gobain, Vallourec, Vinci, Lafarge, Suez-Environnement se sont approprié un discours sur le contrôle des prélèvements en ressources de base comme condition permissive d'un développement propre de l'activité qui va dans le sens de la culture des ingénieurs dont la présence est particulièrement marquée dans ce type d'activité. La priorité est accordée à des actions ciblées qui font écho à une conception industrielle de l'écologie passant par une réduction des consommations intermédiaires et une valorisation des produits joints.

En revanche, le vocabulaire relatif à la politique générale de l'entreprise en matière de gestion de l'environnement est particulièrement mis à l'écart du discours. Les absences les plus significatives concernent les vocables « environnemental », « durable », « papier », « biodiversité », « environnement », « responsa* », « transport ». Le vocabulaire omis prouve que les entreprises représentées dans cette classe n'ont pas intégré d'informations relatives à la gestion du transport et à la démarche d'évaluation ou de certification des entreprises en matière d'environnement, dans le volet environnemental de leur rapport de mission. En outre, elles mentionnent peu d'actions menées en matière de la sensibilisation collective aux risques et aux conséquences des accidents de pollution.

e) Le primat des énergies renouvelables (classe 4)

Contenant 15 % des unités textuelles classées, la classe 4 recouvre des formes telles que « solaire », « énergie », « photovoltaïque », « électricité », « centrale », « éolien ». Dans ce monde lexical, émerge un vocable fondé sur l'utilisation des énergies renouvelables. Les entreprises les plus caractéristiques de cette classe (GDF-Suez, EDF, Air-Liquide, Alstom) développent un vocabulaire basé principalement sur la promotion et l'utilisation des énergies renouvelables qui s'inscrit dans le même registre explicatif que la classe 1.

Les entreprises ici représentées mettent en exergue leur engagement en matière d'amélioration de leur efficacité énergétique et le développement d'une production verte. Leur communication reprend largement leurs efforts en matière d'investissement dans les installations à base d'énergies renouvelables qui couvre l'ensemble des sources possibles : solaire, hydraulique, éolien et biomasse auxquels vient s'ajouter le gaz naturel encore réputé moins polluant que le charbon et le pétrole. Il s'agit alors de mettre en valeur la mise en œuvre de nombreuses technologies économes en énergie et le développement de plusieurs projets d'installations solaires (eau chaude ou photovoltaïque), de systèmes de refroidissement naturels, de collecteurs d'eau de pluie, de chaudières biomasses et autres chauffages économes en énergie.

Les entreprises les plus présentes dans cette classe (GDF-Suez, Alstom, Suez-Environnement, EDF et Air-Liquide) opèrent principalement dans le secteur de l'électricité et de l'installation d'infrastructures de production d'électricité. Dans une moindre mesure, nous identifions d'autres entreprises représentées dans cette classe appartenant notamment aux secteurs de la finance (Unibail-Rodamco, Dexia, Société Générale) souvent très impliqués dans le développement de projets énergétiques avec des collectivités locales ou des porteurs de projets privés. Quelques entités relèvent de la production de biens de consommation (LVMH, Michelin, PPR).

Contrairement aux observations de l'ORSE (2004), nos résultats montrent que la thématique des énergies renouvelables constitue aujourd'hui un nouvel axe de communication pour les sociétés du CAC 40. Au-delà de la concurrence sur les prix et la qualité des produits, les entreprises s'inscrivent davantage dans une démarche de développement durable et socialement responsable mettant en avant leur conscience des enjeux écologiques. L'investissement dans des énergies propres présente un engagement réel en matière de responsabilité environnementale et semble susciter l'intérêt des consommateurs qui sont de plus en plus attentifs à la problématique environnementale.

Les mondes lexicaux les plus significativement absents de cette classe (« environnemental », « matière », « recycler », « déchet », « papier », « action », « responsa* », « entreprise ») sont en lien avec des thématiques relatives à la gestion des déchets, aux actions en faveur de la réduction des risques environnementaux et aux objectifs de l'entreprise en matière de développement durable. En minorant la place du vocabulaire traitant d'indicateurs environnementaux autres qu'énergétiques dans leurs rapports annuels, les entreprises de cette classe révèlent un déficit en matière de sécurité environnementale qui affaiblit la crédibilité de leur discours sur la protection de l'environnement et la responsabilité sociétale.

f) Un choix individuel en faveur de l'action collective (classe 5)

Très minoritaire avec seulement 7 % des unités textuelles classées, la classe 5 est la moins importante dans ce travail. Elle regroupe des formes significatives telles que « mobile », « vie », « Orange »[8], « téléphone », « conception », « éco », « cycle », « client », « service » qui relèvent d'un monde lexical relatif à un discours de sensibilisation à l'action collective de l'ensemble des partenaires sociaux de l'entreprise. Les acteurs privés présents dans cette classe cherchent à attirer l'attention des parties prenantes, et notamment des clients, sur les enjeux environnementaux qui pèsent sur la société et sur l'importance d'une mobilisation collective pour adopter des usages éco-citoyens. C'est un discours qui met en avant l'engagement volontaire dans des programmes de sensibilisation des clients à l'impact environnemental des produits[9],

---

8 Orange France Télécom.

9 L'Agence de l'environnement et de la maîtrise de l'énergie (ADEME) a réalisé en 2008 une étude comparative sur l'impact environnemental associé à l'utilisation du téléphone portable. Il ressort que les éléments les plus polluants d'un téléphone sont liés à la phase de fabrication et qui correspondent surtout à l'écran LCD, l'ensemble électronique hors batterie et écran, la batterie Lithium-ion et le chargeur. Cette industrie recourt à un nombre important de métaux rares. Les téléphones mobiles renferment entre 500 et 1 000 composants électroniques à base de minerais précieux aux ressources épuisables comme l'or, le cuivre, l'argent, etc., et autres métaux ordinaires tels que le cuivre, les métaux ferreux, etc. Ils sont également composés de matière plastique notamment la coque et le clavier, et de métaux non ferreux tels que les cartes électroniques et les câbles. Les volumes considérables des déchets des métaux rares non récupérés par cette branche représentent un impact conséquent sur l'environnement et un danger potentiel pour la santé publique. La quantité de récupération et de recyclage des déchets électroniques est équivalente à 2,1 millions de tonnes sur les 8,7 millions de tonnes produites annuellement en Europe. C'est pourquoi la Commission européenne a publié une directive 2002/96/CE relative aux déchets d'équipements électriques et électroniques (DEEE) imposant aux fabricants et aux importateurs d'équipements électroniques et électriques d'assurer la collecte, le tri et le traitement de leurs déchets.

l'incitation des fournisseurs à produire des biens à faible empreinte écologique et l'information au sujet du processus de conception et de recyclage des produits.

Les différentes formes lexicales typiques de cette classe valorisent une démarche managériale et commerciale axée sur la sensibilisation des clients à l'impact environnemental des produits et services achetés. Elles révèlent également l'engagement des entreprises à renforcer les partenariats avec les fournisseurs sur l'ensemble des démarches d'analyse de cycle de vie des produits et services. Il s'agit d'un vocabulaire relatif à une approche purement procédurale de la gestion de l'environnement.

Le secteur des télécommunications et des nouvelles technologies est particulièrement présent dans cette classe dominée par la présence d'entreprises telles que France-Télécom, Bouygues, Vivendi et Alcatel. Présentant un fort contact avec la clientèle, elles peuvent trouver intérêt à adopter des politiques de communication très diversifiées et à placer leurs clients au centre de leurs intérêts. Ces entreprises ont ainsi accentué leur communication au sujet de la sensibilisation éco-citoyenne à leurs produits et services en proposant aux clients un large éventail d'information sur les critères environnementaux de la conception et du cycle de vie des produits jusqu'à leur recyclage. C'est ainsi qu'au cours de l'année 2009, Orange a proposé, en collaboration avec le WWF[10] et le cabinet *BIO Intelligence Service*[11], d'afficher une signalétique sur une trentaine de modèles de téléphones pour indiquer l'impact environnemental de chacun. Rien n'est dit par contre sur la gestion des déchets et la valorisation des pollutions. L'absence des termes « eau », « tonne », « productif », « gaz », « émission », « déchet », etc. dans les rapports traduit l'absence d'une volonté réelle de publier des informations portant sur des indicateurs relatifs aux procédés employés dans la gestion de l'eau, des déchets, des gaz à effet de serre et des émissions.

Aussi, bien que les entreprises représentées dans cette classe mettent en avant une stratégie de communication environnementale, elles sont plutôt en retrait sur des domaines tels que la protection des ressources naturelles et de l'écosystème. Elles n'insistent pas non plus sur les actions positives et les techniques mises en œuvre dans la gestion des autres thématiques relatives à l'environnement.

---

[10] Le WWF est une organisation mondiale de protection de la nature.

[11] *BIO Intelligence Service* est un spécialiste des études et du conseil dans le domaine de l'information environnement et santé sur les produits.

3.3. Quel jugement de l'impact de la loi NRE sur le comportement des entreprises ?

À la lecture de ces résultats, il est possible de revenir sur les hypothèses formulées à l'issue de la partie 1 et de préciser l'évaluation de l'application de l'article 116 de la loi NRE.

L'hypothèse H1 selon laquelle la loi NRE n'aurait que peu, voire pas, profondément changé le comportement des entreprises du CAC 40, en termes de *reporting* environnemental, est plutôt vérifiée par le traitement empirique effectué. Les résultats obtenus montrent en effet qu'à l'exception des entreprises fortement exposées aux risques environnementaux opérant dans les secteurs de l'industrie manufacturière, des services aux collectivités, des biens de consommation, les sociétés du CAC 40 n'ont pas réellement cherché à rendre compte de manière exhaustive des conséquences de leur activité sur l'environnement. Elles ont encore moins produit une information environnementale détaillée à l'exception notable de quelques entreprises (GDF-Suez, SG, LVMH, Saint-Gobain) qui ont fait preuve d'une certaine transparence sur un ensemble de thématiques relatives à la prise en compte des écosystèmes, à la consommation d'énergie et à la gestion des déchets.

Nous en déduisons que la loi NRE a apporté un changement partiel dans le comportement des entreprises. Si toutes les entreprises de notre population ont communiqué de manière implicite ou explicite sur leur responsabilité environnementale, des disparités considérables sur le contenu des rapports persistent. Ce résultat a déjà été confirmé par les conclusions du rapport de mission sur l'application de l'article 116 de la loi sur les nouvelles régulations économiques, établi en 2007 pour le compte de l'IGAS, l'IGE et le CGM[12] (Baratin *et al.*, 2007). L'intérêt des entreprises semble être moins le respect du texte de loi que l'inscription dans une démarche de communication qui valorise leurs engagements et leurs démarches dans le domaine de l'environnement. En atteste le choix des registres lexicaux et des principales thématiques traitées par les entreprises dans le volet environnemental de leurs rapports.

Nous avons également évoqué à travers l'hypothèse H2 la possibilité que les entreprises du CAC 40 se contentent de traiter superficiellement l'ensemble des domaines de l'environnement sans chercher à produire une analyse détaillée de leur propre situation. Les arguments en faveur de cette hypothèse sont nombreux. Il s'agit d'abord du nombre de pages consacrées à la responsabilité environnementale dans les rapports offi-

[12] L'Inspection générale des affaires sociales (IGAS), l'Inspection générale de l'environnement (IGE) et le Conseil général des mines (CGM).

ciels des entreprises qui est significativement faible, révélant ainsi une forme de prudence de la part des sociétés concernées. À l'exception de quelques-unes qui ont détaillé leurs démarches, leurs résultats et les objectifs assignés à la gestion de l'environnement dans leurs rapports DD/RSE (GDF-Suez, LVMH, SG), la plupart ont formulé un discours déclaratif restreint au sujet de leur politique environnementale (Renault, Vivendi, Crédit Agricole, Technip).

De plus, contrairement à l'esprit de la loi, les thématiques abordées dans les rapports respectifs, n'ont été ni nombreuses ni consolidées par nombre d'entreprises. On observe même une réelle insuffisance de la quantité et de la qualité de l'information environnementale fournie. Le rapport se limite souvent à un court chapitre sur le volet environnemental et apporte des réponses sommaires aux conséquences de l'impact des activités sur l'environnement et la société. Les entreprises fournissent peu d'énoncés environnementaux et ne renseignent pas le public sur l'ensemble des indicateurs mentionnés dans le texte de loi. En dépit de l'étroitesse du champ couvert, la précision et l'exhaustivité font défaut. Alors que la loi NRE est supposée s'appliquer au niveau de l'ensemble du groupe, l'information environnementale fournie est souvent relative à la société mère et limitée à l'espace national ; très peu de données environnementales sont communiquées au niveau des filiales à l'étranger. Ce résultat va à l'encontre des conclusions publiées par le rapport de ORSE (2004) qui mettent en valeur la particularité des sociétés du CAC 40 à publier des informations au niveau de tout le groupe contrairement aux sociétés du SBF 120[13]. L'absence d'une information environnementale dense, synthétique et analytique, laisse penser que les sociétés du CAC 40 ont majoritairement balayé les thèmes portant sur l'environnement et n'ont pas réellement publié des données approfondies.

Le troisième niveau d'hypothèse concernait la relation entre la nature de l'information environnementale publiée et le secteur d'activité de l'entreprise concernée. Les résultats obtenus infirment ceux du CFIE[14] (2003) selon lequel il n'existe pas de corrélation forte entre le secteur de l'activité et la manière d'appliquer la loi NRE (ORSE, 2004). Nos résultats suggèrent au contraire une relation entre des spécificités sectorielles et le choix des thématiques sur lesquelles les entreprises communiquent.

---

13 « Les entreprises du CAC 40 rendent compte majoritairement sur un périmètre groupe, que ce soit pour les données sociales ou environnementales mais avec un périmètre qui varie selon les domaines » (ORSE, 2004, p. 21).

14 Centre français d'information sur les entreprises.

C'est ainsi que la classe 4, caractérisée par un vocabulaire relatif à l'utilisation des énergies renouvelables, est principalement représentée par les entreprises du secteur de l'électricité et de l'installation d'infrastructures de production d'électricité liées à l'énergie dont EDF, GDF-Suez, Air-Liquide et Alstom. Le cas de la classe 5 est également très significatif dans la mesure où la thématique de la sensibilisation à l'action collective est particulièrement traitée par les entreprises du secteur des télécommunications, à savoir France-Télécom, Bouygues, Vivendi et Alcatel-Lucent. Pareillement pour la classe 1 relative à la valorisation des pollutions qui est essentiellement représentée par les entreprises du secteur de l'industrie manufacturière telles que Saint-Gobain, Vallourec, Vinci, Lafarge et Suez-Environnement. Au total, le secteur d'activité s'avère être un élément déterminant du point de vue de la mise en place de la stratégie de communication de l'entreprise en matière de politique environnementale. Il oriente le choix des thématiques à mettre en avant par l'entreprise et la répartition des indicateurs environnementaux à renseigner dans leurs rapports.

La dernière possibilité envisagée dans l'hypothèse H4 reposait sur le risque de confusion entre rapport de développement durable et document promotionnel décrivant prioritairement, si ce n'est exclusivement, les programmes, projets et résultats positifs enregistrés dans le domaine de l'environnement. L'analyse de contenu lexicale et thématique effectuée sur chaque classe révèle des vocabulaires particulièrement axés sur les performances environnementales réalisées par les entreprises au cours de l'année. Malgré la richesse narrative de certains rapports et le nombre de pages parfois important de quelques documents indépendants, les entreprises ont systématiquement filtré le contenu de leur discours. Le discours environnemental des sociétés du CAC 40 est principalement basé sur les programmes, les projets et les résultats positifs obtenus dans le domaine de l'environnement. Les entreprises communiquent essentiellement sur leur engagement environnemental, sur leur investissement responsable et sur leurs réalisations efficaces en matière de gestion de l'environnement. Un tel résultat est conforme aux observations avancées par les cabinets de conseils *ECC Kohtes Klewes et Fishburn Hedges* (2003)[15], selon lesquelles les entreprises préfèrent communiquer uniquement sur les aspects qui leur sont les plus favorables. Aucune approche critique réelle ne transparaît dans les rapports qui ne contiennent non plus aucun compte rendu des aspects négatifs des activités de l'entreprise. Nous n'avons d'ailleurs pas relevé de registre lexical mettant en avant les échecs alors que la loi NRE exige la publication d'informations relatives aux retombées positives et négatives de

15 Voir l'étude réalisée par les cabinets *ECC Kohtes Klewes et Fishburn Hedges* (2003) portant sur les attentes des différentes parties prenantes face aux rapports DD/RSE.

l'activité sur le plan social et environnemental. Dans la mesure où l'absence de contrôle et de moyens de coercition est l'apanage de cette loi, il n'est pas surprenant de constater que l'information présente un caractère parcellaire.

Conclusion

L'analyse effectuée nous a permis d'étudier le contenu des communications des entreprises en matière environnementale et d'identifier les principales thématiques environnementales traitées dans les rapports des sociétés du CAC 40. Elle nous a également permis de distinguer certaines entreprises par leur orientation stratégique de développement durable et de repérer un resserrement des liens entre le secteur d'activité et la nature du discours portant sur le thème de l'environnement.

Les principaux résultats de l'étude des rapports de développement durable de 37 grands groupes cotés mettent en lumière deux types de résultats. Le premier concerne la relativement faible effectivité de la norme. En effet, au terme du huitième exercice d'application de la loi NRE, une minorité d'entreprises applique ce texte dans sa globalité. La plupart se limitent à une application partielle et cantonnée aux domaines les plus favorables du point de vue de la firme. Aussi, et même si l'ensemble des entreprises déclare intégrer la responsabilité environnementale dans leur politique générale, les sociétés du CAC 40 semblent être encore prudentes quant à l'application effective de la loi NRE et partiellement convaincues de l'obligation de rendre compte sur leurs impacts environnementaux. Cette mise en avant des points positifs uniquement s'opère au détriment de pans entiers de l'activité des entreprises et donne aux rapports une forme qui nuit à la réalisation de comparaisons. En effet, et c'est le deuxième résultat clef de cette étude, l'appartenance sectorielle conditionne largement le contenu en information des rapports. La typologie des classes et la structure des thématiques abordées par les acteurs de notre corpus montrent bien l'évolution relative et partielle de l'information environnementale dans les rapports des entreprises et resserrent les liens entre la nature de l'information publiée et le secteur d'activité. Cette distorsion est en contradiction avec l'objet même de la loi qui visait à permettre aux investisseurs externes de prendre leurs décisions de financement sur la base d'une information extrafinancière identiquement structurée.

Fondé sur l'étude des rapports produits au cours d'une seule année, ce travail n'est pas en mesure de proposer une analyse des progrès éventuels réalisés par les entreprises dans le domaine de la communication environnementale. Cette première limite s'accompagne d'un second commentaire sur le caractère multisectoriel de l'analyse conduite. En effet, la réglementation et les normes techniques s'appliquent avec une intensité très variable selon que l'on a à faire à des industries polluantes ou à des marchés réglementés. Or, ces déterminants institutionnels ont été laissés de côté car nous avons prioritairement considéré que le caractère volontaire de la RSE s'affranchissait justement de ces considérations obligatoires. Ces deux limites appellent des approfondissements sur la base d'analyses longitudinales permettant d'effectuer des comparaisons dans le temps et de réduire le champ des activités concernées.

Bibliographie

Allard-Poesi, F., Drucker-Godard, C., Ehlinger S. (2003), « Analyses de représentation et de discours », in Thiétart, Dunod, R.A. (dir.), *Méthode de recherche en management*, Paris, Dunod, p. 449-478.

Aubert-Lotarski, A., Capdevielle-Mougnibas, V. (2002), « Dialogue méthodologique autour de l'utilisation du logiciel Alceste en sciences humaines et sociales : "lisibilité" du corpus et interprétation des résultats », *6e Journées internationales d'Analyse statistique des données textuelles*.

Baratin, F., Helias, A., Le Quentrec, M., Moreau, R., Vilchie, D. (2007), *Mise en œuvre par les entreprises françaises cotées de l'obligation de publier des informations sociales et environnementales*, Rapport de mission sur l'application de l'article 116 de la loi sur les nouvelles régulations économiques établi pour l'Inspection générale de l'environnement (IGE), le Conseil général des mines (CGM) et l'Inspection générale des affaires sociales (IGAS), août.

Bouin, A., Braleret, C. (2010), *La notion de Responsabilité dans les entreprises du CAC 40*, Mémoire de fin d'études, Euromed-Management, ESC-Marseille, juin.

Capitalcom, RiskMetrics (2009), *Pratiques et communication extra-financières des entreprises du CAC 40*. Étude disponible sur : http://www.capitalcom.fr/5.aspx?sr=1.

Commission Européenne (2001), *Livre vert – Promouvoir un cadre européen pour la responsabilité sociale des entreprises*, 18/07/2001, COM(2001) 366 final.

Capron, M. (2003), « L'économie éthique privée : la responsabilité des entreprises à l'épreuve de l'humanisation de la mondialisation », *Économie éthique*, n° 7, p. 1-72.

Damak-Ayadi, S. (2010), « Le reporting social et environnemental suite à l'application de la loi NRE en France », *Comptabilité, Contrôle, Audit*, t. 16, vol. 1, avril, p. 53-82.

De Bonville, J. (2000). *L'analyse de contenu des médias : De la problématique au traitement statistique*, Paris, De Boeck.

ECC Kohtes Klewes, Fishburn Hedges (2003), *Shared Values ? Global Stakeholder Report – The first world-wide stakeholder survey on non-financial reporting*, Bonn and London.

Ernst and Young (2004), *Les rapports développement durable*. À consulter sur : http://www.ey.com/global/content.nsf/France/1004Etude_Developpement_durable.

Fillol, C. (2007), *Des choix méthodologiques à la production de connaissances opérationnelles : propositions et illustration*, Conférence Internationale de l'Academy of Management, RMD, ISEOR, Lyon, 24-26 mars.

Gendron, C. (2000), « Le questionnement éthique et social de l'entreprise dans la littérature managériale », *Cahier de recherche du CRISES*, février, n° 4, 74 p.

Gendron, C., De Serre, A., Ramboarisata, L. (2006), *Services financiers et environnement : l'espace d'une visée éthique dans les institutions bancaires traditionnelles*, 2e Séminaire franco-québécois de recherche sur la RSE, *Recueil des textes à l'étude. Les cahiers de la Chaire*, n° 15.

Igalens, J. (2007), « L'analyse du discours de la responsabilité sociale de l'entreprise à travers les rapports annuels de développement durable d'entreprises françaises du CAC 40 », *Finance, Contrôle, Stratégie*, vol. 10, n° 2, p. 129-155.

KPMG (2003), *L'information non financière dans le document de référence des sociétés du CAC 40*, Bilan sur la mise en œuvre de la loi NRE (art. 116) sur l'exercice 2002, www.kpmg.com.

Meadows, D., Meadows, D., Randers, J., Behrens, W. (1973), *Rapport sur les limites de la croissance*, Paris, Fayard.

ORSE (Observatoire sur la responsabilité sociale de l'entreprise) (2003), *Analyse comparative d'indicateurs de développement durable*. Disponible sur : http://www.industrie.gouv.fr/pdf/devdurable1.pdf.

ORSE (Observatoire sur la responsabilité sociale de l'entreprise) (2004), *Bilan critique de l'application par les entreprises de l'article 116 de la loi NRE*, Rapport de mission remis au gouvernement, avril.

Platet-Pierrot, F. (2009), *L'information financière à la lumière d'un changement de cadre conceptuel comptable : Étude du message du Président des sociétés cotées françaises*, Thèse de doctorat soutenue le 2 décembre, Université de Montpellier 1.

Pesqueux, Y. (2011), « La Responsabilité sociale de l'entreprise (RSE) comme discours ambigu », *Revue Innovations*, vol. 1, n° 34, p. 37-55.

Rouré, H., Gallant, R., Reinert, M. (2001), « Faire face au deuil : étude de quelques aspects stratégiques avec la méthode Alceste », *Revue québécoise de psychologie*, vol. 22, n° 1, p. 49-69.

Entrepreneuriat institutionnel, Programmes scientifiques et Chimie « doublement verte »*

Martino NIEDDU, Estelle GARNIER
et Élodie BRULÉ-GAPIHAN

Université de Reims Champagne-Ardenne

Introduction

Le concept d'entrepreneur institutionnel désigne un acteur qui perçoit une opportunité de changement (Dorado, 2005), s'en saisit, propose un projet de changement (DiMaggio, 1988), mobilise autour de ce projet et parvient à le faire accepter (Fligstein, 1997 ; Leca, Gond, Déjean & Huault, 2006). Les importantes capacités à déployer font de cet acteur un être hors du commun, qui intrigue les chercheurs (Holm, 1995). Cependant, parmi les failles observées dans les études réalisées, il en existe une qui porte sur « le rôle des dynamiques de savoir et des dispositifs concrets qui sous-tendent et supportent le développement de nouveaux cadres de l'action collective » (Acquier & Aggeri, 2008, p. 65). Ce chapitre propose donc d'analyser le rôle de la science dans le contexte d'émergence de la « bioraffinerie »[1] à travers l'analyse de deux mouvements d'entrepreneuriat institutionnel qui s'enrichissent et se contraignent mutuellement.

Le premier est porté par des figures telles que celle d'Anastas, aujourd'hui administrateur de l'U.S. Environmental Protection Agency, considéré comme le père de la « *Green Chemistry* ». Il a conduit à la création d'institutions (des *Green Chemistry Institutes* dans 12 pays) et

* Ce travail a reçu le soutien financier de l'ANR dans le cadre du programme ANR « Chimie et procédés pour le développement durable », ref. ANR-09-CP2D-01-01 AEPRC2V.

1 La notion de bioraffinerie renvoie à l'idée que l'on peut substituer les produits issus du craquage pétrolier par des procédés « relativement identiques » mais utilisant la matière première renouvelable.

de normes non contraignantes mais très abondamment reprises par la littérature scientifique : les « 12 principes de chimie verte », dont l'objectif est de déplacer l'action de contrôle *ex post* de l'innocuité des produits chimiques, vers un activisme *ex ante* afin d'influencer les modes de pensée des chercheurs produisant l'innovation (Anastas & Eghbali, 2010).

Le second est porté par des acteurs qui cherchent à structurer le « grand retour » du monde agricole comme fournisseur de la chimie (Nieddu *et al.*, 2010). Identifiés dans les exercices de prospective – tels que l'ARP Vega (2008-2010)[2] – comme des « macro-acteurs » capables d'agir sur les programmes scientifiques, ils contribuent à la production de concepts tels que la *Knowledge Based BioEconomy* ou la *Bioraffinerie intégrée* (Octave & Thomas, 2009).

L'enjeu initial de définition de nouvelles relations liant l'agriculture à la chimie va se doubler pour eux d'un enjeu de légitimation du point de vue de la chimie verte au sens d'Anastas. C'est en se focalisant sur cet enjeu que nous définissons notre hypothèse selon laquelle l'influence croisée entre champs est porteuse de dynamiques. En effet, rien ne garantit *a priori* que cette nouvelle chimie du végétal, que certains qualifient également de chimie verte (Colonna (ed.), 2006), le soit réellement, ni qu'elle soit exempte d'« effets rebonds » négatifs en termes de développement durable. Ceci va nous conduire à faire la typologie de la *variété d'approches* qui existe dans le traitement du végétal, correspondant à autant de façons de combiner les logiques de ces deux mouvements d'entrepreneuriat institutionnel.

Nous présentons dans une première partie la façon dont nous proposons de mobiliser la théorie de l'entrepreneuriat institutionnel pour décrire les dynamiques à l'œuvre, avant de décrire la méthodologie de l'étude, fondée sur l'activité dans le cadre d'un projet ANR, d'un groupe de discussion interdisciplinaire comprenant économistes, biologistes et chimistes. Dans une troisième partie, la logique de champ portée par l'entrepreneuriat institutionnel des fondateurs de la « *green chemistry* » est explicitée. Dans la quatrième partie est exposée la façon dont les acteurs issus du monde des agro-industries s'érigent en entrepreneurs institutionnels d'un champ de la chimie du végétal. Ceux-ci cherchent à faire basculer le monde de la chimie vers l'usage de ressources végétales pour des raisons qui leur sont propres. Ils contribuent ainsi à dessiner des représentations du futur structurantes sur lesquelles ils orientent les programmes scientifiques. Dans la cinquième partie, nous montrons les effets de composition entre les deux logiques de champ, celui de la chimie verte et celui de la chimie du végétal et nous proposons une

---

2 http://www.inra.fr/arpvega/presentation.

analyse de la variété issue de ces effets de composition. Nous interprétons alors cette variété comme constitutive des tensions liées à la dynamique de formation des savoirs dédiés à l'émergence d'un nouveau secteur que nous qualifions de « chimie doublement verte ».

1. Entrepreneuriat institutionnel et champs organisationnels

L'entrepreneuriat institutionnel désigne des activités d'acteurs qui agissent pour créer ou transformer des institutions, de manière à gagner en légitimité et à façonner les structures et les comportements organisationnels selon leurs intérêts (Maguire, Hardy & Lawrence, 2004). Depuis l'observation faite par DiMaggio selon laquelle « de nouvelles institutions apparaissent lorsque des acteurs organisés, détenant des ressources suffisantes y voient une opportunité de concrétiser leurs intérêts les plus chers » (DiMaggio, 1988, p. 14), les recherches explicitant les caractéristiques et les moyens d'action de ces acteurs, ainsi que les opportunités offertes par leur environnement se multiplient (voir Dacin *et al.*, 2002 ; Garud *et al.*, 2007 ; Lawrence *et al.*, 2009). Une question, quoique centrale, est souvent implicite dans ces recherches ; elle porte sur le processus de constitution d'un champ organisationnel. Nous centrons notre attention sur cette question, afin d'analyser la dynamique des champs.

1.1. L'institutionnalisation d'un champ organisationnel

La société est structurée en « ordres institutionnels » (Friedland & Alford, 1991 : 248 ; Jepperson, 1991). Ils forment système, mais sont aussi en tension du fait de cette articulation car ils sont porteurs de logiques hétéronomes (Théret, 1992). Le champ organisationnel représente un niveau inférieur aux ordres institutionnels, situé entre l'organisation et la société (Greenwood *et al.*, 2002). Il intègre un ensemble d'organisations qui interagissent régulièrement, parce qu'elles partagent une même technologie (DiMaggio & Powell, 1983) ou un enjeu commun (Hoffman, 1999), de manière à former une « zone reconnaissable de vie institutionnelle » (DiMaggio & Powell, *op. cit.*, p. 148).

Un groupe d'organisations forme donc un champ à partir du moment où l'on constate (DiMaggio & Powell, *op. cit.*) l'existence de modèles de coalition, de structures interorganisationnelles de domination, et l'apparition d'une conscience d'appartenance au champ parmi les participants (Hoffman, 1999). Son occurrence se révèle de trois manières : *par un changement dans les pratiques* (Munir & Phillips, 2005), *par un changement dans la composition d'un champ* (Zilber, 2002) *ou par un changement de structure organisationnelle* (Greenwood *et al.*, 2002).

L'existence d'un champ se traduit par l'institutionnalisation des pratiques et des logiques de raisonnement en présence. Ceci va de pair avec la limitation des alternatives qui sont à la portée des acteurs (DiMaggio & Powell, 1983). En effet, une fois inscrites dans un champ organisationnel, les manières de faire et de penser des acteurs sont soumises à la logique institutionnelle dominante de leur champ d'appartenance.

1.2. Étudier les effets de combinaison entre champs organisationnels

Cet encastrement institutionnel rend donc d'autant plus difficile l'entrepreneuriat institutionnel. Néanmoins, cet entrepreneuriat est observé, et son explication soulève le paradoxe de « l'acteur encastré » (Holm, 1995 ; Seo & Creed, 2002). Parmi les pistes envisagées pour résoudre ce paradoxe, deux ont été principalement explorées. La première consiste à mettre en exergue la spécificité de l'entrepreneur. Elle a cependant dérivé vers une mise sur un piédestal de cet acteur, érigé peu à peu en héros (Maguire *et al.*, 2004). A ensuite été privilégiée l'analyse des stratégies d'action et du *travail collectif* réalisé sur les institutions. Cette piste se focalise sur les caractéristiques du champ lui-même, et la façon dont il structure les opportunités de changement qu'il offre à ses membres.

Or, si cette démarche présente l'intérêt de focaliser l'attention sur le contexte institutionnel dans lequel l'entrepreneur agit, elle souffre d'au moins deux faiblesses. La première, déjà soulevée par McInerney (2008), est de réifier le champ institutionnel. Une fois le contexte défini, et les opportunités d'action révélées, l'entrepreneur ne semble plus contraint par l'émergence de nouvelles pressions institutionnelles. La seconde est de très rarement considérer les conséquences de l'entrepreneuriat institutionnel au-delà du champ qu'il a contribué à constituer (exception faite de Tellier, 2003).

S'il est important de saisir les dynamiques internes au niveau d'un champ organisationnel et de les caractériser (cf. nos parties 4 et 5), cela ne doit pas faire oublier les conséquences de cette évolution au niveau d'autres champs et les *boucles de rétroactio*n qu'elles génèrent. La perspective que nous adoptons dans ce papier a vocation à montrer comment les logiques institutionnelles qui gouvernent les acteurs évoluent sous la pression conjuguée des acteurs du champ considéré, *mais aussi de champs connexes*, à partir du moment où la constitution d'un champ ne peut pas échapper à cette ouverture (*ibid.*). C'est dans cette optique que nous avons conçu notre analyse de l'évolution conjointe du champ des agro-industries et de celui de la Chimie Verte ; plus précisément nous nous attacherons à montrer comment des pressions issues de la chimie verte vont contribuer à influencer celui de la chimie du végétal.

Pour la description du changement de composition des agro-industries et la constitution d'un champ de la chimie du végétal, nous nous appuyons sur des travaux antérieurs retraçant cette dynamique[3]. Nous mobilisons, sur l'émergence de la Chimie Verte et les changements de pratiques qui en résultent, trois types de données : (1) Un recensement des publications de l'American Chemistry Society de 1990 à 2004 sur la *Green Chemistry* rend compte de l'émergence de cette communauté de chimistes. (2) Un travail de dépouillement des grandes revues scientifiques concernées par l'usage des ressources renouvelables en chimie a été réalisé en collaboration avec des chimistes. (3) Des entretiens ont été menés auprès de scientifiques de l'INRA, du CNRS, rencontrés au cours d'écoles chercheurs en bioraffinerie, de colloques sur la Chimie Verte et de journées de rassemblements de programmes de recherche.

Ce travail a ensuite mobilisé des groupes de discussion réunissant microbiologistes, physico-chimistes, et biochimistes. Quatre sessions de discussion (dont deux d'une durée de deux jours, et deux d'une durée d'un jour) ont été organisées par les économistes et gestionnaires que nous sommes. Nous avons proposé au cours de ces sessions une cartographie des différentes communautés épistémiques se formant autour de la chimie du végétal, puis une interprétation de la façon dont ces communautés s'emparent de la question de la Chimie Verte pour orienter leurs apprentissages. Les grilles interprétatives reposent sur l'idée que se forme une « philosophie de la chimie » spécifique à chaque communauté (Bensaude-Vincent, 2005), ici une façon de penser le traitement de cette matière vivante qu'est la ressource renouvelable. Celle-ci est différente compte tenu de la structure de la matière première traitée dans la pétrochimie. Néanmoins, cette différence observée n'est pas nécessairement source de changements fondamentaux. Ceci est d'autant plus vrai s'il apparaît des stratégies de résistance pour maintenir des structures industrielles existantes, ou ne pas changer les pratiques de chimistes.

Ces hypothèses interprétatives, une fois validées par le groupe, sont rassemblées dans une représentation synthétique d'espérances sur des trajectoires technologiques (Borup *et al.*, 2006) pour lesquelles les scientifiques sont mobilisés. Cette recherche de production d'un récit

---

3 Notamment Nieddu *et al.*, 1999, Nieddu, 2000, qui s'étaient attachés à la formation du sous-champ des biopolymères, Nieddu, 2011, sur le rapport évaluation de projets scientifiques/constitution de champs, Garnier & Nieddu, 2010 sur la formation du concept de bioraffinerie.

« robuste » de la variété observable est de notre point de vue scientifique car nos propositions sont falsifiables au sens de Popper (Dumez & Jeunemaitre, 2005) : les scientifiques peuvent y opposer des contre-exemples ou des contre-interprétations.

2. L'émergence du champ de la « Chimie Verte »

Le concept « Chimie Verte » naît aux États-Unis dans un contexte de vives polémiques déclenchées par la parution de l'ouvrage *Silent Spring* de Rachel Carson qui dénonce les effets sur l'environnement du DDT – considéré par beaucoup comme le point de lancement du mouvement écologiste en Occident. La rapidité de la diffusion du concept, attestée par la progression des publications et de revues dédiées depuis 1994 (Linhorst, 2010) ; s'explique par le soutien du gouvernement américain, obtenu en 1990 par l'*Environmental Policy Agency*, alors que l'Europe se penchait sur la directive Reach et que des scientifiques français, allemands et américains tentent d'en lancer d'autres : « environmental chemistry », « chimie soutenable », « clean chemistry », « begnin chemistry », « chimie douce » (Woodhouse & Breyman, 2005).

En effet, les dispositifs réglementaires existants soulevaient de nombreuses critiques de l'industrie chimique. Selon elle, ces dispositifs ne feraient que conduire à des systèmes « *end of pipe* », c'est-à-dire gérant « à la sortie » les pollutions générées par le système productif sans inciter au changement. Les industriels se montrent par contre plus favorables à l'adoption de dispositifs institutionnels *non contraignants.* Le *responsible care*[4] est montré en exemple.

L'EPA va proposer de promouvoir *un programme de soutien à des démarches innovantes* permettant d'agir *à la source* sur le design de nouveaux process et de nouveaux produits ne générant pas de pollution. Le colloque de l'American Chemistry Society à Chicago en 1993 *Begin by design : Alternative Synthetic Design for pollution prevention*, marque le coup d'envoi de cette stratégie dans la communauté de la recherche en chimie (communauté de recherche où les chercheurs académiques et de l'industrie sont traditionnellement, du fait des caractéristiques de la discipline, fortement emboîtés).

---

[4] Né au Canada en 1985, le *Responsible Care* se définit comme une initiative volontaire de l'industrie chimique à l'échelle mondiale, adoptée en France par l'Union des industries chimiques en 1990, faisant l'objet d'une convention internationale en 2006 : Les entreprises s'engagent à améliorer en permanence leurs prestations en matière de santé, de sécurité et de protection de l'environnement, à en mesurer les impacts et à communiquer en toute transparence sur ces sujets avec le public.

L'idée est de fournir au chercheur un guide de conduite, sous forme de principes à respecter « autant que faire se peut ». La mise en forme d'un message qui va s'avérer symboliquement très puissant, celui des 12 principes, vise à intégrer les modes de raisonnement qui se veulent fondateurs d'une nouvelle philosophie de la chimie, tels que l'*économie d'atomes* de Trost (Lancaster, 2002) qui devrait conduire à une minimisation des déchets. Il s'agit donc d'assembler dans un cadre conceptuel unifié différents concepts chimiques permettant d'aboutir à une prévention de la pollution. La création d'un *Green Chemistry Institute* acte de l'alliance entre l'EPA, les industriels et les chercheurs.

Les interviews de chercheurs français montrent que les 12 principes ainsi énoncés interrogent l'Européen, en particulier sa composante laïque et traditionnellement sceptique quant aux systèmes de croyances, tant la similitude avec les 10 commandements et la nature messianique de la démarche semblent correspondre étroitement à la culture anglo-saxonne. Les 12 principes (voir tableau 1) se déclinent comme autant de « tables de la loi ». Il faut les respecter, mais comme les 10 commandements, il y a ceux que l'on tente de suivre (le « tu ne tueras point », sur lequel la chimie est particulièrement attendue et surveillée) et ceux avec lesquels on trouve des accommodements (accompagnés éventuellement de remords).

Tableau 1 : Extraits des 12 principes

1. La prévention de la pollution à la source en évitant la production de résidus.
2. L'économie d'atomes et d'étapes [...] pour limiter les problèmes de séparation et de purification.
3. La conception de synthèses moins dangereuses (conditions douces et produits peu ou pas toxiques).
4. La conception de [...] molécules non toxiques.
5. La recherche d'alternatives aux solvants polluants et aux auxiliaires de synthèse.
6. La limitation des dépenses énergétiques.
7. L'utilisation de ressources renouvelables à la place des produits fossiles.
8. La réduction du nombre de dérivés en minimisant l'utilisation de groupes protecteurs ou auxiliaires...
9. L'utilisation des procédés catalytiques de préférence aux procédés stoechiométriques...
10. La conception des produits en vue de leur dégradation finale [...].
11. La mise au point des méthodologies d'analyses en temps réel pour prévenir la pollution.
12. Le développement d'une chimie plus sûre pour prévenir accidents, explosions, et émissions de composés dangereux.

Le succès de la diffusion des 12 principes au niveau mondial tient à leur grande plasticité et au caractère central des États-Unis dans le monde de la recherche. Chacun peut « entrer en *green chemistry* » car il peut user des quelques principes qui sont atteignables par lui dans le contexte de son travail sans déstabiliser complètement ce dernier. Les interviews réalisés dans le cadre de l'ANR indiquent que les chercheurs se montrent à la fois agacés par le succès de ce « concept mou » et très critiques sur ceux d'entre eux qui ont tendance à se considérer en Chimie Verte « lorsqu'on réussit à mobiliser plus d'un principe simultanément », pour reprendre l'expression d'un chercheur.

Ces chimistes s'interrogent également sur l'articulation de la directive Reach qui prend son essor au début des années 2000 avec la Chimie Verte. Alors que la directive européenne Reach vise à interdire de manière formelle un certain nombre de substances, la Chimie Verte apparaît essentiellement comme un « dispositif institutionnel cognitif », une façon d'aider le chercheur à penser la question environnementale dans son travail quotidien. Les *changements de pratiques* seront incrémentaux ; le champ se structure autour de revues et de projets de recherche dédiés au développement d'un des principes – la catalyse, la mesure de la toxicité, par exemple, et pour ce qui est du 7e principe, l'usage des agro-ressources, ce qui intéresse notamment les acteurs des agro-industries.

3. Agro-industries et émergence d'un champ de la chimie du végétal

Il faut noter que les acteurs des agro-industries ont toujours consacré une part des agro-ressources à la chimie. Les nouveaux développements de cet usage ont donc, à l'origine, peu à voir avec la Chimie Verte (au sens de productions évitant la toxicité des matériaux et des process) et même de développement durable (au sens de productions destinées à résoudre le problème de l'épuisement de ressources naturelles). Il faut plutôt y voir l'activité logique des agro-industries qui cherchent, depuis la reconstitution d'excédents agricoles dans les années 1970, à trouver des solutions d'écoulement.

Les agro-industries renouent ainsi avec la tentative amorcée dans les années 1920, de dégager des débouchés durables pour les produits agricoles en faisant de l'agriculture le principal fournisseur de la chimie. Par exemple, aux États-Unis, le mouvement de la « *chemurgy* » et la création en 1935 du *National Farm Chemurgic Council* (Finlay, 2003), dont l'un des acteurs les plus connus était Henry Ford[5], témoignent d'une activité d'entrepreneuriat institutionnel précoce dans ce domaine particulier. Depuis le retour des excédents agricoles, les plantes histori-

5 En 1941, Ford avait fini de mettre au point un véhicule au corps entièrement à base de plastique issu de soja, projet que la guerre va balayer.

quement liées au non alimentaire, telle que le chanvre et le lin, sont donc revisitées pour leurs propriétés spécifiques (Garnier *et al.*, 2007) ; les grandes coopératives agricoles, les acteurs de la collecte de céréales (Cargill), les amidonniers (National Starch, Roquette ou Novamont) réexplorent la piste de l'élargissement des utilisations des produits intermédiaires de l'alimentaire vers une chimie d'intermédiaires[6].

La nature de l'entrepreneuriat institutionnel de ces firmes est largement façonnée par le processus de diffusion des connaissances spécifiques au monde de l'agriculture et des agro-industries. Celui-ci suit en effet des dynamiques d'apprentissage reposant sur des connaissances technologiques qui lui sont largement extérieures (Pavitt, 1984) : les firmes impliquées ne construisent donc pas une trajectoire propre, mais vont adopter la trajectoire *explorée collectivement par l'industrie*[7]. On comprend donc que ces firmes, lorsqu'elles le peuvent, attachent un soin particulier à contrôler et construire institutionnellement cette trajectoire de l'industrie, en se constituant en macro-acteurs (fédérations de producteurs, associations industrielles, etc.) capables de peser sur les orientations de la recherche scientifique et technologique.

Ce monde économique s'appuie donc sur des procédures d'incitation à la mobilisation du monde de la recherche scientifique en sa faveur. Ces dispositifs articulent des niveaux de mobilisation locale ou sectorielle, nationaux et européens. La mobilisation européenne se fait par montée en puissance de la thématique agrochimique dans les programmes-cadres. À l'origine tournés vers l'énergie, ces programmes pourraient se cantonner à ce domaine ou à celui de la Chimie et à sa plateforme européenne dédiée (SusCHEM). Or les acteurs des agro-industries ont souhaité maintenir une spécificité de l'entrée par la ressource agricole en contribuant à la création des dispositifs relevant de « la bioéconomie fondée sur la connaissance » (Knowledge-Based Bio-Economy), afin de faire converger les bases de connaissances issues de l'alimentaire, de l'énergie, des matériaux et des biotechnologies au profit d'une chimie du végétal.

Au niveau français, la mobilisation des acteurs conduit en 1994 à la création du programme AGRICE (Agriculture pour la chimie et l'énergie), un Groupement d'intérêt scientifique porté par les pouvoirs publics, l'Agence de l'environnement et de la maîtrise de l'énergie (ADEME), les organisations professionnelles agricoles et des partenaires industriels. Au niveau local des bassins de production agro-industriels, où se construit la compétitivité du monde agro-industriel, la

---

6 L'amidon, produit phare de la recherche des années 1990, les protéines végétales ou de la poudre de lait, peu coûteuse en raison des excédents.

7 Il s'agit d'un des comportements d'adoption du changement modélisés par Oltra et Llerena (2002).

coopération entre pouvoirs publics et acteurs privés conduit à créer des structures, telles qu'Europol'Agro en Champagne Ardenne, ou le Centre de valorisation des glucides en Picardie (1993). Elles généralisent la méthode de l'appel à projet scientifique, pour orienter des unités de recherche vers leur domaine, les inciter à fournir des « états de l'art » permettant d'asseoir une réflexion stratégique régionale, et planifier l'effort de ces unités. Cette logique française de mobilisation régionale intègre en 2004 la nouvelle politique industrielle des pôles de compétitivité : le monde des productions végétales obtient l'organisation d'un « pôle de compétitivité Industrie Agro Ressources à vocation mondiale » porté par les régions Champagne-Ardenne et Picardie. Parallèlement, un autre acteur majeur, l'amidonnier Roquette, constitue une autre communauté, Biohub et une Association de la Chimie du Végétal, qui obtiendra également un soutien des pouvoirs publics.

Il est important de noter à cet endroit que les mêmes acteurs qui au niveau local cherchent à constituer des outils de production, interviennent au niveau national (Agrice) et européen sur un aspect important de la politique scientifique européenne : la construction de ce que la Commission appelle les « visions du futur » qui servent à réfléchir à l'élaboration des programmes scientifiques destinés à lever des verrous technologiques le long de « technological roadmaps » allant vers ces futurs attendus.

C'est dans ce cadre que va être élaboré le concept de bioraffinerie. La recherche d'usages non alimentaires des produits agricoles va, à partir du premier choc pétrolier, être dominée par la figure de la « raffinerie végétale ». Celle-ci établit une image de mimétisme avec la logique pétrolière, susceptible de contribuer à la mobilisation de territoires ruraux autour des agro-industries. Former autour d'une raffinerie un réseau collectant la matière première agricole et l'épargne locale, ou des aides nationales aux territoires ruraux n'est d'ailleurs que la reproduction des méthodes de constitution d'outils agro-industriels collectifs par la coopération agricole – ou par des communautés rurales dans le cas américain et du nord de l'Europe céréalier (Nieddu et Gaignette, 2000). Le concept de « bioraffinerie » codifie une philosophie générale de l'usage dans l'industrie chimique de la matière première agricole (point de vue technique) et de sa cohérence en termes de développement durable (point de vue sociétal). Diverses actions de définition institutionnelle du concept vont être menées, dont un groupe de travail conjoint Europe-États-Unis qui débutera en 2004, et des projets européens (*Biorefinery Euroview* et *Biopol*) : ces projets, supportés par le 6e PCRD sont explicitement dédiés à la construction de la « vision » à long terme du développement de la bioraffinerie (Christian *et al.*, 2007). Ils intègrent une étude de l'acceptabilité sociale du concept (Peck *et al.*, 2009).

Les récits produits dans le cadre de ces projets mettent en avant la cohérence du concept en termes de développement durable. La bioraffinerie n'est plus présentée comme une unité de production indépendante, mais un *ensemble intégré* d'entreprises utilisant de façon croisée les produits ; ces complexes industriels engendrent des économies de flux et de matières, répondant aux principes d'écologie industrielle illustrés par la *success story* du complexe de Kalundborg (Realff & Abbas, 2004).

4. Chimie du végétal et principes de Chimie Verte

Il a été montré que s'est constitué un « champ de la Chimie Verte » (partie 3), et comment les acteurs des agro-industries ont orienté un ensemble de dispositifs institutionnels en vue de mobiliser les apprentissages scientifiques et techniques dans une direction donnée, celle de l'usage des ressources renouvelables (partie 4). Ceci s'accompagne d'une construction sémantique intense : biopolymères, biocarburants, biosolvants, bioraffinerie, carbone bio, etc.[8] Mais si, du fait du 7e principe, le chimiste du végétal revendique une Chimie Verte, il est alors *aussi* soumis à une évaluation de sa crédibilité et de sa légitimité dans ce champ.

Le point qui nous intéresse ici est la façon dont on peut décrire l'hybridation des deux champs. Les acteurs des agro-ressources viennent avec des systèmes de production et des patrimoines de savoir-faire scientifiques et techniques qu'ils cherchent à valoriser dans un nouveau développement de la chimie. Mais ils le font dans le cadre d'une chimie traditionnelle « désinstitutionnalisée »[9] au sens de délégitimée par ses crises (Oliver, 1992), au point que la « bioraffinerie » court le risque d'être rejetée par la société avec cette chimie : cette question d'acceptabilité sociale ne peut donc que peser dans la définition des agendas de recherche.

Par exemple, au milieu des années 1990, un ensemble de brevets mettent en avant l'intérêt de « biopolymères » – en fait des polymères chimio-synthétiques issus du renouvelable, tels que les polyacides lactiques (PLA) ou d'autres familles (PHA-PHB) (Nieddu *et al.*, 1999). Ces biopolymères vont se heurter à deux difficultés : leur capacité à atteindre les fonctionnalités recherchées et leur capacité à prouver leur réelle identité « développement durable ». La discussion sur leur cycle

---

8 Voir par exemple le site http://www.3bcar.fr/ : *3B car* pour bioénergies, biomolécules et biomatériaux du carbone renouvelable

9 La très forte délimitation et légitimité institutionnelle passée de cette chimie est attestée par le fait que comme le montrent Jarrige et Massard-Guilbaud dans leur *Histoire de la pollution industrielle* (EHESS, 2010), les conflits de droit ont été, dès le début de la révolution industrielle, arbitrés à son avantage, y compris contre le droit de propriété, au nom de la modernité.

de vie va être vive, certains auteurs doutant même de l'avantage des biopolymères sur certains polymères pétrochimiques en matière de biodégradabilité (Hatti-Kaul, 2007). Si les PLA résistent mieux à cette épreuve que le PHA ou le PHB, ils apparaissent comme trop complexes à fonctionnaliser et la tentation est alors de les utiliser en mélanges avec des polymères pétrochimiques (Schwark, 2009). Aussi ces biopolymères ont été ramenés à de simples matériaux de charge, et mélangés à des polymères pétroliers prenant en charge les fonctionnalités recherchées – dont, parfois, de façon paradoxale, la biodégradabilité. La polémique qui s'en est suivie (Jianmin & Fowler, 2003) a conduit à abandonner cet axe de recherche pour privilégier des copolymères d'origine entièrement renouvelable, au prix d'une recomposition des communautés et des bases de connaissances mobilisées, en direction de renforts avec des fibres naturelles ou des nanotechnologies (Joshi Satish, 2008 ; Averous & Halley, 2009). Par ailleurs, les questions d'économie d'énergie dans les process se retrouvent au centre des évaluations : Meckling (2004, p. 183) rapporte que pour répondre aux critiques sur les coûts énergétiques de la production de PLA qui dépasseraient largement les économies liées à l'utilisation de matières premières agricoles, Cargill a évoqué l'éventualité d'utiliser l'énergie éolienne pour sa production à venir.

Les entretiens de scientifiques, notamment dans le cadre des écoles chercheurs CNRS « chimie pour le développement durable », montrent que des communautés scientifiques vont se positionner sur cette question de différentes façons, à partir de leurs compétences et savoir-faire tout en cherchant des alliances avec les acteurs économiques susceptibles, du fait de la complémentarité des compétences et des spécificités techniques, de contribuer à la mise en valeur de leurs programmes de recherche : la description de ces communautés permet donc d'éclairer à la fois la structuration du champ et les dynamiques de changements de pratiques qui vont en découler.

Une première communauté s'est constituée autour d'une voie de traitement consistant à casser cette variabilité par un **traitement thermochimique**. Au-delà d'une certaine température, tout est transformé en gaz synthétique, qu'il « suffit » de purifier et de « reformer » en molécules d'intérêt pour les carburants et la chimie. Le procédé Fischer-Tropsch, déjà utilisé pour transformer du charbon en carburant liquide durant la Seconde Guerre mondiale, en est le symbole le plus parlant. L'hybridation avec les principes de Chimie Verte réside alors, pour les chercheurs, dans la recherche d'une réduction des coûts énergétiques (principe 9) et des étapes de reconstruction (*reforming*) (principe 2) en cherchant à sélectionner des catalyseurs plus efficaces et moins nocifs (principe 5).

Une seconde communauté, née des espérances des biotechnologies, privilégie le cracking de la biomasse par des **voies fermentaires** – bien connues de l'agroalimentaire dont c'est une technologie générique – qui serait plus économe en énergie (principe 6). Les acteurs des agro-industries y poussent la recherche scientifique, en lui demandant de travailler à obtenir un très petit nombre de produits intermédiaires issus de fractionnement enzymatique (un « top 10 » selon Bozell, 2008) pour reconstituer une chimie de base sur le modèle pétrolier qui travaille avec cinq grands intermédiaires. On obtient des petites molécules considérées comme « molécules plateformes » à partir d'une autre voie de synthèse. Les verrous technologiques de la voie fermentaire (maîtrise des souches enzymatiques industrielles et résistance de la biomasse – que les Américains ont baptisé « biomass recalcitrance ») ne sont pas minces, mais les espérances technologiques sont importantes. Le principe 9 de mobilisation de catalyseurs, est à nouveau mobilisé, cette fois à partir d'enzymes, parfois OGM, mais pas toujours.

Ces deux voies évoluent de manière parallèle comme en témoignent les colloques en bioraffinerie régulièrement organisés sous la forme de sessions spécialisées dans l'une ou l'autre des voies. Néanmoins, elles reposent sur le même principe méthodologique : **le fractionnement déstructurant de la matière issue du vivant** ; elles reposent également sur le même schéma économique : une intégration espérée relativement rapide, à partir d'une nouvelle chimie de base, dans *la chimie traditionnelle par substitution de parties de la chimie de base pétrolière*. Les deux voies convergent dans un modèle unique, où « tout doit changer » (les sources de matière première, les circuits de fourniture, les catalyseurs) « pour que rien ne change » à l'aval de la chimie de base. Le craquage des voies biochimique ou thermochimique, qui impose ensuite des catalyses « multiétapes » pour reformer des polymères (Murzin & Leino, 2008) ne se comprend que lorsqu'on cherche, à travers de très grandes unités de chimie de base, à fournir un petit nombre de grands intermédiaires standard. Il l'est moins, disent certains chercheurs, si l'on cherche à atteindre une fonctionnalité spécifique, ou si l'on cherche à créer des unités de plus petite taille, mieux ancrées sur une biomasse, voire un territoire spécifique. L'organisation sectorielle qui en découle exerce une pression à la livraison de biomasse à bas prix en provenance de pays en voie de développement, qui s'imaginent pouvoir reproduire la manne pétrolière dans le domaine du végétal, avec les problèmes environnementaux que l'on connaît.

Les chercheurs s'interrogent donc sur la pertinence de cette intégration économique dans les différents échelons de la chimie traditionnelle à partir du végétal : le fait de travailler le végétal change-t-il la nature épistémique des approches ? Nécessite-t-il un profond renouvellement des stratégies de production de connaissances et d'organisation des procédés ? Il ressort des entretiens qu'une *vision intégrée* des 12 principes est une voie envisageable, quoiqu'extrêmement escarpée. Elle induit en effet des changements systémiques sur les filières, et elle n'est pas praticable, pour les produits sur lesquels les conditions scientifiques et techniques le permettent, que si des acteurs économiques contestent l'organisation existante. Les deux voies précédentes induisent des changements modulaires plus acceptables par celles-ci, et plus faciles à atteindre en l'état des connaissances actuelles.

Les chimistes interviewés livrent le récit suivant : ils cherchent à explorer des sentiers qui tirent parti de la nature, plutôt que d'affronter la « biomass recalcitrance » pour la briser par un craquage nécessairement coûteux. Selon eux, les matériaux issus du craquage pétrolier sont « statistiques », « amorphes » et « linéaires » alors que les végétaux sont des matériaux à la fois intéressants (et difficiles), car « très organisés », « hyperbranchés », « dotés de capacités d'autostructuration ». Ceci s'oppose donc à la philosophie traditionnelle de la chimie dans laquelle il faut briser des liaisons pour purifier des particules primaires puis reformer des liaisons. Dans cette voie, les chimistes cherchent à **obtenir l'expression des fonctionnalités** sans nécessairement passer par les phases de déstructuration complète (principe 2).

Aussi cherchent-ils à imaginer des procédés et des produits qui posent en d'autres termes la question de la bioraffinerie : (1) des procédés d'extraction « doux » (principe 3) afin que les principes actifs soient conservés, en éliminant des étapes de fractionnement avant une chimie de fonctionnalisation (principe 2) (Clark, 2007) ; (2) une synthèse dite monotope (*one-pot* en anglais) – qui consiste en une cascade de réactions catalytiques en continu dans une même cuve au lieu de passer par les étapes séparation-purification – dans la même logique « d'expression » des fonctionnalités recherchées, sans se préoccuper des impuretés si celles-ci ne les inhibent pas (Gallezot, 2007, p. 295) : ceci conduit à la minimisation des déchets, et des coûts énergétiques (principes 1, 2, 6, 8 et 9) ; (3) des procédés modifiant directement les macromolécules tels que la photochimie, la photoréticulation ou l'extrusion réactive, qui évitent l'usage de solvants et d'auxiliaires de synthèse polluants (principes 1, 2, 6, 8, 9 + principe 5) (Fengwei *et al.*, 2006, Evon, 2008).

Conclusion

Notre article s'inscrit dans la lignée des travaux de recherche sur l'entrepreneuriat institutionnel multiacteurs (Lawrence *et al.*, 2009). Il permet en outre de mettre en évidence le fait que l'entrepreneuriat ne se résume pas à un ensemble d'acteurs capables de détecter les opportunités de changement au sein de leur champ d'appartenance. Cet ensemble est en effet ici capable de détecter les opportunités offertes par d'autres champs. Dans notre cas, les entrepreneurs institutionnels de la chimie du végétal ont capté comme une opportunité de légitimation les changements du champ connexe, celui de la Chimie Verte. De ce fait, ils ont accepté la possibilité que l'influence de ce champ les emmène vers des innovations plus importantes qu'imaginées. Notre étude souligne donc qu'un projet de changement amorcé de longue date peut trouver de nouveaux moteurs du fait de l'évolution de champs connexes. Ceci explique par ailleurs l'observation faite de la forte créativité d'acteurs situés à l'intersection de plusieurs champs (Levy & Egan, 2003 ; Phillips *et al.*, 2000 ; Child *et al.*, 2007).

Malgré cette position apparemment avantageuse, l'entrepreneur institutionnel apparaît contraint par son ouverture aux logiques des champs connexes. Les changements amorcés doivent être vus comme le résultat d'une plus grande complexité des pressions qui s'exercent sur eux. Les deux logiques de champ identifiées agissent aujourd'hui *simultanément* pour orienter les comportements des acteurs. On peut constater qu'il s'agit de comportements d'apprentissage dans lesquels chacun cherche à enrichir le noyau dur de sa trajectoire, en procédant *par expansion des attributs* qu'ils associent à celle-ci, pour la rendre viable ou légitime dans chacun des deux champs structurant l'espace de la chimie doublement verte. Ceci explique le maintien, probablement durable, de la diversité observable aujourd'hui.

Dans notre cas, l'hybridation des deux champs dessine une dynamique de recomposition sectorielle sur la base du socle de connaissances qu'elle produit. Nous avons appelé cette dynamique de structuration sectorielle « chimie doublement verte » (Nieddu, Garnier et Bliard, 2010). Celle-ci est constituée de l'ensemble des dispositifs scientifiques ou socio-économiques dédiés à l'émergence de technologies de substitution des produits fossiles par des matières premières renouvelables, issues de l'agriculture et de la foresterie. Elle comprendrait des cultures dédiées et une partie des secteurs de l'énergie, de la chimie et des industries alimentaires (additifs et alimentation animale). Par ailleurs, l'hybridation des deux champs conduit à la recherche de règles institutionnelles spécifiques sur des identités de produits (des nomenclatures de produits reconnus comme biobasés), et des corps de connaissances assemblés spécifiquement en vue de l'usage de la ressource renouvelable.

Néanmoins, la Chimie Doublement Verte ne désigne pas un champ homogène par ses pratiques, mais plutôt un espace structuré de controverses entre voies technologiques et programmes scientifiques. Le second résultat donc est une *hybridation différenciée* des deux champs selon qu'on vise à amorcer la transition vers la biomasse à partir d'une intégration dans la division du travail de la pétrochimie (auquel cas on assiste à des tentatives d'intégration *incrémentale* de certains principes de Chimie Verte), ou qu'on cherche à produire d'autres lignes de production qui relieraient directement des amidons modifiés ou des agromatériaux à l'aval des filières chimiques sans passer par les grands intermédiaires.

Les communautés liées à des process de fractionnement non déstructurant posent donc des questions intéressantes aux autres voies et à la « fatalité » de la complémentarité avec la chimie issue du pétrole, à partir d'une réflexion sur le bilan global des process. Elles plaident la pertinence de procédés apparemment moins « *high-tech* » que les process de la « grande bioraffinerie » dédiée à l'énergie et aux molécules plateformes, qui mobilisent des progrès remarquables en catalyse pour la purification, l'extraction et la polymérisation, ou des avancées spectaculaires dans le domaine du génie enzymatique. Mais les communautés scientifiques précitées considèrent que la « grande bioraffinerie » sélectionne dans la complexité du vivant des petites molécules, à très peu d'atomes, et faciles à purifier, et qu'elle a besoin, pour atteindre ces petites molécules, de beaucoup d'énergie (et éventuellement d'eau, puissant facteur limitant des process enzymatiques). Par exemple, les observations critiques du *point de vue de la Chimie Verte* sur les nécessités de disponibilité en eau de la voie biochimique ont conduit certains chercheurs à revisiter leur programme de travail, à la recherche de voies fermentaires en milieu solide (pour faire simple, des process du type de celui de l'élaboration du pain) qui permettraient de résoudre ce genre de problèmes (Duchiron & Copinet, 2011).

Ces résultats invitent donc à complexifier la représentation des champs organisationnels et de leurs dynamiques, qui ne peut être le seul résultat des interactions endogènes, mais à les considérer comme des espaces ouverts dont les pressions vers le changement sont multiples.

Bibliographie

Acquier, A., Aggeri, F. (2008), « Entrepreneuriat institutionnel et apprentissages collectifs : Le cas de la Global Reporting Initiative (GRI) », *Management international*, 12 (2), 65-80.

Anastas, P., Eghbali, N. (2010), « Green Chemistry : Principles and Practice, *Chem. Soc. Rev.*, 39, 301-312.

Avérous, L., Halley, P.J. (2009), « Biocomposites based on plasticized starch », *Biofuels, Bioprod. & Bioref.* 3 (3), 329-343.

Bensaude-Vincent, B. (2005), *Faut-il avoir peur de la chimie ?*, Paris, Seuil.

Bozell, J. (2008), « Feedstocks for the Future – Biorefinery Production of Chemical from Renewable Carbon », *Clean*, 36(8), 641-647.

Borup, M., Brown, N., Konrad, K., Van Lente, H. (2006), « The sociology of expectations in science and technology », *Technology Analysis and Strategic Management*, vol. 18, (3-4), 285-298.

Child, J., Lu, Y. & Tsai, T. (2007), « Institutional Entrepreneurship in Building an Environmental Protection System for the People's Republic of China », *Organisation Studies*, 28(7), 1013-1034.

Christian, D. Jolly, D., Grenier De March, D. (2007), « La bioraffinerie : un concept qui fait son chemin », *Biofutur*, n° 282, 20-23.

Clark, J.H. (2007) « Green chemistry for the second generation biorefinery – Sustainable chemical manufacturing based on biomass », *Journal of Chem. Techn. and Biotechnology*, 82 (7), 603-609.

Colonna, P. (ed.) (2006), *La chimie verte*, Lavoisier, Tec et Doc, 532 p.

Dacin, T.M., Goodstein, J. & Scott, W.R. (2002), « Institutional Theory and Institutional Change : Introduction to the Special Research Forum », *Academy of Management Journal*, 45, 45-57.

DiMaggio, P.J., Powell, W. (1983), « The Iron Cage Revisited : Institutional Isomorphism and Collective Rationality in Organizational Fields », *American Sociological Review*, 48, 1750-1762.

DiMaggio, P.J. (1988), « Interest and agency in institutional theory », in L.G. Zucker (ed.), *Institutional patterns and organizations : Culture and environment*, 3-22, Cambridge, MA : Ballinger.

Doado, S. (2005), « Institutional Entrepreneurship, Partaking, and Convening », *Organization Studies*, 26(3), 385-441.

Duchiron, F., Copinet, E. (2011), « La Fermentation en Milieu Solide (FMS), *les techniques de l'ingénieur* », http://www.techniques-ingenieur.fr/base-documentaire/procedes-chimie-bio-agro-th2/bioprocedes-ti140/fermentation-en-milieu-solide-fms-bio620/.

Dumez, H., Jeunemaitre, A. (2005), « La *démarche narrative* en économie », *Rev. Eco.*, 56(4), 983-1005.

Evon, P. (2008), *Nouveau procédé de bioraffinage du tournesol plante entière par fractionnement thermo-mécano-chimique en extrudeur*, Université de Toulouse, dir. L. Rigal, 388 p.

Fengwei, Xie, Long, Yua, Hongshen, Liu, Ling, Chen (2006), « Starch Modification Using Reactive Extrusion », *Starch/Stärke*, 58, 131-139.

Finlay, M-R. (2003), « Old Efforts at New Uses : A Brief History of Chemurgy and the American Search for Biobased Materials », *Journal of Industrial Ecology*, 7 (3-4), 33-46.

Fligstein, N. (1997), « Social Skill and Institutional Theory », *American Behavioral Scientist*, 40, 397-405.

Friedland, R., Alford. R.A. (1991). « Bringing Society Back in : Symbols, Practices, and Institutional Contradictions », in W. Powell and P.J. DiMaggio (ed.), *The New Institutionalism in Organizational Analysis*, University of Chicago Press, 232-266.

Gallezot, P. (2007), « Process option for converting renewable feedstocks to bioproducts », *Green Chem.*, 9, 295-302.

Garud, R., Hardy, C. & Maguire, S. (2007), « Institutional Entrepreneurship as Embedded Agency : an Introduction to the the Special Issue », *Organization Studies*, 28 (7), 957-969.

Garnier, E., Nieddu, M. (2010), « La mutation génétique d'un mythe rationnel : de la raffinerie du végétal à la révolution de la chimie doublement verte », in *L'empreinte de la technique*, L'Harmattan, coll. Colloques de Cerisy, p. 153-164.

Garnier, E. *et al.* (2007), « The dynamics of the French hemp system and its stakeholders », in *Journal of Industrial Hemp*, 12(2), 67-88.

Greenwood, R., Suddaby, R., Hinnings, C.R. (2002), « Theorizing change : The role of professional associations in the Transformation of Institutionalized Fields », *Academy of Management Journal*, 45/1, 58-80.

Hatti-Kaul, R., Tornvall, U., Gustafsson, L. (2007), « Industrial biotechnology for the production of bio-based chemicals – a cradle-to-grave perspective », *Trends in Biotechnology*, vol. 25 (3), 119-124.

Hoffman, A.-J. (1999), « Institutional Evolution and Change : Environmentalism and the U.S. Chemical Industry », *Academy of Management Journal*, 42, 351-371.

Holm, P. (1995), « The Dynamics of Institutionalization : Transformation Processes in Norwegian Fisheries », *Administrative Science Quarterly*, 40, 398-422.

Jarrige, F., Massard-Guilbaud, G. (2010), *Histoire de la pollution industrielle, France, 1789-1914*, Paris, Éditions de l'EHESS.

Jepperson, R.L. (1991), « Institutions, Institutional Effects, and Institutionalism », in W.W. Powell et P.J. DiMaggio (eds.), *The New Institutionalism in Organizational Analysis*, Chicago University Press, Chicago, 143-163.

Jianmin, Fang, Fowler, P. (2003), « The use of starch and its derivatives as biopolymer sources of packaging materials », *Food, Agriculture & Environment*, vol. 1 (3-4), 82-84.

Joshi, Satish V. (2008), « Can Nanotechnology Improve the Sustainability of Biobased Products ? The Case of Layered Silicate Biopolymer Nanocomposites », *J. of Industrial Ecology*, 12(3), 474-489.

Lancaster, M. (2002), *Green chemistry, an Introductory text*, Royal society of chemistry, 310 p.

Lawrence, T.-B., Suddaby, R. & Leca, B. (2009), « Introduction : theorizing and studying institutional work », in T.B. Lawrence, R. Suddaby and B. Leca (eds.), *Institutional Work*, Cambridge University Press, 1-25.

Leca, B., Gond, J.-P., Dejean, F. & Huault, I. (2006), « Institutional Entrepreneurs as Competing Translators : A Comparative Study in the Emerging Activity of Corporate Social Evaluation in France », *Academy of Management Annual Conference*.

Levy, D.L., Egan, D. (2003), « A neo-Gramscian approach to corporate political strategy : Conflict and accommodation in the climate change negociations », *Journal of Management Studies*, 40(4), 803-829.

Linthorst, J.A. (2010), « An overview : origins and development of green chemistry », *Found Chem*, 12, 55-68.

Llerena, P., Oltra, V. (2002), « Diversité des processus d'apprentissage et efficacité dynamique des structures industrielles », *Revue d'économie industrielle*, vol. 98, n° 98, 95-120.

Mac Inerney, P.-B. (2008), « Showdown at Kykuit : Field-Configuring Events as Loci for Conventionalizing Accounts », *Journal of Management Studies* 45(6), 1089-1116.

Maguire, S., Hardy, C., Lawrence, T.C. (2004), « Institutional entrepreneurship in emerging fields : HIV/AIDS treatment advocacy in Canada », *Academy of Management Journal*, 45/5, 657-679.

Marquardt, W., Harwardt, A., Hechinger, M., Kraemer, K., Viell, J., Voll, A. (2010), « The biorenewables opportunity-toward next generation process and product systems », *AIChE Journal*, 56, 2228-2235.

Mecking, S. (2004), « Nature or petrochemistry ? – biologically degradable materials », *Angew. Chem. Int. Ed.*, 43, 1078-1085.

Munir, K.A., Phillips, N. (2005), « The birth of the "Kodak Moment" : institutional entrepreneurship and the adoption of new technologies », *Organization Studies*, 26/11, 1665-1687.

Murzin, D.Y., Leino, R. (2008), « Sustainable chemical technology through catalytic multistep reactions », *Chemical Engin. Res. and Design*, 86, 1002-1010.

Nieddu, M. (2011), « Le vivant doit-il être (seulement) réduit à de grands intermédiaires chimiques ? Un point de vue d'économiste », in Maxim, Laura (ed.), *2011. La chimie durable, au-delà des promesses*, Paris, CNRS Éditions.

Nieddu, M., Garnier, E., Bliard, C. (2010), « L'émergence d'une chimie doublement verte », *Revue d'économie industrielle*, 132 (4), 53-84.

Nieddu, M. (2000), « Science et dynamiques économiques, le cas des biopolymères », *Sciences de la société*, n° 49, 87-104.

Nieddu, M., Gaignette, A. (2000), « L'agriculture française entre logiques sectorielles et territoriales (1960-1985) », *Cahiers d'économie et sociologie rurales*, n° 54, 47-87.

Nieddu, M. *et al.* (1999), « Biopolymères et agromatériaux : les entreprises prennent position », *Industries alimentaires et agricoles*, n° 11/12, 52-59.

Oltra V., Llerena, P. (2002), « Diversité des stratégies d'innovation et dynamique industrielle », *Revue d'économie industrielle*, 98, 95-120.

Oliver, C. (1992), « The Antecedents of Deinstitutionalization », *Organization Studies*, 13/4, 563-588.

Pavitt, K. (1984), « Sectoral patterns of technical change : towards a taxonomy and a theory », *Research Policy*, 13, 343-373.

Peck, P. *et al.* (2009), « Examining understanding, acceptance, and support for the biorefinery concept among EU policy-makers », *Biofuels, Bioprod. Bioref*, 3(4), 361-383.

Phillips, N., Lawrence, T.B., Hardy, C. (2000), « Inter-organizational Collaboration and the Dynamics of Institutional Fields », *Journal of Management Studies*, 37(1), 23-44.

Octave, S., Thomas, D. (2009), « Biorefinery : Toward an industrial metabolism », *Biochimie*, 91, 659-664.

Rao, H. (1998), « Caveat Emptor : the Construction of Nonprofit Consumer Watchdog Organizations », *American Journal of Sociology*, 103/4, 912-961.

Realff, M.J., Abbas, C. (2004), « Industrial Symbiosis : Refining the Biorefinery », *J. of Indus. Ecology*, 7, 3-4.

Schwark, F. (2009), « Influence factors for scenario analysis for new environmental technologies – the case for biopolymer technology », *J. of Cleaner Prod.*, 17, 644-652.

Seo, M.-G., Creed, W.E.D. (2002), « Institutional Contradictions, Praxis and Institutional Change : A Dialectical Perspective », *Academy of Management Review*, 27(2), 222-247.

Tellier, A. (2003), « La dynamique des champs organisationnels : quels enseignements tirer du cas de la vidéo numérique ? », *Finance Contrôle Stratégie*, 6(4), 59-92.

Théret, B. (1992), *Régimes économiques de l'ordre politique. Esquisse d'une théorie régulationniste des limites de l'État*, Paris, PUF.

Woodhouse, E.J., Breyman, S. (2005), « Green Chemistry as Social Movement ? », *Technology, & Human Values*, 30 (2), 199-222.

Zilber, T.-B. (2002), « Institutionalization as an Interplay between Actions, meanings, and Actors : The Case of a Rape Crisis Centre in Israel », *Academy of Management Journal*, 45/1, 234-254.

Des circuits courts pour un agriculteur entrepreneur ?

Quelques éléments de réflexion*

Danièle BÉNÉZECH

Université de Rennes 1

L'analyse du fonctionnement de l'agroalimentaire ces vingt dernières années renvoie à l'identification d'une double rupture pouvant être considérée comme symptomatique de certaines tendances de fond concernant l'évolution globale du système économique. Il est tout d'abord possible d'identifier l'apparition progressive d'une « économie agroalimentaire de la qualité » (Nicolas et Valceschini, 1995), considérée comme un nouveau régime de coordination venant pallier les insuffisances du modèle de production *fordiste* mise en évidence par les crises sanitaires des années 1990. Il est également admis, et dans une suite logique, l'émergence récente d'une consommation engagée défendant des valeurs éthiques (bio, commerce équitable…), en opposition avec un fonctionnement marchand standard et anonyme (Chessel et Cochoy, 2004).

Dans le cadre général de cette évolution, le développement des circuits courts (CC) de commercialisation de produits alimentaires, mouvement observable depuis une dizaine d'années dans la plupart des régions françaises (et d'ailleurs dans la plupart des pays), a fait récemment l'objet d'une attention particulière. Les CC sont vus comme représentatifs d'une nouvelle organisation des échanges entre les acteurs économiques. Ils sont souvent analysés en termes de réseaux locaux d'échange servant d'alternative à l'échange marchand standard et per-

* Une première version de ce papier a fait l'objet d'une communication à l'École d'Été du RRI, 31/08-02/09 2011, Dunkerque. Cette recherche a aussi bénéficié des résultats de plusieurs contrats de recherche : PRIR VD/BJ : Projet de recherche d'intérêt régional, financé par la Région Bretagne, sur les réseaux de vente directe de produits alimentaires et leur comparaison Bretagne-Japon ; projet SALT… .

mettant un nouveau mode d'organisation des territoires et des filières (Selfa et Qazi, 2005).

Mais, s'ils font d'ores et déjà l'objet d'une littérature récente mais abondante, principalement centrée sur l'importance des interactions entre producteurs et consommateurs (Holloway *et al.*, 2007 ; Bénézech, 2007), ils ne sont encore que rarement envisagés sous l'angle de l'innovation. Or ces interactions entre producteur et consommateur, et plus particulièrement l'implication des consommateurs dans le processus de production ou de distribution, peuvent générer une dynamique innovante liée à des effets de proximité (Fourcade, 2008), ce qui permettrait de voir les CC comme une innovation sociale territorialisée (Chiffoleau et Prévost, 2010). Cette innovation peut alors être vue comme le résultat d'une démarche entrepreneuriale de l'agriculteur, qui vise à l'identification et l'exploitation de nouvelles opportunités d'affaires (Lanciano et Saleilles, 2010). L'hypothèse relative à la dimension entrepreneuriale de l'agriculteur impliqué dans les CC nous apparaît tout à la fois novatrice et porteuse de sens, relativement au changement présupposé de modèle dans l'agroalimentaire.

C'est à cette approche que nous désirons contribuer ici, en proposant quelques éléments de réflexion sur la dimension entrepreneuriale des agriculteurs qui font le choix des CC, et plus spécifiquement d'une commercialisation par cette modalité d'échange novatrice et particulière que sont les systèmes de paniers. Après avoir présenté la spécificité générale de ces changements dans les modes de commercialisation, qui reposent sur les relations interpersonnelles (1), il sera nécessaire de porter un premier regard sur la dimension entrepreneuriale dans l'agriculture (2) pour ensuite s'interroger sur les dimensions innovantes et entrepreneuriales des systèmes d'abonnement à des paniers de biens (3). C'est ainsi que nous pourrons identifier l'implication des consommateurs dans le fonctionnement de cette distribution comme un élément particulier et novateur.

1. Les circuits courts : un changement radical ?

Les circuits courts de commercialisation des produits agricoles se définissent comme comprenant *au plus* un intermédiaire entre le producteur et le consommateur[1]. Ils incluent les différentes formes de vente directe (marché de plein vent, vente à la ferme, systèmes de paniers ou d'AMAP)[2] mais aussi d'autres formes de commercialisation (vente par un autre producteur dans un Point de Vente Collectif-PVC, vente par

---

[1] Il s'agit de la définition retenue par M. Barnier, ministre de l'Agriculture, lors du lancement du Plan d'Action pour développer les circuits courts en 2009.

[2] Association pour le Maintien d'une Agriculture Paysanne.

Internet avec un gestionnaire des échanges, vente à un commerçant spécialisé, vente à la restauration collective, pour les principales formes habituellement répertoriées)[3].

Cependant, cette approche « officielle » des CC en termes d'existence ou non d'intermédiaire peut apparaître réductrice car elle occulte l'une des spécificités de ces circuits, qui est d'organiser les échanges selon des modalités différentes des modalités standards. Plus que ce nombre d'intermédiaire(s), ces circuits correspondent à un ensemble de démarches et de projets visant à trouver une alternative aux circuits classiques (qui incluent centrales d'achat et GSA). Ils se démarquent également par une répartition différente de la valeur ajoutée et une organisation différente de la distribution supposant l'implication de certains des cocontractants (Denechère, 2007).

Plus de 15 % des exploitations agricoles françaises avaient recours à la vente directe en 2005, et y mobilisaient 26 % du total du temps de travail dans l'agriculture[4], ce qui montre que le phénomène n'est pas si anodin. Il s'amplifie et se généralise depuis les dix dernières années. Les CC semblent surtout développés dans le nord de la France, dans le Sud-Est et en région Rhône-Alpes, même si leur développement se retrouve désormais dans la plupart des régions. La croissance du poids des CC pose question, même si ce mode particulier d'organisation des échanges est encore souvent considéré comme marginal, associé à une logique de niche. Dans chaque CC, les échanges sont nécessairement limités étant donné la mobilisation de relations spécifiques et localisées entre producteurs et consommateurs.

En effet, les CC comprennent différentes formes d'organisation des échanges qui reposent toutes sur des interactions directes ou quasi directes entre producteurs et consommateurs. Ils sont, par définition, associés à la proximité géographique, et peuvent être vus comme une alternative aux circuits longs, de la même façon que la production biologique est vue comme une alternative à la production conventionnelle. Ces circuits longs, modèle dominant déduit de la division du travail et la recherche d'effets d'expérience et d'économies d'échelle, correspondent au mode standard d'organisation des échanges. Ils renvoient à une logique de filière, caractérisée par une asymétrie de pouvoir et dans laquelle l'aval domine et fixe les règles de coordination (comme celles décrites dans les référentiels sur la qualité ou la traçabilité).

---

3 Pour une présentation détaillée des différentes formes de circuit court, voir Chiffoleau (2008).

4 Rapport du Groupe de Travail « Circuits courts et commercialisation », ministère de l'Agriculture, mars 2009.

Plus globalement, les CC s'inscrivent dans le passage du modèle agroalimentaire productiviste des années 1950/1980 au modèle de la qualité qui émergerait dans la période suivante. Le modèle productiviste « fordiste » aurait atteint ses limites, notamment en raison des crises sanitaires des années 1990 (ESB, listeria, etc.) qui ont induit une crise de confiance du consommateur à l'égard de ces produits standardisés et échangés internationalement. L'anonymat des échanges et les variabilités et complexités croissantes des produits alimentaires résultant des production et consommation de masse génèrent une défaillance du marché à organiser les échanges de façon efficace, en raison de l'asymétrie d'information qui existe au détriment du consommateur (Akerlof, 1970). L'organisation des échanges suppose alors d'autres modalités de coordination pour pallier aux insuffisances du fonctionnement marchand (Allaire et Boyer, 1995), dont en particulier la confiance. Les biens alimentaires deviennent des *biens de confiance* au sens de Darby et Karni (1973) et incluent une dimension relationnelle ; et il est alors nécessaire de trouver des modes de développement de la confiance entre consommateur et vendeur. La logique même de fonctionnement d'un CC renvoie largement à cette notion de confiance, qui vient suppléer l'incertitude radicale relative aux caractéristiques des produits et l'impossibilité de développer une information par l'expérience (au sens de Nelson, 1970) du fait de l'évolution continue et de la diversité des variantes proposées sur le marché. Le consommateur, confronté à cette incertitude (Lamine, 2005), cherche à la réduire par la suppression de l'anonymat du producteur ou l'amélioration de sa connaissance du processus de production. De son côté, le producteur est face à une incertitude fondamentale concernant non seulement ses débouchés (l'adéquation de ses produits à une demande spécifique) mais également la façon dont le résultat de son travail est perçu et apprécié. Vendre en circuit court doit lui permettre de mieux cerner les attentes de ses clients, de faire connaître et reconnaître la qualité du travail fourni et de la valoriser en récupérant plus de valeur ajoutée.

Les CC, en étant synonymes d'interactions directes ou faiblement intermédiées entre producteurs et consommateurs, sont l'un des moyens permettant de développer des liens interpersonnels assurant la réduction de l'incertitude pour l'ensemble des cocontractants. Ces liens peuvent être des liens directs entre producteurs et consommateurs (comme pour la vente à la ferme ou le marché de plein vent) ou passer par un collectif servant de structure intermédiaire (des groupes de consommateurs et/ou de producteurs comme pour les PVC ou les AMAP). Benkhala *et al.* (2004) montrent que l'accès aux CC et à la vente directe génère une confiance entre individus qui prend appui sur la proximité géographique.

Le développement des CC doit donc être mis en perspective avec la demande d'une plus grande information et transparence sur les processus de production et donc les produits, induites par une perte de confiance dans des biens standardisés produits par une industrie agroalimentaire globalisée et a-spatialisée (Marsden *et al.*, 1999). Parallèlement, il y a une demande d'autonomie par des agriculteurs qui, travaillant en intégration, semblent plus proches du statut de salarié que de celui de chef d'entreprise. Le Caro et Daniel (2007) montrent que si la motivation des producteurs à faire de la vente directe peut tenir à un comportement militant et une volonté de défendre par ce biais des idées relatives à la fonction sociale de « paysan », elle renvoie également à une volonté d'autonomie, déduite de la maîtrise de ses propres réseaux de distribution, ou encore à une façon de récupérer une plus forte valeur ajoutée donc de développer la rentabilité de l'exploitation.

Ainsi les CC, et plus globalement l'ensemble des réseaux locaux d'échange, peuvent être vus comme définissant des espaces d'échanges socio-économiques en réponse à la globalisation du capitalisme et au caractère anonyme des échanges que cette globalisation induit (Pacione, 1997). On pourrait dès lors considérer qu'ils renvoient effectivement à un changement fondamental dans les modalités d'organisation des échanges de produits alimentaires qui, tout en restant actuellement encore marginal en termes de poids économique (et même si ce poids est croissant), est synonyme de rupture par rapport aux modes de régulation précédents en mobilisant l'interpersonnel comme outil de coordination des échanges.

Si on fait l'hypothèse qu'il s'agit d'un changement de modèle, on peut s'interroger sur le caractère radical de cette rupture. Le développement des CC ne serait alors qu'un élément parmi d'autres, en lien avec une agriculture durable, qui incluent la multifonctionnalité de l'agriculture, la diversification des rôles et l'évolution de l'offre des agriculteurs proposant des services en-dehors du champ initial de leurs compétences (ferme pédagogique, activités liées à l'ornithologie, etc.) (Dufour *et al.*, 2003). On serait ici face à une innovation radicale (au sens de Schumpeter, 1935), une révolution « technologique » ou encore un changement de paradigme techno-économique au sens des évolutionnistes. Et le développement des réseaux locaux d'échange serait l'un des phénomènes caractéristiques de ce nouveau « paradigme », axé sur l'importance de la proximité et de l'interpersonnel. *A contrario*, ce développement peut aussi être considéré comme une « re-paysanisation » du monde agricole, un retour à d'anciens modes de commercialisation (Goodman, 2004), donc à un modèle précédent. Dans les années 1950, la vente à la ferme mais surtout celle sur les marchés de plein vent représentent une part importante des revenus. Par la suite, la modernisation de l'agriculture est vue par les agriculteurs comme une opportunité pour sortir de leur statut de paysan, notamment soumis aux notables locaux qui constituaient l'un des débouchés importants de la vente directe. La mise en place d'une commercialisation par des intermédiaires est assimilée à une « avancée » (Spanu, 2008). Non seulement la vente directe est une ancienne modalité de commercialisation, mais en plus son relatif abandon avait été jugé plutôt positif par les agriculteurs, à l'époque.

On peut également remarquer que les CC ne sont pas nécessairement synonymes d'interactions directes importantes entre agriculteurs et consommateurs. Étudiant en particulier les systèmes de paniers, Chastroux et Zillox (2006) montrent que ce mode de distribution n'implique pas toujours des contacts réguliers entre les individus (par exemple, dans le cas d'un panier livré à un point de regroupement pour la livraison ou déposé dans le garage d'un consommateur absent). C'est d'ailleurs pourquoi certains producteurs, historiquement très engagés dans la vente directe, identifient les systèmes d'AMAP et de paniers à des intermédiaires « standards », puisqu'en définitive, les producteurs ne connaissent pas toujours plus les consommateurs que dans les autres circuits de distribution. En fait, l'existence de rencontres directes producteur-consommateur n'apparaît pas forcément déterminante pour expliquer l'engouement pour les CC. En revanche, c'est le développement de liens sociaux de proximité, d'identification et de personnification qui est important, et qui passe moins par un contact direct que par des médias appropriés (informations sur le site, dans le bulletin, etc.). Autrement dit, ces réseaux génèrent bien des liens interpersonnels, même si ceux-ci restent en grande partie virtuels.

Plus globalement, les circuits courts pourraient être assimilés à un retour « en arrière » dans l'organisation économique générale puisqu'ils supposent en général que la commercialisation soit (de nouveau) prise en charge par des acteurs économiques dont ce n'est pas la fonction économique principale. Dans la plupart des systèmes de CC (marché de plein vent, paniers, magasins de producteurs, etc.), la distribution est assurée soit par des agriculteurs, qui assument alors la double fonction de producteur et de commerçant, soit par des consommateurs, qui supportent des coûts de transport spécifiques et prennent en charge une fonction de détaillant. Les fonctions économiques des agents deviennent poreuses, au regard de la théorie standard. De plus, dans les faits, actuellement, circuits courts et longs s'articulent souvent les uns aux autres et sont moins deux modèles alternatifs que complémentaires, aussi bien pour les consommateurs que pour les producteurs[5] (Dubuisson-Quellier et Le Velly, 2008).

Prenant en compte ces différents éléments de remise en perspective historique, ajoutés à la faible part actuelle de commercialisation en CC, il apparaît donc difficile de conclure aujourd'hui à un changement radical de modèle de commercialisation, donc de concevoir les CC comme une innovation radicale, même s'il peut être nécessaire de distinguer, parmi les circuits courts, ceux qui reprennent une forme ancienne de commercialisation et ceux qui seraient plus novateurs, notamment ceux qui supposent une implication des consommateurs dans le processus.

En revanche, suivant en cela Lanciano et Saleilles (2010), les CC alimentaires peuvent être vus comme porteurs d'innovations sociales, en lien avec le caractère entrepreneurial que montrerait ce choix de modalité de commercialisation par un agriculteur. C'est sur ce point que nous allons désormais nous centrer, discutant des relations entre innovation et dimension entrepreneuriale des producteurs en CC.

2. Le caractère entrepreneurial de l'agriculteur en circuit court

Schumpeter (1935) relie fortement l'innovation et l'entrepreneur car c'est cette figure qui lui permet d'expliquer l'évolution économique et les cycles des affaires. Sans revenir sur les discussions précédentes concernant le caractère radical ou non de l'innovation que représentent *a minima* certains circuits courts, il peut être utile de chercher à préciser le type d'innovation, interne à l'entreprise, que ce choix de commercialisation peut représenter.

Pour ce faire, il nous semble utile de se reporter à une distinction qui, inspirée de cette idée d'échelle dans l'importance des changements observés, est centrée sur l'entreprise et les ressources et compétences qu'elle met en œuvre (Barney, 1991). C'est pourquoi nous distinguerons *innovation d'exploitation* et *innovation d'exploration* pour tenir plus compte de l'importance du changement que l'inscription dans un circuit court peut générer pour l'exploitation agricole et moins du degré de

---

5 Comme le montre une étude, 30 % des fermes ne sont pas spécialisées sur l'une de ces deux formes de distribution ; de plus, pour les 70 % restant, la spécialisation circuit court ou circuit long n'implique pas l'exclusivité puisqu'elle est évaluée sur la base de 75 % du chiffre d'affaires, et non de 100 %. Source : « Chiffre d'affaires bio en circuits courts en Bretagne. Premiers résultats », *Observatoire de la vente en circuits courts*, édition 2007, édité par la FRAB.
Il est important de noter que ces résultats se retrouvent dans la plupart des études de terrain sur le sujet.

nouveauté que cette inscription représente (Danneels, 2002). L'innovation d'exploitation se rapporte à une recombinaison des ressources existantes au sein de l'entreprise, dans le but de pérenniser son développement et de répondre à des besoins évolutifs. La seconde suppose la mobilisation de nouvelles ressources, acquises en interne ou obtenues de l'extérieur de l'entreprise, en général par coopération.

Étant donné les caractéristiques des entreprises étudiées ici, la distinction entre ce qui est de l'innovation de produit, ou seulement du process ou seulement de l'organisation n'apparaît pas nécessaire dans le cas d'une innovation d'exploration. Comme pour la plupart des TPE, tout changement important portant sur le produit va nécessairement avoir des conséquences importantes sur le process et l'organisation interne de l'entreprise. Par exemple, la conversion au bio sera comme une innovation pour l'exploitation, qui portera simultanément sur les caractéristiques produit, sur le contenu du process et les intrants, et sur l'organisation en entraînant notamment un changement dans les interlocuteurs susceptibles d'apporter un concours technique. De la même façon, une diversification des activités peut générer des modifications radicales dans l'ensemble des modalités de fonctionnement de la ferme. Dans ce dernier exemple, tout dépendra de l'existence préalable ou non des compétences requises.

Tableau 1 : Exemples d'innovations d'exploitation et d'innovations d'exploration

<table>
<tr><th>Innovation d'exploitation</th><th>Innovation d'exploration</th></tr>
<tr><td>Changement dans le mode de commercialisation des produits existants.
Exemples : développement d'un marché à la ferme ou rattachement à un PVC (organisation) ; changement progressif vers une agriculture responsable (process).</td><td rowspan="2">*Exemples : Conversion au bio ; nouvelle activité ; nouvelle façon d'obtenir des ressources financières (paniers)*</td></tr>
<tr><td>Changement dans les caractéristiques du produit existant.
Exemple : en réponse aux attentes des clients (produit)</td></tr>
</table>

Cette distinction entre le degré de nouveauté des compétences nécessaires à l'entreprise renvoie à d'autres typologies, cette fois relatives aux caractéristiques de l'entrepreneur. Le champ de recherche de l'entrepreneuriat est large et fait l'objet de débats (Verstraete, 2001) et, comme le souligne Saleilles (2007), l'entrepreneuriat dans le domaine rural ou néorural n'a fait l'objet que de peu d'attention jusqu'à présent. Cependant, qu'il s'agisse d'entrepreneurs en général ou d'agriculteursentrepreneurs, il existe différentes typologies mettant chacune l'accent sur les logiques d'action des producteurs.

Ainsi, Smith et Miner (1983) opposent les entrepreneurs artisans des entrepreneurs opportunistes ; les premiers ont une forte compétence technique et redoutent la perte de contrôle de l'entreprise ; les seconds sont focalisés sur la croissance quitte à, pour cela, ouvrir le capital. Dans la même logique, Marchesnay (1991) sépare deux profils d'entrepreneurs : les PIC et les CAP. L'entrepreneur PIC (Pérennité – Indépendance financière – Croissance réactive) recherche la stabilité dans le contrôle et respecte une logique patrimoniale ; l'entrepreneur CAP (Croissance – Autonomie de décision – Pérennité) recherche les opportunités de développement et se centre sur une logique de flux.

Sous l'hypothèse d'applicabilité de la littérature entrepreneuriale aux agriculteurs (Richards et Bulkley, 2007), on retrouve cette même différenciation des comportements en fonction des logiques d'action dans d'autres typologies (voir, pour quelques-unes de ces typologies, Lanciano et Saleilles, 2010). S'intéressant uniquement aux agriculteurs biologiques, Schieb-Bienfait et Sylvander (2004) proposent à leur tour plusieurs profils de producteur, dont en particulier (a) l'opportuniste, intéressé par une meilleure valorisation de son travail grâce à la conversion de son exploitation ; (b) le contestataire, pour lequel le bio correspond à un projet de vie ; (c) l'entrepreneur, qui recherche une meilleure valorisation de ses produits et la reconnaissance de la qualité de son travail par les consommateurs. Knudson *et al.* (2004), pour leur part, suggèrent de séparer, parmi les agriculteurs, les entrepreneurs innovants et les innovateurs entreprenants. La proposition de ces auteurs renvoie, de notre point de vue, à la séparation innovation d'exploitation – innovation d'exploration. Ils identifient également une autre catégorie, celle de l'agriculteur entrepreneur, assimilable selon nous à l'idée d'entrepreneur routinier de Boutillier et Uzunidis (1995). Toutes ces typologies sont le résultat du travail d'analyse réalisé par les auteurs respectifs, à partir d'études de cas et d'interviews permettant d'évaluer les comportements.

En revanche, la proposition de Vesala et Vesala (2010) nous apparaît plus originale, dans le sens où elle décrit la façon dont les agriculteurs se voient eux-mêmes, et selon l'existence ou non d'une activité diversifiée :

Tableau 2 : Entrepreneur ou producteur ?
La façon dont les agriculteurs se voient

	2006				
	Mono-activité (*Conventionnels*)	Pluri-activités (*Diversifiés*[6])	Rural hors agriculture	Mono	Pluri
Seulement producteur	21,3	6,8	1,6	24,3	9
Producteur et entrepreneur	69,5	68,8	23,2	65,1	65,9
Seulement entrepreneur	8,8	19,7	61,6	5,1	20,4
Ni l'un, ni l'autre	0,4	4,7	13,6	5,5	4,7

Source : Vesala et Vesala, 2010, p. 26.

Tous ces éléments nous conduisent à considérer que les agriculteurs engagés dans un mode de commercialisation non conventionnel sont bien assimilables à des entrepreneurs. Le choix de rentrer dans un circuit court constitue, pour ces chefs d'entreprise, une innovation *a minima* d'organisation, éventuellement de process et de produit. Si ce circuit court est lui-même une modalité récente de commercialisation, comme par exemple pour le système de panier, alors il s'agit d'une innovation d'exploration qui va de pair avec l'accès à de nouvelles ressources. C'est cet aspect que nous allons maintenant développer, en nous rapportant à quelques études de cas réalisées ou encore en cours.

3. Les systèmes de panier : des transformations majeures dans les relations consommateurs-producteurs

Pour tenter d'aller plus avant dans l'identification du caractère entrepreneurial de l'adoption d'un circuit court, on peut se focaliser sur les systèmes de panier, circuit particulièrement novateur parmi la totalité des CC. Ces systèmes sont très divers ; et il n'est pas possible de décrire ici un ensemble de modalités précises qui s'appliqueraient à tous les cas. En revanche, en se focalisant sur quelques exemples, il semble que l'on puisse identifier des faits stylisés représentatifs de cette forme d'échange.

6 La notion de diversification, ici, ne renvoie pas ici à différentes activités liées à l'exploitation agricole mais bien à « farmers who also had non-agricultural business » ; autrement dit une diversification qui dépasse le champ de l'agriculture *stricto sensu*.

Les consommateurs peuvent être à l'origine des paniers, soit suite à une initiative spontanée de quelques habitants, soit comme suite logique d'une association préexistante, généralement centrée sur le développement local et durable. D'autres paniers sont lancés à l'initiative des producteurs, qui se regroupent pour fournir les produits. La diversité de l'organisation en panier rend difficile une description globale du fonctionnement. Partant d'études de cas sur les CC en Bretagne (Chastroux et Zilliox, 2006 ; Denechère, 2007 ; Moisière, 2007 ; Spanu, 2008), nous proposons une première description des modalités d'échange dans différents cas de paniers :

Porteur du projet « panier »	Consommateur	Producteur
Réseau social formel : association préexistante (projet collectif)	Panier 1	Panier 3
Réseau social informel : regroupement spontané (projet individuel)	Panier 2	Panier 4

Le profil général des membres de ces systèmes est souvent assez proche, quelle que soit l'expérience étudiée. Les consommateurs sont en majorité (70 %) des citoyens impliqués dans d'autres associations (de protection de l'environnement à 40 % ou culturelles à 25 %). La plupart ont fait des études supérieures (70 % a au moins un Bac+2). Les producteurs sont souvent déjà impliqués précédemment dans des formes de CC, en général les marchés de plein vent et la vente à la ferme.

Le système de panier fonctionne *a priori* sur le principe d'un abonnement pris par le consommateur, pour la livraison hebdomadaire d'un panier de produits locaux (éventuellement bio) à un prix prédéterminé. Cet abonnement se fait à long ou moyen terme (de 1 an à 3 mois), selon les paniers. Le prix est fixé à l'avance (souvent entre 10 et 15 euros, selon le poids moyen du panier), payé à l'avance par le consommateur (sur une période de 3 mois, donc selon une périodicité saisonnière) et fait, par la suite, l'objet d'une régularisation à l'occasion du début de la saison suivante.

En général, ce sont les producteurs qui fixent eux-mêmes leur prix d'approvisionnement. Sur cette base, une « marge commerciale » est ajoutée, normalement pour tenir compte des coûts de gestion mais en fait souvent à partir de l'idée d'une rémunération juste et équitable. Quand c'est le producteur qui se charge de la composition des paniers, la marge commerciale est soit négociée préalablement entre les parties soit fixée simplement par le producteur lui-même. Il est intéressant de noter que les producteurs ont tendance à réduire spontanément leurs prix, soit pour soutenir l'association et cette modalité de commercialisation, soit parce qu'ils estiment que les volumes justifient de pratiquer le prix de « demi-gros ».

En comparant les différentes expériences, il semble que la fourchette de 50 à 70 paniers hebdomadaires soit la plus pertinente, à tout le moins la plus courante. En dessous, le volume n'est pas suffisant pour les producteurs ; au-dessus, les coûts de structure semblent importants (coûts de gouvernance).

Ce système représente à la fois une contrainte forte pour la constitution du panier (trouver des produits variés permettant de rester le plus proche possible du prix préfixé) mais aussi permet au producteur de bénéficier d'une avance en trésorerie. C'est donc une façon, qui semble efficace, de contourner un problème classique de besoin en fonds de roulement des petites structures. C'est un point important pour toutes les exploitations, d'autant plus crucial pour les petites exploitations qui démarrent.

Ces systèmes de panier conduisent également certains producteurs à se diversifier, parce qu'ils identifient des opportunités de développement. Certaines se lancent dans la transformation ; réorientation de l'activité vers la transformation ; diversification du maraîchage (pour des produits plus atypiques), etc. Ils peuvent également permettre de soutenir l'emploi de plusieurs façons. Le système de paniers peut générer des emplois, juste pour la gestion de la structure (emplois associatifs). Il facilite ou même permet des installations. Par exemple, la conjointe d'un exploitant impliqué dans le Panier 3 a créé son activité spécialement pour l'association, en s'installant comme paysanne boulangère.

Tableau 3 : L'agriculteur ambidextre : exploitation et exploration

Innovation d'exploitation *Entrepreneur PIC* *(Pérennité-Indépendance-Croissance)*	Innovation d'exploration *Entrepreneur CAP* *(Croissance-Autonomie-Pérennité)*
Diversification des produits Nouveau débouché Nouvelle organisation interne	Nouvelle activité demandant de nouvelles compétences Multifonctionnalité

Reprenant ces exemples, il semble que les systèmes de paniers constituent un débouché supplémentaire pour les producteurs, mais celui-ci ne vient pas nécessairement remettre en cause le fonctionnement précédent de l'exploitation et ne conduit pas souvent à l'abandon pur et simple des circuits longs. On peut donc considérer que les paniers se substituent aux autres formes de CC. L'alternative qui existe porterait donc plus sur le type de CC (le panier qui se substitue à des marchés de plein vent, par exemple) que sur circuit long ou court. Cependant, il existe aussi des cas où la part du circuit long dans le chiffre d'affaires a été réduite du fait de l'appartenance à la structure.

Par rapport à ces exemples, il faut souligner que le cas du Panier 3 est un exemple un peu particulier, au sens où c'est le seul cas d'association de producteurs, et uniquement de producteurs, parmi tous les exemples étudiés. Il est précisé, dans les objectifs de l'association, qu'il s'agit de pérenniser des exploitations en danger, de préserver les revenus des producteurs et d'améliorer leurs conditions de travail. Les autres objectifs énoncés sont plus conformes à ce qui existe pour tous les autres paniers, à savoir valoriser l'agriculture biologique locale et créer des liens de solidarité entre producteurs et consommateurs. Néanmoins, il semble bien que, même dans les autres cas, l'idée de soutien aux collègues et de partage de la clientèle soit l'une des motivations pour certains agriculteurs.

Le système de panier participe d'une dynamique de réseau social local. Soit il s'agit d'un réseau social qui va se renforcer et s'étendre grâce au CC (réseau formel à l'origine du projet) ; soit le réseau va progressivement se constituer, au fur et à mesure des opérations de développement des interactions (pique-nique annuel organisé par le Panier 2 ; assemblée générale de l'association ; participation des consommateurs à des chantiers coopératifs sur les fermes, etc.).

Mais surtout, il nous semble que deux éléments sont particulièrement remarquables.

Tout d'abord, dans les systèmes d'abonnement, le consommateur accepte volontairement de renoncer à sa liberté de choix, qui caractérise justement sa fonction économique. Il s'engage sur le moyen ou long terme à acquérir des produits sur lesquels il n'a *a priori* aucune information, ni sur les variétés, ni sur les quantités, ni même sur le prix. Le consommateur accepte donc de jouer le rôle de financeur du fond de roulement et de la trésorerie ; ceci en toute opacité sur les caractéristiques finales de l'objet de l'échange[7].

Ensuite, et si c'est un point seulement connexe au système de commercialisation lui-même, il représente un élément important dans cette proposition d'analyse des CC en termes d'innovation, ce système d'engagement facilite l'installation de jeunes agriculteurs.

Dans deux des cas étudiés, Paniers 2 et 4, l'engagement formel des consommateurs à constituer un débouché certain a permis de lever une

[7] Pour illustration de cette même logique, on peut aussi citer l'exemple d'une installation qui fonctionne uniquement sur les marchés de plein vent, donc hors de ce système de panier, mais qui décide de lancer une production de pommes de terre après appel à commandes auprès de consommateurs connus. Ces consommateurs se sont engagés à acheter certaines quantités de certaines variétés ; ce qui permet à l'exploitation d'être en grande partie assurée des débouchés. Cette production constitue de plus une diversification par rapport au projet initial qui portait uniquement sur la maîtrise totale de fabrication de pain, du blé à sa vente directe.

partie de la contrainte financière qui remettait en cause la création d'entreprises.

Dans le premier cas, l'association (qui n'était en fait qu'en cours de création) a accompagné le porteur du projet de création (qui s'ajoutait au producteur référant, qui était déjà installé) lors de la présentation de ce projet auprès des banques. Cet engagement des consommateurs a permis d'obtenir en particulier le financement de la trésorerie. Si les installations passent souvent par la mobilisation financière du réseau social et familial du porteur de projet, il est question ici de l'appui d'un réseau qui n'était encore qu'en voie de constitution. C'est bien la structure associative (et non ses membres en tant que tels) qui a joué le rôle d'intermédiation entre l'acteur économique et le système de financement.

Dans le second cas, on assiste à un appui encore plus spécifique, là aussi intermédié par une organisation associative. Si ce système de panier fonctionne sans structure formelle des consommateurs, il est adossé à une structure plus large qui constitue, nous semble-t-il, une innovation structurelle collective. Pour réussir à s'installer, le producteur a fait appel à une association, dont le rôle est de trouver le meilleur dispositif de financement alternatif des projets d'installation en bio. Ici, le dispositif est un diptyque : l'association, grâce à sa fondation à laquelle concourent tous ceux qui partagent ses valeurs, a acheté les terres et les met à disposition du Panier 4 ; en parallèle, elle a lancé un appel à participation dans « ses réseaux » pour la constitution d'une Société Civile Immobilière, appel qui a été accueilli très favorablement. Les bâtiments ont ainsi été achetés par l'association, qui les loue au producteur à un loyer inférieur à la moyenne locale des baux ruraux.

Enfin, dans un autre exemple d'installation, hors système de panier mais avec appel au « public » pour le financement du projet, cette même association a suggéré de lancer un dispositif de Groupement Foncier Agricole (GFA) pour trouver les fonds nécessaires au rachat des terres (cette fois, le porteur de projet avait les ressources financières pour l'achat des bâtiments, mais pas des terres). Le projet de GFA a eu un tel accueil positif que l'agriculteur a pu racheter en plus un bois attenant aux terres exploitables. Le projet ici n'est pas un système de panier mais la vente directe sur les marchés à laquelle doit s'ajouter à terme une activité de ferme pédagogique en direction du milieu scolaire.

Ces exemples montrent une tendance qui, certes, reste encore marginale mais nous apparaît comme porteuse de sens ; à savoir que les contraintes habituelles qui viennent peser sur la création d'entreprises dans le milieu agricole (contraintes foncières et de financement) sont contournées de fait par l'intermédiation d'une structure collective qui pallie les défaillances des institutions économiques « standards » (marché foncier ; système bancaire).

Dans ce cadre, si le producteur agricole qui rentre en CC peut être vu comme ayant prioritairement un profil PIC, c'est la structure associative (et implicitement les citoyens qui permettent son fonctionnement) qui prend le rôle d'un entrepreneur CAP. Cette remarque suppose néanmoins d'être étudiée plus en détail, notamment par rapport à l'ouverture du capital et la logique de croissance implicite à ce profil.

Conclusion

Si les circuits courts sont largement analysés depuis une dizaine d'années sous l'angle de la coordination entre producteur et consommateur, qui met l'accent sur le rôle des interactions entre les acteurs économiques, la dimension innovante de ces modes de commercialisation reste encore actuellement un sujet peu étudié.

Les réseaux locaux d'échange représentent une modalité novatrice de transaction, qui dépasse le simple échange de marchandise pour tendre vers le développement d'une coopération forte entre ce que l'on peut considérer, relativement à la théorie standard, comme les deux côtés du marché ayant chacun des intérêts antagonistes, à savoir l'offre et la demande. Les CC, et plus particulièrement les systèmes de paniers étudiés ici, montrent la possibilité d'avoir un accord sur la variable prix, et ce préalablement à l'échange. Ils mettent également en évidence le fait que les acheteurs participants aux systèmes d'abonnement acceptent de renoncer à ce qui constitue leur liberté fondamentale de consommateur théorique, à savoir la liberté de faire un choix conforme à leur carte des préférences.

La question se pose alors de voir dans quelle mesure ces CC peuvent représenter un nouveau modèle, un changement radical en relation avec l'existence ou non d'entrepreneurs *schumpetériens*. Si la réponse à cette question est actuellement prématurée, étant donné l'état des connaissances sur les différentes dimensions innovantes des CC, nous avons proposé ici quelques éléments de réflexion sur ce sujet.

Partant de l'analyse des caractéristiques des relations d'échange mises en œuvre par les circuits courts de commercialisation des produits agricoles, nous avons pu rattacher ces modalités particulières d'échange tout d'abord à une certaine littérature sur les formes d'innovation internes à l'entreprise, qui prennent en compte l'arbitrage de tout entrepreneur entre innovation d'exploitation et innovation d'exploration puis à différentes typologies d'entrepreneurs. L'agriculteur en CC apparaît comme ayant plutôt un profil d'entrepreneur routinier, qui privilégie l'innovation d'exploitation conformément à la logique patrimoniale d'un entrepreneur PIC. Étudiant plus avant quelques cas de systèmes de panier pour tenter d'en cerner la diversité, nous avons vu apparaître des éléments qui se rapportent plus à la logique de l'innovation d'exploration, en particulier dans le cas d'installation directement en circuit court. Il reste cependant à affiner les sous-hypothèses de travail et à étendre le travail de terrain pour voir dans quelle mesure l'une de ces hypothèses pourrait être vérifiée, qui porte sur l'origine de la dynamique entrepreneuriale qui se trouverait du côté des consommateurs et pas des producteurs.

Plus globalement, l'étude des circuits courts doit encore être travaillée, notamment pour tenir compte de la dimension réseautage (réseau local de producteurs, réseau social, etc.) et son importance dans l'acquisition des connaissances et compétences nécessaires, dans une logique de cluster agricole associé à des externalités de réseau positives. Ces éléments pourraient alors amener à un changement de trajectoire dans le développement du monde agricole, dans une logique d'innovation d'exploration et de création de petites entreprises, et à l'opposé de la logique productiviste qui s'est imposée dans la période précédente mais qui reste encore le modèle de référence si on en croit les tenants d'une structuration des circuits courts sur la base de la recherche d'économies d'échelle. Les circuits courts, et ce qu'ils génèrent comme tendance au niveau des installations, peuvent alors conduire à s'interroger sur la pertinence de l'hypothèse selon laquelle l'hypofirme serait le fondement de l'hypermodernité (Marchesnay, 2004).

Bibliographie

Akerlof, G. (1970), « The market for "lemons" : quality uncertainty and the market mechanism », *Quarterly Journal of Economics*, 84, 488-500.

Allaire, G., Boyer, R. (eds.) (1995), *La grande transformation de l'agriculture*, Economica/INRA, Paris.

Barney, J. (1991), « Firm resources and sustained competitive advantage », *Journal of Management*, 17(1), 99-120.

Bénézech, D. (2007), « Les ressorts de l'échange de produits alimentaires différenciés : de l'information à la confiance », in Amemiya (ed.), *L'agriculture participative*, Presses universitaires de Rennes, 137-149.

Benkahla, A., Boutonnet, J.P., Napoléone, M. (2004), *Proximités et signalisation de la qualité : approches croisées pour l'étude d'une AOC. Le cas du Pélardon*, Communication aux 4e Journées de la Proximité, Marseille, 17-18 juin.

Boutillier, S., Uzinidis, D. (1995), *L'entrepreneur. Une analyse socio-économique*, Economica Poche, Paris.

Chastroux, G., Zilliox, E. (2006), *Les systèmes de paniers dans les Côtes d'Armor ou la mise en œuvre d'une solidarité réciproque dans les échanges marchands*, Mémoire de fin d'études, Rennes 1.

Chessel, M., Cochoy, F. (2004), « Autour de la consommation engagée : enjeux historiques et politiques », *Sciences de la société*, 62, 3-14.

Chiffoleau, Y. (2008), « Les circuits courts de commercialisation en agriculture : diversité et enjeux pour le développement durable », in Maréchal (ed.), *Les circuits courts alimentaires*, Educagri, Dijon, 21-30.

Chiffoleau, Y., Prévost, B. (2010), « Les circuits courts, des innovations sociales pour une alimentation durable », Communication au Xe Rencontres du RIUESS, Luxembourg, 3-4 juin.

Danneels, E. (2002), « The dynamics of product innovation and firm competences », *Strategic Management Journal*, 23, 1095-1121.

Darby M., Karni E. (1973), « Free competition and the optimal amount of fraud », *Journal of Law and Economics*, vol. 16, 67-88.

Denechère, F. (2007), *Repères pour une approche économique des circuits courts dans leur territoire : concepts et méthodes pour leur compréhension et évaluation*, Mémoire de fin d'études, Agrocampus, Rennes.

Dubuisson-Quellier, S., Le Velly, R. (2008), « Les circuits courts entre alternative et hybridation », in Maréchal (ed.), *Les circuits courts alimentaires*, Educagri, Dijon, 105-112.

Dufour, A., Bernard, C., Angelucci, M.A. (2003), « Reconstruction des identités professionnelles autour de la multifonctionnalité de l'agriculture. L'exemple des Coteaux du Lyonnais », *Ruralia*, 12/13, 1-18.

Fourcade, C. (2008), « Des dynamiques de proximité innovantes : le cas des Systèmes agroalimentaires localisés en France », *Cahiers Agricultures*, 17(6), 520-525.

Goodman, D. (2004), « Rural Europe redux ? Reflections on alternative agro-food networks and paradigm change », *Sociologia Ruralis*, 44(1), 3-16.

Holloway L., Kneeafsey M., Venn L., Cox R., Dowler E., Tuomainen H. (2007), « Possible food Economies : a methodological framework for exploring food production-consumption relationships », *Sociologia Ruralis*, 47(1), p. 1-17.

Knudson, W., Wysocki, A., Champagne, J., Peterson, C. (2004), « Entrepreneurship and innovation in the agri-food system », *American Journal of Agricultural Economics*, 86(5), 1330-1336.

Lamine, C. (2005), « Settling shared uncertainties : local partnerships between producers and consumers », *Sociologia Ruralis*, 45(4), 324-345.

Lanciano, E., Saleilles, S. (2010), *Le développement des circuits courts alimentaires : un nouveau souffle entrepreneurial dans l'agriculture ?*, Communication au CIFEPME, Bordeaux.

Le Caro Y., Daniel R. (2007), « Les motivations des agriculteurs impliqués dans la vente directe », in Amemiya, (ed.), *L'agriculture participative. Dynamiques bretonnes de la vente directe*, Presses universitaires de Rennes, 95-124.

Marchesnay, M. (1991), « La PME : une gestion spécifique ? », *Économie rurale*, 206, 11-17.

Marchesnay, M. (2004), *L'hypofirme, fondement de l'hypermodernité ?*, Communication au 7e CIFEPME, 27-29 octobre, Montpellier.

Marsden, T., Murdoch, J., Morgan, K. (1999), « Sustainable agriculture, food supply chains and regional development : editorial introduction », *International Planninng Studies*, 4(3), 295-301.

Moisière, X. (2007), *Les circuits courts alimentaires à Rennes Métropole*, Mémoire de fin d'études, Rennes 2.

Nelson P. (1970), « Information and consumer behavior », *Journal of Political Economy*, vol. 78(2), p. 311-329.

Nicolas F., Valceschini E. (eds.) (1995), *Agroalimentaire : une économie de la qualité*, Paris, Economica/INRA.

Pacione, M. (1997), « Local exchange trading systems – A rural response to the globalization of capitalism ? », *Journal of Rural Studies*, 13(4), 415-427.

Richards, S., Bulkley, S. (2007), *Agricultural Entrepreneurs : the first and the forgotten ?*, Paper for The Hudson Institute Center for Employment Policy, Entrepreneur Series, 4/26/2007.

Saleilles, S. (2007), *L'entrepreneur néo-rural et son réseau personnel*, Thèse de Doctorat en Sciences de gestion, Université Montpellier 1.

Selfa, T., Qazi, J. (2005), « Place, taste, or face-to-face ? Understanding producer-consumer networks in "local" food systems in Washington State », *Agriculture and Human Values*, 22, 451-464.

Schieb-Bienfait, N., Sylvander, B. (2004), « Filière biologique et logiques d'actions : éléments d'analyse des difficultés de structuration d'une filière régionale », Communication à la 13e conférence de l'AIMS, Vallée de seine, 2-4 juin.

Schumpeter, J. (1935), *Théorie de l'évolution économique*, Dalloz (trad.), Paris.

Smith, N., Miner, J.B. (1983), « Type of entrepreneur, type of firms, and managerial motivations : Implications for organizational life cycle theory », *Strategic Management Journal*, 4(4), 325-340.

Spanu, A. (2008), *La vente en circuits courts par les agriculteurs favorise-t-elle l'adoption de pratiques agricoles plus respectueuses de l'environnement ? Cas du bassin de consommation de Rennes*, Mémoire de fin d'études, Agrocampus, Rennes.

Verstraete, T. (2001), « Entrepreneuriat : modélisation du phénomène », *Revue de l'entrepreneuriat*, 1(1), 5-22.

Vesala, H., Vesala, K. (2010), « Entrepreneurs and producers : Identities of Finnish farmers in 2001 and 2006 », *Journal of Rural Studies*, 26, 21-30.

TROISIÈME PARTIE

MILIEUX INNOVATEURS ET TERRITOIRES VERTS

Pôle de compétitivité et développement durable

Des réseaux d'innovation sectoriels aux logiques territoriales

Antoine GRANDCLEMENT

Aix Marseille Université

Introduction

Si le développement durable associe étroitement les dimensions environnementales, économiques et sociales, la montée en puissance des préoccupations environnementales s'est construite sur un antagonisme marqué entre activité industrielle et environnement (Bost, Daviet, 2011). Cette opposition binaire, qui a longtemps dominé les représentations des populations et des dirigeants politiques, semble pourtant s'atténuer. La diffusion accélérée de modèles et de slogans tels que l'économie verte, la croissance verte, les *green tech* ou le *green new deal* a gagné le champ des politiques publiques, à l'image du Grenelle de l'Environnement français ou du plan d'action de l'administration Obama. Dans un contexte de crise économique, l'idée que l'économie verte et l'innovation technologique offrent des perspectives de croissance et d'emplois, en partie alimentée par l'exemple de la Silicon Valley, semble faire l'unanimité. La littérature en donne toutefois une lecture plus nuancée et pointe notamment le décalage entre l'unanimisme des acteurs et le retard des politiques publiques dans ce champ. L'incapacité de ces mêmes politiques à faire émerger des *green sectors* et à s'appuyer sur les clusters et réseaux de recherche est notamment mise en avant (Depret, Hamdouch, 2009).

Le cas français semble à ce titre particulièrement intéressant puisqu'une politique industrielle et d'innovation et une politique environnementale ambitieuses et nouvelles ont vu le jour dans la deuxième moitié des années 2000. La politique des pôles de compétitivité, lancée en 2005, marque le retour des politiques industrielles (Cohen, 2007) et fait de l'innovation le moteur de la compétitivité de l'industrie et des territoires (Weil, Fen-Chong, 2008). Dans le champ du développement durable, le Grenelle de l'Environnement a introduit une vision plus ambitieuse et plus systémique, même si les résultats concrets sont encore limités. Une nouvelle étape semble en passe d'être franchie avec la recherche d'une articulation plus forte entre ces deux politiques, notamment par l'approfondissement du lien entre innovation et développement durable (CGIET, 2011). Les Investissements d'avenir du Grand Emprunt ou le plan Ecotech 2012 témoignent de ce processus. Le développement durable est de plus désormais une des missions des pôles de compétitivité qui sont, pour le ministère du Développement durable, « un instrument pertinent pour diffuser la culture du développement durable dans les territoires et au cœur des institutions de recherche, en cohérence avec les projets de R&D des entreprises ». Les objectifs du développement durable, d'abord portés par le Grenelle, se diffusent ainsi dans un nombre croissant de politiques et notamment dans le champ de l'innovation et de l'industrie. Le modèle de l'économie verte tend en effet à gommer les frontières entre politiques environnementales et politiques d'innovation.

L'objectif de ce texte est ainsi de montrer, au-delà de la question de la cohérence et de l'articulation des politiques de développement durable (Depret, Hamdouch, 2009), la place du développement durable dans le positionnement stratégique des pôles de compétitivité et dans leurs actions au quotidien. Il s'appuie sur l'hypothèse que *le champ du développement durable est à l'origine de nouvelles formes de mise en réseau des pôles et de leurs membres qui transcendent les frontières sectorielles classiques au profit de logiques territoriales.*

Après avoir étudié les conséquences du mode de pilotage original des pôles de compétitivité (Albertini, 2007) dans le déploiement des objectifs du développement durable au niveau national, cet article interroge la diversité des choix stratégiques des pôles de compétitivité face au développement durable en s'appuyant sur l'exemple des 9 pôles de compétitivité de la région Provence-Alpes-Côte d'Azur. La pluralité des thématiques et des secteurs industriels représentés et l'envergure des pôles (7 pôles nationaux, un pôle à vocation mondial et un pôle mondial) offrent un terrain favorable pour confronter les choix de pôles concernés directement ou indirectement par les écotechnologies et plus largement par les contraintes et les opportunités suscitées par le développement durable (Bost, Daviet, 2011).

Tableau 1 : Les 9 pôles de compétitivité de la région PACA

Pôles	Secteurs / thématiques	Statut
Solutions Communicantes Sécurisées	TIC / microélectronique	Pôle mondial
Pôle Mer	Énergie - TIC - transports	Pôle à vocation mondiale
Capénergies	Énergie	Pôle national
Eurobiomed	Biotechnologies - santé	Pôle national
Optitec	Photonique	Pôle national
Parfums-Arômes-Senteurs-Saveurs (PASS)	Bioressources - cosmétiques - chimie	Pôle national
Pégase	Aéronautique	Pôle national
Pôle Européen d'Innovation Fruits et Légumes (PEIFL)	Agroalimentaire	Pôle national
Pôle Risques	Risques	Pôle national

Source : http://www.competitivite.gouv.fr

À partir de cette première approche, relativement classique, du positionnement des pôles face au développement durable, ce texte propose un changement d'échelle pour montrer la nécessité d'un dépassement des frontières sectorielles traditionnelles. Si les problématiques auxquelles sont confrontés les différents secteurs industriels diffèrent sensiblement, elles sont à l'origine de collaborations qui transcendent les barrières sectorielles et favorisent la recherche de solutions réellement innovantes aux questions posées par le développement durable. Les logiques qui sous-tendent ces réseaux entre pôles ne se limitent de plus pas à une simple proximité géographique mais témoignent d'un ancrage et d'un processus de territorialisation des réseaux d'innovation.

1. Développement durable et politique nationale des pôles

Si la politique nationale des pôles de compétitivité marque une rupture dans les logiques et les modèles qui sous-tendent les politiques industrielles et d'aménagement du territoire (Plunket, Torre, 2009), elle se distingue également par la mise en œuvre de nouvelles pratiques politiques et de nouvelles formes de pilotage (Epstein, 2008). Ces nouveaux modes de pilotage pèsent fortement sur les modalités de mise en œuvre des objectifs du développement durable.

1.1. Le développement durable, absent du cahier des charges

L'affirmation du référentiel du développement durable dans le champ des politiques publiques françaises va croissant depuis la fin des années 1990 (loi Voynet entre autres). Ce modèle est pourtant à l'origine très peu présent dans la politique des pôles lancée en 2004. Il est certes affirmé comme un des objectifs des pôles mais de manière très secondaire et théorique. Il est notamment absent du cahier des charges de l'appel à projets publié en novembre 2004. Il faut rappeler que cette politique est mise en œuvre dans le contexte de débats sur la désindustrialisation et le décrochage scientifique et technologique de la France, dont témoignent les nombreux rapports publiés au début des années 2000 (notamment Blanc, 2004). L'absence du développement durable dans la politique des pôles procède sans doute en grande partie de l'opposition ancienne mais tenace entre objectifs environnementaux et compétitivité économique.

Dès lors, et du fait du recours à un appel à projets, la détermination de la place accordée au développement durable dans la construction des projets de pôles a largement échu aux acteurs locaux et régionaux. La souplesse du cahier des charges (Albertini, 2007) a laissé une grande latitude à ces acteurs, comme en témoigne la labellisation controversée de 71 pôles. Aucun objectif ou injonction précis n'a été fixé aux pôles naissants. Une quinzaine de pôles s'est positionnée sur la thématique du développement durable (par exemple, le pôle Tenerrdis dans le champ des énergies nouvelles et renouvelables, le pôle Axelera dans le domaine de la chimie verte, le pôle « Ville et mobilités durables »). Pour les autres pôles et à quelques exceptions près, le développement durable n'a, semble-t-il, pas constitué un objectif prioritaire, du fait de l'ampleur de la tâche et de la pression imposée par la perspective d'une évaluation à court terme. La mise en avant de l'innovation et notamment de l'innovation technologique par le biais de projets de recherche collaborative a incontestablement éclipsé les autres missions des pôles lors de leur mise en œuvre (Albertini, 2006).

L'évaluation nationale (CM International, Boston Consulting Group 2008) menée en 2008 a pourtant retenu, parmi les thématiques et critères étudiés, celle du développement durable, sous une formulation très générale (« intégration d'objectifs de développement durable »). L'influence du Grenelle de l'Environnement est à ce titre sensible et a notamment contribué à nuancer l'antagonisme entre compétitivité et environnement (pour le Grenelle 1 tout au moins). Le constat est sans surprise celui de l'absence d'une approche stratégique formalisée en termes de développement durable, à l'exception des pôles ayant un lien net avec ces thématiques. Quelques initiatives sont toutefois relevées, notamment autour des questions d'éco-conception et de cycle de vie des produits. Moins d'une vingtaine de pôles avaient à cette date constitué un groupe de travail spécifiquement dédié à cette problématique.

Le développement durable n'a donc clairement pas été placé au cœur du modèle théorique qui sous-tend la politique des pôles. Lors de la première phase de cette politique, l'intérêt accordé par les différents pôles à cette problématique a de ce fait été très modeste. Les outils de pilotage mis en œuvre dans cette politique ont toutefois l'originalité d'autoriser une adaptation des référentiels et l'implémentation de nouveaux objectifs.

1.2. Pilotage et inflexions de la politique des pôles

La labellisation de 71 pôles a souvent été analysée comme la concrétisation d'une approche de type *bottom-up*, dans laquelle l'État se contenterait d'un rôle d'initiateur, laissant une grande liberté aux pôles. Cette vision doit être nuancée dans la mesure où l'adoption de nouvelles pratiques politiques, parmi lesquelles le rôle des appels à projets et de guichets de financement nationaux, marque au contraire aussi une forme de recentralisation (Epstein, 2008). La labellisation des pôles ne donne en effet droit qu'à des financements très restreints, dédiés aux structures d'animation. L'essentiel des fonds publics est attribué par le biais d'agences et de guichets nationaux (le FUI, fonds unique interministériel, l'ANR et Oséo), au terme d'appels à projets périodiques et après une évaluation des projets présentés par les pôles. Ces guichets affectent les crédits selon des critères et des stratégies qui leur sont propres et qui s'appliquent de manière uniforme à tous les pôles. Ces guichets sont donc des outils potentiels de pilotage stratégique de la politique au niveau national. R. Epstein y voit une rupture avec les pratiques de contractualisation avec les collectivités issues de la décentralisation et parle de « gouvernement à distance » des territoires (Epstein, 2008). De fait, si le développement durable est absent des objectifs fixés par la politique nationale des pôles dans sa première phase, il est bien présent dans les choix des financeurs. L'ANR accorde ainsi une grande place au développement durable par le biais de programmes de recherche et d'appels à projets dédiés, auxquels les acteurs des pôles sont appelés à contribuer. Des projets concernant les nouvelles technologies de l'énergie (programmes PANH ou Stock-E) ou l'efficacité énergétique et environnementale (programmes PREBAT, PREDIT, Villes Durables) ont ainsi reçu respectivement 195 et 97 millions d'euros. Un programme Ecotech dédié à toutes les technologies de l'environnement attribue des fonds à des projets de recherche partenariale entre laboratoires et entre entreprises et laboratoires. Oséo a de la même manière intégré ces objectifs du développement durable, qu'il s'agisse du financement de projets collaboratifs incluant des PME ou de celui des projets stratégiques de plus grande ampleur issus de l'ex Agence pour l'innovation industrielle (AII) absorbée en 2007.

L'évaluation régulière des pôles (une nouvelle évaluation est prévue en 2012) constitue de même une occasion pour faire évoluer les injonctions assignées aux pôles. La mise en place de contrats de performance signés avec l'État par chaque pôle y contribue également. La deuxième phase de la politique dite des « pôles 2.0 » inaugurée en 2008 a ainsi fait évoluer sensiblement les missions confiées aux pôles, en y intégrant le développement durable. Pour saisir ce processus, il faut toutefois changer d'échelle pour montrer comment la politique des pôles s'articule avec d'autres politiques thématiques.

1.3. Le développement durable, nouvelle mission des pôles

La politique des pôles de compétitivité a en effet acquis progressivement un rôle de pivot des politiques d'innovation et de recherche qui se traduit par la multiplication des missions qui leur sont confiées. Les enjeux liés à la formation et à la gestion des compétences, l'intégration des PME ou le développement durable sont des exemples de cette multiplication d'injonctions parfois contradictoires (Hussler *et al.*, 2010). Cette tendance était déjà mise en lumière par le président du pôle PEIFL, qui, auditionné par le conseil économique et social en 2008, estimait qu'« il serait dramatique que les pôles deviennent un entonnoir dans lequel on intègre toutes les responsabilités sociales, d'attractivité et de représentation de la production » (CES, 2008, p. 101). La publication d'un rapport sur « le développement des écotechnologies à travers les missions confiées aux pôles de compétitivité » confirme ce processus (CGIET, 2011). La labellisation de 6 nouveaux pôles dédiés aux écotechnologies en mai 2010 amplifie ce mouvement et lui donne une plus grande visibilité. On retrouve cependant dans ces nouveaux pôles les champs traditionnels que sont la gestion de l'eau, le bâtiment durable et la gestion des déchets. Seul le pôle Avénia, autour de la capture et du stockage du CO_2, s'inscrit dans une thématique plus innovante. Comme pour l'ensemble des autres pôles de compétitivité, il semble que l'innovation réside moins dans les secteurs et les thématiques retenues que dans les moyens et la visibilité offerts par la politique des pôles. La volonté d'asseoir les pôles sur une masse critique d'acteurs et de compétences à même de leur permettre d'exister sur les marchés internationaux conduit à privilégier des secteurs et des clusters déjà bien constitués. Le cas des secteurs émergents, porteurs des innovations les plus radicales, est ainsi laissé de côté par cette politique.

L'État entend en outre donner aux pôles un rôle d'orientation stratégique et de coordination des différents dispositifs et politiques publiques. Le cas des Investissements d'Avenir (ou Grand Emprunt), qui accordent une large place à l'économie verte, est révélateur de ce mouvement. Les pôles sont en effet placés au cœur d'une grande partie des programmes et appels à projets prévus par le Grand Emprunt, soit pour y participer eux-mêmes, soit pour assurer un rôle de coordination. Même lorsqu'ils ne sont pas directement concernés, les pôles sont appelés à labelliser les projets présentés aux différents appels à projets, notamment par les acteurs de la recherche publique. C'est par exemple le cas pour les Instituts d'excellence pour les énergies décarbonées (IEED) ou les Instituts de recherche technologique (IRT). Le pôle Mer PACA participe ainsi au projet d'IRT Promare (avec l'université de Toulon et les grands organismes de recherche) dans le domaine de la protection maritime et de l'environnement marin. Il est également engagé dans deux projets d'IEED, le premier, autour de la valorisation et la production de microalgues avec le pôle Trimatec, le second avec l'Ifremer et le pôle mer Bretagne pour la création d'un site secondaire de France Énergie Marine à Toulon.

Les pôles de compétitivité sont donc appelés par l'État à accorder une place croissante au développement durable. La question de leur positionnement stratégique face à ce modèle et de la réalité de la place du développement durable dans leur action mérite d'être posée.

2. Le positionnement stratégique des pôles face au développement durable : essai de typologie

On ne s'arrêtera pas ici sur le cas des nouveaux pôles consacrés aux écotechnologies du fait de leur jeunesse, et du fait de l'évidence de leur lien au développement durable. La première génération de pôles permet de saisir la diversité des formes d'affirmation du référentiel du développement durable. À ce titre, le positionnement et les choix stratégiques propres à chaque pôle constituent une entrée classique mais éclairante. Il s'agit également de poser la question des formes d'innovation mises en œuvre. Les neuf pôles de la région PACA étudiés ici forment un échantillon assez représentatif de ces logiques.

2.1. Les pôles sans lien direct avec le développement durable

Comme on l'a déjà souligné, la très grande majorité des pôles ne s'est pas inscrite dans une réflexion en termes de développement durable lors du lancement de la politique. On retrouve dès lors des comportements et des choix conformes à ceux observés au niveau des entreprises (Aggeri, Godard, 2006 ; Demaziere, 2007). Le développement durable s'inscrit soit dans une approche d'ensemble mais qui peine à dépasser le cadre des discours et de l'image, soit dans une approche très pragmatique par les enjeux industriels et techniques auxquels les entreprises font face. La logique « d'usine à projets » qui caractérise encore largement les pôles a dans un premier temps favorisé la seconde approche. De nombreux projets de recherche collaborative ont ainsi pour but de résoudre des problèmes technologiques liés à la consommation d'énergie, à la gestion des ressources et des matières premières ou aux déchets et impacts sur l'environnement. Les projets Apache et Ethavol, labellisés par le pôle aéronautique Pégase, visent respectivement à étudier la propulsion d'avions par pile à combustible et par des biocarburants. Le pôle SCS a, quant à lui, établi un partenariat avec le MIT pour étudier les apports des TIC mobiles (*near-field* communication) au développement durable. Ce même pôle a aussi créé un label « SCS TIC durables » pour distinguer les projets innovants qui entrent dans le cadre du développement durable. La place de l'image reste de fait encore importante.

Cette approche du développement durable par le bas est toutefois complétée par une réflexion plus stratégique qui gagne en importance avec la seconde phase des pôles de compétitivité. Les pôles sont en effet incités à élaborer une stratégie de développement à moyen terme et à identifier les nouveaux marchés porteurs de croissance. Le pôle Pégase voit ainsi dans le développement durable un facteur de compétitivité pour les acteurs de l'industrie aéronautique et spatiale. L'innovation doit permettre de développer des aéronefs moins bruyants, moins polluants et plus économiques. Les réglementations environnementales (directives européennes ROHS et REACH) contribuent à cette prise de conscience.

La vision du développement durable comme nouveau marché est renforcée par le positionnement de nombre des pôles de la région sur une logique d'usages. Ces pôles sont en effet construits autour de champs technologiques plus que de secteurs industriels proprement dits. Il s'agit alors d'appliquer les compétences des différents acteurs et les innovations dont ils sont porteurs dans des champs industriels variés pour ouvrir de nouveaux débouchés. Le slogan du pôle SCS, « du silicium aux usages » est révélateur de cette stratégie. Le développement durable est alors un des marchés ciblés par le pôle aux côtés de la santé, des transports, du tourisme, ou de l'agriculture. Le pôle Optitec applique de la même manière les technologies de la photonique aux domaines de l'énergie et de l'environnement. Si ce texte se limite volontairement à la dimension environnementale du développement durable, on peut mentionner que cette logique est à l'œuvre autour de problématiques sociétales telles que la santé ou le vieillissement. Le pôle SCS a ainsi été choisi pour construire le Centre national de référence en santé à domicile.

Ces pôles sans lien direct avec le développement durable portent donc des actions multiformes et parfois encore mal coordonnées. Le lien entre innovation et développement durable est désormais reconnu (Hamdouch, Zuindeau, 2010) mais il relève encore principalement d'une innovation technologique et d'un mouvement « d'économicisation » du développement durable plus que d'une approche systémique (Bost, Daviet, 2011).

2.2. Les pôles touchés par les nouvelles réglementations environnementales

Un second grand ensemble est constitué par les pôles qui sont plus directement concernés par le développement durable, à l'image des pôles de la chimie ou de l'agriculture. La construction des pôles de compétitivité est alors souvent considérée comme une réponse collective indispensable aux défis que représentent les nouvelles réglementations environnementales (Pascual-Espuny, 2011). Le pôle PASS dans le domaine des plantes à parfums et des cosmétiques s'inscrit clairement dans cette logique d'une stratégie défensive face à la réglementation européenne REACH qui fragilise les entreprises. L'effort de Recherche-Développement et la mutualisation des moyens et des compétences sont indispensables pour cette filière composée en grande partie de PME. Le pôle agroalimentaire PEIFL s'inscrit dans une logique similaire de réponses aux enjeux environnementaux rencontrés par l'agriculture. On pourrait multiplier les exemples de projets de recherche collaborative qui répondent aux nouvelles normes environnementales. Le projet Chimiosub du pôle PASS cherche ainsi à réduire l'usage ou la génération de substances néfastes, tandis que le projet Ambisafe anticipe les futures réglementations sur les parfums d'ambiance. Le projet Immunosearch, financé par le FUI, porte sur la définition de bio-marqueurs pour le contrôle de l'innocuité de molécules utilisées en parfumerie. Il est porté par une start-up du même nom créée par des chercheurs.

Cette approche « défensive » n'est toutefois pas la seule. Les produits naturels et le développement durable sont en effet un argument commercial de poids dans ces filières du fait de la montée en puissance de ces problématiques dans les représentations des consommateurs. La dimension naturelle est un atout qu'il convient de valoriser et le label développement durable est un élément majeur de la stratégie de ces pôles. Les pôles PASS et PEIFL ont d'ailleurs signé une convention avec un troisième pôle pour développer des procédés écoresponsables dans les domaines des végétaux. Une plateforme technologique pilote est à l'étude dans le cadre de ce partenariat.

Les axes stratégiques définis par le pôle PEIFL et les groupes de travail thématiques mis en place par le pôle PASS (tableau 2) montrent bien la coexistence de ces deux logiques, défensive face aux réglementations nouvelles et offensive dans la construction et la valorisation d'une image verte pour ces filières.

Tableau 2 : Le développement durable : entre logique défensive et construction d'une image « verte »

Les groupes de travail du pôle PASS	Les axes stratégiques du pôle PEIFL
Agriculture - Développement durable - Responsabilité Sociétale des Entreprises	Nutrition, santé et naturalité
Évaluation des ingrédients aromatiques	Production durable et compétitivité
Production d'ingrédients aromatiques : extraction - synthèse - chimie analytique - caractérisation	Consommation des fruits et légumes frais et transformés
Applications cosmétiques : la cosmétique de demain, la cosmétique du futur	Sécurité des aliments et traçabilité
Physiologie gustative et olfactive - analyse sensorielle	

Source : pôles PASS et PEIFL.

2.3. Les pôles « développement durable »

Le troisième grand type de pôles est constitué par les pôles qui sont directement positionnés sur des secteurs ou des thématiques liées au développement durable et aux écotechnologies. Le pôle Capénergies en PACA structuré autour du thème des énergies non émettrices de gaz à effet de serre se targue ainsi d'être le seul pôle français à réunir l'ensemble des énergies renouvelables. Dans le cas de ces pôles, le développement durable est bien évidemment au cœur du projet collectif.

Il est intéressant de souligner toutefois que certains de ces pôles ne sont pas organisés autour de logiques sectorielles ou technologiques classiques. Ils ont parfois fait le choix d'une approche plus thématique qui les conduit à rassembler plusieurs filières industrielles et à construire des synergies nouvelles. Le pôle Ville et Mobilités Durables ou le pôle Mer PACA et son pôle jumeau breton incarnent cette logique transversale. Autour de la thématique maritime, ils rassemblent des filières aussi diverses que les technologies de l'information et de la communication (TIC), la robotique et l'électronique embarquée, les technologies sous-marines, l'acoustique, l'énergie, les biotechnologies, les matériaux ou la construction navale. La réflexion du pôle s'inscrit alors dans une réflexion systémique conforme à celle du développement durable (Veyret, 2005). Il s'agit de maîtriser et d'associer l'ensemble des technologies dans une approche intégrée des défis environnementaux et sociaux. Le pôle Mer travaille ainsi, par exemple, à l'élaboration d'un modèle de port du futur. Il s'agit d'envisager les aspects sociaux, environnementaux et économiques de ces territoires et d'associer des briques technologiques multiples telles que le navire du futur, la maîtrise des impacts environnementaux ou la gestion de l'énergie et des ressources marines.

La réflexion dépasse le cadre de l'innovation technologique et pose la question de l'acceptabilité sociale, de l'intégration environnementale ou des liens entre les villes et leur port. Le champ thématique original de ce type de pôles est ainsi clairement à l'origine d'une intégration du modèle du développement durable et d'innovations plus importantes.

Le pôle Risques s'est lui aussi construit selon une logique thématique, à la convergence de secteurs variés allant de l'environnement aux télécommunications, en passant par l'optique ou les technologies de la mer. Il entend développer « des territoires durables et des industries responsables » (site internet du pôle). L'approche du lien environnement-industrie par les risques technologiques, les déchets ou l'impact environnemental des entreprises est très ancienne et a alimenté la montée des préoccupations environnementales. Elle était toutefois pensée séparément dans chaque filière. L'originalité de ce pôle réside dans son approche transversale, systémique et multirisque.

Il apparaît donc que le lien entre innovation et développement durable est marqué par les choix stratégiques de l'État et notamment l'accent mis sur l'industrie et l'innovation technologique. On retrouve là le « biais technologiste » pointé par F. Djellal et F. Gallouj, de même d'ailleurs qu'un « biais écologiste » (Djellal, Gallouj, 2009, p. 60). La place centrale des projets de recherche collaborative met en avant l'innovation technologique, même si on doit souligner que cette dernière a évolué de projets ponctuels et en bout de chaîne vers des innovations plus systémiques. Les services, l'innovation organisationnelle, la gestion des compétences ou l'innovation commerciale restent des thèmes encore secondaires dans l'action des pôles, malgré les quelques évolutions décrites plus haut.

Ces exemples montrent toutefois l'intérêt d'une approche transversale qui transcende les frontières sectorielles traditionnelles. La recherche de solutions réellement innovantes aux questions posées par le développement durable impose le recours des entreprises à des compétences extérieures à leurs réseaux de coopération habituels. Il semble de ce fait nécessaire de changer d'échelle pour poser la question de la place du développement durable dans la mise en réseau des pôles de compétitivité et de leurs acteurs.

3. Développement durable et mise en réseau des pôles

3.1. Réseaux nationaux thématiques et réseaux transversaux

L'établissement de liens entre les pôles de compétitivité ou *interclustering* est un des axes structurants de la seconde phase de la politique des pôles. Il s'agit pour l'État de renforcer la masse critique d'acteurs et de compétences en assurant l'ouverture des réseaux d'acteurs des pôles sur l'extérieur. Cette ouverture des réseaux d'innovation est considérée par la littérature comme une des clés de leur pérennité (Boschma, Frenken, 2010). Ces liens entre pôles ont vocation à susciter des collaborations nouvelles entre des entreprises et laboratoires de pôles et de territoires différents. L'objectif est également d'assurer la cohérence et l'efficacité des actions menées, alors que, du fait de la labellisation de 71 pôles, plusieurs pôles sont positionnés sur des thématiques et des filières identiques ou voisines. Cette situation a fait l'objet de critiques lors des différentes évaluations des pôles. La mise en réseau des pôles constitue donc une réponse à ces redondances et explique que l'État défende l'idée de rapprochements sectoriels ou thématiques. Les conventions de coopération signées entre les trois pôles aéronautiques ou entre quatre pôles automobiles illustrent ce mouvement. Ces nouveaux liens doivent permettre un pilotage stratégique national plus cohérent et une mutualisation des moyens et des compétences. Le développement durable fait bien sûr partie des problématiques communes aux pôles d'un même secteur et constitue un thème de coopération important. La recherche d'innovation de rupture requiert sans doute ce type de rapprochement. Ce choix politique a toutefois tendance à perpétuer des lectures classiques des questions environnementales et maintient la problématique du développement durable dans des frontières sectorielles. L'établissement de liens de coopération entre des pôles de secteurs différents est donc un enjeu important. La création des pôles de compétitivité a d'ailleurs le mérite de donner une visibilité aux gisements de compétences, ce qui peut faciliter l'établissement de liens entre des acteurs qui ne se connaissent pas. Les coopérations entre pôles de compétitivité ont de fait tendance à se multiplier, qu'elles prennent la forme de conventions stratégiques ou de collaboration plus ponctuelles à l'occasion de projets de recherche collaborative. Elles s'appuient sur une proximité cognitive dans le cas de liens intrasectoriels mais aussi sur une proximité organisationnelle et institutionnelle grâce à la construction d'un cadre réglementaire stable et commun (Boschma, 2005 ; Rallet, Torre, 2001).

Si la proximité sectorielle constitue souvent un facteur facilitant, il faut constater que de nombreux liens dépassent cette proximité. L'exploitation d'une base de données rassemblant les 950 projets de recherche collaborative financés par le FUI entre 2006 et 2011 en utilisant les méthodes d'analyse des réseaux sociaux (Wasserman, Faust, 1997) permet de mettre en évidence ces liens de coopération (figure 1). Elle est complétée par des entretiens semi-directifs menés auprès des pôles et collectivités locales. Sur cette figure, les pôles sont reliés lorsqu'ils ont coopéré autour de projets de recherche collaborative financés par le Fonds unique interministériel.

Figure 1 : Les réseaux inter-pôles : les projets financés par le FUI

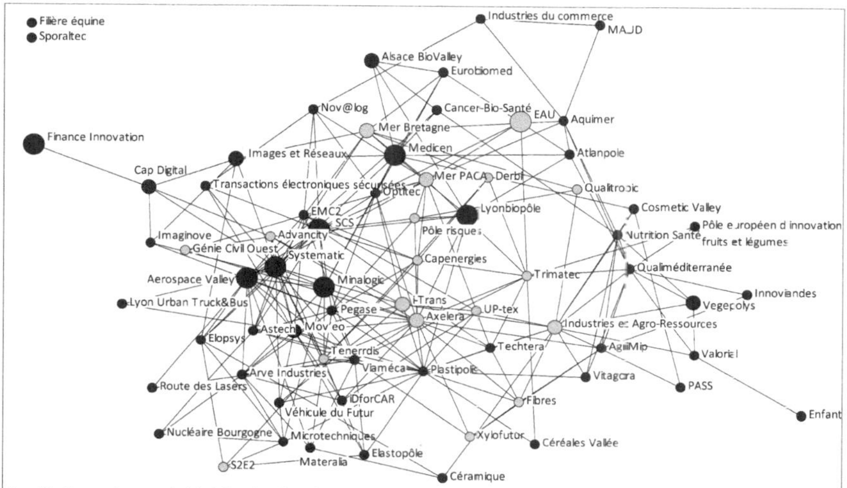

La taille des cercles renvoie à la hiérarchie des pôles (pôles mondiaux, à vocation mondiale et nationaux)
Les pôles en vert ont été identifiés par la D.G.C.I.S. comme couvrant les domaines de la croissance verte (C.G.I.E.T., 2011)
Source: DG.C.I.S. Réalisation Grandclement.

L'utilisation de la notion de centralité (Freeman, 1979) pour identifier les pôles clés de ce réseau de coopération inter-pôles confirme la place des pôles de secteurs comme l'aéronautique ou l'automobile. Il est toutefois intéressant de constater que quels que soient les indicateurs de centralité utilisés, plusieurs des pôles « développement durable » figurent dans le haut du classement. Axelera, Mer PACA, Capénergies, Trimatec ou Advancity figurent parmi les 20 pôles les plus centraux dans ce réseau, alors que les deux premiers sont des pôles à vocation mondiale et les trois autres des pôles nationaux. Ce premier résultat, issu de recherches en cours, suggère que ces pôles organisés autour des écotechnologies jouent un rôle important dans la mise en réseau des pôles. On peut supposer que ces pôles, qui possèdent des compétences transversales et une expertise sur des problématiques qui concernent tous les pôles de manière croissante, sont de ce fait particulièrement sollicités. Ce schéma de pôles « experts » ne concerne d'ailleurs pas que le champ du développement durable, comme le montre la position centrale du pôle Plastipolis spécialisé dans la plasturgie et les matériaux polymères.

L'approche nationale thématique et sectorielle privilégiée par l'État ne doit toutefois pas conduire à ignorer l'existence de logiques territoriales dans la mise en réseau des pôles de compétitivité. L'exemple de la région PACA est à ce titre particulièrement éclairant.

3.2. Réseaux régionaux et ancrage territorial

La stratégie d'interclustering a été lancée par le CIADT du 11 mai 2010. Il est significatif de constater que les deux rapprochements de pôles cités en exemple par le CIADT se sont constitués selon des logiques territoriales et transversales autant voire plus que sectorielles. Ces deux projets inter-pôles, « Ecotechs Rhône-Alpes » et « Solutions durables pour villes côtières PACA » concernent de plus tous deux le développement durable et les écotechnologies.

On s'arrêtera ici sur le second exemple qui concerne quatre pôles de la région PACA, les pôles Capénergies, SCS, Mer et Risques. Cette alliance a pour but de développer des solutions innovantes et performantes pour répondre aux problématiques spécifiques des villes côtières, qu'il s'agisse des ressources énergétiques, des transports et de la mobilité, ou de la gestion durable du cycle de l'eau. Elle s'inscrit dans une démarche systémique et transversale d'aménagement du territoire. La proximité géographique entre ces quatre pôles et leurs entreprises et laboratoires de recherche est vue comme un facteur susceptible de faciliter les échanges et les coopérations entre des acteurs parfois éloignés en termes sectoriels et organisationnels (Bouba-Olga, Grossetti, 2008).

Les logiques spatiales de ce grand programme dépassent toutefois la simple proximité géographique. Les spécificités du territoire régional sont en effet intégrées dans ce projet comme une ressource. Il s'agit en effet pour ces pôles de valoriser les compétences spécifiques développées par leurs membres du fait de leur ancrage dans ce territoire confronté à des enjeux originaux en termes de développement durable (Pecqueur, 2005). Ce lien avec le territoire est encore renforcé par le choix stratégique de développer des projets structurants et des démonstrateurs dans la région. Il s'agit de faire de la région PACA un laboratoire d'expérimentation grandeur nature et une vitrine des solutions technologiques élaborées par les partenaires industriels et scientifiques. De fait, les pôles ont développé des liens avec les collectivités locales de la région pour évaluer leurs besoins et y apporter des réponses. Le projet « Archipel exemplaire » se propose ainsi de développer un modèle de gestion durable de l'archipel côtier touristique des îles d'Or au large de Hyères en couvrant l'ensemble des problématiques du gestionnaire qu'est la collectivité locale. Ce projet intègre entre autres la gestion durable des ressources en eau en zone côtière (sobriété hydrique, production d'eau douce, rechargement nappe phréatique, utilisation des eaux épurées), de l'énergie (sobriété énergétique, production locale, sources renouvelables, stockage), des déchets (tri, recyclage, valorisation *in situ*…), des risques (changement climatique, trait de côte et submersion, protection incendie, pollutions accidentelles, gestion des plages) et des transports maritimes et des ports (infrastructures portuaires, déchets liés à l'activité nautique, sédiments…).

Cet exemple est particulièrement marquant du fait de son envergure mais il montre bien comment la problématique du développement durable est à l'origine de collaborations entre acteurs ancrés dans les territoires (Claval, 2006). Les projets menés avec les collectivités locales sont nombreux. Le pôle Mer est ainsi associé à la conception du futur quartier de Cogolin-Plage dans le cadre du programme Ports du Futur. Le pôle Capénergies développe quant à lui avec douze communes et une communauté de communes de la région une plateforme expérimentale à Lambesc, Gardanne et Fréjus pour promouvoir les énergies renouvelables et mettre des outils innovants à la disposition des collectivités. Ces projets participent à la formation de réseaux d'acteurs inscrits dans le territoire régional et à la construction de ressources spécifiques (Pecqueur, 2008).

3.3. Le développement durable à l'origine de réseaux d'innovation à l'échelle régionale

Ces coopérations entre pôles de la région autour des enjeux du développement durable contribuent à mettre en relation des entreprises et des laboratoires et à faire apparaître des réseaux d'innovation à l'échelle de la région. Ce processus rencontre d'ailleurs la stratégie de la collectivité régionale qui entend faire émerger un système régional d'innovation en s'appuyant sur les pôles de compétitivités et sur les clusters régionaux qu'elle a lancés (Grandclement, 2011). Ce réseau régional d'innovation ou réseau « PACA Innovation » privilégie une approche institutionnelle et rassemble l'ensemble des acteurs et structures d'accompagnement de l'innovation dans la région (agences de développement, financeurs, incubateurs, pôles et clusters régionaux). Même si la pertinence de l'échelle régionale est discutée (Depret *et al.*, 2010), les collectivités sont d'ailleurs très actives dans le financement des pôles et de l'innovation, par le biais de la politique de clusters régionaux des PRIDES et d'appels à projets finançant des projets de recherche appliquée.

La littérature a déjà montré l'intérêt d'une approche régionale de l'innovation, notamment autour du concept de système régional d'innovation et de l'articulation des logiques sectorielles et spatiales (Doloreux, Bitard, 2005). On privilégie ici une approche plus empirique pour mettre en lumière l'apparition spontanée à l'échelle régionale de réseaux d'innovation autour des projets de recherche des pôles de compétitivité. Ces derniers tissent des liens entre des entreprises et laboratoires de la région issus de pôles et de champs technologiques différents. Une base de données originale rassemblant plus de

700 projets de recherche labellisés par les pôles de la région permet de mettre en lumière ces réseaux et la place du développement durable. On a extrait de cette base les projets colabellisés par plusieurs pôles régionaux et identifié ceux qui touchent au développement durable (en vert sur la figure 2). La figure 2 présente ce réseau en utilisant, au contraire de la figure 1, un graphe bipartite (Wassermann, Faust, 1997), c'est-à-dire un graphe qui met en relation deux types d'objets différents (ici les pôles et les projets qu'ils labellisent). Elle relie les pôles (figurés par des carrés) aux projets qu'ils ont labellisés (figurés par des cercles). On y distingue bien le rôle central des thématiques du développement durable dans la construction de liens entre pôles. On constate *a contrario* au passage que les pôles PASS et PEIFL restent à l'écart de ce réseau du fait de la spécificité des thématiques traitées et d'une place plus modeste de l'innovation technologique au sens strict du terme. Cette même base de données montre une surreprésentation significative des acteurs industriels et scientifiques régionaux dans les projets « développement durable » par rapport aux autres projets (près de 62 % des acteurs sont localisés en PACA contre 52 % pour les autres projets). Même si ces recherches sont encore en cours et seront approfondies, l'hypothèse de l'importance de la dimension régionale des réseaux d'innovation liés au développement durable y trouve une confirmation provisoire.

Figure 2 : Projets R&D, développement durable et réseaux d'innovation à l'échelle régionale

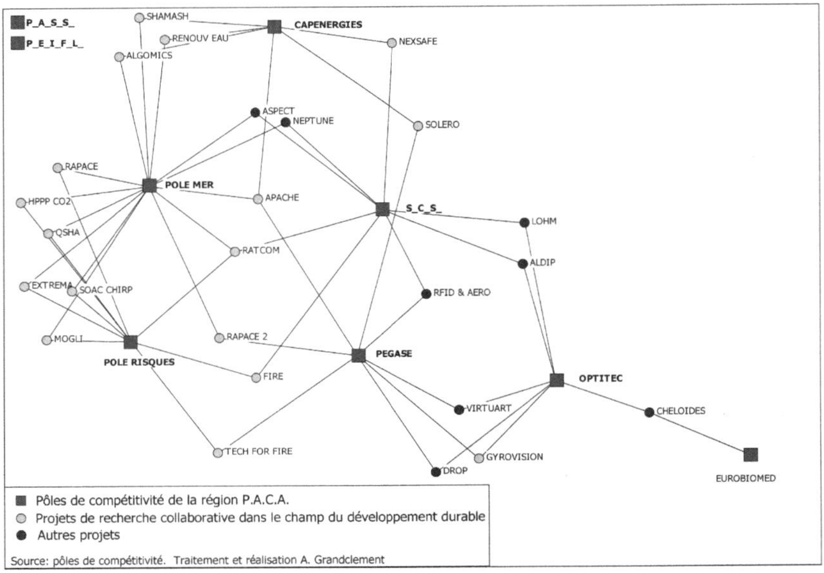

Les coopérations entre pôles de la région participent également à l'ancrage des entreprises et au développement de nouvelles activités sur le territoire. Ce passage de la R&D à l'industrialisation est un des enjeux souvent ignorés de la politique des pôles. Capénergies et SCS collaborent ainsi autour de l'application des technologies de la microélectronique au solaire photovoltaïque (dépôt de couches minces). Nexcis, une start-up créée en 2008 s'est installée dans une des anciennes salles blanches de l'usine ST Microelectronics de Rousset pour y produire des modules photovoltaïques innovants. Une jeune entreprise régionale, Genes'ink, travaille quant à elle à l'industrialisation d'encres conductrices et d'encres hybrides photovoltaïques dans le cadre de cellules photovoltaïques souples. Elle est impliquée dans deux projets de recherche colabellisés par Capénergies, SCS et le pôle Languedocien Trimatec. L'association Arcsis, membre de SCS et qui rassemble les entreprises de la microélectronique régionale, a de même organisé des journées thématiques autour de ces applications et de ces débouchés. Dans un contexte de difficultés de la microélectronique régionale, la perspective de nouveaux débouchés grâce à ces coopérations est susceptible de renforcer l'ancrage du tissu industriel.

La portée de ces exemples ne doit bien sûr pas être exagérée mais ils montrent les atouts qui peuvent naître d'une approche territorialisée et transversale des processus d'innovation (Frenken, Boschma, 2007) en matière de développement durable.

Conclusion

Le développement durable appelle par définition une approche systémique, multiacteurs et multiscalaire des processus. À ce titre, la montée en puissance du modèle de l'économie verte dans les politiques publiques, et notamment dans les politiques industrielles et d'innovation semble de nature à corriger certains des retards et incohérences de l'action publique pointés par la littérature. Le cas des pôles de compétitivité et du rôle de pivot qui leur est donné dans la stimulation de l'innovation et la coordination des dispositifs publics en est un exemple marquant. Certains des choix portés par cette politique, notamment la faible place faite aux collectivités locales ou l'accent mis sur l'innovation technologique et sur des logiques sectorielles, posent toutefois problème. La question des retombées des projets d'innovation des pôles pour les territoires et du passage de l'innovation à l'industrialisation est en effet trop souvent passée sous silence. Les premiers résultats sur lesquels s'appuie cet article montrent *a contrario* les potentialités d'une approche plus territorialisée, qui mobilise l'ensemble des acteurs locaux et exploite les spécificités et les atouts des territoires. L'innovation et la mise en réseau des acteurs peuvent en effet se révéler un facteur d'ancrage et de consolidation du tissu industriel, tout en apportant des réponses aux enjeux environnementaux et sociaux des territoires. Il ne s'agit évidemment pas de majorer le rôle de la proximité géographique et de l'échelle régionale, ni de nier l'insertion des clusters et des réseaux régionaux dans des réseaux à plus petite échelle mais bien plutôt de souligner l'importance de la prise en compte du jeu des échelles dans les politiques publiques. Le risque est en effet de faire de l'économie verte et des écotechnologies une politique sectorielle parmi d'autres et coupée des territoires.

Bibliographie

Aggeri, F. et Godard, O. (2006), « Les entreprises et le développement durable », *Entreprises et histoire*, 45, 6-19.

Albertini, J.B. (2007), « Un exemple de réforme administrative "silencieuse" : l'accompagnement des pôles de compétitivité », *Revue française d'administration publique*, 124, 673-681.

Albertini, J.B. (2006), « De la DATAR à la nouvelle DIACT : la place des questions économiques dans la politique d'aménagement du territoire », *Revue française d'administration publique*, 119, 415-426.

Blanc, C. (2004), *Pour un écosystème de la croissance*, Rapport au Premier ministre, La Documentation française, Paris.

Borgatti, S.P. (2002), *NetDraw : graph visualization software*, Harvard, Analytic Technologies.

Borgatti, S.P., Everett, M.G., Freeman, L.C. (2002), *Ucinet 6.0 for Window*, Harvard, Analytic Technologies.

Boschma, R. (2005), « Proximity and innovation : a critical assessment », *Regional Studies*, 39 (1), 61-74.

Boschma, R., Frenken, K. (2010), « The spatial evolution of innovation networks. A proximity perspective », in Boschma, R., Martin, R. (eds.), *The Handbook of Evolutionary Economic Geography*, Edward Elgar, Cheltenham, 120-135.

Bost, F., Daviet, S. (dir.) (2011), *Entreprises et environnement. Quels enjeux pour le développement durable ?*, Presses universitaires de Paris Ouest, Nanterre.

Bouba-Olga, O., Grossetti, M. (2008), « Socio-économie de proximité », *Revue d'économie rurale et urbaine*, 3, 311-328.

CGIET (2011), *Le développement des éco-industries en France : quels rôles pour les pôles de compétitivité ?*, Rapport du Conseil général de l'industrie, de l'énergie et des technologies.

CES (2008), *Les pôles de compétitivité : faire converger performance et dynamique territoriale*, Avis et rapports du Conseil économique et social.

Claval, P. (2006), « Le développement durable : stratégies descendantes et stratégies ascendantes », *Géographie, économie, société*, 2006 (4), 415-445.

CM International, Boston Consulting Group (2008), *L'évaluation des pôles de compétitivité, 2005-2008*, La Documentation française, collection Travaux, Paris.

Cohen, E. (2007), Industrial policies in France, the old and the new », *Journal of Industry Competition and Trade*, 7 (3), 213-227.

Demaziere, C. (2007), « L'entreprise peut-elle promouvoir le développement durable ? », *Cahiers français*, 337.

Depret, M.H., Hamdouch, A. (2009), « Quelles politiques de l'innovation et de l'environnement pour quelle dynamique d'innovation environnementale ? », *Innovations*, 29, 127-147.

Depret, M.H., Hamdouch, A., Monino, J.L., Poncet, C. (2010), « Politiques d'innovation, espace régional et dynamique des territoires : un essai de caractérisation dans le contexte français », *Innovations*, 33, 85-104.

Djellal, F., Gallouj, F. (2009), « Innovation dans les services et entrepreneuriat : au-delà des conceptions industrialistes et technologistes du développement durable », *Innovations*, 29, 59-86.

Doloreux, D., Bitard, P. (2005), « Les systèmes régionaux d'innovation : discussion critique », *Géographie Économie Société* 2005, 21-36.

Epstein, R. (2008), « Des contractualisations territoriales aux appels à projets », in Nemery, J.C. (dir.), *Les pôles de compétitivité dans le système français et européen. Approches sur les partenariats institutionnels*, L'Harmattan, Paris, 181-189.

Freeman, L.C. (1979), « Centrality in social networks : conceptual clarification », *Social Networks*, 1 (3), 215-239.

Frenken, K., Boschma, R.A. (2007), « A theoretical framework for evolutionary economic geography : industrial dynamics and urban growth as a branching process », *Journal of Economic Geography*, 2007 (7), 635-649.

Grandclement, A. (2011), « Vers une géographie des pôles de compétitivité : réseaux, construction politique et organisation territoriale », in Resmini, L., Torre, A. (dir.), *Competitività territoriale : determinanti e politiche*, Franco Angeli, Milan, 219-241.

Hamdouch, A. et Zuindeau, B. (2010), « Introduction. Diversité territoriale et dynamiques socio-institutionnelles du développement durable : une mise en perspective », *Géographie, économie, société*, 3, 243-259.

Hussler, C., Muller, P., Ronde, P. (2010), « Les pôles de compétitivité : morphologies et performances », Séminaire Eurolio, 10-11 juin, Saint-Étienne.

Pascual-Espuny, C. (2011), « REACH : la question chimique et les industriels en Europe », in Bost, F., Daviet, S. (dir.), *Entreprises et environnement. Quels enjeux pour le développement durable ?*, Presses universitaires de Paris Ouest, Nanterre.

Pecqueur, B. (2008), « Pôles de compétitivité et spécificité de la ressource technologique : une illustration grenobloise », *Géographie, Économie, Société*, 3, 311-326.

Pecqueur, B. (2005), « Les territoires créateurs de nouvelles ressources productives : le cas de l'agglomération grenobloise », *Géographie, Économie, Société*, 3, 255-268.

Plunket, A., Torre, A. (2009), « Les pôles de compétitivité ou le retour ambigu des déclinaisons locales de la politique industrielle française », *Economia e Politica Industriale*, 3, 159-177.

Rallet, A., Torre, A. (2001), « Proximité géographique ou proximité organisationnelle ? Une analyse spatiale des coopérations technologiques dans les réseaux localisés d'innovation », *Économie appliquée*, 44 (1), 147-171.

Veyret, Y (dir.) (2005), *Le développement durable. Approches plurielles*, Hatier, collection Initial, Paris.

Wasserman, S., Faust, K. (1997), *Social network analysis : methods and applications*, Cambridge University Press, Cambridge.

Weil, T., Fen-Chong, S. (2008), « Les pôles de compétitivité français », *Futuribles*, 342, 5-26.

L'animateur de clusters verts comme entrepreneur

L'exemple de l'éco-construction en Belgique francophone

Jean-Guillaume DITTER et Catherine REMOUSSENARD

Groupe ESC Dijon Bourgogne

Contrairement aux clusters du type des districts industriels italiens (Beccatini, 1992), spontanés et auto-organisés, les dispositifs « volontaristes », impulsés par les pouvoirs publics ont pour objet de faire coopérer des acteurs initialement concurrents ou issus de mondes différents et qui s'ignorent. La constitution d'un cluster constitue pour ces derniers une innovation organisationnelle et institutionnelle radicale, où des relations complexes de coopération-concurrence (parfois appelées « coopétition » en référence au terme de Brandenburger et Nalebuff (1996)) se substituent à des relations de concurrence simple ou de sous-traitance. Leur fonctionnement requiert en conséquence des mécanismes de gouvernance et pilotage formels généralement incarnés par un individu – parfois une petite équipe – l'animateur du cluster.

Nous nous proposons de montrer que l'animateur de cluster est un entrepreneur au sens schumpétérien du terme, c'est-à-dire un porteur d'innovation dans un contexte particulier. En effet, il agit comme un leader du changement lors de la mise en œuvre de la forme organisationnelle innovante qu'est le cluster. Nous partons des travaux de l'économie de la proximité (Gilly, Lung, 2004 ; Bouba-Olga *et al.*, 2008) et des recherches récentes sur l'innovation organisationnelle (Coris, Frigant et Lung, 2009) pour montrer qu'un cluster est une innovation organisationnelle dans un contexte interorganisationnel. Puis, à partir de travaux récents sur l'entrepreneuriat dans un contexte d'innovation organisationnelle (Fonrouge, 2008), nous mettons en évidence le rôle d'entrepreneur de l'animateur de cluster. Nous développons plus précisément le rôle joué par l'animateur en tant que leader du changement organisationnel (Dupuis, 2004) et les compétences qu'il mobilise.

La partie empirique de notre exposé porte sur plusieurs études de cas dans le secteur de l'éco-construction[1] en Belgique francophone. La construction est l'un des secteurs plus directement concernés par les questions de développement durable : en France le bâtiment représente à lui seul 40 % de l'énergie consommée et près de 25 % des émissions de gaz à effet de serre. L'activité de construction proprement dite génère pour sa part 31 millions de tonnes de déchets. La demande de bâtiments éco-construits a donc connu une croissance rapide dans de nombreux pays d'Europe, en partie sous la pression des pouvoirs publics.

L'offre continue toutefois de souffrir de nombreux blocages tenant en grande partie à sa structuration insuffisante. Le secteur de la construction est relativement fragmenté dans la plupart des pays européens : les PME/TPE y sont prédominantes et opèrent sur des marchés de proximité. Elles ne disposent généralement pas du capital humain, financier ou technique qui leur permettrait de mettre en œuvre les systèmes techniques complexes – innovations de produits et procédés – que requiert un bâtiment éco-construit. L'organisation en cluster leur ouvre l'accès à des marchés nouveaux sans avoir à renoncer à leur indépendance. De fait, des clusters en éco-construction se sont développés en France (Cluster éco-habitat de Poitou-Charente, Cluster Habitat Durable du Morbihan, Globe 21 : SPL Bâtiment Durable et de l'Habitat Sain), en Belgique (Cluster éco-construction de Wallonie, Cap 2020, Cluster Ecobuild de Bruxelles) et dans d'autres pays d'Europe.

La grande diversité des métiers du secteur – architectes et bureaux d'étude, constructeurs, charpentiers, second œuvre, etc. – qui répondent à des logiques et préoccupations différentes, rend plus encore aigu qu'ailleurs le besoin de coordination entre partenaires du cluster et donne à l'animateur un rôle central. Nous avons choisi de porter notre attention sur le cas de la Belgique francophone où la structuration de clusters, explicitement considérés comme une solution au problème rencontré par les entreprises du secteur de la construction, est particulièrement avancée.

---

[1] L'éco-construction est traditionnellement définie comme la création, restauration, rénovation ou réhabilitation d'un habitat respectant des critères écologiques à chaque étape de sa construction et de son utilisation. Voir http://www.developpement-durable.gouv.fr/-Eco-construction-et-eco-renovation-.html (consulté le 13 janvier 2012).

1. Clusters et coordination des agents

1.1. Cluster, territoire et proximité(s)

La redécouverte du concept de cluster à la fin du XXe siècle est liée aux avancées de la réflexion économique sur le territoire. Pour M. Porter, qui a contribué à sa popularisation et à son déploiement en objectif de politique publique, le cluster est en effet « une forme d'organisation dont la compétitivité est basée sur l'existence de relations étroites entre acteurs [entreprises, centres de recherche, organismes de formation] liés par des objectifs communs ou complémentaires, enracinés (*embedded*) sur un territoire donné » (Porter, 1998).

La notion de cluster renvoie à une multiplicité de dénominations – district industriel ou technologique, système productif local, cluster – qui reflète l'existence d'un corpus théorique relativement diversifié au sein duquel s'inscrivent des sociologues (Scott, 1995), des économistes (Beccatini, 1992 ; Krugman, 1995), ou des géographes (Benko, Lipietz, 1992)[2]. Les auteurs s'accordent pour mettre en évidence les effets positifs en termes de gains de productivité, de capacités d'innovation et de dynamique entrepreneuriale locale de l'articulation entre ressources offertes par le territoire et intensité des relations de coopération-concurrence interentreprises induites par la proximité géographique. Cette analyse induit une prise en compte croissante des phénomènes de polarisation spatiale liés à l'existence d'externalités d'agglomération.

Mais si la concentration spatiale, ou proximité géographique, des acteurs est une condition nécessaire à l'existence d'un cluster, elle n'est pas suffisante. Ce constat est en particulier effectué par les tenants du courant de l'économie de la proximité (Rallet, Torre, 2004 ; Bouba-Olga *et al.*, 2008), qui considèrent le cluster comme un modèle d'organisation géographique de l'activité économique combinant proximité géographique, distance itinéraire traduite en temps ou en coût de franchissement (Pecqueur, Zimmerman, 2004), et proximité organisée.

Cette dernière est d'essence relationnelle et peut en particulier être appréhendée selon deux dimensions, institutionnelle et organisationnelle (Gilly, Lung, 2004 ; Torre, 2006). La proximité organisationnelle est un ensemble de ressources complémentaires détenues par des acteurs potentiellement aptes à participer à une même activité finalisée de type méso-économique, au sein d'une organisation ou d'un ensemble d'organisations. La proximité institutionnelle consiste, quant à elle, en une adhésion des acteurs à des règles d'action communes, explicites ou implicites (*habitus*), et, dans certaines situations, à un système commun

[2] Voir Markusen (1996) pour une typologie détaillée.

de représentations, voire de valeurs, résultat de compromis provisoires entre des acteurs aux intérêts divergents et parfois contradictoires (Gilly, Lung, 2004).

Au-delà des seules externalités d'agglomération induites par la proximité géographique, ce sont donc les ressources mobilisées par la proximité organisée qui sont susceptibles de déboucher sur la constitution d'un cluster (Torre, 2006). Cette dernière est plus particulièrement liée à la transformation d'une confiance interpersonnelle, qui est à la base des interactions entre agents, en une forme de confiance organisationnelle structurant l'action collective (Dupuy, Torre, 2004).

La réflexion sur le cluster nous amène donc à dépasser la notion d'espace, réduit à sa seule dimension géographique, pour intégrer celle de territoire, construit social résultant (1) de la coordination d'acteurs réunis pour résoudre un problème productif inédit et (2) de la construction de ressources territoriales spécifiques exploitées par ces mêmes acteurs (Leloup *et al.*, 2005). Un cluster n'est autre alors qu'une forme territorialisée d'organisation de la production[3], où différents types d'acteurs se coordonnent pour construire et exploiter des ressources particulières.

1.2. Du cluster « spontané » au cluster « volontariste » : la question de la coordination des agents

L'approche précédente nous amène à considérer de plus près les modes de coordination des acteurs sur le territoire constitué par le cluster et donc ses modalités de gouvernance. Cette dernière est définie par Ehlinger *et al.* (2007) comme « le mode de régulation des rapports entre différentes unités ». Cette question n'a que tardivement fait l'objet d'une réflexion approfondie, les chercheurs ayant mis l'accent sur le caractère auto-organisé des clusters ou sur la définition du réseau comme un mode de coordination/gouvernance en soi, situé entre marché et hiérarchie (Ehlinger *et al.*, 2007).

Nous faisons par ailleurs une distinction claire entre deux formes polaires de clusters : d'un côté le « cluster spontané » né des besoins des entreprises et généralement organisé de façon décentralisée et informelle (Loubaresse, 2007) et de l'autre le « cluster volontariste » impulsé par les pouvoirs publics, relatif à des systèmes productifs caractérisés par une certaine concentration spatiale d'entreprises qui n'entretiennent au départ que peu de liens les unes avec les autres.

Le cluster est en effet le plus souvent analysé par la littérature comme une construction auto-organisée, dont la structuration repose sur

---

3 Ehlinger *et al.* (2007) proposent le terme générique de « réseau territorialisé d'organisations ».

des facteurs cumulatifs engendrés dans des circonstances particulières et qui rendent chaque expérience unique, difficilement généralisable comme « recette » de développement au niveau local. Dans le cas du cluster spontané, ce sont les stratégies individuelles des agents qui sont à l'origine du processus de *clustering*. Leur coordination est à la fois décentralisée et informelle (Loubaresse, 2007). Selon leur école de pensée, les auteurs insisteront sur les mécanismes de coordination par le marché (Porter, 1998) ou au contraire hors marché (Beccatini, 1992). Le rôle des pouvoirs publics régionaux ou nationaux s'y limite à en accompagner le développement (Hamdouch, 2008) par la création d'un environnement favorable, que ce soit en soutenant l'éducation et le développement d'infrastructures (éducation, recherche, transports et télécommunications), ou en élaborant un cadre réglementaire créant les conditions d'une concurrence fluide. Mais on assiste depuis plusieurs années à l'émergence de clusters que nous appellerons « volontaristes » car impulsés par les pouvoirs publics. Depuis sa renaissance au début des années 1990, le concept de cluster est ainsi devenu une référence de la politique économique régionale, en Europe et plus particulièrement en France où les industries de PME-PMI traditionnelles sont soumises à une concurrence accrue.

Sous l'égide de la DATAR (1999), la France a par exemple lancé à la fin des années 1990 un dispositif de labellisation et soutien financier à quelque 160 systèmes productifs localisés (SPL), devant favoriser la coopération au sein des industries de PME-PMI qui forment l'ossature du système productif français. Quelques années plus tard, la politique des pôles de compétitivité s'est appuyée sur des bases similaires pour chercher à dynamiser la coopération entre industrie, recherche et formation. D'autres dispositifs nationaux – ainsi les pôles d'excellence rurale (PER) – ou régionaux (tels que les clusters Rhône-Alpes) font référence aux mêmes soubassements.

Ces politiques partent du constat que la compétitivité des entreprises et l'attractivité des territoires sur lesquels elles opèrent passent par des coopérations entre acteurs locaux (entreprises, enseignement supérieur, recherche) soutenues, voire impulsées, par l'État et les collectivités territoriales (DATAR, 2004). Ainsi, il est possible qu'un territoire possède des ressources qui ne sont pas valorisées par les acteurs, ou que ces mêmes acteurs ne soient pas à même de se coordonner afin d'enclencher une dynamique de « grappe » (*clustering*). Elle est alors impulsée par un acteur ou groupe d'acteurs – État, collectivités locales, parfois des entreprises têtes de réseau. Il s'agit de rassembler des partenaires aux intérêts différents, voire contradictoires, qui n'ont pas nécessairement la volonté de coopérer. En effet, là où les entreprises sont essentiellement préoccupées par les questions de rentabilité, d'environnement concurrentiel, d'accès aux ressources et aux marchés, les pouvoirs publics peuvent vouloir produire un certain nombre de biens publics – création de richesses et d'emplois, valorisation des ressources locales – ou encore maximiser leur utilité individuelle, à travers la visibilité et le prestige de leur action, ou leur contrôle sur le cluster.

Nous ne souhaitons pas ici opposer de façon binaire cluster spontané et le cluster volontariste, le second pouvant intégrer des composantes du premier : pour qu'un cluster puisse se constituer dans les faits, il faut bien entendu que les acteurs économiques puissent y trouver un intérêt. L'avantage perçu n'est toutefois pas assez fort pour lever les obstacles à la coopération, qui requièrent en conséquence l'intervention de tiers.

Il est donc nécessaire de mettre en œuvre des mécanismes de coordination à la fois centralisés et formels (Loubaresse, 2007)[4]. Les travaux récents font ressortir trois grands modes de gouvernance des clusters (Mendez, 2005 ; Chabault, 2007). Le premier d'entre eux, typique des clusters spontanés de type district industriel italien, est appelé « associatif ». Il est fondé sur un équilibre des pouvoirs entre les membres du dispositif, généralement des PME, dérivant de l'existence d'un environnement institutionnel structuré et d'un degré élevé de proximité institutionnelle entre les membres. Il permet le développement de relations de confiance et de solidarité et répond bien à une situation de cluster spontané.

Un deuxième mode de gouvernance, que nous ne développerons pas ici, est dit « focal », le cluster étant piloté par une grande firme pivot en fonction de ses intérêts propres. Il se rapproche de la hiérarchie au sens de Williamson (1985) et correspond aussi à un cluster de type spontané, dont le fonctionnement est toutefois plus centralisé que précédemment.

Le troisième mode de gouvernance, qualifié de « territorial », correspond au cas qui nous intéresse de cluster à dominante volontariste. Il implique fortement des acteurs locaux, au premier rang desquels les collectivités territoriales, autour d'objectifs et référentiels partagés. Mendez (2005) en propose une typologie plus fine. Il distingue une gouvernance « privée » dominée par les acteurs privés, une gouvernance « privée collective » dont l'acteur clé est une institution formelle regroupant les acteurs privés, et enfin une gouvernance « publique » dont les moteurs sont les institutions publiques. L'enjeu central de cette dernière forme de gouvernance est l'arbitrage entre les intérêts des

---

4 En pratique, spontanéité et volontarisme ne s'opposent pas nécessairement, un cluster donné pouvant répondre à des degrés divers aux deux logiques. On se place donc sur un continuum.

différents partenaires. Il s'agit bien de créer de la proximité organisée sur un espace où n'existe initialement que de la proximité géographique.

2. L'animateur, un entrepreneur-leader du changement

2.1. L'animateur : une « boîte noire » au cœur du cluster

Les formes concrètes prises par la gouvernance des clusters découlent des modalités selon lesquelles les membres du dispositif délèguent une partie de leur pouvoir de décision à une structure particulière (Ehlinger *et al.*, 2007). Cette structure est essentielle dans le cadre d'un cluster volontariste : sa fonction est de définir les objectifs stratégiques du cluster, et de représenter et d'arbitrer entre les intérêts de ses différents membres. Selon Alberti (2001), la structure de gouvernance joue un rôle de planificateur pour l'ensemble du réseau ayant en charge l'articulation des demandes des différents acteurs, la légitimation des actions du réseau et, enfin, la traduction de la stratégie collective en plan d'action concret.

Ces structures se présentent sous une grande variété de statuts : associatif, administratif, Groupement d'intérêt économique (GIE)[5]. Elles ont en commun d'intégrer un individu ou une petite équipe, l'animateur (ou structure d'animation) du cluster, qui est d'une importance vitale pour le fonctionnement de la structure. Dans une étude précédente (Ditter, Bobulescu, 2010), il est montré que, dans les trois cas de clusters analysés, la présence d'un « leader charismatique » (Loire) ou d'une équipe dynamique (Atlanbois ; cluster éco-construction de Wallonie) est l'un des facteurs clés de la performance du dispositif créé.

L'animateur contribue, dans un premier temps, à impulser la construction organisationnelle et institutionnelle du cluster, au sein duquel les acteurs vont pouvoir interagir et construire de la confiance. Dans un deuxième temps, il devient le pilote du changement organisationnel et institutionnel, remettant en cause les routines et habitudes établies qui limitent l'incitation à créer des liens utiles avec d'autres acteurs du territoire.

Bien que reconnu en pratique comme décisif et nécessitant des formations spécifiques, le rôle de l'animateur a rarement fait l'objet d'études théoriques approfondies. L'organisme « France Clusters » – anciennement Club des Districts industriels français – le qualifie

5 Au-delà des modalités formelles de la gouvernance, Chabault (2007) insiste par ailleurs sur l'existence de mécanismes de gouvernance informels reliés à des effets de confiance et/ou de réputation fondés sur l'ancrage local et la proximité avec les partenaires ; nous ne les détaillerons pas ici.

« d'interpreneur »[6] et met en exergue ses différentes qualités : stratège, directeur administratif et financier, chef d'équipe, conseil juridique, commercial, etc. D'autres font appel au concept de « *broker* de réseau » pour mettre en avant ses fonctions « d'architecte du réseau, manager et facilitateur des relations » (Snow *et al.*, 1992 ; Loubaresse, 2007). Nous nous situons, pour notre part, dans le cadre d'analyse du changement organisationnel, et plus précisément du leadership du changement, qui nous amènera à définir les compétences de leadership mises en œuvre par l'animateur.

2.2. Le cluster comme innovation organisationnelle

Pour mieux comprendre la nature et les fonctions de l'animateur de cluster, nous partons de la notion d'innovation organisationnelle. Fonrouge (2008) la définit par rapport à l'innovation technologique, portant sur l'activité principale, comme une innovation portant sur « les modes d'exercice de l'activité ». Elle peut prendre la forme de structures nouvelles, de systèmes innovants ou encore de pratiques et procédures nouvelles visant à mettre en place des outils de conception, planification ou contrôle.

L'innovation organisationnelle peut intervenir selon trois modes spécifiques, à savoir par la création d'une entreprise nouvelle, par un changement au sein d'une entreprise existante et enfin par la création de formes organisationnelles hybrides entre firme et marché. Ce dernier mode nous paraît particulièrement pertinent pour la compréhension du processus de *clustering*, qui peut être analysé comme une forme particulière d'innovation dans un contexte interorganisationnel.

Suivant une logique schumpétérienne, l'innovation organisationnelle est portée par un entrepreneur, défini comme « celui qui propose de nouvelles façons de faire ». Fonrouge (2008, p. 113) identifie trois formes de compétences entrepreneuriales, débouchant sur des profils-types d'entrepreneurs porteurs d'innovation organisationnelle :

Intermédiation : c'est un individu qui encourage et assure la promotion des idées innovantes au sein de l'organisation ;

Destruction-création : c'est un utilisateur qui crée des entreprises ou des projets internes ;

Leadership-organisation : c'est un individu qui soutient l'innovation à un niveau élevé de la hiérarchie et/ou qui prend la direction d'une plateforme ou d'un groupe projet.

Dans le cas d'un cluster spontané, ce sont les stratégies individuelles des agents qui sont à l'origine de l'innovation, chacun d'entre eux se

[6] Voir les documents de l'association *France Cluster* (http://www.franceclusters.fr/dossier.php?idpage=12), (consulté le 5 décembre 2011).

comportant en entrepreneur. Le cluster est en conséquence une somme d'innovations individuelles dans le contexte de firmes existantes ou nouvellement créées. Dans le cas d'un cluster volontariste, l'innovation est portée par un acteur tiers, l'animateur, qui agit à la fois comme intermédiaire et leader-organisateur dans un contexte interorganisationnel.

Coris, Frigant et Lung (2009, p. 3) proposent une définition de l'innovation organisationnelle particulièrement pertinente dans le cadre de notre réflexion : ils l'analysent comme les « changements des règles qui gouvernent des relations entre les membres de l'organisation comme ses rapports avec d'autres organisations. La notion d'innovation organisationnelle fait avant tout référence à des modifications de telles règles et, dans cette acception, renvoie davantage à l'idée d'un changement organisationnel ». Cette approche nous permet de faire le lien avec l'approche institutionnelle du territoire développée dans le point précédent : le processus de *clustering* est un changement de règles qui régissent les relations entre organisations sur un territoire donné, visant en particulier à créer un degré plus élevé de proximité institutionnelle entre les agents. L'animateur de cluster est alors un entrepreneur, qui agit comme leader du changement.

2.3. L'animateur, un entrepreneur-leader du changement

Qu'entend-on exactement par « leadership du changement » ? Il consiste à guider un système, une personne, ou une organisation dans une transformation (Dupuis, 2004 ; Carton, 1999 ; Sardas, Guenette, 2004). D'un point de vue technique, le leadership du changement désigne l'ensemble de la démarche qui va du diagnostic à la mise en œuvre d'un plan d'action visant à apporter des solutions d'évolution et d'adaptation dans les meilleures conditions de réussite. Il s'agit d'une approche globale (Mintzberg, Ahlstrand, Lampel, 2005).

La notion même de leadership fait l'objet de nombreuses études, l'ouvrage de référence sur cette question étant celui de Sashkin (2004), dans lequel l'auteur passe en revue les différents styles, en distinguant deux approches, transactionnelle et transformationnelle : la première s'intéresse aux échanges qui s'inscrivent dans une logique de transaction entre le manager et les managés (Burns, 1978, 2004). Par exemple, en échange de la réalisation d'un résultat déterminé, le subordonné sera récompensé par le manager par une augmentation de salaire. La principale difficulté dans le cas de la structure de type cluster réside dans le fait qu'il n'y a pas de hiérarchie entre l'animateur et les membres du réseau. L'approche transactionnelle n'est en conséquence pas adaptée à cette forme d'organisation.

L'approche transformationnelle considère pour sa part que le leadership est un processus qui engage mutuellement le leader et le subordonné. Les subordonnés sont habilités (*empowered*) à accomplir des tâches et à remplir des objectifs communs avec ceux du leader. L'engagement conjoint du leader et du subordonné repose sur une adhésion à une vision et à des valeurs communes suggérées par le leader. Le charisme du leader transformationnel est alors déterminant. Cette approche correspond bien à l'animation d'un cluster, même si le cadre idoine de l'animation de réseau est le mode projet (Sargis-Roussel, 2005). Le profil de leader que nous allons décrire ci-dessous s'inscrit dans ce courant du leadership transformationnel.

Le modèle de Mumford *et al.* (2000) peut servir de point de départ à la construction d'un modèle théorique décrivant le profil de l'animateur de cluster. Dans ce modèle, on constate trois entrées (*inputs*), toutes liées à la connaissance. Tout d'abord, le leader doit avoir la connaissance de l'organisation. Dans le cas de la mise en place d'un cluster, cette connaissance consiste dans la capacité à comprendre les interactions entre les différentes parties prenantes, comme celles existant entre les pouvoirs publics et les entrepreneurs. Le deuxième aspect concerne la connaissance des problèmes et des rôles de chacun. Ici, l'animateur de cluster doit se positionner sur une expertise technique afin d'identifier clairement et rapidement les problèmes rencontrés, ainsi que la part et la responsabilité de chacun dans le processus en construction. Le troisième et dernier point réside dans la connaissance des personnes. Celle-ci permet d'adapter la communication et d'instaurer un climat de confiance essentiel à la performance du cluster.

L'animateur du cluster peut donc être envisagé comme un entrepreneur-leader du changement. L'originalité de sa posture réside dans le contexte interorganisationnel dans lequel il est amené à évoluer, qui l'amène à porter une attention particulière aux problématiques de coordination d'acteurs. Il doit, en innovateur organisationnel, permettre dans un premier temps la création de relations de confiance entre les différents acteurs du cluster, puis dans un deuxième temps la mise en place de pratiques coopératives (Dupuy, Torre, 2004). Il s'agit bien là d'une posture de leader du changement.

Nous nous appuyons sur ce modèle de Mumford pour construire notre propre modèle d'animateur-leader du changement et tenter de répondre à la question de recherche suivante : quelles sont les compétences qui fondent le leadership d'un animateur de cluster ?

3. Application : les clusters de l'éco-construction

3.1. Cadrage méthodologique

Le cadre de cette étude est donné par la méthode des cas, définie comme la relation d'un événement ou une série d'événements (présents ou passés) pour en tirer un savoir théorique susceptible d'éclairer la pratique. Le recours à cette méthode dans le cadre d'une recherche exploratoire nous est suggéré par Eisenhardt (1989), Yin (2003) et Eisenhardt et Graebner (2007), pour lesquels elle constitue le moyen de générer un savoir aux applications pratiques à partir de données empiriques. Nous nous appuyons à la fois sur des sources primaires et secondaires dans un objectif de corroboration des données.

Nous cherchons à tester trois hypothèses :

H1 : le leadership de l'animateur de cluster s'appuie sur une forte compétence technique (connaissance des problèmes et des rôles).
H2 : le leadership de l'animateur de cluster suppose une forte capacité à créer de la confiance et à fédérer (connaissance des personnes).
H3 : le leadership de l'animateur de cluster requiert une bonne capacité à comprendre les jeux d'acteurs (connaissance de l'organisation).

Pour éviter une trop grande dispersion susceptible de nuire à la cohérence de nos résultats et pour mettre à profit une étude précédente réalisée sur les systèmes productifs locaux dans la filière bois (Ditter, Bobulescu, 2010), nous avons choisi de nous concentrer sur des clusters opérant dans le secteur de l'éco-construction. La construction est tout d'abord l'un des secteurs les plus concernés par la question du développement durable dans les pays développés. Sous la pression des pouvoirs publics et pour répondre à une demande croissante, le secteur de l'éco-construction, qui existe depuis une trentaine d'années, a connu une croissance rapide dans de nombreux pays d'Europe.

De nombreux blocages subsistent toutefois, parmi lesquels l'insuffisante structuration de l'offre. Or les procédés de l'éco-construction font appel à des compétences multiples liées à des métiers très différents (matériaux écologiques, énergies renouvelables, traitement des déchets, génie thermique, etc.), qu'une seule entreprise ne peut généralement pas maîtriser totalement et requièrent donc un degré élevé de coopération entre entreprises. Les pouvoirs publics ont lancé différentes initiatives visant à faire collaborer les différents acteurs de l'éco-construction au sein de clusters qui se sont rapidement développés en Europe.

Étant donné la grande variété des termes utilisés par les acteurs – SPL ou pôle de compétitivité en France au niveau national, cluster dans différentes régions ou à l'international – et des réalités qu'ils recouvrent, nous n'avons pas voulu nous limiter aux seuls SPL ou clusters labellisés. Nous avons défini un idéal-type de cluster : il s'agit d'un regroupement d'entreprises opérant sur un couple produit-marché, lié à des acteurs institutionnels et soutenu, voire impulsé, par les pouvoirs publics. Les membres du dispositif recourent à une coordination dirigée, qui en constitue le point focal, sous la forme d'une cellule d'animation constituée d'une personne ou d'une petite équipe. Celle-ci est hébergée par une association interprofessionnelle, une chambre de commerce, une entreprise leader, ou une association créée à cet effet.

Notre principale source d'information primaire est la réalisation d'entretiens semi-directifs avec des animateurs de clusters. Durant une première étape, nous avons donc produit deux guides d'entretien et réalisé en 2010 et 2011 des entretiens auprès des animateurs des trois clusters situés en Belgique. Ce choix nous permet de donner une dimension internationale à notre étude et de bénéficier d'informations obtenues dans une région relativement avancée, que ce soit dans le secteur de l'éco-construction ou les expériences de *clustering*. Il nous donne pour finir une base de comparaison entre un pays fédéral, la Belgique, et un autre marqué par la centralisation, la France.

3.2. Des trajectoires diversifiées

a) Cluster éco-construction

Le cluster éco-construction de Wallonie[7], basé à Namur, est né d'une convergence entre volontarisme politique et intérêt des industriels, le gouvernement wallon ayant lancé en 2001 plusieurs projets-pilotes avec l'aide de financements régionaux, intercommunaux et européens (FEDER, Objectif 2). Une expérience de cluster bois entamée en 2002 n'a pas abouti, faute de pouvoir fédérer un nombre suffisant d'acteurs moteurs, mais elle a débouché dès 2003 sur la constitution du cluster éco-construction, intégrant entre autres des membres de l'ancien cluster bois.

Initialement hébergé par la Chambre de commerce et d'industrie (CCI) de Namur, le cluster a par la suite pris un statut associatif distinct pour pouvoir représenter les acteurs de l'ensemble de la Région wallonne. Composé au départ de 6 entreprises, il comporte environ 120 membres en 2011, essentiellement des opérateurs du bâtiment, mais aussi de nombreuses activités connexes comme l'économie sociale ou la santé, des organismes d'information et de promotion, de formation et de recherche, des fédérations professionnelles (bois, mais aussi BTP). La

---

7 Une description plus détaillée de ce cluster est disponible dans Ditter et Bobulescu (2010).

CCI de Namur y est mandatée pour représenter l'ensemble des CCI de Wallonie.

Les actions collectives menées au sein du cluster incluent la participation à des salons en vue de le faire connaître du grand public, à des conférences et séminaires, la constitution et l'animation de groupes de travail sur des thèmes intéressant les membres. Le cluster représente ces derniers auprès de divers partenaires, tels que les collectivités locales, les investisseurs potentiels, ou encore les organismes de formation et recherche. Sa cellule d'animation était composée d'une seule personne en 2011 (deux jusqu'en 2010) et ses locaux sont toujours situés dans un bâtiment construit selon les techniques de l'éco-construction, accueillant des associations et autres organisations proches du développement durable et de l'économie sociale. Il sert de vitrine aux réalisations des organisations membres.

Selon les animateurs interrogés en 2006, l'impact le plus visible du cluster sur le tissu régional a été le développement d'échanges entre entreprises qui s'ignoraient auparavant, que ce soit dans le cadre de groupes de travail, de contacts débouchant sur des contrats, ou encore de la mise en œuvre de coopérations ouvrant l'accès à des marchés nouveaux. Il a permis des changements notables dans leur état d'esprit et, en particulier, a créé une émulation entre les entreprises. Mais sa pérennisation est une problématique constante : la confiance entre les partenaires ne pouvant se construire que dans la durée, il est important d'offrir aux membres l'occasion de se rencontrer et d'échanger régulièrement pour la créer et la perpétuer.

b) Cluster Ecobuild

La structuration du *cluster bruxellois Ecobuild* répond à une logique clairement volontariste : dans le cadre d'un Contrat pour l'économie et l'emploi, le gouvernement de la Région de Bruxelles-Capitale a en effet décidé en 2005 de soutenir le secteur de l'éco-construction, doté d'un fort potentiel de croissance et susceptible de générer des emplois non délocalisables. La création d'une plateforme favorisant les synergies entre les acteurs du secteur ayant été identifiée comme une condition nécessaire à sa structuration, le gouvernement régional a confié à l'Agence bruxelloise pour l'entreprise (ABE), créée le 1er janvier 2003 à l'initiative du ministère régional de l'Économie, le soin d'impulser un cluster en éco-construction à Bruxelles. Celui-ci a pour mission de structurer, soutenir le développement et améliorer la visibilité du secteur.

Le cluster, qui compte environ 50 membres en 2010, est un lieu d'échange visant à informer, guider et soutenir les entreprises dans le montage de projets communs. Il participe à la reconnaissance et la visibilité des acteurs du réseau par le biais de l'information et la promotion, de l'organisation de communications avec la presse, ou encore de la participation à certains événements, comme le Salon *Batibouw*. Cette visibilité doit à son tour contribuer à la diffusion des principes et bonnes pratiques de l'éco-construction auprès du grand public et des professionnels de la construction classique. Un autre objectif est de favoriser les collaborations et synergies entre entreprises, organismes de soutien et centres de recherche, ainsi qu'entre les différents corps de métier de l'éco-construction, de l'architecte à l'entrepreneur, en passant par l'artisan de la construction et le vendeur d'éco-matériaux. Il cherche ainsi à rassembler la totalité de la chaîne de compétences et à créer les conditions de mise en œuvre de grands projets communs. Selon son animateur, le cluster est encore actuellement dans une phase de maturation : le premier objectif est d'atteindre une masse critique de membres avec pour but de pérenniser et accroître la visibilité de la structure et de susciter des projets communs. Cette coopération permettrait de combiner logique volontariste et logique spontanée.

c) Cluster CAP 2020

Le *cluster CAP 2020*[8] répond lui aussi à une logique volontariste : il est né en 2008 de la volonté du gouvernement régional wallon de regrouper les acteurs régionaux de l'efficience énergétique autour de la nouvelle stratégie de croissance de l'Union européenne, appelée Europe 2020. Ses objectifs sont de servir de plateforme d'échange et d'incitation à l'innovation, en vue de stimuler l'offre de produits et services liés à l'éco-construction et *in fine* de stimuler la croissance wallonne. Le cluster est piloté par une association de droit belge (ASBL) et comprend actuellement 120 partenaires, qui peuvent être des PME, les branches locales d'entreprises de grande taille, telles que BASF, des associations professionnelles.

La structure d'animation comprend deux personnes : un permanent en charge de l'organisation pratique et un conseiller extérieur, directeur d'un cabinet d'étude spécialisé dans le développement durable. Les actions menées par le cluster incluent la constitution d'un annuaire des membres, des groupes de réflexion thématiques (innovation, formation, communication, etc.), des visites de technologies ou réalisations, des voyages d'études, des formations, ou encore des rencontres dédiées à la mise en réseau.

---

8 Ainsi nommé parce qu'il regroupe des Constructeurs, Architectes et Producteurs et vise d'ici 2020 à réduire de 20 % la consommation d'énergie et les émissions de CO_2 des bâtiments, et à faire en sorte que 20 % de leur approvisionnement proviennent d'énergies renouvelables.

Tout comme Ecobuild, Cap 2020 est dans une phase de maturation et doit articuler deux objectifs distincts, à savoir d'une part, l'augmentation du nombre de partenaires en vue d'assurer la visibilité du cluster et, d'autre part, une plus grande implication des partenaires actuels dans ses activités. Les animateurs cherchent donc à proposer des services et évènements répondant aux besoins des partenaires actuels et potentiels.

3.3. Les compétences de l'animateur de cluster

a) Une compétence technique

L'entretien-test réalisé avec l'animateur du cluster Ecobuild de Bruxelles met particulièrement en évidence la solidité technique de son parcours. Architecte de formation, la personne interrogée travaille dans le domaine de la construction depuis près de trente ans. Elle a assuré la direction de chantiers importants, avant de reprendre l'animation du cluster en 2009. Son large panel de connaissances techniques sur la construction lui permet de développer une vision panoramique d'un système complexe, comme par exemple de comprendre les problématiques et attentes des membres du cluster pour les relayer. Elles lui permettent à un deuxième niveau d'asseoir sa légitimité, voire son autorité, auprès des différentes parties prenantes en vue de créer des relations de confiance, dans un milieu considéré comme très spécifique et dans lequel les aspects techniques sont essentiels. L'animateur occupe enfin une place centrale dans un contexte de négociation avec les différents opérateurs.

Les entretiens réalisés avec la structure d'animation du cluster éco-construction wallon en 2006 mettaient quant à eux, en relief, la nécessité de disposer d'une double compétence. Cette cellule d'animation comprenait à cette époque deux personnes aux profils distincts : l'un avait une formation d'ingénieur industriel complétée par un DEA en environnement, l'autre était diplômée en études politiques et management de l'innovation. Cette combinaison de profils leur permettait de disposer d'une légitimité réelle auprès des professionnels tout en maîtrisant les nombreuses compétences nécessaires à l'animation d'un réseau. Le nouvel animateur du cluster n'est pas, quant à lui, un expert du secteur, mais considère qu'un certain niveau de connaissance est nécessaire pour pouvoir communiquer avec les partenaires et comprendre leurs besoins. La compétence technique va toutefois au-delà de la seule connaissance du secteur de la construction et englobe des domaines comme la comptabilité ou l'organisation.

La structure d'animation bicéphale du cluster CAP 2020 combine elle aussi compétences techniques et organisationnelles : l'un des animateurs est un professionnel du secteur, l'autre a une formation en communication. La pertinence d'une animation bicéphale est mentionnée par l'animateur du cluster Ecobuild, pour lequel les compétences techniques sont nécessaires, mais doivent être complétées par des compétences relationnelles (voir *infra*).

b) Une capacité à fédérer et à créer de la confiance

L'animateur du cluster Ecobuild et celui du cluster éco-construction de Wallonie se définissent comme des « facilitateurs », qui vont chercher à « développer des synergies » entre acteurs de l'éco-construction, mais aussi, dans le cas wallon, à les aider à déposer des dossiers ou à rechercher des financements, à les représenter auprès des collectivités locales et des investisseurs. La communication joue, de fait, un rôle essentiel dans la fonction d'un animateur.

Dans le cas bruxellois, l'animateur mentionne que son rôle consiste à faire « travailler ensemble des gens qui ne s'aiment pas forcément », des concurrents ou des opérateurs dont les contraintes et intérêts divergent, dans un milieu fortement concurrentiel. Pour ce faire, les compétences relationnelles sont essentielles : la personne interrogée parle de « facultés de dialogue », voire de « capacités de séduction », lui permettant de créer des relations de confiance, d'attirer dans un premier temps les futurs membres avant de les fédérer en fonction d'un objectif commun. Cette dimension « visionnaire » de l'animateur est aussi mise en avant par l'animateur du cluster Eco-construction pour qui il faut pouvoir répondre aux inquiétudes et attentes des partenaires, mais aussi leur proposer un projet et des actions.

La participation au cluster ne s'accompagnant d'aucun avantage financier spécifique, les animateurs des clusters Ecobuild et CAP 2020 insistent sur le fait qu'il faut pouvoir identifier chez chacun les motivations qu'il pourrait avoir à rejoindre la structure. Il ne faut pas « brusquer » les membres potentiels, mais au contraire les amener à s'intégrer progressivement dans les activités du cluster, en participant tout d'abord ponctuellement à des réunions, puis à certaines actions avant de les impliquer de manière plus importante. Cette capacité à fédérer peut toutefois trouver ses limites dans la mesure où les pouvoirs publics vont parfois fixer un objectif de croissance du nombre de membres du cluster, ce qui risque de se faire aux dépens de sa cohérence interne.

c) Une capacité à comprendre les jeux d'acteurs

La capacité à comprendre les jeux d'acteurs relève du « politique ». Elle englobe les deux compétences précédemment étudiées dans la mesure où créer de la confiance et fédérer supposent de proposer au préalable une perspective claire : en période de changement, le leadership naturel revient à ceux qui sont capables d'apporter de la lisibilité et de la clarté en zone d'incertitude. L'animateur a précisément ce rôle à jouer. Le besoin de clarté sera d'autant plus important que le nombre de parties prenantes sera élevé et diversifié, ce qui est le cas du secteur de l'éco-construction, qui intègre des métiers diversifiés participant à des systèmes complexes.

La mise en place d'un cluster performant suppose en particulier de dépasser un climat de méfiance réciproque entre acteurs – méfiance qui constitue en soi une véritable résistance au changement, empêchant de construire une coopération réelle et durable. Le partage d'informations, qui est au cœur de la démarche de *clustering*, est susceptible de générer des comportements de passager clandestin et de remettre en question la cohésion du groupe. Les opérateurs se connaissent au départ généralement mal, se méfient les uns des autres, voire sont potentiellement en conflit direct par rapport à l'accès au marché.

Selon l'animateur du cluster bruxellois, il faut pouvoir décoder et comprendre les intérêts de chacun afin, dans un premier temps, d'éviter les conflits ouverts, puis, par la suite, d'obtenir des résultats. Cette capacité à analyser les jeux d'acteurs apparaît dans l'interview-test à travers le discours des acteurs lorsqu'ils évoquent la notion de « diplomatie », la nécessité « d'éviter les blocages », ou bien la notion de « charisme ». Des jeux d'acteurs ont aussi été mis en évidence au sein du cluster wallon, même si les entretiens menés à cette époque n'avaient pas pour objet de les faire ressortir. Selon les animateurs, la présence en son sein d'acteurs nombreux et diversifiés n'a ainsi pas toujours été simple à gérer, tant les divergences d'intérêt étaient fortes. L'esprit de consensus et la recherche d'un intérêt bien compris ont toutefois dominé : initialement réticents car inquiets de l'émergence de concurrents potentiels, les acteurs du BTP ont par exemple finalement intégré le cluster après avoir évalué leur intérêt à être présents sur un segment de marché porteur.

Cette dimension est par contre peu ressortie de notre entretien avec l'animateur du cluster CAP 2020, en partie parce que nous n'avons pu interviewer qu'un des deux membres du binôme, plus précisément celui en charge de la partie pratique et organisationnelle de l'animation. On peut supposer que son partenaire, en charge de la dimension « relation publique », aurait plus insisté sur cet aspect.

Conclusions

Nous avons dans ce chapitre souhaité apporter un éclairage nouveau sur la nature des clusters et plus précisément sur le rôle et les compétences de l'animateur de cluster, dont l'action est reconnue en pratique, mais rarement abordée par la théorie économique. À partir du concept d'innovation organisationnelle, on montre que l'animateur mobilise des compétences d'entrepreneur-leader du changement au sein d'un processus particulier d'innovation organisationnelle intervenant dans un contexte interorganisationnel, à savoir la constitution d'un cluster à dominante « volontariste », c'est-à-dire impulsé par les pouvoirs publics.

Sur la base du modèle de Mumford *et al.* (2000) et à partir de l'étude de clusters belges portés par leur gouvernement régional respectif (Bruxelles-Capitale et Wallonie), nous montrons que l'animateur de cluster est un « facilitateur », mais aussi un « évangélisateur » doté d'une vision globale en même temps qu'un « diplomate » et un « arbitre ». Il possède et mobilise des compétences techniques – s'articulant autour d'un savoir-faire, un savoir-dire et un savoir faire-faire –, des compétences managériales ayant pour noyau la capacité à créer de la confiance entre les acteurs et à fédérer des pratiques coopératives et enfin des compétences politiques liées à sa capacité à comprendre et réguler les jeux d'acteurs. La mobilisation de ces compétences lui permet de modifier les règles qui gouvernent les relations entre les membres du cluster et de catalyser le processus de *clustering*.

Le rôle de l'animateur apparaît comme crucial dans le cadre d'un cluster éco-construction, dont la structuration suppose de faire coopérer des acteurs le plus souvent de petite taille, et venus de métiers différents afin de réaliser des systèmes constructifs innovants et complexes. Il est intéressant de constater que les innovations de produits et de procédés sont dans ce cas déterminées par l'innovation organisationnelle.

L'étape suivante de notre recherche consistera à déployer notre analyse dans d'autres pays tels que la France, l'Allemagne ou la Suisse. Il sera en particulier important de mettre en évidence l'existence possible de plusieurs profils d'animateurs faisant appel à des compétences de leadership différenciées en fonction de leur environnement politico-administratif. Les premiers cas analysés montrent en effet que l'animateur doit arbitrer entre les objectifs divergents des différentes catégories de partenaires privés et publics : la volonté des pouvoirs publics d'accroître le périmètre d'un cluster (nombre de partenaires, métiers couverts) peut par exemple être contradictoire avec celle des opérateurs qui le composent, pour qui la confiance et donc la coopération sont plus faciles à établir sur un périmètre plus restreint. À ce titre, la comparaison entre la Belgique, État fédéral, et la France, de tradition plus centralisée, devrait être particulièrement éclairante.

Bibliographie

Alberti, F. (2001), « The Governance of Industrial Districts : A Theoretical Footing Proposal », *Liuc Papers*, 82, Serie Piccola e Media Impresa, 5.

Beccatini, G. (1992), « Le district industriel marshallien, une notion socio-économique », in Benko, G., Lipietz A. (eds.), *Les régions qui gagnent*, PUF, Paris.

Benko, G., Lipietz, A. (eds.) (1992), *Les régions qui gagnent*, PUF, Paris.

Bouba-Olga, O., Carrincazeaux, C., Coris, M. (eds.) (2008), « La Proximité : 15 ans déjà ! », *Revue d'économie régionale et urbaine*, 3.

Burns, J.M.G. (2004), *Transforming leadership*, Grove Press, New York.

Burns, J.M.G. (1978), *Leadership*, Harper Torchbooks, New York.

Brandenburger, A.M., Nalebuff, B.J. (1996), *Co-opetition*, Currency/Doubleday.

Carton, G.D. (1999), *Éloge du changement. Leviers pour l'accompagnement du changement individuel et personnel*, Village Mondial.

Chabault, D. (2007), *La gouvernance des réseaux territoriaux d'organisation, revue de littérature d'un concept émergent*, Cahier de recherche du CERMAT. *http://cermat.iae.univ-tours.fr/IMG/pdf/Vol_20_07-145_Chabault.d.pdf*.

Coris, M., Frigant, V., Lung, Y. (2009), « Changement organisationnel et diversité des formes institutionnelles », *Cahiers du GREThA*, 23.

DATAR (2004), *La France, puissance industrielle : une nouvelle politique industrielle par les territoires*, La Documentation française, Paris.

DATAR (1999), *Actes du colloque « Systèmes Productifs Locaux : des modes spécifiques de développement économique territorial en France »*, Toulouse-Labège, 21 juin.

Ditter, J.G., Bobulescu, R. (2010), « Les systèmes productifs locaux dans les industries du bois : trois études de cas », *Revue d'économie régionale et urbaine*, 2, 269-292.

Dupuis, F. (2004), *Sociologie du changement. Pourquoi et comment changer les organisations*, Dunod, Paris.

Dupuy, C., Torre, A. (2004), « Confiance et proximité », in Pecqueur, B., Zimmermann, J.-B. (eds.), *Économie de proximités*, Hermès Lavoisier, Paris.

Ehlinger, S., Perret, V., Chabaud, D. (2007), « Quelle gouvernance pour les réseaux territorialisés d'organisations ? », *Revue des sciences de gestion*, 1, 170, 155-171.

Eisenhardt, K.M. (1989), « Building theories from case study research », *Academy of Management Review*, 14, 532-550.

Eisenhardt, K.M., Graebner, M. (2007), « Theory building from cases : opportunities and challenges », *Academy of Management Journal*, 50, 1, 25-32.

Fonrouge, C. (2008), « Entrepreneuriat et innovations organisationnelles », *Revue française de gestion*, 185, 108-123.

Gilly, J.P., Lung, Y. (2004), « Proximités, secteurs, territoires », 4e Journées de la Proximité, *Proximités, réseaux et coordination*, Marseille, juin.

Hamdouch, A. (2008), « La dynamique d'émergence des clusters et réseaux d'innovation : revue critique de la littérature et éléments de problématisation », XLVe Colloque de l'ASRDLF, Rimouski, 25-27 août. http://asrdlf2008.uqar.qc.ca/Papiers%20en%20ligne/HAMDOUCH-A.pdf.

Krugman, P. (1995), « Rendements croissants et géographie économique », in Rallet, A., Torre, A. (eds.), *Économie industrielle et économie spatiale*, Economica, Paris.

Leloup, F., Moyart, L., Pecqueur, B. (2005), « La gouvernance territoriale comme nouveau mode de coordination territoriale ? », *Géographie, Économie, Société*, 4, 7, 321-332.

Loubaresse, E. (2007), « Le pilotage d'un réseau productif local par un broker formel : une approche en termes d'encastrement », XVIe Conférence internationale de management stratégique, Montréal, 6-9 juin. http://www.aims2007.uqam.ca/actes-de-la-conference/bottin-des-auteurs/loubaresse-elodie/index.html.

Markusen, A. (1996), « Sticky Places in Slippery Space : A Typology of Industrial Districts », *Economic Geography*, 72, 3, 293-313.

Mendez, A. (2005), « Les effets de la mondialisation sur l'organisation et la compétitivité des districts industriels », *Revue internationale sur le travail et la société*, 3, 2, 756-786.

Mintzberg, H., Ahlstrand, B., Lampel, J. (2005), *Safari en pays stratégique. L'exploration des grands courants de pensée stratégique*, Village Mondial, Paris.

Mumford, M.D., Zaccaro, S.J., Harding, F.D., Jacobs, T.O., Feishman, E.A. (2000), « Leadership skills for a changing world : solving complex social problems », *Leadership Quarterly*, 11, 1, 11-35.

Pecqueur, B., Zimmermann, J.-B. (dir.) (2004), *Économie de proximités*, Hermès Lavoisier, Paris.

Porter, M.E. (1998), « Clusters and the new economics of competition », *Harvard Business Review*, November-December, 77-90.

Rallet, A., Torre, A. (2004), « Proximité et localisation », *Économie rurale*, 28, 25-41.

Sardas, J.C., Guenette, A. (2004), *Sait-on piloter le changement ?*, L'Harmattan, Paris.

Sargis-Roussel, C. (2005), « Création de connaissance et jeux de pouvoir : le cas d'un projet dans le secteur bancaire », XIVe Conférence internationale de l'AIMS, Angers, 6-9 juin. http://www.strategie-aims.com/events/conferences/9-xiveme-conference-de-l-aims/communications?theme=Organisation+-+Apprentissage.

Sashkin, M. (2004), « Transformational Leadership Approaches », in Antonakis, J., Cianciolo, A.T., Sternber, G.R. (eds.), *Nature of Leadership*, Sage Publications, Thousand Oaks.

Scott, W.R. (1995), *Institutions and organizations*, Sage Publications, Thousand Oaks.

Snow, C.C., Miles, R.E., Coleman, H.J. (1992), « Managing 21st century network organization », *Organizational Dynamics*, 20, Winter, 5-20.

Torre, A. (2006), « Clusters et systèmes locaux d'innovation », *Région et développement*, 24, 15-43.

Williamson, O.E. (1985), *Les institutions de l'économie*, InterÉditions, Paris.

Yin, R.K. (2003), *Case study Research, Design and Methods*, Sage Publications, Thousand Oaks.

La durabilité des Systèmes urbains cognitifs : mythe ou réalité ?

L'exemple du projet GIANT/Presqu'île à Grenoble*

Raphaël BESSON

RRI

Les mutations récentes du capitalisme, où la « connaissance » tend à remplacer les ressources naturelles et le travail physique comme outils de croissance économique[1], transforment en profondeur les villes contemporaines. Dans ce contexte, les villes dites « postfordistes »[2] adaptent leurs structures productives, spatiales et socio-organisationnelles aux exigences de la nouvelle économie. L'une des manifestations les plus claires de ces mutations réside dans la multiplication de projets de « districts technologiques », de « clusters créatifs », de « clusters culturels », de « districts du design » ou encore de « cyberdistricts ».

Ces projets se construisent selon nous sur le même type de modèle, le modèle des « Systèmes urbains cognitifs » (SUC), que nous définis-

* Cet article s'insère dans le cadre d'une thèse que nous menons actuellement sur la question de la capacité des « Systèmes urbains cognitifs » (SUC) à se positionner comme des supports privilégiés de production et de valorisation d'innovations. Notre travail empirique porte sur une étude comparative de SUC mis en œuvre dans trois villes : Barcelone (22@Barcelona), Buenos Aires (Distrito Tecnológico ; Distrito de Diseño) et Grenoble (GIANT/Presqu'île).

1 La structure productive de cette nouvelle économie préoccupe la communauté scientifique élargie, qui multiplie à son égard les propositions interprétatives : « économie cognitive » (Walliser, 2000) ; « hyper-capitalisme » (Rifkin, 2000) ; « capitalisme cognitif » (Rulliani, 2000 ; Boutang, 2008 ; Collettis, Paulré, 2008) ; « e-economy » (Castells, 1996) ; « économie du savoir » (Foray, 2000) ; « économie créative » (Howkins, 2001 ; Scott, 2006).

2 La notion de « ville postfordiste » regroupe une multiplicité de définitions partielles, de considérations à la fois économiques, sociales et politiques, si bien qu'il apparaît très difficile d'en donner une définition simple et univoque.

sons comme une concentration urbaine d'institutions formelles[3] et informelles[4] de l'innovation, qui interagissent entre elles et avec le tissu économique, spatial et socioculturel des villes, au travers de rapport de proximités intenses et variés, dans le but de générer une dynamique systémique et ouverte d'innovation dans des secteurs technologiques ou sectoriels hybrides[5]. Ces SUC, qui émergent au cœur même des villes, font suite à des politiques publiques fortes de revitalisation socio-économique et urbaine, sur des sites d'environ 200 hectares et emblématiques de l'époque fordiste[6]. L'enjeu étant de créer sur ces espaces urbains intenses et attractifs du point de vue des activités à fort contenu d'innovations et de connaissance et de la classe dite « créative »[7], les conditions physiques d'une plus grande capacité relationnelle entre acteurs hétérogènes.

Par leurs capacités à fonctionner à la fois comme des systèmes fermés (systèmes à l'intérieur desquels un ensemble d'acteurs et de ressources se stratifient et se connectent, en vue de susciter l'innovation), mais aussi ouverts à des acteurs externes et aux ressources métropolitaines, les SUC préfigurent le dépassement des modèles technopolitains séparés des villes ou à l'écart de celles-ci. Loin de constituer des îlots autonomes au sein des métropoles (Bing, G., Casals, J., Chabanel, B., Hooge, E. (2010), les SUC sont sensés jouer un rôle de locomotive pour les territoires métropolitains. Ils apparaissent comme des réponses pertinentes aux grands enjeux environnementaux (innovations dans les technologies vertes), économiques (« échapper à la dépendance économique vis-à-vis de décideurs extérieurs » ; « lutter contre les délocalisations ») et sociaux (« recherche de solutions plus collectives et créatives

---

3 Entreprises innovantes, laboratoires de recherche publics et privés, universités, grandes écoles, écoles techniques.

4 Utilisateurs intermédiaires et finaux des innovations, activités artistiques, créatives et culturelles, mais aussi habitants.

5 Les SUC ne limitent pas leur portée à un secteur économique ou technologique particulier. Ils se caractérisent davantage par un processus d'hybridation entre différents champs sectoriels : industries créatives, santé, sciences de la vie, mobilité et sécurité, science de l'information, TIC, nanotechnologies, environnement, énergie, etc.

6 Nous faisons ici référence aux anciens espaces fonctionnels comme les « zones industrielles », « technopôles » ou « campus universitaires », séparés des villes ou à l'écart de celles-ci.

7 La « classe créative » est définie par Richard Florida (Florida, 2002). Elle se caractérise par un fort capital culturel et un rôle majeur dans le développement économique des villes postfordistes. Productrice, mais aussi consommatrice de la ville contemporaine, cette classe métropolitaine est sensée transformer progressivement certains quartiers de villes en véritables écosystèmes créatifs. Cette classe serait particulièrement exigeante en termes de qualité de vie et d'aménités urbaines.

avec les citadins » ; « préserver la cité et ses habitants des maux de la mondialisation »).

Dès lors, si l'on considère que le concept de ville durable désigne une ville qui cherche à concilier le développement économique, le développement social et humain, avec la protection de l'environnement, il semble légitime de s'interroger sur la durabilité des phénomènes à l'œuvre dans le cadre de ces « Systèmes urbains cognitifs ».

D'un côté, les transformations actuelles peuvent être analysées comme les prémisses d'un mode de développement écologique des villes (inscription du projet scientifique des SUC dans les enjeux sociaux et environnementaux contemporains ; qualité environnementale et énergétique des projets ; intégration des technologies vertes dans l'aménagement même des quartiers ; système d'innovation ouvert, etc.). D'un autre côte, l'aspect social et humain des projets de la nouvelle économie mérite d'être interrogé. Dans quelle mesure les populations locales participent et bénéficient des dynamiques à l'œuvre ? Quels mécanismes d'inclusion/exclusion se dessinent sous le couvert esthétique de la ville innovante ?

Pour illustrer nos propos, nous concentrerons notre analyse sur le projet GIANT[8]/Presqu'île[9] à Grenoble. Après avoir brièvement évoqué les étapes clés du développement économique et technologique grenoblois (partie 1), nous chercherons à rendre compte de la manière dont est intégrée la question du développement durable au sein du projet GIANT (partie 2). Celle-ci relève-t-elle essentiellement du mythe ? Les prémices d'un mode de développement écologique des villes sont-elles observables ? Nous conclurons notre communication par une proposition de méthodologie qui cherchera à répondre à un élément essentiel du débat, à savoir la capacité du projet GIANT/Presqu'île à se positionner comme un support privilégié de production et de valorisation d'innovations.

---

8 GIANT, pour Grenoble Isère Alpes Nano Technologies (volet scientifique du projet).

9 Volet urbain du projet.

Schéma 1 : Représentation schématique du modèle de Système urbain cognitif

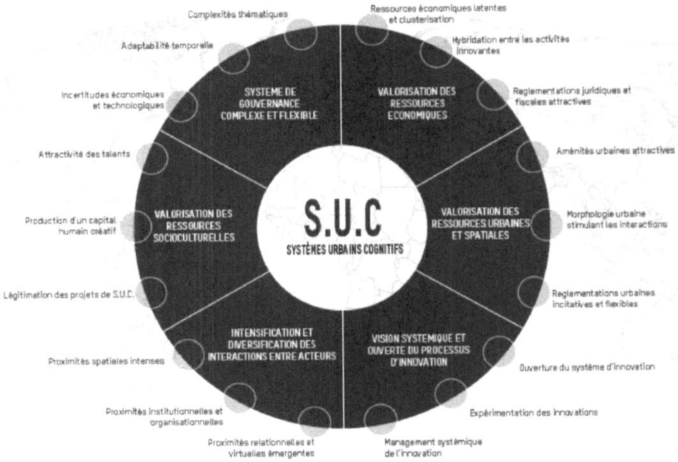

Source : Raphaël Besson et Thibault Nugue (INterland)

1. Les étapes du développement économique et technologique grenoblois

1.1. Émergence et développement du « modèle technopolitain grenoblois »

« Depuis au moins un siècle, Grenoble innove. (…) Le phénomène a sa traduction dans tous les domaines : industriel, mais aussi social, urbanistique, architectural, scientifique, artistique » écrit le géographe Armand Frémont, ancien président du conseil scientifique de la DATAR (citation extraite de Bloch, 2011, p. 15). Grenoble, capitale des Alpes françaises, se définit aussi et avant tout comme une ville innovante.

D'abord ville de tradition industrielle (ganterie, cimenterie, lingerie, papeterie, houille blanche), Grenoble s'est très rapidement engagée dans la voie des technologies innovantes. Tout au long du XXe siècle, Grenoble a vu les technologies se succéder dans des champs aussi variés que la mécanique, l'hydraulique, la chimie, l'électronique et la microélectronique. Des étapes importantes ont été opérées dans la seconde moitié du XXe siècle avec l'arrivée du nucléaire, du Synchrotron, le développement des micro et nanotechnologies, et plus récemment des biotechnologies et des nouvelles technologies de l'énergie.

Cette capacité de l'agglomération grenobloise à innover repose sur une « conjonction très rare d'intérêts dans trois domaines qui interfèrent : l'industrie, la science et l'enseignement ». (Bloch, 2011). Depuis plus d'un siècle, Grenoble s'est bâtie sur un modèle allant de la recherche fondamentale à la recherche appliquée, jusqu'à la valorisation technologique et industrielle. Ce système « scientifico-industriel local » s'est structuré selon Michel Grossetti dès la fin du XIXe siècle, avec la multiplication des « collaborations science – industrie (y compris la création d'entreprises par des chercheurs dès 1945), constituant un système urbain d'innovation comparable à ceux qui prennent appui sur l'université de Stanford ou le MIT aux États-Unis » (Grossetti, 2001, p. 9).

Cet « écosystème de l'innovation » permet aujourd'hui à Grenoble de se prévaloir d'indicateurs socio-économiques performants : deuxième plus fort taux d'emplois technopolitains (12,7 %) après Paris (16 %), forte croissance démographique entre 1999 et 2006, taux de chômage inférieur à la moyenne nationale, etc. (Novarina, 2010). L'économie grenobloise est sans aucun doute tirée par le dynamisme de ses activités scientifiques et techniques.

1.2. Les polarités économiques de l'agglomération grenobloise

L'autre spécificité du système économique grenoblois est de s'être structuré autour de trois polarités spatiales :

– Le Polygone scientifique au nord-ouest de l'agglomération (1).

– Le campus universitaire (2) et la ZIRST (Zone d'innovation pour les réalisations scientifiques et techniques de Meylan) (3) à l'est de l'agglomération.

Les complémentarités économiques, spatiales et scientifiques entre ces trois polarités sont en cours de confortement, à travers notamment le projet « Grenoble Université de l'innovation »[10], en réponse à l'opération « Plan Campus » lancée par le ministère de la Recherche et de l'Enseignement supérieur.

[10] Sont parties prenantes du projet les universités grenobloises (Université Joseph Fourier, Université Pierre Mendès France, Université Stendhal, l'Institut Polytechnique de Grenoble et l'Institut d'Études Politiques) associées à un collège d'organismes et de partenariats privilégiés (CEA, CNRS, INRIA, CHU, Cemagref, Grenoble École de Management, ESRF, ILL, EMBL, INSERM).

Image 1 : Les polarités économiques de l'agglomération grenobloise

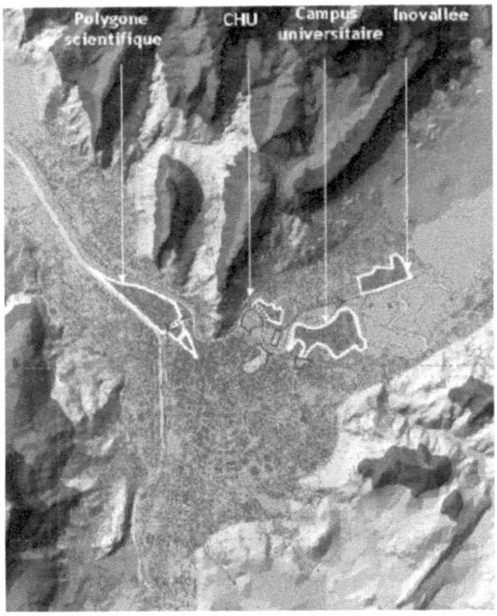

Source : INterland, 2008.

Image 2 : Modélisation du projet Presqu'île par le cabinet d'architecture Claude Vasconi

Source : Cabinet d'architecture Claude Vasconi.

Image 3 : Étude préopérationnelle pour la requalification d'Inovallée (Meylan)

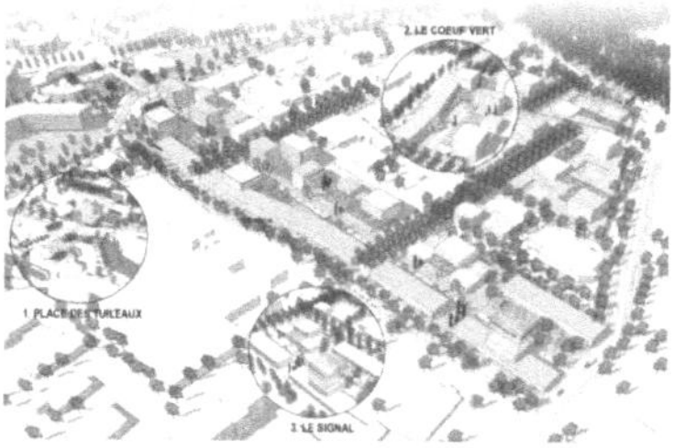

Source : INterland, 2011.

Image 4 : Schéma d'aménagement et de développement du campus universitaire

Source : INterland, 2008.

a) Du polygone scientifique au projet GIANT/Presqu'île

Le territoire nord-ouest de l'agglomération grenobloise s'est construit au fil du temps comme une mosaïque de « domaines » chacun ayant sa fonction, son mode d'organisation et ses propres logiques d'évolution. L'ensemble est le résultat d'une addition de logiques sectorielles structurées par le zonage inspiré du mouvement moderne. Les tissus industriels historiques avec les quartiers ouvriers de Berriat et de Fontaine côtoient le polygone scientifique composé par les grands organismes nationaux et européens de recherche (CEA, CNRS,

INSERM[11], ESRF[12], LETI[13], etc.) implantés dans la seconde moitié du XXe siècle, à proximité de l'INPG[14] et de la Faculté des Sciences.

Après-guerre, le site du Polygone d'artillerie désaffecté est très convoité. C'est avec l'installation des usines Merlin Gerin que la Presqu'île connaît sa première vocation technologique[15]. Mais c'est la force de conviction d'un homme, Louis Néel[16], qui marquera l'histoire du Polygone avec l'installation des grands instituts de recherche. Louis Néel va acheter 80 hectares de terrains au profit du CEA pour la création du CENG[17]. Portés par cette dynamique, de multiples projets vont se développer, soutenus par les universités, le CNRS, l'Institut Polytechnique et l'Institut de physique nucléaire. Ils concerneront tant « la physique du solide, du magnétisme et du nucléaire (que) celui de la microélectronique, des nouvelles technologies de l'énergie et de la santé »[18]. Vont s'implanter également plusieurs laboratoires de R&D de grandes entreprises industrielles (Schneider Electric, STMicroelectronics, Biomérieux, etc.), ainsi que d'autres écoles d'ingénieurs et centres de recherche (EMBL, ILL, ENSERG, ENSPG[19], etc.).

La Presqu'île concentre aujourd'hui sur 250 hectares, 15 000 actifs dont 8 000 enseignants-chercheurs et 7 000 salariés du privé. Les domaines de compétence du polygone concernent tant les micro et nanotechnologies, que les nouvelles technologies de l'énergie, les biotechnologies ou les nano sciences.

Un des tournants clés de la Presqu'île est le lancement de MINATEC, pôle d'innovation en micro et nanotechnologies inauguré en 2006. Ce site comprend 100 000 salariés dont environ la moitié de

11 Institut national de la santé et de la recherche médicale.

12 European Synchrotron Radiation Facility.

13 Laboratoire d'électronique et des technologies de l'information.

14 Institut national polytechnique de Grenoble.

15 Grenoble Presqu'île, Lettre d'information du projet Presqu'île n° 3, décembre 2010.

16 Louis Néel, fondateur du LEPM, de l'Institut national polytechnique et prix Nobel de physique a toujours eu comme objectif de renforcer les liens entre recherche-université-industrie et de faire de Grenoble une cité de l'innovation. « Je ne désirais pas rester à Grenoble pour en faire le marche pied d'une carrière parisienne, mais bien avec l'intention de créer un centre de recherche suffisamment important pour en retenir les cadres » (Néel, 1991). Dès les années 1960, il déclara aux chercheurs grenoblois : « Oubliez votre travail routinier pour un plus innovatif [...] et montrez que des recherches fondamentales effectuées dans un laboratoire universitaire n'ont pas pour but que de produire de la connaissance mais peuvent également avoir une utilité industrielle immédiate » (citation extraite de Delemarle, 2007, p. 21).

17 Centre d'études nucléaires de Grenoble.

18 Grenoble Presqu'île. Lettre d'information du projet Presqu'île n° 2.

19 ILL : Institut Laüe Langevin. ENSERG : École nationale supérieure d'électronique et de radioélectricité de Grenoble. ENSPG : École nationale supérieure de physique de Grenoble.

chercheurs et/ou d'ingénieurs et spécialistes du transfert technologique regroupés sur 20 hectares et disposant d'infrastructures uniques en Europe (10 000 m^2 de salles blanches, nouvelle école d'ingénieurs de l'INP, salles de conférences, showrooms/lieux d'exposition, bureau d'aide au transfert de technologie, etc.).

Évoquons également l'installation du pôle de compétitivité mondial « Minalogic », dédié aux systèmes miniaturisés intelligents et s'adressant à tous les secteurs d'activités, y compris traditionnels : santé, environnement, mobilité, imagerie, textile, etc. Plus récemment encore, la Presqu'île scientifique a bénéficié de l'installation du pôle de compétitivité TENERRDIS (Technologies énergies nouvelles énergies renouvelables Rhône-Alpes, Drôme, Isère, Savoie).

Reste aujourd'hui à ouvrir ce site, qui jusqu'au milieu des années 1990 est resté un « non-quartier » en raison de son histoire militaire, des coupures physiques engendrées par la présence du Drac et de l'Isère, des autoroutes et des voies ferrées[20].

C'est là un des enjeux fondamentaux du projet GIANT/Presqu'île né de l'initiative de Jean Therme (directeur du CEA de Grenoble et coprésident du comité de pilotage Grenoble Presqu'île – Giant), qui cherche à faire de la Presqu'île un quartier ouvert et intégré à la ville. L'autre objectif consiste à réunir l'ensemble des acteurs du site autour de trois enjeux technologiques et trois enjeux de société majeurs : l'information, l'énergie et la santé. Le principe est assez simple : renforcer les proximités et les synergies pour faire travailler ensemble sur un même site, organismes d'enseignement supérieur, plateformes de recherche et entreprises.

Le projet GIANT/Presqu'île constitue un des plus importants projets urbain, scientifique, universitaire et économique en Europe, avec 1,3 milliard d'euros d'investissements sur 15 ans. Le programme comprend 3 000 logements étudiants (le tiers en logement social) ; 2 000 logements familiaux dont 30 % en logement social, 50 000 m^2 de commerces, hôtellerie, équipements et 200 000 m^2 d'immobilier tertiaire[21]. Sur le volet économique et scientifique, une programmation à quinze ans devrait conduire au doublement du nombre de chercheurs et d'étudiants, avec la construction de 200 000 m^2 de bâtiments scientifiques et 100 000 m^2 de bâtiments universitaires.

---

20 Le site de la Presqu'île compte aujourd'hui moins de 1 000 habitants, et souffre d'une absence d'équipements collectifs, de commerces ou de lieux de convivialité.

21 Plaquette d'information du projet GIANT.

b) Le campus universitaire de Saint-Martin-d'Hères

Créé dans les années 1960 sur le modèle des campus américains, le campus de Grenoble doit son existence à un autre personnage emblématique de l'agglomération grenobloise Louis Weill (Némoz, 2011). Situé sur les communes de Saint-Martin-d'Hères et de Gières, le campus d'environ 200 ha est aujourd'hui le lieu principal d'implantation des enseignements supérieurs et un pôle majeur de recherche fondamentale, notamment dans les sciences et technologies de l'information et de la communication, les sciences de la matière et l'ingénierie de l'environnement, les sciences de la terre et de l'univers et les sciences de l'homme et de la société.

Si d'un point de vue historique, architectural, urbain[22] et socio-économique, le domaine universitaire présente un statut d'exception, il n'en reste pas moins un territoire largement « introverti ». Face à une telle problématique, la mise en place du « plan Université 2000 » et plus récemment de l'opération « Plan Campus » ont permis d'imaginer des solutions pour une meilleure insertion de la ville dans l'université. Évoquons notamment les propositions de l'agence INterland dans le cadre du Schéma d'aménagement et de développement du campus, formalisé en 2008. Elles ont consisté en la réalisation d'un projet urbain au cœur même du campus, préfigurant ainsi la nouvelle centralité du quartier universitaire, à même d'améliorer les conditions de vie et de travail des étudiants, enseignants et chercheurs. Le schéma d'aménagement du campus réinterroge la structure territoriale du secteur nord-est de l'agglomération en proposant de nouvelles combinaisons entre les espaces résidentiels, de loisirs, d'habitat, d'activités et de recherche. L'objectif étant aussi d'initier une nouvelle urbanité universitaire, à travers l'aménagement d'espaces favorables aux dynamiques collaboratives, et par là même à la créativité et à l'innovation.

c) De la ZIRST de Meylan à Inovallée

Créée en 1972, la ZIRST de Meylan fut l'une des premières technopoles françaises dédiées à l'accueil d'entreprises innovantes et technologiques et à la valorisation du potentiel local en Recherche-développement. Le développement de la zone s'est fait principalement autour de deux moteurs : Merlin Gerin et le CNET (Centre national d'études des télécommunications).

Aujourd'hui, la zone représente un total de 110 hectares répartis sur deux communes (65 ha sur Meylan et 45 ha sur Montbonnot), près de 300 entreprises et 9 000 emplois environ. La principale caractéristique

---

[22] L'architecture des bâtiments est largement inspirée par les principes de Le Corbusier, Walter Gropius ou Franck Llyod Wright.

d'Inovallée est d'être composée de PME (plus de 60 % des entreprises comptent moins de 10 salariés, et 90 % moins de 50).

La structure singulière de la zone, sa proximité avec la nature et le grand paysage lui ont valu la qualité de « zone verte pour matière grise ». Si la ZIRST a su traverser les différentes crises économiques récentes, elle connaît aujourd'hui une relative perte d'attractivité (départ d'entreprises et perte d'emploi). Un phénomène en partie dû au vieillissement du patrimoine bâti (locaux vieillissants et en décalage avec la demande) ; des difficultés d'accès depuis Grenoble ; mais aussi une trame végétale dense et quelquefois mal entretenue.

Des programmes de redynamisation sont aujourd'hui en cours (la ZIRST a d'ailleurs été rebaptisée « Inovalée » en 2005). Il s'agit de donner une nouvelle image et un nouveau positionnement à la zone autour du développement durable, des technologies logicielles et des « Green IT ». Inovallé devrait connaître d'ici les prochaines années une meilleure intégration à l'agglomération (liaisons améliorées entre les pôles Campus et Presqu'île), ainsi qu'un processus d'intensification urbaine grâce à la construction de logements en frange et la création d'espaces de vie.

Ce rapide survol de la structure économico-spatiale de Grenoble nous a permis de mettre en exergue « la marque de fabrique grenobloise » qui repose essentiellement sur l'innovation (Grenoble innovation for advanced new technologies, 2011). Or Grenoble ne compte pas en rester là, puisqu'elle souhaite faire du projet GIANT/Presqu'île, un projet exemplaire du point de vue du développement durable. Essayons dans une seconde partie d'exposer les éléments du débat qui structurent actuellement la question de la durabilité du projet GIANT/Presqu'île.

2. La durabilité du projet GIANT/Presqu'île : l'état de la question

2.1. L'exemplarité du projet GIANT/Presqu'île en matière de développement durable

Un des enjeux du projet urbain « Grenoble Presqu'île » est de construire un nouveau quartier exemplaire du point de vue du développement durable. Un certain nombre de caractéristiques distinctives permettent aujourd'hui au projet GIANT de prétendre à l'exemplarité du point de vue de la durabilité :

– L'inscription du projet scientifique dans les enjeux sociaux et environnementaux contemporains.

– L'intégration des technologies vertes grenobloises dans l'aménagement même du site.

– L'ouverture du quartier à la ville.
– L'ouverture du système d'innovation aux ressources socio-économiques et culturelles grenobloises.
– L'effet levier du projet sur l'économie métropolitaine.

a) L'inscription du projet scientifique dans les enjeux sociaux et environnementaux contemporains

GIANT, c'est d'abord un projet scientifique et universitaire configuré autour de différentes compétences : instituts de recherche nationaux et internationaux, universités (Grenoble INP, Université Joseph Fourier) et école de commerce (Grenoble École de Management).

Comme nous l'avons vu précédemment, le projet stratégique repose sur la synergie et la concentration des compétences. Les grands enjeux sociétaux posant des problèmes scientifiques complexes, ils nécessitent de miser sur la transversalité et l'interdisciplinarité autour d'enjeux sociétaux divers, trouvant des applications dans différents domaines du quotidien : les transports, la santé, l'environnement, la communication, la sécurité, etc. Trois plateformes de recherche structurent le volet scientifique du projet :

– *MINATEC, pour les technologies de l'information* (55 000 m^2, 4 000 personnes aujourd'hui). Le pôle de micro et nanotechnologies devrait bientôt doubler sa superficie avec « Minatec+ » (130 000 m^2). Cela permettra de conforter l'excellence du pôle nanotechnologies, dont les partenaires comptent parmi les plus grandes entreprises mondiales (IBM, Motorola, STMicroelectronics, Schneider Electric, Thales…), françaises et les PME-PMI régionales innovantes.

– *GreEn-ER pour les nouvelles énergies et transports innovants*. Autour de Grenoble INP, l'Université Joseph Fourier et un certain nombre de laboratoires et de plateformes de recherche (comme G2ELab ou la plateforme PREDIS), le projet cherche à répondre au défi de la production d'énergies renouvelables (photovoltaïque, éolien, filière hydrogène et piles à combustible, biomasse et hydraulique), au défi du stockage de l'énergie, de la maîtrise et de l'efficacité énergétique, des usages dans le bâtiment comme dans les transports. Ce futur pôle, prévu pour 2015, devrait compter environ 1 500 étudiants et 750 salariés.

– *Nanobio pour les biotechnologies et la santé*. Les biotechnologies constituent une des activités les plus récentes du pôle grenoblois, et s'appuient notamment sur des partenariats industriels importants, comme Bio-Mérieux. L'un des objectifs du projet NanoBio étant de rapprocher les sciences du vivant et les nanotechnologies pour développer les applications santé de demain (GIANT, Lettre d'information n° 6, juillet 2011).

Précisions que les nouvelles technologies produites par GIANT intègrent les contraintes de durabilité et de respect de l'environnement : économie des matières premières, maîtrise des risques associés à la synthèse de nano-objets, remplacement progressif de la chimie traditionnelle par de la « chimie verte » ou analyse des cycles de vie (GIANT, 2011).

b) L'intégration des innovations vertes grenobloises dans l'aménagement même du site

Dans la lignée des grands projets urbains grenoblois (ZAC de Bonne, ZAC Bouchayer Viallet), la Presqu'île constitue un écoquartier où tout est conçu pour qu'il soit un modèle de développement durable. Le projet Grenoble Presqu'île compte parmi les projets ÉcoCité retenus par le ministère de l'Écologie, de l'Énergie, du Développement durable et de la Mer. Se préfigure sur la Presqu'île un laboratoire de 250 hectares de la ville durable, « où les scientifiques, les urbanistes, les architectes, et tous ceux qui ont une réflexion sur la ville pourront apporter leur contribution », selon François Peyronnet, directeur général adjoint du Pôle Économie-Relations Internationales de la ville de Grenoble[23].

Le projet cherche à réduire l'empreinte écologique du site et proposer un bilan carbone neutre en répondant aux défis suivants[24] :

– *Produire une énergie propre* : production d'énergie par la biomasse, ruban photovoltaïque de 2,5 km, etc.
– *Économiser l'énergie* : Bâtiments basse consommation (BBC) et rénovation énergétique des bâtiments existants.
– *Privilégier les déplacements « bas carbone »* : réduction du taux de motorisation de 20 % par le développement d'une offre en transports en commun et de déplacements doux ; mise en place de Plans de déplacement entreprises, mais aussi d'un « pass mobilité » qui proposera aux nouveaux habitants une offre complète de mobilité alternative à la voiture individuelle.
– *Préserver la biodiversité d'un site unique situé à la confluence de deux rivières* : projet d'aménagement des berges de l'Isère ; développement d'un projet d'aménagement d'espaces publics et d'espaces verts.

---

23 Citation extraite de « EXPO les villes en mouvement », 3e édition. « L'aménagement de la Presqu'île de Grenoble : un projet innovant et durable ». Débat du 28 avril 2009.

24 Grenoble Presqu'île, Lettres d'information du projet Presqu'île.

Plus ambitieux encore est l'objectif qui consiste à intégrer les technologies vertes produites par les pôles de compétence de l'agglomération grenobloise, dans l'aménagement même du site. GIANT sert tout d'abord de support à des démonstrations de transports innovants en site réel. Évoquons notamment l'opération Green-Car-e, qui vise à tester en grandeur réelle les performances et nouveaux usages générés par le véhicule électrique[25], mais aussi la liaison « blanc-blanc », une innovation technologique développée par le CEA et le groupe Poma, utilisant le transport par câble pour relier deux salles blanches. Les infrastructures de recharge « intelligentes et optimisées » de Schneider Electric pour véhicules électriques[26] constituent un autre exemple, ainsi que le projet de recherche ELLISUP[27] : développement des bus hybrides équipés de batteries adaptées à la recharge en fin de ligne, ainsi qu'un bus tout électrique qui permettra d'atteindre un faible coût d'exploitation.

Image 5 : Les projets ELLISUP et Schneider Electric. Développement d'infrastructures de recharge pour véhicules électriques

Source : Images extraites des Lettres d'information du projet GIANT (www.giant-grenoble.org).

---

[25] Portée par Grenoble-Alpes-Métropole, cette opération partenariale (GEG, EDF, Schneider Electric, CEA et son laboratoire Minatec Ideas Laboratory, Renault, SNCF, Alpes AutoPartage) vise à expérimenter et anticiper l'usage du véhicule électrique dans l'agglomération. Elle sera menée jusqu'en décembre 2012. Pour ce faire, un parc de 20 voitures électriques et autant de bornes de recharge sont réparties entre les différents partenaires, dont 6 véhicules pour le Métro.

[26] Lettre d'information du projet GIANT, n° 3, juin 2010.

[27] Projet en partenariat avec IRISBUS-IVECO, MICHELIN, EDF, CEA, ERCTEEL, RECUPYL, RATP, INRETS, IFP.

Citons également l'action pilote, déposée auprès de l'ADEME, sur les réseaux intelligents (« *smart grids* »), visant à offrir des solutions concrètes de maîtrise énergétique auprès des consommateurs, ainsi que le programme européen d'innovation collaboratif, HOMES. Piloté par Schneider Electric, ce programme regroupe treize partenaires, industriels et acteurs de recherche, qui conçoivent des solutions pour optimiser les usages et diversifier les sources d'énergie dans les bâtiments tertiaires et résidentiels.

c) L'ouverture de la Presqu'île à la ville

La réflexion sur le développement urbain du quartier Presqu'île n'a réellement commencé qu'au milieu des années 1980, avec les travaux du « Club du polygone, associant les organismes de recherche, les entreprises et les deux établissements d'enseignement supérieur implantés sur le site, mais aussi l'union de quartier et les collectivites locales » (Némoz, 2011, p. 47). Sont ainsi décidées l'implantation de logements, d'un lycée international, d'une école de management, d'un nouveau palais de justice et la desserte du quartier par le tramway.

Le projet urbain Presqu'île, imaginé à l'origine par l'architecte-urbaniste Claude Vasconi, et prolongé aujourd'hui par Christian de Portzamparc, s'inscrit dans cette dynamique puisqu'il a vocation à faire de la Presqu'île un quartier ouvert et intégré à la ville. Le modèle urbain initié par un tel projet cherche au fond à dépasser le « modèle fonctionnaliste classique », incarné par l'idée de séparation physique et fonctionnelle des activités économiques, de R&D et de formation, et coupées du reste du territoire urbain. Le projet privilégie au contraire les espaces mixtes et intégrés dans le tissu urbain et socioculturel.

Le projet GIANT/Presqu'île cherche à créer les conditions d'animation et de multiplicité d'usages de l'espace qu'on rencontre dans certaines parties de la ville traditionnelle. Il correspond à une conception globale du développement, liant de manière étroite développement économique au développement urbain. L'attractivité des entreprises de haute technologie et d'une main-d'œuvre hautement qualifiée et créative est ici pensée en lien avec la qualité de vie et les aménités urbaines du site GIANT (Donald, 2001). « Pour être attractif au niveau mondial, un campus d'innovation doit également miser sur la convivialité, les services, les espaces publics et sportifs, les lieux de rencontre. C'est un enjeu fort du projet d'aménagement urbain Grenoble Presqu'île » (Christine Crifo, présidente de la SEM InnoVia, en charge de l'aménagement du site. Grenoble Presqu'île, Lettre d'information du projet Presqu'île n° 4, février 2011).

Dans ce cadre, le projet d'aménagement proposé par Christian de Portzamparc cherche à créer un nouveau modèle urbain conjuguant qualité de vie, innovation technologique et mixité sociale (GIANT, Lettre d'information n° 6, juillet 2011). Le projet crée des espaces qui sont tout à la fois :

Centraux, avec la création d'une nouvelle centralité d'agglomération.

Denses. GIANT utilise la densité comme un outil de recherche d'urbanité[28], de durabilité et de synergies liées à la concentration en un même lieu d'activités à fort contenu de connaissance. La densité et la qualité des espaces publics doivent permettre de renforcer la convivialité mais aussi la créativité, les synergies entre habitants, chercheurs, salariés et étudiants, au service de l'innovation.

Mixtes, avec l'implantation de l'ensemble des fonctions et services urbains : bureaux, universités, habitat mixte (logements sociaux et en accession à la propriété, logements étudiants et familiaux), équipements commerciaux et de loisirs… et la possibilité de travailler, étudier, se loger, vivre.

Récréatifs. GIANT favorise l'émergence de « centralités récréatives », ou de « pôles de vie » pour reprendre les termes du projet, dans lesquels les chercheurs, industriels, étudiants et habitants travaillent, flânent, se restaurent, se cultivent et se distraient en profitant des aménités urbaines mises à disposition : activités commerciales, hôtel, restaurants, équipements sportifs et de loisirs de plein air, espaces publics de promenade le long des berges de l'Isère réaménagées, etc.

Le projet Grenoble Presqu'île cherche aussi à créer des liens avec les polarités urbaines situées à proximité. « Il s'agit d'anticiper à cette échelle les dynamiques urbaines liées à l'évolution des grandes infrastructures de déplacement, de penser les fonctions résidentielles à y introduire et de mettre en valeur le potentiel exceptionnel du grand paysage, de la confluence Drac-Isère et de l'environnement »[29], précise Marc Baïetto, président de Grenoble Alpes Métropole et coprésident du comité de pilotage Grenoble Presqu'île – Giant. De ce point de vue, la Presqu'île sera progressivement greffée par la gare principale au cœur de ville, grâce à un nouveau franchissement des voies SNCF. Un maillage reconfiguré permettra d'unifier les espaces économiques et urbains depuis la rive droite de l'Isère à Saint-Martin-le-Vinoux jusqu'à la rive gauche du Drac à Sassenage et Fontaine. L'aménagement de l'A48 en

[28] Pour Laurent Gaillard, directeur de l'urbanisme à la ville de Grenoble, la densification a été introduite pour « pouvoir fabriquer un véritable "quartier de ville" le long de l'avenue des Martyrs et de son tramway, et donner ainsi, des possibilités de construire assez importantes ». Citation extraite de « EXPO les villes en mouvement », 3e édition. « L'aménagement de la Presqu'île de Grenoble : un projet innovant et durable ». Débat du 28 avril 2009.

[29] Lettre d'information du projet Presqu'île.

boulevard urbain assurera le désenclavement des quartiers qui le bordent et notamment le Parc d'Oxford à Saint-Martin-le-Vinoux. Sur le Drac, un projet de passerelle est étudié pour relier la Presqu'île à Fontaine.

d) L'ouverture du système d'innovation aux ressources socio-économiques et culturelles grenobloises

Le projet GIANT/Presqu'île cherche à créer les conditions d'une innovation ouverte et incrustée au sein de l'espace urbain (Chesbrough, 2003 ; Kaplan, 2008), où non seulement les chercheurs mais aussi le grand public participent à la création et à l'usage de nouveaux services et produits innovants. Dans la mesure où la densité des interactions humaines contient en elle-même un potentiel de développement et de création (Gorz, 2003), l'enjeu consiste à faire interagir les acteurs et informels de l'innovation (Colin, 2006 ; Cohendet, 2009). GIANT cherche ainsi à dépasser la conception linéaire du processus d'innovation, pour concevoir l'innovation comme un processus dynamique et interactif entre les phases amont et aval (R&D, production, tests, commercialisation, etc.).

La contribution du modèle de l'innovation ouverte aux défis du développement durable réside dans sa capacité à produire des solutions concrètes aux multiples enjeux du développement durable (*cleantech* notamment) et à mieux prendre en compte et mieux satisfaire les besoins qui s'expriment dans la société. « Replacer l'homme au cœur même du processus d'innovation, ce n'est pas tenter d'apporter un supplément d'âme à une technologie désincarnée, mais placer l'homme en position centrale dans la définition et l'appropriation des nouveaux produits et services issus des MNST et des STIC » (Belakhovsky, Thoulouze, 2011, p. 107). Un tel système permet en outre la production d'innovation continue, par sa capacité à mettre en réseau les intelligences individuelles et à favoriser l'innovation par l'usage, ainsi que l'appropriation et le détournement des innovations par les utilisateurs.

L'ouverture du système d'innovation du projet GIANT/Presqu'île s'objective à travers l'idée de coproduction des innovations avec les activités créatives, artistiques et culturelles de Grenoble, mais aussi avec les utilisateurs-usagers des innovations.

– *La stimulation des canaux d'échanges entre les innovations technologiques et les innovations artistiques et culturelles* (Nicolas-Le-Strat, 1998 ; Greffe, 2002 ; Menger, 2002). L'enjeu de ce prototype organisationnel réside dans l'hybridation de la recherche académique, de l'innovation industrielle et artistique, censée permettre les transferts de certains résultats de la recherche-création dans le domaine industriel. Sur GIANT, citons notamment la plateforme « Atelier Art Science » mise en place par l'Hexagone Scène Nationale de

Meylan et le CEA, laboratoire commun de recherche entre artistes et scientifiques. Évoquons également le projet EXEO (Expériences échanges observations), qui organise des résidences artistiques au sein des Instituts de recherche du CEA. L'objectif étant de porter un regard artistique sur les différentes innovations technologiques produites (GIANT, Lettre d'information n° 5, février 2011).

– *Le processus de coconstruction avec les utilisateurs des services et/ou nouveaux produits innovants.* Un tel processus s'observe sur le site GIANT à travers la mise en place de *Living Labs* (« laboratoires vivants »). C'est le cas par exemple du « MINATEC IDEAs Laboratory » créé en 2001 par le CEA, France Telecom, ST Microelectronics et Hewlett Packard. Cette plateforme d'innovation et d'expérimentation métropolitaine cherche à générer un « processus d'intelligence collective territorialisé », en associant les industriels, les designers, les chercheurs en sciences humaines et sociales et les utilisateurs potentiels des innovations. Des séances de créativité permettent d'élaborer des dizaines de projets par an, comme l'expérimentation de concepts de « réalité augmentée ». Ces séances interrogent également l'acceptabilité socioculturelle des produits et services innovants. Selon Michel Ida[30], le Minatec IDEAs Laboratory, cette plateforme permet de réduire « la part des incertitudes et des opportunités manquées, ceci grâce à l'apport d'autres disciplines scientifiques, en particulier, les sciences humaines et sociales, les lettres et le design, qui disposent de méthodes éprouvées pour faire naître des idées et évaluer un projet »[31]. D'autres *living labs* comme le *Idea's lab* ou le *Human lab* ont été installés sur le site GIANT. Ils développent les interfaces entre technologie et société en travaillant sur les usages et la mise à la portée du grand public des objets technologiques (GIANT, Lettre n° 1, septembre 2009). Enfin, le *living lab* porté par des enseignants-chercheurs de Grenoble École de Management organise le « Management de la technologie et de l'innovation ». Cette plateforme ouverte permet de tester les nouveaux concepts, au regard de la valeur intrinsèque de la technologie, de la définition de son business model, de l'identification de nouveaux marchés et de l'évaluation des impacts socio-économiques potentiels (www.giant-grenoble.org).

---

30 Michel Ida est le directeur du Minatec IDEAs Laboratory.

31 Propos recueillis sur le site http://www.ideas-laboratory.com.

Image 6 : Concepts de « réalité augmentée » expérimentés au sein du « MINATEC IDEAs Laboratory ». Exemples des concepts « LOUN 2007 » et « ICI INFO 2009 »

Source : Images extraites du site http://www.ideas-laboratory.com

Dans la continuité de *living labs* déjà présents, un projet de grande envergure se dessine, « l'Open Innovation Center » (OIC), qui « conduira à une forte interaction entre industriels, technologues et utilisateur final pour concevoir ensemble et s'approprier les futurs » outils 3D (Belakhovsky, Thoulouze, 2011, p. 107).

e) L'effet levier du projet sur l'économie métropolitaine

« Le réaménagement de la Presqu'île est une formidable opportunité pour notre agglomération, notre région urbaine. C'est là que se dessine l'avenir économique d'un territoire, là où s'imagine la ville de demain »[32]. Les propos tenus par Geneviève Fioraso, députée de l'Isère, adjointe au maire et présidente du comité de pilotage Grenoble Presqu'île – Giant, sont assez éloquents quant à l'impact attendu du projet GIANT sur la socio-économie métropolitaine. Le projet GIANT doit conforter la dynamique et l'attractivité économique de l'agglomération grenobloise, en accélérant notamment le processus d'innovation dans tous les secteurs de l'économie créateurs des « emplois durables de demain ».

Dans cette optique, GIANT cherche tout d'abord à former les étudiants (masters, doctorants et post-docs) sur les nouvelles avancées scientifiques et technologiques, et les sensibiliser aux méthodes de transferts de technologies et d'entreprenariat (GIANT, 2011).

32 Citation extraite de Grenoble Presqu'île, Lettre d'information du projet Presqu'île.

L'effet levier de GIANT sur l'économie métropolitaine est également pensé à travers la mise en place de mécanismes permettant l'hybridation des technologies présentes sur le site (nanotechnologies, biotechnologies et technologies de l'information et de la communication). Le développement de nouveaux produits et services dans les domaines de l'information, de la communication, du transport, de l'habitat, de l'environnement et de la santé repose de plus en plus sur un processus de « convergence technologique » (Ferguene, 2008, p. 18). D'où l'enjeu de faire de GIANT un centre pluridisciplinaire, en mesure de développer des champs scientifiques nécessitant de multiples compétences[33]. Le site GIANT en organisant les interfaces et un continuum entre biologie-chimie-physique-santé-mathématiques laisse ainsi présager un avenir « productif pour des domaines applicatifs affichés ou à venir sur le site grenoblois et constituera un pôle particulièrement attractif pour des applications industrielles très variées » (GIANT, 2011).

[33] Le cas notamment de la science des matériaux et du génie des procédés, des nouvelles technologies de l'énergie, des sciences du vivant, de la recherche sur les métaux en biologie, etc. (GIANT, 2011).

Image 7 : Les grands axes scientifiques et technologiques de GIANT

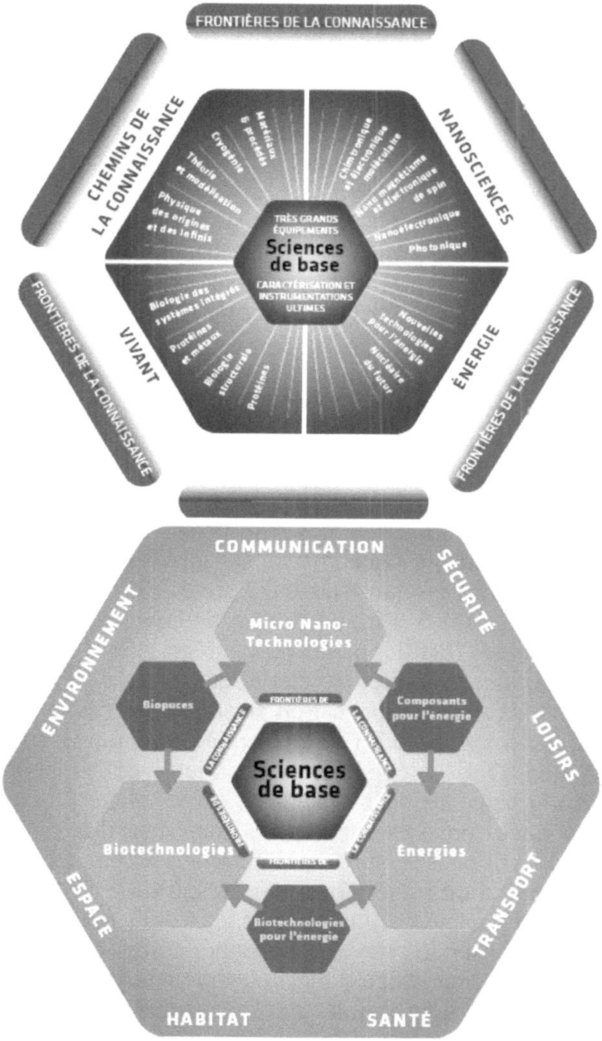

Source : GIANT, 2011.

Le projet GIANT cherche enfin à stimuler les mécanismes de valorisation et de transfert de technologie. La culture de GIANT repose selon Jean-Charles Guibert (directeur de la valorisation du CEA et directeur de MINATEC à Grenoble), sur la règle des quatre P : « une liaison très forte entre la recherche fondamentale (publications), la recherche technologique (patents), le développement industriel (prototypes), et enfin la production de masse (products) » (Guibert, 2011).

Dans cette optique, les acteurs de GIANT s'appuient sur une douzaine de plateformes technologiques dans les domaines des nanotechnologies, des biotechnologies, des nouvelles technologies pour l'énergie. Ces plateformes permettent des collaborations privilégiées avec les acteurs industriels et le développement de nombreux contrats avec l'industrie[34] (GIANT, dossier de presse, janvier 2011).

GIANT aide également à la création de start-up à travers la mise en place d'un dispositif d'accompagnement qui intervient depuis l'idée qui germe en laboratoire (GRAVIT), jusqu'au démarrage commercial et industriel des sociétés (GRAIN et PETALE). À ces structures s'ajoute GEM Entreprendre, qui accompagne des projets innovants en apportant aux initiateurs technologiques les compétences managériales et commerciales. Sur la période 2000-2009, une cinquantaine de nouvelles sociétés ont ainsi été créées, ou sont en phase de création. Ces entreprises représentent actuellement environ 600 emplois directs (GIANT, 2011).

Les tentatives de valorisation des innovations auprès du tissu économique traditionnel se sont concrétisées sur GIANT par la construction en 2010 du Bâtiment des industries intégratives (B2I). Cette plateforme a pour mission de diffuser l'innovation technologique dans le tissu des PME-PMI régionales traditionnelles ou « intégratives » : énergie, mécanique, chimie, optique, textile, papeterie, etc. À titre d'exemple, citons l'invention de la première canalisation plastique détectable et communicante, par la société iséroise RYB. « Grâce à l'intégration d'une technologie de type RFID, développée en partenariat avec les laboratoires du CEA-Leti, cette canalisation permet (…) un repérage plus sûr (…) et intègre des données précises sur la puce (matériau, date de fabrication, application…) facilitant le suivi et l'entretien » (Grenoble Presquîle, Lettre d'information du projet Grenoble Presqu'île n° 7, octobre 2011). Le B2I accueille également un showroom de 800 m^2, permettant non seulement de valoriser les travaux des laboratoires de recherche mais aussi de favoriser l'émergence d'idées, les partenariats industriels, avec l'objectif de diffuser l'innovation dans l'ensemble du tissu économique (Grenoble Presqu'île, Lettre d'information du projet Presqu'île n° 7, octobre 2011).

---

[34] Des collaborations actives sont engagées avec plus d'une centaine de sociétés françaises et étrangères, depuis les start-up jusqu'aux grands groupes mondiaux (Air Liquide, Alcatel-Lucent, EADS, Freescale, bioMérieux, STMicroelectronics, Pfizer, Total…). Ces collaborations concernent divers secteurs industriels : micro-électronique, informatique, télécommunications, biotechnologies, mais aussi les secteurs traditionnels comme ceux du bâtiment ou de l'automobile.

Pour conclure, il nous semble important de souligner que les premiers éléments d'analyse de l'impact du projet GIANT sur l'économie métropolitaine semblent assez prometteurs :

On observe en premier lieu un renforcement des activités des entreprises implantées sur le site. C'est le cas notamment du centre de R&D de BioMérieux, qui a réalisé 18 millions d'euros d'investissement dans son extension, mais aussi de ST Microelectronics (développement de l'unité de conception et design)[35], de Schneider Electric et de l'extension prévue de son pôle recherche et innovation, ou encore de Siemens qui prévoit un investissement de 10 millions d'euros pour rénover et renforcer son site. Aujourd'hui, GIANT accueille sur son territoire ou à proximité une quarantaine d'entreprises totalisant plus de 5 000 emplois industriels. Dans les prochaines années, il est prévu de doubler le nombre d'emplois industriels sur le site pour atteindre 10 000.

Une étude réalisée en 2010 par Grenoble école de management (GEM), sur l'impact actuel de GIANT sur l'économie grenobloise, a permis de démontrer que la Presqu'île scientifique est aujourd'hui un moteur essentiel de la croissance économique de l'écosystème grenoblois (Chanaron, 2010). L'impact économique annuel des huit institutions composant GIANT sur l'économie iséroise se situe entre 2,2 et 3,3 milliards d'euros pour l'année 2008, soit le quart du « PIB » de l'agglomération grenobloise[36].

Enfin le BHT (Bâtiment de hautes technologies), plateforme de valorisation industrielle du pôle d'innovation MINATEC (plateforme gérée par la « SEAM MINATEC Entreprises »), est après seulement quatre ans d'existence, entièrement rempli par des start-up spécialisées dans des champs aussi divers que la bio-informatique, la commercialisation de machines numériques de fabrication de composants électroniques 3D multimatériaux, la traçabilité appliquée à la santé, etc. Selon Geneviève Fioraso, ce sont ainsi « près de 400 emplois directs et 3 fois plus d'emplois indirects qui ont été créés, sans compter les emplois pérennisés et développés dans les industries dites intégra-

35 Selon Bernard Fontan, directeur de STMicroelectronics Grenoble, « GIANT intervient pour STMicroelectronics à deux niveaux clés. Le campus renforce le modèle de partenariats novateur que nous appliquons depuis plus de vingt ans, un modèle centré sur le client et sur une culture de la coopération profondément ancrée dans notre façon de travailler. Par ailleurs, les sites ST de Grenoble et de Crolles se trouvent à la pointe de l'innovation et de la R&D. Ils sont indispensables à la réalisation de l'objectif de ST de s'imposer clairement comme le leader mondial des applications électroniques et de la convergence multimédia (...) Nous voyons en GIANT un élément important pour concrétiser cette stratégie » (GIANT, Dossier de Presse, janvier 2011).

36 Lettre d'information n° 3 de GIANT, juin 2010.

tives (textile, pneumatique, énergie, mécanique, cosmétique, optique…) devenues plus compétitives grâce aux développements menés dans le BHT »[37]. Fort de ce succès, un projet d'extension est envisagé, le BHT2, dédié aux biotechnologies, à la bio-santé et aux nouvelles technologies de l'énergie.

2.2. Les critiques adressées à la durabilité du projet GIANT/Presqu'île

Si le projet GIANT/Presqu'île fait l'objet d'un relatif consensus, il n'est en est pas moins exempt de critiques du point de vue de sa durabilité. La stratégie de spécialisation de la Presqu'île dans le secteur des nouvelles technologies suscite des réserves à deux niveaux :

au niveau économique, en raison de la capacité réelle d'un tel projet à impacter la socio-économie métropolitaine ;

au niveau social, au regard de la capacité du projet à allier efficacité économique et justice sociale.

a) Les doutes sur la capacité du projet GIANT/Presqu'île à impacter la socio-économie métropolitaine

Les risques de la spécialisation économique

La stratégie de développement économique de l'agglomération grenobloise joue depuis une dizaine d'années essentiellement la carte de l'économie productive sur son volet « innovation et économie de la connaissance ». Or l'économie grenobloise reste diversifiée, « si la tertiarisation continue à s'affirmer, elle est autant due au commerce et aux services à la personne qu'aux services aux entreprises » (Novarina, 2010, p. 29). Ce constat n'est pas sans rappeler les conclusions d'un ouvrage récent *La république et ses territoires, la circulation invisible des richesses* (Davezies, 2008), où Laurent Davezies démontre de la nécessité de penser aussi le développement des territoires au travers de l'économie résidentielle, en référence à l'importance des revenus apportés par les résidents et des revenus liés qu'ils génèrent.

Selon Magali Talendier, il semble désormais urgent de penser un système « productivo-résidentiel » grenoblois à même d'articuler des politiques publiques cherchant à attirer les activités high-tech, mais aussi les retraités, les touristes et à développer les activités de service (Talandier, Estèbe, 2010). Pour Gilles Novarina, « des complémentarités doivent être trouvées, des compromis doivent être construits, entre ces deux séries d'objectifs, de manière à éviter le risque d'une coupure au sein de la société locale entre les chercheurs, les ingénieurs et les techni-

[37] Citation extraite de la Lettre d'information du projet Presqu'île n° 3, décembre 2010.

ciens qui constituent le milieu innovateur d'une part, le reste de la population de l'autre » (Novarina, 2010, p. 33).

Le processus de spécialisation de la Presqu'île scientifique sur les nouvelles technologies nous invite aussi à nous interroger sur les risques de concurrence entre les polarités économiques de l'agglomération grenobloise et les menaces de déséquilibre de la structure économico-spatiale. La puissance du projet GIANT ne risque-t-elle pas d'inciter les activités de recherche, d'enseignement supérieur et de haute technologie de l'agglomération (implantées notamment sur Inovallée), à se délocaliser sur la Presqu'île scientifique dans les prochaines années ?

La question de l'emploi des non qualifiés

Dans la stratégie de développement du projet GIANT/Presqu'île, la question de « l'emploi durable » occupe une place centrale. Il est en effet indéniable que Grenoble connaît et a connu une croissance de l'emploi grâce à la dynamique économique insufflée par les secteurs de la haute technologie. Néanmoins, il apparaît légitime de s'interroger sur le fait de savoir si cette dynamique répond réellement aux besoins de la population locale. Ne risque-t-elle pas au contraire d'exacerber les écarts entre une « classe créative » (Florida, 2002) fortement dotée en ressources intellectuelles et économiques, et une population locale dont les ressources cognitives sont difficilement valorisables sur le marché du travail de la nouvelle économie ?

C'est le danger pointé par Améziane Ferguene, qui observe que dans l'ensemble « les emplois offerts s'adressent à des cadres et à des ingénieurs de haut niveau ; autrement dit (...), ces emplois ne sont pas toujours en adéquation avec les profils des chômeurs locaux. Conséquence, une partie des nouveaux emplois bénéficient à des candidats venus d'ailleurs (de l'étranger aussi bien que de France), alors que dans le même temps on observe une montée de la précarité dans l'agglomération grenobloise (entre 2003 et 2006, le nombre de bénéficiaires du RMI a triplé) » (Ferguene, 2008, p. 19).

b) Les doutes sur la capacité du projet GIANT/Presqu'île à allier « efficacité économique et justice sociale »

Un certain nombre de chercheurs et d'observateurs du projet GIANT/Presqu'île pensent que la stratégie économique grenobloise risque à moyen terme d'aggraver les inégalités sociales et spatiales. Deux goulots d'étranglement sont identifiés : les risques de « gentrification » générés par un tel projet ; la faible participation de la société civile au contenu même du projet.

Les risques de la « gentrification »

Le projet « GIANT/Presqu'île » apparaît comme emblématique d'une problématique non résolue des centres-villes où est recherché un équilibre entre redynamisation économique et préservation du tissu urbain et socioculturel. Car GIANT, malgré ses politiques ambitieuses en matière de logement social, risque aussi de générer des externalités sociales négatives, avec des phénomènes de « gentrification » et de dualisation de la ville, observables dans la plupart des grands projets urbains de la nouvelle économie[38]. Le projet GIANT/Presqu'île induit un mouvement de polarisation des ressources sur une catégorie particulièrement qualifiée de la population et un espace strictement délimité de l'agglomération grenobloise. Dès lors, de nouveaux mécanismes de discrimination sociale et spatiale risquent de se dessiner sous le paravent esthétique de la « ville innovante ».

En cherchant notamment à séduire les classes socio-économiques privilégiées, le modèle de la ville innovante et créative (Landry, 2000) peut générer de nouvelles formes d'exclusion sociale. Pour Guy Saez, ce modèle de ville « renvoie les groupes qui ne font pas partie de la creative class (soit 80 % de la population selon les comptes estimatifs de R. Florida) à vivre dans une autre ville » (Saez, 2009).

D'autant que la « classe créative » (Florida, 2002 ; Sklair, 2001) possède « du fait du statut symbolique que lui confère son style de vie, une influence de plus en plus prégnante sur les politiques urbaines, notamment en termes d'esthétisation croissante des centres-villes » (Rousseau, 2008). De ce point de vue, il est intéressant de constater que les besoins et les pratiques sociales propres à la « classe créative » ont largement inspiré les réflexions des aménageurs du projet Presqu'île. Ce projet cherche en effet à créer le cadre urbain favorable à la concentration et à la mise en réseau des activités à fort contenu d'innovation et de connaissance, tout en répondant aux aspirations des « travailleurs cognitifs », particulièrement exigeants en termes de qualité de vie et d'aménités urbaines, culturelles et sociales.

---

[38] De nombreux auteurs observent que l'aménagement des Grands projets urbains de la nouvelle économie tend à accroître les phénomènes de fragmentation des territoires et de gentrification des centres-villes (Cicolella, 1999 ; Vivant, 2009 ; Holmes, 2005 etc.). Selon ces auteurs, ces territoires très bien dotés en technologies et en capitaux restent largement ghettoïsés et tendent à générer un développement excluant : « S'il y a croissance économique sur ces nouveaux espaces, il n'y pas de retombées mécaniques pour le reste du territoire métropolitain » (Cicolella, 1999).

La participation de la société civile et l'acceptabilité socioculturelle du projet GIANT

« Les collectivités publiques n'ont jamais failli lorsqu'il a fallu apporter un financement aux activités scientifiques et techniques (aménagement de la ZIRST, requalification du campus, facilitation de l'essaimage universitaire, participation à MINATEC), elles ont par contre, pour partie, échoué quand il s'est agi de construire une représentation partagée par la société civile de l'avenir de la métropole grenobloise » (Novarina, 2010, p. 34).

Ce constat fait par Gilles Novarina est emblématique des difficultés de l'agglomération grenobloise à construire une démarche de planification stratégique fondée sur une vision partagée de l'aire métropolitaine. S'il est indéniable que des tentatives ont existé (Projet d'agglomération et Schéma directeur), la participation de la société civile n'a jamais porté sur le contenu même des choix de stratégie économique effectués par l'agglomération. Il en résulte une certaine absence de vision partagée entre la société civile, la sphère politique et publique locale et les milieux scientifiques et économiques locaux de l'avenir du développement économique de l'agglomération. Les choix d'orientation du développement économique dans l'agglomération se faisant essentiellement au sein des réseaux scientifiques locaux. La remarque de Geneviève Fioraso dans un article des *Échos* du 21 janvier 2008 est à cet égard significative : « Le directeur du CEA nous fait courir, mais nous suivons ». Dès lors la légitimité sociale du projet s'en trouve nécessairement questionnée par une partie de la population et de l'opposition[39].

Outre les risques de conflits générés par l'aggravation de la ségrégation socio-spatiale, la ville de Grenoble doit également gérer un scepticisme croissant de la société locale vis-à-vis des effets réels ou supposés des innovations technologiques[40]. La population locale de plus en plus informée semble manifester « une aversion montante à l'endroit des

---

39 À titre d'exemple citons un extrait de discours de l'opposition au sujet du projet GIANT/Presqu'île : « À la fin du précédent mandat comme au début de celui-ci, ce projet donnait fortement l'impression d'être présenté comme uniquement dédié au rayonnement international, au pôle de compétitivité Minalogic, à la suprématie des sciences dures sur les sciences humaines, valorisant la réussite des parcours scientifiques de certains habitants au détriment du reste de la population ; dédié aussi à une structure, le CEA, et mis en œuvre d'abord par un homme, le directeur du CEA ; dédié enfin à un type de développement économique, et un seul, celui du transfert technologique. Nous espérons pour la suite une évolution plus diversifiée, et plus proche de l'intérêt général des habitants de centre-ville. » Citation extraite du Conseil municipal du 21 février 2011, « Projet Presqu'île/Giant – convention cadre », par Gwendoline Delbos-Corfield.

40 Nous faisons ici référence aux nanotechnologies, biotechnologies et aux technologies de l'information et de la communication (TIC).

risques, principalement ceux qui menacent la santé » (Filion, 2006). C'est le cas notamment de la stratégie des nanotechnologies et de l'implantation de MINATEC, qui sans véritable consultation démocratique préalable ont généré des manifestations violentes lors de son inauguration. Au niveau de Grenoble, ce débat est porté surtout par le « mouvement des simples Citoyens » qui s'opposent à la stratégie de spécialisation territoriale dans les nanotechnologies (Ferguene, 2008, p. 20).

Image 8 : Les manifestations anti-Minatec en 2006 à Grenoble

Source : Images extraites de http://www.piecesetmaindoeuvre.com : « Ne donnons pas vie aux machines » ; « Pour que crève la société cybernéticienne » ; « Fermez Minatec » ; « Arrêtons la recherche du désastre ».

Conclure sur la durabilité du projet GIANT/Presqu'île. De la capacité du site Presqu'île à se positionner comme un support privilégié de production et de valorisation d'innovations

Face aux différents arguments avancés concernant la plus ou moins grande capacité du projet GIANT/Presqu'île à répondre à un développement fondé sur le développement durable, il nous a semblé fondamental de construire notre propre cadre d'analyse. Bien évidemment, l'ensemble des problématiques économiques, sociales, institutionnelles, écologiques ou urbaines ne peut être traité dans le cadre d'une seule et même étude.

Nous avons donc fait le choix de nous concentrer sur la capacité du projet GIANT/Presqu'île à se positionner comme un support privilégié de production et de valorisation d'innovations. La durabilité de GIANT résulte ici de sa capacité à innover en continu. Une production intensive en connaissance permet en effet de « mobiliser les compétences d'une force de travail à même de maîtriser une dynamique de changement continu et de renouveler sans cesse des savoirs soumis à une obsolescence rapide » (Vercellone, 2008). Dans quelle mesure le site de Giant permet-il d'intensifier et de maximiser le processus de production et de valorisation des innovations ? Quels sont les mécanismes à l'œuvre ? Comment se traduisent-ils d'un point de vue socio-économique et spatial ?

De telles problématiques supposent de construire un cadre méthodologique rigoureux et nécessairement nouveau. Notre méthode de travail repose sur une enquête essentiellement qualitative. Le matériau empirique de notre analyse est constitué à partir d'entretiens semi-directifs conduits auprès d'une cinquantaine de personnes, sélectionnées parmi les deux catégories suivantes :

– *Les « producteurs de connaissance et les utilisateurs du site GIANT/Presqu'île »* : responsables de grandes entreprises et de PME, représentants des organismes de recherche et de formation (universités, laboratoires de recherche, clusters technologiques et clusters de recherche), responsables de cellule de transfert, salariés des PME innovantes et étudiants intégrés aux programmes de recherche. Les producteurs de connaissance ont été sélectionnés parmi les trois sites d'interface des sphères de la recherche, de l'industrie, de la formation et de la société civile : le « MINATEC IDEAs Laboratory », le « Bâtiment de hautes technologies » de la plateforme MINATEC et le « Bâtiment des industries intégratives (B2I) ».

– *Les « producteurs du cadre spatial et les observateurs du projet GIANT/Presqu'île »* : responsables publics d'aménagement et de développement (ville de Grenoble, Grenoble Alpes Métropole, agence d'urbanisme de Grenoble, SEM Innovia), les maîtres d'œuvre des projets (architectes, consultants, promoteurs, etc.), élus locaux, mais aussi journalistes, universitaires et responsable d'associations d'habitants, d'associations culturelles ou de représentation d'intérêts économiques.

Des grilles de questionnement différenciées sont utilisées en fonction de nos interlocuteurs. Pour chaque catégorie d'analyse, une liste de données qualitatives est développée. Ces éléments nous permettent d'établir progressivement un « faisceau de présomptions » de la perception globale par les enquêtés de l'influence du site GIANT/Presqu'île sur leur capacité à innover.

À travers l'enquête auprès des producteurs de connaissance, nous cherchons à déconstruire le travail quotidien de production d'innovation des « travailleurs cognitifs », des raisons qui les ont incités à s'installer sur le site GIANT, et de leur perception des effets du site sur leur capacité à innover (production, expérimentation et valorisation des innovations). Nous discutons des spécificités socio-économiques, spatiales, organisationnelles et socioculturelles propres au site GIANT qui selon les enquêtés jouent dans un tel processus. En quoi GIANT se différencie-t-il de ce point de vue des autres modèles territoriaux de l'innovation, comme les technopoles, les systèmes productifs locaux, les clusters ou pôles de compétitivité ? Inversement, nous évoquons les principaux freins qui selon les enquêtés nuisent à la production d'innovations. *In fine*, nous les interrogeons sur leur vision du futur : comment voient-ils leur avenir au sein de GIANT dans les quinze prochaines années ? Imaginent-ils développer leur activité ou au contraire se délocaliser sur d'autres sites à moyen/long terme ?

L'enquête auprès des producteurs du cadre spatial et des observateurs du projet GIANT cherche quant à elle à décrypter l'origine, les objectifs, le fonctionnement et les résultats attendus par le projet. La perception des spécificités socio-économiques, spatiales, organisationnelles et socioculturelles du projet dans sa capacité à attirer et à impacter le processus de production d'innovations des travailleurs cognitifs est également abordée. Dans un troisième temps, nous cherchons à mieux comprendre les mécanismes par lesquels le tissu socio-économique métropolitain peut bénéficier des externalités de connaissance produites par GIANT. Nous concluons enfin l'enquête par la vision de l'avenir des enquêtés : comment voient-ils GIANT dans 15 ans ? Quelles sont selon eux les conditions de pérennité et de développement d'un tel projet ? Quels sont les principaux freins ou écueils à éviter ?

Les premiers résultats de notre enquête seront disponibles courant 2012.

Bibliographie

Belakhovsky, M., Thoulouze, D. (2011), Les « micronanos », un milieu fécond, in Bloch, D., *Grenoble. Cité internationale, Cité d'innovations. Rêves et réalités*, Presses universitaires de Grenoble, Grenoble.

Bing, G., Casals, J., Chabanel, B., Hooge, E. (2010), *Des modèles de développement économique durable pour la métropole*, NOVA 7, Grand Lyon, Lyon.

Bloch, D. (2011), *Grenoble. Cité internationale, Cité d'innovations. Rêves et réalités*, Presses universitaires de Grenoble, Grenoble.

Boutang, Y.M. (2008), *Le Capitalisme Cognitif : La Nouvelle Grande Transformation*, Multitude/Idées, Éditions Amsterdam.

Castells, M. (1996), *The Rise of the Network Society* », Blackwell Publishers, Oxford.

Chanaron, J.J. (2010), *Étude de l'impact économique de GIANT*, COPIL GIANT, Grenoble.

Chesbrough, H. (2003) *Open Innovation : The New Imperative for Creating and Profiting from Technology*, Boston, Harvard Business School Press.

Ciccolella, P. (1999), « Globalización y dualización en la Región Metropolitana de Buenos Aires », *Revista latino-americana de estudios urbanos y regionales*, vol. 25, n° 76, 5-27.

Cohendet, P. (2009), *Clusters, villes créatives et économie de la connaissance, L'économie de la connaissance et ses territoires*, HEC Montréal et BETA Université Louis Pasteur Strasbourg.

Colin, M. (2006), *De la ville productive post-fordiste, Ville productive et mobilisation des territoires*, L'Harmattan, Paris, pp. 201-220.

Colletis, G., Paulré, B. (2008), *Les nouveaux horizons du capitalisme – Pouvoirs, valeurs, temps*, Economica, Paris.

Davezies, L. (2008), *La République et ses territoires. La circulation invisible des richesses*, Éditions du Seuil, Paris.

Delemarle, A. (2007), *Les leviers de l'action de l'entrepreneur institutionnel : le cas des micro et nanotechnologies et du pole de Grenoble*, Thèse, École nationale des Ponts et Chaussées.

Donald, B. (2001), « Economic Competitiveness and Quality of Life in City Regions : Compatible Concepts ? », *Canadian Journal of Urban Research*, 10 (2), 259-274.

Ferguene, A. (2008), *Innovation et dynamique territoriale a Grenoble : Une relation longue et mutuellement féconde*, Centre de recherches économiques sur les politiques publiques en économie de marché (CREPPEM), Grenoble.

Filion, P. (2006), « Gouvernance urbaine et aménagement. Enjeux et émergence », in Tremblay, D.G., Tremblay, R., *La Compétitivité urbaine à l'ère de la nouvelle économie*, Presses de l'Université du Québec, Québec, 369-384.

Florida, R. (2002), *The Rise of the Creative Class : And How it's Transforming Work*, Leisure, Community and Everyday Life, Basic Books, New York.

Foray, D. (2000), *L'économie de la connaissance*, La Découverte, Paris.

Grenoble innovation for advanced new technologies (2011), Activités scientifiques, technologiques et de valorisation, Grenoble.

Gorz, A. (2003), *L'Immatériel. Variation sur le thème de la production de soi*, Galilée, Paris.

Greffe, X. (2002), *Arts et artistes au miroir de l'économie*, Economica, Paris.

Grossetti, M. (2001), *Genèse de deux systèmes urbains d'innovation en France : Grenoble et Toulouse, Réalités industrielles*, Annales des Mines, Paris, 68-72.

Guibert, J-C. (2011), « Un grand campus d'innovation technologique : de MINATEC à GIANT », *Le journal de l'école de Paris du management*, n° 87, 37-44.

Holmes, B. (2005), « Vivre et travailler dans le parc. Les ambiguïtés de la "ville créative" », *Mouvements*, n° 39-40.

Howkins, J. (2001), *The Creative Economy : How People Make Money from Ideas*, Allen Lane, Londres.

Kaplan, D., Marcou, T. (2008), *La ville 2.0, plateforme d'innovation ouverte, La fabrique des possibles*, FYP éditions, Limoges.

Landry, C. (2000), *The Creative City, a toolkin for urban innovation*, Earthscan, London.

Menger, P.-M. (2002), *Portrait de l'artiste en travailleur, Métamorphoses du capitalisme*, Seuil, Paris.

Néel, L. (1991), *Un siècle de physique*, Éd. Odile Jacob, Paris.

Nemoz, A. (2011), « La ville-université aux deux campus », in Bloch, D., *Grenoble. Cité internationale, Cité d'innovations. Rêves et réalités*, Presses universitaires de Grenoble, Grenoble.

Nicolas-Le-Strat, P. (1998), *Une sociologie du travail artistique. Artistes et créativité diffuse*, L'Harmattan, Paris.

Novarina, G. (2010), *Ville et innovation scientifique. Le cas de l'aire métropolitaine de Grenoble*, Rapporto di Artiminio sullo sviluppo locale 2010, UMR PACTE Territoires, Grenoble.

Rifkin, J. (2000), *L'âge de l'accès : survivre à l'hypercapitalisme*, La Découverte, Paris.

Rousseau, M. (2008), « La ville comme machine à mobilité. Capitalisme, urbanisme et gouvernement des corps », *Métropoles*, 3, 181-206.

Rulliani, E. (2000), *Le capitalisme cognitif : du déjà vu ?*, Multitudes, Paris, n° 2, pp. 87-94.

Saez, G. (2009), « Une (ir)résistible dérive des continents. Recomposition des politiques culturelles ou marketing urbain ? », *L'Observatoire*, Grenoble, n° 36, 29-33.

Scott, A.J. (2006), « Les ressorts des villes créatives : Quelles leçons en tirer pour les décideurs, Examens territoriaux de l'OCDE, Villes, compétitivité et mondialisation », OCDE, 261-272.

Sklair, L. (2001), *The transnational capitalist class*, Blackwell, Oxford.

Talandier, M., Estèbe, P. (2010), *L'intercommunalité : évaluer l'efficacité d'un objet institutionnel inédit*, Rapport au PUCA.

Vercellone, C. (2008), « La thèse du capitalisme cognitif. Une mise en perspective historique et théorique », in Colletis, G., Paulré, B., *Les Nouveaux horizons du capitalisme. Pouvoirs, valeurs, temps*, Economica, Paris, 71-95.

Vivant, E. (2009), *Qu'est-ce que la ville créative ?*, PUF, Paris.

Wallisser, B. (2000), *L'économie cognitive*, Odile Jacob, Paris.

Territoires, Clusters et ÉcoQuartiers

Un modèle de développement urbain innovant

Abdourahmane NDIAYE

Université Bordeaux 3

L'objet de cet article est de montrer la manière dont les ÉcoQuartiers (EQ) pourraient autoriser l'incubation et/ou l'éclosion d'espaces de coproduction de la ville durable qui se fonderaient sur la valorisation des ressources et des acteurs locaux. Si la valorisation des ressources et acteurs locaux réduit le coût social et environnemental de la production, cela suffit-il à irriguer les économies locales vers une approche durable du développement ? Le territoire est accepté comme le périmètre adéquat pour développer des proximités géographiques, institutionnelles et organisationnelles, mais comment le délimiter ?

Après avoir précisé les contours de la coopétitivité, nous montrons que les dynamiques coopératives n'excluent pas des conflits et des rivalités, tout au contraire. Nous étudions le concept de territoire en tant que mode de régulation, tout en cherchant à mettre en lumière qu'il s'agit d'un niveau mésoéconomique (intermédiaire, partiel, inachevé) de concertation, de coopération et de coordination d'acteurs en vue de trouver une solution inédite à un problème qui leur est collectivement posé (partie I). Après avoir dressé une typologie succincte des systèmes productifs locaux, nous nous arrêtons sur le cluster comme figure emblématique. Ce qui permet de discuter la manière dont il peut jouer un rôle moteur dans le cadre des ÉcoQuartiers (section II). Les résultats partiels présentés portent sur un panel de projets d'aménagement urbain tiré du corpus du premier concours national ÉcoQuartiers 2009.

La ville durable est

> une ville cohérente qui assure : la cohérence sociale (met en œuvre) une nouvelle gouvernance, le maintien de la culture et de l'identité, la cohésion entre les générations, une politique des transports intégrée (en site propre), l'accessibilité et la flexibilité des équipements et des services, le maintien d'un équilibre entre intérêt particulier et intérêt général ; les cohérences économiques à trouver entre l'intégration des villes et des régions à la mon-

dialisation avec la recherche des « avantages comparatifs » et, en même temps, le maintien d'une diversité économique ; la cohérence environnementale : la gestion des ressources, la préservation de la santé, du patrimoine… ; la cohérence spatiale des différentes fonctions dans la ville et la relance de l'Art urbain et de la composition urbaine afin de corriger les dislocations entre les parties de la ville. […] Enfin, une ville n'est durable que si l'ensemble de ses quartiers l'est. Ainsi, les démarches de développement durable à l'échelle du quartier sont complémentaires des mises en œuvre aux autres échelles territoriales (Charlot-Villedieu, Outrequin, 2011, p. 18-19).

Les innovations technologiques et sociétales attendues de la production de la ville durable peuvent passer par l'implantation de pôles de compétitivité, dispositifs de concertation et de mise en cohérence. À l'image des districts Marshalliens et des systèmes productifs locaux, les projets de développement local ancrés dans le territoire visent à favoriser la coopération entre différents acteurs et l'optimisation de leur efficacité. En 1890, dans *Principle of Economics*, Alfred Marshall affirme l'existence de deux modalités d'organisation industrielle. « D'une part, l'organisation sous commandement unique de la division technique du travail intégré au sein d'une grande entreprise. D'autre part, la coordination, par le marché et par le face-à-face (la réciprocité) d'une division sociale du travail désintégrée entre des firmes plus petites spécialisées dans de grands segments du processus productif » (Benko, Dunford, Lipietz, 1996, p. 120). Dans le contexte de l'Angleterre de la révolution industrielle, Marshall suggère que les économies d'échelle peuvent également provenir d'« effets externes » produits par le contexte dans lequel s'insère le système productif (organisation sociale, gouvernance politique, culture, histoire, etc.) et dont les firmes ancrées dans le territoire peuvent naturellement bénéficier. Il analyse, de ce fait, les effets d'agglomération industrielle sous l'angle des économies externes. Selon lui, les économies externes expliquent à la fois la colocalisation des entreprises ainsi que l'efficacité globale du district qui génère des avantages à se retrouver à proximité[1]. L'opérateur fondamental de ces formes de coopération entre acteurs d'un territoire fait explicitement référence à la notion d'*externalité* d'Alfred Marshall. Ces externalités sont sécrétées par les districts industriels, en tant qu'environnement socio-économique, politique et culturel.

L'objet de cet article est, par une approche proximiste, d'interroger la manière dont les ÉcoQuartiers (EQ) pourraient autoriser l'incubation et/ou l'éclosion d'espaces de coproduction de la ville durable qui se

---

1 À la suite de Rallet, Torre (2004), nous pensons que les besoins de proximité géographique permettant de réaliser une coopération ne supposent pas nécessairement que les agents soient localisés les uns près des autres.

fonderaient sur la valorisation des ressources et des acteurs locaux. Les EQ, qui consacrent

> la présence de ceux qui y vivent et qui sont partie intégrante de l'essence du produit [...] des installations techniques par lesquelles les concepteurs tentent de maîtriser les effets de consommation et des pratiques des citadins : bassins de rétention d'eau de pluie, noues et étangs, pour le traitement des eaux usées, panneaux solaires, colonne pour la collecte pneumatique des déchets évitant la circulation des camions bennes, etc. (Souami, 2011, p. 8),

peuvent-ils être à l'origine d'un développement local durable ? Celui-ci peut-il provoquer ou accélérer l'incubation et l'éclosion d'espaces de coproduction de la ville durable ? Ces dynamiques peuvent-elles favoriser la valorisation des ressources et des acteurs locaux ? L'EQ est-il un opérateur pertinent pour la compréhension des dynamiques coopétitives ? Le territoire est accepté comme le périmètre adéquat pour développer des proximités géographiques, institutionnelles et organisationnelles, mais peut-on le délimiter ? Les hypothèses suivantes seront vérifiées : (i) l'ancrage territorial peut se traduire par la captation d'externalités positives au sens marshallien du terme, de plus-values sociales coproduites ; (ii) le cluster – ou ses déclinaisons – est un opérateur pertinent dans la compréhension des dynamiques coopétitives et les stratégies des acteurs ; (iii) Espace, Territoire et Acteurs offrent une nouvelle grille de lecture des dynamiques économiques du développement local.

Après avoir précisé les contours de la coopétitivité, nous montrons que les dynamiques coopératives n'excluent pas des divergences, rivalités et conflits, bien au contraire. Nous étudions le concept de territoire en tant que mode de régulation, tout en visant à le définir en tant que niveau mésoéconomique (intermédiaire, partiel, inachevé) de concertation, de coopération et de coordination d'acteurs en vue de trouver une solution inédite à un problème qui leur est collectivement posé (partie 1). Après avoir dressé une typologie succincte des systèmes productifs locaux, nous nous arrêtons sur le cluster comme image emblématique. On s'intéresse notamment à la manière dont il peut jouer un rôle moteur dans le cadre des ÉcoQuartiers (partie 2). Les résultats partiels présentés portent sur un panel de projets d'aménagement urbain tiré du corpus du premier concours national ÉcoQuartiers 2009. L'ÉcoQuartier, nouvelle icône de la matérialisation des enjeux du développement durable, sera ainsi au cœur de notre questionnement. Il permet d'étudier les relations entre les dynamiques coopétitives, les processus de mise en valeur des ressources territoriales et des acteurs locaux.

1. Dynamiques coopétitives et Territoires : une nouvelle régulation ?

1.1. Les dynamiques coopétitives, une nouvelle lecture des rapports de proximité

La compréhension des réseaux d'acteurs territoriaux et des effets d'agglomération passe par l'analyse des stratégies spatiales des entreprises (Carluer, 2006). Dans une économie mondialisée à concurrence intensifiée, où le contexte s'avère de plus en plus complexe et incertain, les alliances à court ou moyen terme peuvent constituer une solution à moindre coût dans l'atteinte d'objectifs stratégiques, tels que réaliser des économies d'échelles, atteindre une taille critique, opérer un positionnement stratégique sur un marché émergent ou mutualiser des briques technologiques dans le cadre d'un projet commun de Recherche & Développement. La coopération entre concurrents est une manœuvre d'affaiblissement d'autres concurrents. Dans la littérature, il est souvent fait référence aux bienfaits des externalités dans le cadre de la proximité géographique. Il n'est pas exclu que les externalités puissent générer des effets négatifs : divergences, rivalités et conflits. Ces effets pervers peuvent trouver des solutions dans la proximité organisée (Rallet, Torre, 2004). La proximité géographique peut être définie comme « la distance kilométrique entre deux entités (individus, organisations, villes…) pondérée par le coût temporel et monétaire de son franchissement » (Rallet, Torre, 2004, p. 26). Quant à la proximité organisée, elle est d'essence relationnelle et s'entend comme « la capacité qu'offre une organisation de faire interagir ses membres. L'organisation facilite les interactions en son sein, en tout cas, les rend *a priori* plus faciles qu'avec les unités situées à l'extérieur de l'organisation » (Rallet, Torre, 2004, p. 27). Comme la globalisation a tendance à accroître les incertitudes, les interactions peuvent contribuer à les limiter en redonnant plus d'importance aux territoires, qu'ils soient physiques ou virtuels. Selon Rallet et Torre (2004), les logiques d'appartenance et de similitude peuvent y aider. Il nous semble nécessaire de rappeler que la proximité est d'abord géographique avant d'être organisationnelle ou institutionnelle.

En prolongeant les théories de la polarisation de Hirschman (1958) et de Perroux (1981), de la division spatiale du travail d'Aydalot (1976) et des réseaux d'entreprises de Bouvier-Patron (1996), de Heitz, Douard (2000), il est possible de recenser les différents facteurs à l'origine de la géographie des localisations des entreprises. Au premier rang desquels se trouvent le système technologique en transformation, les marchés et les relations de travail, les cultures managériales et les normes, les structures de marchés et les formes de concurrence et, enfin, les instances de régulation aux niveaux sectoriel, régional, national et international (Colletis, Pecqueur, 1999 ; Pecqueur, 2001) (Carluer (2006, p. 195).

C'est dans ce contexte qu'il faut replacer l'analyse des dynamiques coopétitives. La coopétition, dont le but est de réduire l'incertitude, est un processus né de l'association des termes coopération et compétition. Il désigne une dynamique séquencée qui, dans un premier temps, met en scène une collaboration d'acteurs permettant la création de valeur ou de richesses (« *making the pie* »), et dans un second temps, ouvre sur une structuration et une intensification de la compétition (« *dividing the pie* »). L'effet final consiste à affaiblir ou à éliminer les concurrents. Ces alliances sont une coalition de concurrents dont le but officiel est de créer de nouveaux débouchés et le but tacite, d'éliminer une partie de la concurrence (notamment les concurrents particulièrement compétitifs en termes de coût sur le marché traditionnel). Mais cette stratégie peut également cacher une manœuvre consistant à réduire les sphères d'influence du partenaire pour le confiner à son marché historique et à ce nouveau débouché. De ce fait, à l'heure de la compétitivité globale, il ne suffit plus de réussir, il faut éliminer les concurrents en les faisant échouer.

La coopétition, c'est-à-dire la coopération compétitive, se justifie par l'étroitesse ou la faiblesse du cœur de compétence. Ainsi, aucune entreprise n'a intérêt à élaborer individuellement des produits et des procédés compétitifs. Elle peut également se justifier par la recherche de position dominante de l'émetteur d'informations stratégiques. Même si des entreprises concurrentes se partagent l'information pour gérer la complexité (coopération), ceci n'exclut pas des stratégies individuelles d'acteurs (compétitivité). Les processus de coopération/compétition sont des stratégies d'adaptation, de transformation et d'évolution permanentes de l'entreprise (Carluer, 2006). Elles procèdent de trois logiques distinctes ou combinées : une interaction réticulaire ; une dynamique d'apprentissage ; un ancrage territorial.

La logique d'interaction réticulaire sécrète des nœuds de relations engendrant des externalités spécifiques qui favorisent la réactivité de l'entreprise et ses complémentarités avec le milieu dans lequel elle est localisée. La dynamique d'apprentissage se traduit par la capacité des acteurs à innover et à s'adapter à la nouveauté (ouverture et adaptation). L'ancrage territorial se manifestant par une proximité spatiale peut se traduire par un encastrement relationnel (Camagni, 1991 ; Grossetti, 2001 ; Huault, 2002). La coopétition peut donc déboucher sur l'émergence et la consolidation de réseaux d'entreprises à externalités positives et générer une capacité à réduire l'incertitude.

1.2. Le « tournant territorial »[2], ou l'émergence de nouvelles logiques de gouvernance

La libération et la mise en valeur des potentiels locaux d'initiatives sont désormais la signification première du paradigme de l'économie de la proximité (Talbot, Kirat, 2005 ; Ndiaye, 2010 ; Ndiaye, 2011). Des dynamiques émergentes de territoires construits peuvent constituer une solution à l'opposition local/global (Gumichian *et al.*, 2003 ; Pecqueur, 2008). Ainsi, la géographie des coûts et des stocks de facteurs cède la place à celle des organisations, de la qualité des institutions et de la coordination des acteurs. Cette approche permet de mettre en lumière les dynamiques locales et infra politiques (Ndiaye, 2008). L'économie des proximités comme mode de gouvernance des territoires, envisagée selon une double dimension géographique et relationnelle (Torre, Rallet, 2005), a ainsi retrouvé un nouvel élan (Talbot, Kirat, 2005). Les compromis institutionnels territoriaux peuvent être étudiés à la fois en termes de gouvernance et de régulation. Les deux notions, souvent amalgamées, méritent clarification (Demoustier, Richez-Battisti, 2010). La gouvernance est entendue ici comme « l'ensemble des modes de régulation entre le pur marché et la pure politique (de l'État nation), c'est-à-dire ce que Gramsci appelait "société civile" » (Benko, Lipietz, 1995). « La gouvernance territoriale ou locale est un phénomène complexe porteur de stabilité (compromis et négociation) et d'instabilité (divergence et conflit) au sein duquel des acteurs hétérogènes doivent se mobiliser autour d'un objectif commun » (Coissard, Pecqueur, 2007). La régulation intègre « l'ensemble des règles du jeu et des procédures de résolution de conflits ». Selon Robert Boyer et Yves Saillard (1995), le mode de régulation est « la dynamique contradictoire de transformation et de permanence d'un mode de production (...) une série d'institutions, de règles du jeu et de conventions marchandes et non marchandes qui impliquent des rationalités situées ». Ce que Danièle Demoustier et Nadine Richez-Battesti (2010, p. 8) résument ainsi

> le cadre et les modalités institutionnels de prise de décision sur le mode de développement territorial à travers les débats publics, l'action publique, et plus précisément la production des politiques publiques ; alors que la régulation renverrait plutôt au mode d'interaction et de coordination des activités, des emplois et des revenus, et des flux de capitaux, qui permettent d'assurer la régularité du système productif.

La redécouverte de la notion de territoire par les économistes intervient à un moment où celle-ci se renouvelle chez les géographes et les politistes (Itçaïna, Palard, Ségas, 2007). Loin d'un « éreintement » de son sens, il y aurait plutôt une sublimation qui lui redonne signification

---

[2] Le terme est emprunté à Bernard Pecqueur (2006).

et opérationnalité (Pecqueur, 2009). La perspective consiste donc à donner plus de résonance à l'impulsion « *réciprocitaire* » et aux partages de connaissances, de procédés et de marchés (Ndiaye, 2011). L'idée de promouvoir des processus socio-économiques collectifs contextualisés, complexes et flexibles puise son essence dans l'accompagnement mais aussi et surtout dans l'anticipation des mutations sociales (Pecqueur, 2000). La valorisation de l'activité économique par les dynamiques territoriales implique ainsi en amont des *inputs* que Bernard Pecqueur nomme les « ressources territoriales » (Pecqueur, 2011 ; Pecqueur, 2008). Ces processus localisés ont comme cadre spatial le territoire considéré comme un objet problématique pluridimensionnel et complexe. Scott et Storper (2003) émettent l'hypothèse que le système productif localisé peut résulter d'une nouvelle géographie de l'accumulation flexible en réaction au mode d'accumulation fordiste, en reprenant l'idée d'un nouveau modèle fondé sur la flexibilité, tel que l'ont proposé Piore et Sabel (1984). Dans les développements récents de l'économie géographique, P. Krugman (1995) propose l'idée d'externalités locales.

Dans la perspective proximiste, le territoire n'est pas postulé, il est le résultat des interactions, conflits, négociations, coopérations, délibérations et coordinations des différents acteurs parties prenantes. Loin d'être seulement compris comme un espace géographico-administratif donné et prédéterminé sur lequel se déroulent des dynamiques spécifiques sous la houlette des autorités locales, il est aussi et surtout le résultat d'un processus de construction et de délimitation par les acteurs qui le vivent et le font vivre. Le territoire est conçu comme un dispositif d'innovations, un milieu innovateur (Aydalot, 1986). Il est interprété par l'approche de l'économie territoriale comme un « acteur économique » (Benko, 2007). Géographes, économistes et politistes s'accordent pour distinguer « local » et « territorial ». Si le local renvoie à une question d'échelle, le territorial renvoie à un mode d'organisation de la production et de la répartition des acteurs (Itçaïna, 2011) ou à une institution (Lung, 2007). S'interroger sur le territoire revient dès lors à s'éloigner de l'être a-spatial de la théorie économique classique, pour soulever des questionnements propres. Le courant des économistes proximistes et des économistes institutionnalistes précise cette interrogation sur la variable territoriale en s'interrogeant sur plusieurs dimensions, qui viennent contredire les approches orthodoxes classiques (Dupuy, Gilly, Lung, 2007 ; Itçaïna, 2011).

Georges Benko (2007, p. 105) avance que « la notion de territoire exprime trois idées fortes : le pouvoir, qui est lié à un espace ; une aire, dominée par le contrôle territorial ; les limites, les frontières, soit entre les espaces terrestres, soit entre les activités sociales ». Guy Di Méo

(2011) propose le triptyque « territoire-territorialité-territorialisation » comme éléments indissociables d'un même concept. Comme Georges Benko, Guy Di Méo propose trois idées force : (*i*) l'espace politique, qui est aussi un espace de légitimation et du pouvoir fonctionnel. C'est l'espace de la gouvernance qui est circonscrit par le régime des frontières ; (*ii*) un espace articulaire des systèmes d'action permettant de produire et de reproduire une ressource spécifique. Ce qui nécessite un ancrage territorial fort. Cet espace articulaire donne l'opportunité d'accroître l'action et l'innovation, mais avec un risque de fractionnement et de fragmentation pour le partage du marché et de la valeur produite ; (*iii*) le territoire comme un espace vécu, c'est celui des habitants. Nous le voyons, le territoire ne peut être réduit au jeu interactif des trois dimensions techniques suivantes : les économies d'échelle, les coûts de transport et les économies d'agglomération. La ville s'appréhende de plus en plus sous l'angle relationnel (Courlet, 2008), tel un lieu qui met diverses fonctions urbaines en relation (Remy, Voyé, 1992). Le territoire est alors un système d'acteurs liés par des rapports sociaux, qui comme dans tout rapport social, évoluent dans le temps et en fonction des mutations des positions et positionnements des acteurs. Ainsi l'analyse des territoires suggère de convoquer la notion de complexité pour la compréhension des déterminants et modalités de leur fonctionnement (Courlet, 2008). Le territoire peut donc être compris comme une création humaine collective, qui se matérialise par des institutions sociales qui construisent des normes, des règles, tout en mettant en place des dispositifs de coopération, de négociation et d'arbitrage des conflits. Le territoire est conçu comme *un ensemble de relations non seulement fonctionnelles (d'échanges et de production), mais hiérarchiques (de domination) et sociales (de cohésion, de confiance réciproque, de coopération, d'appartenance)* (Camagni, 2004, p. 14). Le territoire n'est pas une échelle spatiale, c'est bien plus, c'est un mode de gouvernance. C'est cette conception du territoire qui permet de saisir le sens des dynamiques spatiales.

Les acteurs se rassemblent par groupes en fonction des problèmes productifs auxquels ils ont à apporter une solution à une échelle mésoéconomique qui n'est ni l'échelle microéconomique (l'individu ou l'entreprise) ni l'échelle macroéconomique (l'économie dans son ensemble) (Pecqueur, 2006 ; 2007). Au carrefour de la théorie régulationniste et de l'économie des proximités, l'échelle mésoéconomique constitue, en quelque sorte un paradigme augmenté de la dialectique firme et territoire (Dupuy, Gilly, Lung, 2007). Au lieu de concevoir ces relations uniquement sous l'angle d'une recherche de compétitivité et des politiques incitatives d'attractivité qui met les territoires en concurrence, cette approche plonge ses racines dans les dynamiques de construction d'une valorisation des territoires au travers des ressources territoriales.

Ce paradigme tente de se démarquer d'un fordisme triomphant qui repose en grande partie sur des logiques a-spatiales, en réinterrogeant le dialogue entre le territoire et ses acteurs.

2. Les systèmes productifs locaux (SPL) : dispositif de dialogue entre firmes et territoires

2.1. Les SPL, des dispositifs socio-territoriaux

Le « SPL apparaît comme une organisation des forces productives d'un territoire qui se démarque bien clairement des entreprises mondialisées. Dans le cadre de la globalisation, la forme SPL est d'autant plus importante qu'elle met en évidence la réalité de l'ancrage territorial des activités productives. L'économie ne peut devenir un réseau virtuel de production sans liaison réelle avec les personnels qui produisent ni avec les contextes locaux de production » (encadré de Claude Courlet et Giacchino Garofoli, in Pecqueur, 2000, p. 75). Les SPL font appel au jeu combiné du marché, comme mécanisme de régulation de la demande et de l'offre de biens et de la réciprocité, système d'échange de services gratuits qui est l'expression de rapports sociaux ayant leur dynamique propre et allant au-delà de la transaction purement commerciale. La réciprocité s'enracine ainsi dans l'identité sociale des acteurs d'un territoire et d'une communauté.

Les SPL comportent à la fois une spécialité productive autour d'un produit fondamental pour l'économie ou le territoire ; la présence de plusieurs unités de production généralement de taille petite ou moyenne, l'absence d'entreprise leader, de ce fait, « la dynamique productive n'est donc pas induite par un phénomène de polarisation autour d'une grande entreprise » (Pecqueur, 2000, p. 81) ; une interdépendance très étroite entre petites et moyennes entreprises locales, une densité minimale d'activités ; une production suffisamment importante pour couvrir une part appréciable de la production et des exportations nationales (Pecqueur, 2000 ; Côté, 2003).

Le tableau 1 propose une typologie des SPL, en reprenant les éléments caractéristiques à chacun d'entre eux. Au travers de ces formes de SPL, se dégage un noyau dur marqué par une pluralité d'acteurs qui œuvrent ensemble pour faire vivre le district industriel, considérée comme une entité socio-spatiale (Beccatini, 1992). Le succès des uns dépendant de celui des autres, la coopération, la négociation, mais aussi la divergence et le conflit permettent aux acteurs une production typique (Garofoli, 1992). Ces systèmes peuvent se retrouver tout au long de la chaîne de valeur, de la conception à la distribution de procédés de production, c'est le cas du technopôle (Callon, 1991). Ils se situent en amont de la production, tout en influençant la tendance et les dynamiques. En tant qu'espace serviciel ou technopole informationnelle, le SPL est à haute performance cognitive en se spécialisant dans la production de connaissances à inscription territoriale. Le SPL peut se distinguer par l'attrait des compétences les plus « pointues » et la captation de rente informationnelle, il s'agit de la région apprenante (Florida, 1995 ; Maillat, Kébir, 1999 ; Edquist, Rees, 2000). Il peut enfin favoriser l'apprentissage et l'innovation en tant que milieu innovateur (Maillat, Quévit, Senn, 1993).

Tableau 1 : Typologie des Systèmes productifs locaux

Technopole	Ensemble d'acteurs hétérogènes (laboratoires publics, centres de recherche technique, organismes financiers, usagers et pouvoirs publics) qui participent collectivement à la conception, l'élaboration, la production et la distribution de procédés de production, de biens et de services (Callon, 1991, p. 196)
Espace serviciel ou Technopôle informationnel	Centre de production de connaissances à inscription territoriale (proximité géographique) dont les initiatives sont soutenues par les collectivités locales. Il entretient de nombreux partenariats au travers des TIC, ce qui repousse les frontières en créant une proximité organisée au sens de Rallet, Torre, 2004 ; Dupuy, Gilly, Lung, 2007
District industriel	Entité socio-spatiale dans un espace géographique et historique donné (Becattini, 1992, p. 36), collaborant à une production typique ou à un même produit (Garofoli, 1992)
Région apprenante	Système capable d'attirer les compétences les plus recherchées et de capter une rente informationnelle. La flexibilité de sa production est liée à son important capital immatériel (Florida, 1995 ; Maillat, Kébir, 1999 ; Edquist, Rees, 2000)
Milieu innovateur	Ensemble territorialisé dans lequel des interactions entre agents économiques se développent par l'apprentissage qu'ils font des transactions multilatérales génératrices d'externalités spécifiques à l'innovation et par la convergence des apprentissages vers des formes de plus en plus performantes de gestion en commun des ressources (Maillat, Quévit, Senn, 1993, p. 6

Source : A. Ndiaye, à partir de Carluer (2006).

Le cluster est une des formes des systèmes productifs locaux. D'apparition récente, il est aussi appelé « pôle de compétitivité ». Les définitions rencontrées dans la littérature insistent à la fois sur la nécessaire coopération des acteurs et leur proximité géographique. Ce qui en fait une figure emblématique des économies des territoires. Les projets d'aménagement urbain de type ÉcoQuartier initiés par le Grenelle de l'environnement peuvent offrir l'opportunité de développer des clusters, non seulement par l'exemple, en associant une entreprise à un territoire reconnu comme moteur dans son domaine, mais aussi par la possibilité pour les entreprises de bénéficier de « l'effet de place », au travers de leur participation à un projet exemplaire. Le cluster peut donc devenir un lieu de concertation, de valorisation de procédés innovants, de capitalisation d'expériences dans les domaines d'éco-aménagement et d'éco-construction et plus généralement dans les secteurs des technologies de pointe telles que les nanotechnologies. Ces échanges non marchands, voire non monétaires, constituent les *inputs* d'une efficacité économique des entreprises. La valorisation de l'activité économique par les dynamiques territoriales implique ainsi en amont des ressources territoriales comme *inputs*. Le cluster est une organisation de producteurs de biens et de services associés de par leurs caractéristiques et leur fonctionnement à un territoire spécifique, sécrétant des externalités positives. L'idée de cluster issue des systèmes productifs locaux est définie par M. Porter (2000) comme étant « un groupe géographiquement proche d'entreprises et d'institutions associées dans un domaine particulier, liées par des points communs et des complémentarités. La portée géographique d'un cluster peut aller d'une ville ou un État à un pays ou même un groupe de pays voisins ». Ainsi, les clusters peuvent être compris comme des regroupements d'entreprises et d'institutions liées à la connaissance (universités, centres de recherches, collectivités locales, etc.), proches géographiquement, partageant un même domaine de compétences et travaillant en complémentarité. La proximité géographique et organisationnelle, incitant à des échanges hors marché, notamment de connaissances, de savoirs, de savoir-faire, etc., a une grande importance dans l'explication de l'efficacité économique. Parce que cette coopération est de nature à structurer et à développer la filière concernée, elle fait progresser tous les acteurs autour d'objectifs communs, renforce la compétitivité des entreprises, la recherche et les transferts de technologies par la mise en œuvre de solutions innovantes. La notion de cluster reste cependant à la fois floue et multiscalaire (s'appliquant à différentes échelles d'espace). Les clusters ouvrent néanmoins la possibilité de combiner deux types de coordination des acteurs : le *marché* et la *réciprocité* (Courlet, 2001).

Lorsque les territoires ont une production diversifiée, les biens et services produits peuvent se combiner pour créer une offre composite spécifique au territoire. On est alors en présence du modèle dit du « panier de biens » (Pecqueur, 2001). Ce panier est une combinaison complexe de divers facteurs qui révèlent l'existence d'« écosystèmes sociétaux » dans lesquels se coordonnent des acteurs de proximité géographique mais aussi organisationnelle et institutionnelle. Ces systèmes empruntent à la sphère de l'homme et à celle de la nature (Pecqueur, 2006). En étant convoqués dans le cadre de la fabrique de la ville durable, les clusters peuvent être considérés comme un mode d'organisation pertinent de l'industrie libérant les capacités d'innovation des différents acteurs. On peut sans doute dire que la notion de cluster est la plus large, celle de District industriel est la plus stricte (dans les éléments censés le constituer), le SPL propose une configuration intermédiaire, les Systèmes agroalimentaires localisés sont des déclinaisons des SPL et le « milieu innovateur » insiste sur une donnée fondamentale sur laquelle nous reviendrons dans le paragraphe suivant sur le territoire comme dispositif d'innovation.

2.2. Clusters, ÉcoQuartiers et Territoires, vers un nouveau modèle d'innovations ?

L'objet « ÉcoQuartier » est considéré comme étant un système ouvert, au sein duquel se jouent plusieurs types d'interactions : d'une part, celles entre les acteurs économiques, sociaux et politiques ; d'autre part, celles entre les acteurs, le temps et l'espace dans lesquels ils évoluent. Dans la gestion de proximité promue par l'urbanisme durable, les variables temps et espace s'avèrent donc indissociables des dynamiques humaines et sociales : cet ensemble d'interactions complexes sous-tend la plupart des dispositifs proposés dans le cadre du Concours national ÉcoQuartiers de 2009. Ainsi, les initiatives et expériences recensées, complémentaires les unes des autres, offrent des pistes de réflexions mais aussi de compréhension quant à la manière dont les processus de coopération et de délibération (Hollard, 2004) des acteurs économiques et politiques se déploient dans les sphères sociales, spatiales et temporelles, autour des opérations ÉcoQuartiers. L'approche de l'ÉcoQuartier est ici conceptuelle, elle vise à élaborer des variables définitoires. Nous n'ignorons pas la conflictualité, la concurrence et les incertitudes que génèrent les dimensions du développement durable (économique, environnementale et sociale) et qui peuvent façonner la définition et l'opérationnalité d'une durabilité urbaine déclinée à l'échelle du quartier. Généralement, l'EQ se décline en termes de circulation douce, de sobriété énergétique, d'éco-construction, d'éco-citoyenneté et de participation des habitants à la gouvernance. La ville durable doit assurer un système de cohérences sociale, économique, environnementale et spatiale (Charlot-Valdieu, Outrequin, 2011).

Même si elles ne sont pas identifiées comme les cibles privilégiées du phénomène de gouvernance territoriale dans le cadre de la fabrique de la ville durable (au même titre par exemple que les collectivités territoriales et l'État), les entreprises apparaissent néanmoins inévitablement concernées par la gouvernance des ÉcoQuartiers. La gouvernance désigne l'ensemble des rapports de pouvoir, des processus de mobilisation et de coordination d'acteurs – groupes sociaux et institutions – visant la réalisation de projets collectivement négociés (bien public, bien commun, intérêt général). Elle trouve sa justification dans un projet d'aménagement et de développement durables des territoires urbains. La gouvernance est souvent présentée comme initiatrice de nouvelles procédures de participation des citoyens, redonnant sa place au débat public sur des questions qui engagent les conditions de vie présentes et futures des habitants. Les innovations technologiques et sociétales attendues de la fabrique de la ville durable sont d'ailleurs souvent présentées comme indissociables d'une implantation territoriale de clusters ou pôles de compétitivité au sein desquels coopèrent plusieurs catégories d'acteurs, à la faveur d'une proximité géographique et relationnelle au profit du projet. Or la gouvernance renvoie effectivement, dans sa dimension spatiale, à la coordination et la participation d'acteurs y compris économiques, au travers de partenariats multiples (public-privé, entreprises-clients-usagers, etc.) voire de nouvelles règles de marché. Ces objectifs consacrent un consensus du partenariat public/privé, à défaut de trouver l'investisseur privé miracle (Gateau-Leblanc, Paris, 2005). Au bénéfice de l'opération ÉcoQuartiers, l'idée est aussi de transformer l'utilisation, voire l'offre de matériaux de construction, afin d'aboutir à un impact positif tant sur l'environnement que sur l'économie locale. L'ÉcoQuartier avec ses synergies économiques et sociales locales place la question de l'innovation au cœur du projet urbain.

« L'innovation est un construit social reposant sur des processus et des interrelations sociales et territoriales qui interviennent à divers niveaux. » Massard et Torre (2004) montrent que l'innovation territoriale résulte d'un double effet de concentration et de proximité. Ces deux effets, fonction des contextes locaux, se combinent de manière différenciée. Ainsi, les capacités locales d'absorption des externalités, la taille des firmes, les relations intra ou interbranches, le mode de gouvernance institutionnelle, sont autant de variables qui permettent à des degrés divers le jeu des proximités et des concentrations. En termes de production, notamment, certains processus productifs ne tirent pas leur originalité du type de produit, qui pourrait être développé partout de façon identique, mais plutôt de l'organisation sociale de la production qui confère sa spécificité à l'ensemble du processus. Ainsi, l'entreprise ne tire pas son originalité du type de bien qu'elle produit, mais d'une organisation productive et de l'ancrage territorial de son système productif, tous deux soumis aux pressions du marché (Itçaïna, 2011). De ce point de vue, les stratégies ainsi déployées peuvent s'insérer dans une nouvelle approche de l'économie territoriale, répondant aux nouvelles valeurs et aspirations écologiques, en termes de qualité de vie, de participation, de gouvernance des nouveaux espaces urbains.

a) Échantillon et méthodologie du modèle

Nous proposons ici un modèle qualitatif d'innovation et de développement urbain qui repose sur le triptyque Territoire – Clusters – ÉcoQuartier (TCE). L'échantillon tiré du corpus ÉcoQuartiers n'a pas pour vocation d'être exhaustif. Il cherche à illustrer le propos selon lequel les territoires disposant en amont des projets d'aménagement urbain de dispositifs de type Clusters sont plus à même d'introduire des innovations dans les technologies de l'éco-construction. Il existe dans ces territoires une volonté politique historique d'attirer et d'accompagner les SPL. Ces territoires sont souvent d'ailleurs ceux qui ont cherché à amortir le choc de la désindustrialisation. En fonction de leur volonté de valorisation de leurs ressources territoriales, ils ont facilité l'existence d'un tissu dense d'unités de production, de centres de formation, de recherches et d'universités, une main-d'œuvre abondante et disposant d'un fort capital humain. À partir des fiches synoptiques des unités formant le cluster, une caractérisation a été effectuée. Elle a été faite en s'appuyant sur les indicateurs suivants : la densité du tissu productif local et sa contribution à l'économie locale ; la volonté des pouvoirs publics locaux à encourager et à accompagner les initiatives de proximités qui favorisent une insertion de la main-d'œuvre ; les territoires où des dispositifs de gouvernance existent en amont du Grenelle de l'environnement. C'est cette spécification croisée à la typologie des Systèmes productifs locaux qui aboutit à la typologie des clusters, non pas seulement en fonction de leur localisation géographique mais aussi de leurs attributs, des objectifs qu'ils s'assignent, de leur proximité avec les pouvoirs publics avec lesquels ils partagent certaines préoccupations du développement du territoire pour en faire « une région qui gagne ». Six clusters ont été retenus dans l'échantillon, en fonction de leur proximité géographique et de leurs domaines de spécialisation. Ils sont présentés ci-dessous.

1. Le « Cluster Green and Connected Cities », basé à Grenoble, est initié par l'Association Communication et Information pour le Développement Durable et Grenoble École de Management. Son objectif est de répondre de manière opérationnelle aux grands défis sociétaux et environnementaux des villes écologiques et numériques du futur. Le cluster, organisé sous la forme d'un centre de ressources, proche de l'espace serviciel, se spécialise dans la production de connaissances. Ses objectifs sont d'imaginer et de développer avec les TIC de nouvelles boucles économiques locales (activités, services, économies circulaires relocalisées) innovantes et sobres en

carbone ; de créer des lieux d'accueil et d'activités innovants connectés et en réseau (*co-working* et développement de la télé présence) ; de travailler sur la mobilité libre et durable, en posant la question des transports pendulaires. Ce qui passe par : (*i*) Mutualiser les moyens, les expertises et les résultats entre les différentes parties prenantes et l'animation des communautés regroupant acteurs publics territoriaux, acteurs économiques, responsables associatifs, enseignants, chercheurs, artistes ; (*ii*) Informer les usagers de la ville, encourager à la participation aux démarches de développement durable ; (*iii*) Former à la ville verte et connectée ; (*iv*) Éduquer et former au développement durable et à l'économie nouvelle en évitant la création de nouvelles fractures sociales, culturelles, économiques et numériques ; (*v*) Contribuer et coordonner des programmes pour le déploiement de bâtiments intelligents et durables (technologies, usages et comportements).

2. Lyon Urban Truck and Bus est un des rares pôles de compétitivité en Europe centré sur les transports collectifs de personnes et de marchandises en milieu urbain. Son ambition est de répondre aux défis soulevés par la croissance des besoins de mobilité, des personnes et des marchandises en ville. Lyon Urban Truck & Bus mobilise la forte concentration des compétences de l'agglomération lyonnaise sur ce champ et a labellisé depuis sa création, 105 projets Recherche & Développement collaboratifs développés par les acteurs régionaux de l'industrie (groupes et PME), et de la recherche publique et privée. Ces projets sont axés sur les solutions de transport depuis le composant véhicule à l'intégration optimisée des flux de marchandises et de personnes au service du développement économique et durable de nos métropoles. Son objectif est à la fois de renforcer le leadership de l'agglomération sur le champ du véhicule industriel et des solutions transport sécurisées et intégrées et d'apporter des réponses sociétales, économiques et industrielles équilibrées et innovantes, démontrées et évaluées sur un terrain d'expérimentation réel.

3. L'association « Énergies Rhônes-Alpes » existe depuis 1978. Elle est spécialisée dans le conseil aux collectivités territoriales et les entreprises du tertiaire en matière d'économie d'énergie, de promotion des énergies renouvelables, de protection de l'environnement et de mise en pratique du développement durable. Ses trois missions principales sont : l'animation d'un centre de ressources et d'échanges ; le Conseil et l'accompagnement des collectivités territoriales et les bailleurs sociaux dans le montage et le suivi d'opérations ; l'accompagnement et la mise en œuvre de programmes ou d'actions collectives sur un territoire. Rhônes-Alpes Énergie-Environnement

est un lieu privilégié de réflexion et d'échanges entre les différents partenaires institutionnels, économiques et associatifs de Rhône-Alpes concernés par les questions d'énergie et d'environnement.

4. Naguère sous le label pôle régional des éco-industries, le cluster Éco-Habitat travaille depuis plusieurs années à la constitution d'une chaîne de production locale. Le partenariat engagé avec la collectivité garantit une optimisation des modes de construction au regard de leur durabilité. Par ailleurs, le mode de recrutement des constructeurs permet de tirer le tissu des acteurs locaux au maximum sans le faire rompre. Des objectifs trop ambitieux dès le départ pourraient aboutir à une désaffection de la zone par les constructeurs. Les mettre en concurrence permet une émulation en les emmenant progressivement, mais le plus rapidement possible, vers des niveaux de performance compatibles avec les objectifs de long terme du développement durable et notamment du Grenelle de l'environnement. En partenariat avec la région Poitou Charente, le cluster Éco-Habitat promeut les constructions économes en énergie, bâties avec des matériaux durables à coût modéré. Son expertise permet aux acteurs de la construction, publics et privés, d'améliorer leurs performances. Le cluster a mis en place une assistance pour le suivi des projets à chaque étape et pour accompagner les acteurs vers les objectifs définis par la collectivité. Il a aussi pour mission de développer la production et l'utilisation de produits locaux afin d'améliorer le bilan carbone global des constructions.

5. Le pôle de compétitivité Advancity est au service des villes et des mobilités durables. Créée en 1983 sur les communes de Champs-sur-Marne et de Noisy-le-Grand, la cité Descartes s'est agrandie et enrichie de nouveaux établissements d'enseignement supérieur et de recherche, d'entreprises, dont un grand nombre à caractère innovant au fil des ans. Les projets phares dédiés à la ville durable sont venus s'adosser à ce pôle d'excellence. La cité Descartes est aussi un lieu de vie, avec des commerces, des logements étudiants et des complexes sportifs au cœur d'un environnement remarquable (36 ha d'espaces « naturels » – 1/3 de la surface totale). C'est aussi un pôle de la ville durable et des écotechnologies urbaines. En quelques chiffres, le pôle scientifique c'est : 18 établissements d'enseignement supérieur ; 57 laboratoires dont près de 30 dans 3 domaines phares du cluster ville durable : Ville, Transports et Territoires/Sciences, Ingénierie et Environnement/Mathématiques et STIC ; 1 400 doctorants et 150 thèses soutenues par an ; 1 600 chercheurs et enseignants chercheurs ; 15 000 étudiants de Bac+2 à bac+8 et 200 formations. Au cœur du cluster Advancity, un pôle économique s'est structuré. Le périmètre de la cité Descartes est un

lieu d'excellence dans les domaines de la conception, de la réalisation et de la gestion de la ville durable. Sur le plan économique, elle regroupe aujourd'hui : 300 entreprises et 6 000 salariés, dont 500 ingénieurs et techniciens ; 100 000 m^2 d'activités tertiaires réalisés ; des centres d'affaires, une pépinière d'entreprises innovantes et un incubateur.

6. Douaisis Technopôle Environnement est conçu comme catalyseur d'innovations pour l'EQ Le Raquet. Suite à l'attribution de nouvelles compétences de la Communauté d'Agglomération du Douaisis (CAD), la politique de développement économique du territoire s'est étoffée en se diversifiant autour de deux principales actions : le développement de l'activité tertiaire et le développement d'un cluster d'éco-entreprises. Ces deux orientations complètent l'action de labellisation systématique (PALME) conduite sur l'ensemble des parcs d'activités. L'objectif étant de diversifier les secteurs économiques afin de renforcer l'attractivité du territoire. Ce pôle d'excellence régional bois est donc devenu un cluster d'éco-entreprises, filière environnement, mené par Douaisis Technopole Environnement (DTE). Il a pour but de développer le dynamisme, l'attractivité et la compétitivité économique du territoire. Le positionnement sur la thématique des éco-entreprises est lié à l'histoire et au contexte du Douaisis : siège régional de l'ADEME, de l'agence de l'eau, ancien siège de la DRIRE… ainsi qu'un grand nombre d'entreprises et de laboratoires travaillant sur la thématique de l'environnement. Il rassemble, sur la base du volontariat, les professionnels de l'aménagement et de la construction (architectes, urbanistes, bureaux d'études, constructeurs, promoteurs, entreprises de BTP, bailleurs sociaux…) et vise à s'ouvrir tel un « club » aux représentants du monde associatif concernés mais aussi aux universitaires, aux chercheurs, aux étudiants et à toute autre personne représentative, désireuse de participer au développement et au rayonnement de ce territoire à travers les projets d'EQ.

Graphique 1 : Typologie des Clusters

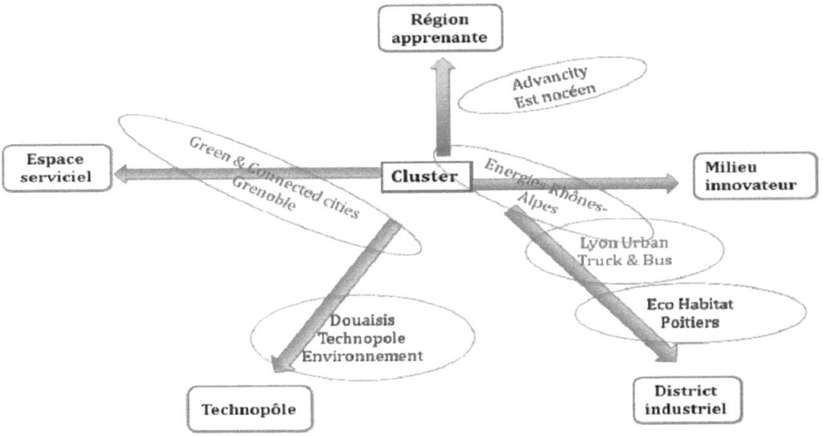

Source : A. Ndiaye

Les clusters ainsi spécifiés vont être recontextualisés au sein de leurs territoires pour constituer les variables explicatives du modèle d'innovation et de développement urbain TCE.

Graphique 2 : Le modèle Territoires – Clusters – ÉcoQuartiers

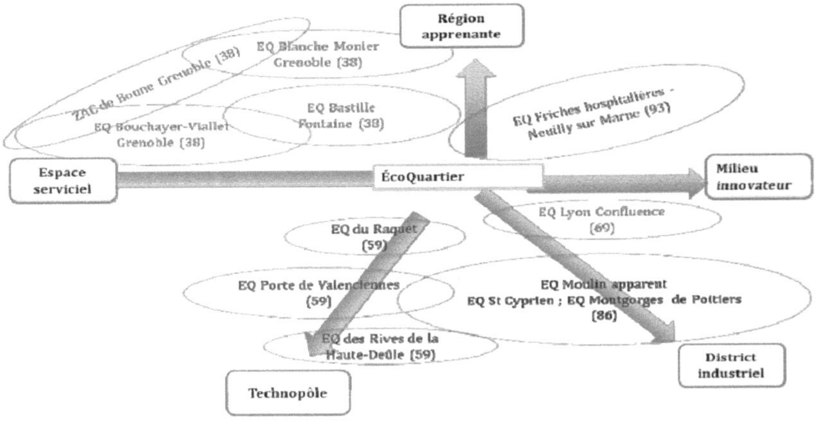

Source : A. Ndiaye

Parmi les 160 dossiers ÉcoQuartiers présentés lors du concours national de 2009, l'ÉcoQuartier de la ZAC de Bonne de Grenoble a été le lauréat en obtenant le grand prix national. Le modèle TCE montre que Grenoble est le territoire idéal-typique où les entreprises peuvent concevoir, incuber et développer des projets à haute intensité technologique. Grenoble est proche de la région apprenante et bordée d'un côté par le milieu innovateur et de l'autre par l'espace serviciel. Trois autres projets de la ville sont présentés au concours, ce qui favorise une logique d'interaction tout en engendrant des externalités spécifiques et des complémentarités. Les projets bénéficient d'un portage politique fort et d'une gouvernance optimale. Enfin, les clusters sur lesquels s'adossent les ÉQ constituent les formes les plus achevées de SPL. Lyon semble bénéficier des externalités positives générées par la région apprenante voisine. Elle cherche à développer un pôle de compétitivité, de notoriété européenne, voire mondiale, dont le cœur de compétence est centré sur les transports collectifs de personnes et de marchandises en milieu urbain. Aussi bien Grenoble que Lyon profitent des externalités positives de l'association « Énergies Rhônes-Alpes », qui existe depuis 1978. Elle est spécialisée dans le conseil aux collectivités territoriales et les entreprises du tertiaire en matière d'économie d'énergie, de promotion des énergies renouvelables, de protection de l'environnement et de mise en pratique du développement durable. Douais a su capter les externalités institutionnelles (création d'une communauté d'agglomération) et de l'implantation de différentes directions d'agences techniques ou transversales de dimension nationale (ADEME, DRIRE) et d'un tissu industriel relativement étoffé. Partant d'un avantage construit autour du bois, la communauté d'agglomération a accompagné l'émergence d'un « club » qui regroupe des professionnels de l'aménagement et de la construction (architectes, urbanistes, bureaux d'études, constructeurs, promoteurs, entreprises de BTP, bailleurs sociaux…) des représentants du monde associatif, des universitaires, des chercheurs, des étudiants et toute autre personne représentative, désireuse de participer au développement et au rayonnement de ce territoire. Les résultats du Concours national ÉcoQuartiers de 2009 ont montré une corrélation positive entre la volonté de développer des logiques d'interactions réticulaires, de favoriser l'apprentissage et de faciliter voire même d'inciter à un ancrage territorial des unités de production de biens et services et de connaissances et celles d'une meilleure gouvernance territoriale.

Ces études de cas montrent qu'il existe différentes manières d'aborder les Clusters au profit des EQ. On peut en retenir les enseignements suivants. Les projets d'EQ du corpus Concours national ÉcoQuartiers de 2009 ayant mobilisé des Clusters pour harmoniser et optimiser les connaissances et les pratiques sont peu nombreux. La filière bois semble être une des portes principales d'entrée des porteurs de projets d'éco-construction. C'est le cas par exemple du Cluster Éco-Habitat de Poitiers. Ceux qui s'intéressent à une vision plus large d'écohabitat, comme Ginko de la Berge du Lac à Bordeaux, explorent des solutions multi énergies utilisant aussi le bois comme énergie. D'autres s'intéressent à des industries petites et moyennes comme Advancity développées dans le périmètre des villes nouvelles de l'Est parisien. Aucune collectivité territoriale n'a pour le moment créé explicitement de cluster dans le but de faire face aux problématiques d'éco-durabilité. Ce qui est observé est plutôt un recyclage de dispositifs anciens mais adaptables. Cette piste féconde pourrait inspirer les collectivités qui n'ont pas mis en place de tels dispositifs. L'intérêt de ces dispositifs est inestimable en termes de mise en cohérence, de mutualisation des moyens et des procédures et de développement des territoires. Rappelons enfin qu'ils peuvent garantir des emplois « indélocalisables », puisqu'opérant sur le territoire pour des besoins sociaux locaux identifiés.

L'examen des territoires et l'analyse des proximités qui y sont à l'œuvre suggèrent que là où les pouvoirs publics locaux ont misé sur les logiques économiques de proximité, les dispositifs de gouvernance ont été les plus vigoureux et ont accompagné le processus de construction des morceaux de villes que sont les ÉcoQuartiers. C'est donc dans la construction des territoires (par les acteurs) mais aussi dans leurs évolutions (facteurs exogènes) que se situe le cœur de l'explication des dynamiques des territoires (Laperche, Uzunidis, 2011).

Conclusion

L'ouverture et la concurrence internationales génèrent une compétition qui aboutit à la sélection des territoires les plus dynamiques et les groupes sociaux les plus productifs, concentrant les richesses et les pouvoirs. Cette sélection contraint les territoires à innover, dans les réponses qu'ils peuvent apporter pour scruter l'avenir sous de meilleurs auspices. Ce faisant, ils mobilisent un maximum de ressources et d'acteurs pour affirmer leurs potentialités et leur originalité en réponse aux exigences de l'impératif de compétitivité. Cette exigence de la compétition mondiale semble passer dorénavant, davantage par les exigences de développement durable. Depuis la fin des années 1990, les collectivités territoriales françaises se sont lancées dans la fabrique de la ville durable. Pour cet ambitieux objectif, elles n'ont pas manqué de saisir le cadre innovant que pouvait proposer le cluster en tant que ressources et institutions partageant un même domaine de compétences, proches géographiquement, et ayant la volonté de travailler en complémentarité. Le modèle TCE montre qu'il existe une volonté politique locale à créer ou à s'impliquer dans l'animation d'espaces de convergence, d'échange sur des retours d'expériences, de coopération et de capitalisation des bonnes pratiques en termes d'éco-urbanisation, en somme de porter l'ambition d'un tournant territorial du développement durable.

La modélisation proposée dans cet article analyse de façon dynamique les relations entre les ÉcoQuartiers, les Clusters et les Territoires de manière à évaluer le ferment des « régions qui gagnent ». L'échantillon n'est pas exhaustif, il n'a pas vocation à la représentativité mais plutôt à la significativité. Il a permis de vérifier l'hypothèse selon laquelle l'ÉcoQuartier et le Cluster peuvent contribuer par leurs synergies à l'émergence du Territoire, entendu comme un ensemble d'interactions complexes créant une chaîne de valeurs. De ce fait, l'ÉcoQuartier constitue un levier de mise en œuvre de la ville durable. Il conduit les acteurs à des dynamiques coopétitives au travers des espaces de régulation et de gouvernance construits. Les dispositifs productifs de type Clusters qui investissent l'éco-construction organisent des interactions réticulaires et sécrètent des dynamiques d'apprentissage. Les territoires qui ont mobilisé des Clusters en amont ont mieux réussi que les autres.

Bibliographies

Aydalot, P. (1986), *Milieux innovateurs en Europe*, GREMI, Paris.

Aydalot, P. (1976), *Dynamique spatiale et développement inégal*, Economica, Paris.

Becattini, G. (1992), « Le district marshallien : une notion socio-économique », in Benko, G., Lipietz, A. (dir.), *Les régions qui gagnent, districts et réseaux*, PUF, Paris.

Benko, G. (2007), « Territoires et sciences sociales », in Itçaïna, I., Palard, J., Ségas, S. (dir.), *Régimes territoriaux et développement économique*, Presses universitaires de Rennes, 105-112.

Benko, G., Dunford, M., Lipietz, A. (1996), « Les districts industriels revisités », in Pecqueur, B. (ed.), *Dynamiques territoriales et mutations économiques*, L'Harmattan, Paris.

Benko, G., Lipietz, A. (1995), « De la régulation des espaces aux espaces de régulation », in Boyer, R., Saillard, Y. (dir.), *Théorie de la régulation. L'état des savoirs*, collection Recherches, La Découverte, Paris.

Bouvier-Patron, P. (1996), « Un concept de réseau pour analyser l'organisation industrielle », in Ravix, J.L. (dir.), *Coopération entre les entreprises et organisation industrielle*, CNRS Éditions, Paris.

Boyer, R., Saillard, Y. (1995), *Théorie de la régulation. L'état des savoirs*, collection Recherches, La Découverte, Paris.

Callon, M. (1991), « Réseaux techno-économiques et irréversibilité », in Boyer, R. *et al.*, *Figures de l'irréversibilité en économie*, Éditions EHESS, Paris.

Camagni, R. (2004), « Préface », in Matteaccioli, A., « Philippe Aydalot, pionnier de l'économie territoriale », collection Théorie sociale contemporaine, 14, L'Harmattan, Paris.

Camagni, R. (1991), « From the Local "Milieu" to Innovation through Cooperation Networks », in Camagni, R. (dir.), *Innovation Networks : Spatial Perspectives*, Belhaven Press, London.

Carluer, F. (2006), « Réseaux d'entreprises et dynamiques territoriales : une analyse stratégique », *Géographie, économie, société*, 2, vol. 8, 193-214.

Charlot-Valdieu, C., Outrequin, P. (2011), « Une tentative de définition », in Souami, T. (dir.) « Écoquartiers et urbanisme durable », *Problèmes politiques et sociaux*, n° 981, La Documentation française, 18-21.

Colletis, G., Pecqueur, B. (1999), *Firmes et territoires, entre nomadisme et ancrage*, Syros, Paris.

Coissard, S., Pecqueur, B. (2007), « Les dynamiques territoriales : débats et enjeux des différentes approches disciplinaires », XVIIIe Colloque de l'ASRDLF, Grenoble, Chambéry, 11-13 juillet.

Côté, S. (2003), « Développement local : sur fond de proximité relationnelle, l'apport indispensable de l'extra-local », *Revue Interventions économiques*, [en ligne], 30|2003, mis en ligne le 01 mai 2003. URL : http://interventionseconomiques.revues.org/1002.

Courlet, C. (2008), *L'économie territoriale*, Presses universitaires de Grenoble.

Courlet, C. (2001), *Territoires et régions, les grands oubliés du développement économique*, L'Harmattan, Paris.

Demoustier, D., Richez-Battisti, N. (2010), « Introduction. Les organisations de l'Économie sociale et solidaire : gouvernance, régulation et territoire », *Géographie, économie, société*, 1, vol. 12, 5-14.

Di Méo, G. (2011), « Le territoire et les territorialités : une tension entre l'imaginaire et l'action », Communication présentée au séminaire « Territoires et Participation » PAGODE-UMR ADES CNRS, 20 octobre, Bordeaux.

Dupuy, Y., Gilly, J.-P., Lung, Y. (2007), « De l'analyse sectorielle à l'analyse territoriale : pour une approche méso-économique », in Itçaïna, I., Palard, J., Ségas, S. (dir.), *Régimes territoriaux et développement économique*, Presses universitaires de Rennes, 113-129.

Edquist, C., Rees, G. (2000), *Learning Regions and Cities : Learning in Regional Innovation Systems – a Conceptual Framework*, Linköping University, Linköping.

Florida, R. (1995), « Toward the Learning Region », *Futures*, 27, 5, 527-536.

Garofoli, G. (1992), « Les systèmes de petites entreprises : un cas paradigmatique de développement endogène », in Benko, G., Lipietz, A. (dir.), *Les régions qui gagnent, districts et réseaux*, PUF, Paris.

Gateau-Leblanc, N., Paris, R. (2005), « Économie du renouvellement urbain », *Les annales de la Recherche Urbaine*, n° 97, PUCA, p. 17-22.

Grossetti, M. (2001), « Les effets de proximité spatiale dans les relations entre les organisations : une question d'encastrements », *Espaces et sociétés*, 101-102, 203-219.

Gumuchian, H. *et al.* (2003), *Les acteurs, ces oubliés du développement territorial*, Éditions Economica et Anthropos.

Heitz, M., Douard, J.P. (2000), « Les coopérations inter-entreprises : une grille de lecture des différentes formes et des évolutions », *Revue Finance Contrôle Stratégie*, 3, 4.

Hirschman, A.O. (1958), *The Strategy of Economic Development*, Yale University Presss, New Haven.

Hollard, G. (2004), « La délibération dans la théorie économique », *Cahiers d'économie Politique/Papers in Political Economy*, 2, n° 47, 173-190.

Huault, I. (2002), *La construction sociale de l'entreprise*, EMS, Caen.

Itçaïna, X. (2011), « Les dynamiques territoriales de l'économie sociale et solidaire : pistes de recherche en sociologie politique », in Ndiaye, A. (dir.), *Économie sociale et solidaire : Animation et dynamiques des territoires*, collection Animation et Territoires, 61-81, L'Harmattan, Paris.

Itçaïna, I., Palard, J. (2007), « Culture, territoire, systèmes productifs », in Itçaïna, I., Palard, J., Ségas, S. (dir.), *Régimes territoriaux et développement économique*, Presses universitaires de Rennes, 11-24.

Krugman, P. (1995), *Development, Geography and Economic Theory*, MIT Press, Cambridge.

Laperche, B., Uzunidis, D. (2011), « Crise, Innovation et renouveau des territoires : dépendance de sentier et trajectoires d'évolution », *Innovations*, 2, 35, 159-182.

Lung, Y. (2007), « Vers une méso-économie politique du territoire ? », in Itçaïna, I., Palard, J., Ségas, S. (dir.) *Régimes territoriaux et développement économique*, Presses universitaires de Rennes, 313-318.

Maillat, D. (1995), « Milieux innovateurs et dynamique territoriale », in Rallet A., Torre A. (dir.), *Économie industrielle et économie spatiale*, ASRDLF, Economica, Paris.

Maillat, D., Kébir, L. (1999), « Learning region et systèmes territoriaux de production », *Revue d'économie régionale et urbaine*, 3, 429-448.

Maillat, D., Quévit, M., Senn, L. (1993), *Réseaux d'innovation et milieux innovateurs : un pari pour le développement régional*, GREMI, EDES, Neuchâtel.

Marshall, A. (1890), Principes d'économie politique, livres IV, traduction française Sauvaire-Jourdan F., 1906.
http://classiques.uqac.ca/classiques/marshall_alfred/principes_eco_pol_1/princi pes_eco_pol_1_1.pdf

Massard, N., Torre, A. (2004), « Proximité géographique et innovation », in Pecqueur, B., Zimmermann, J.B. (dir.), *Économie de proximités*, Hermes-Lavoisier.

Ndiaye, A. (2011), « Économie sociale et solidaire : animation et dynamiques des territoires », in Ndiaye, A. (dir.), *Économie sociale et solidaire : Animation et dynamiques des territoires*, collection Animation et Territoires, 15-29, L'Harmattan, Paris.

Ndiaye, A. (2010), « Économie solidaire et démocratie participative locale », *Marché et Organisations, Cahiers d'Économie et de Gestion de la Côte d'Opale*, « Économie solidaire, nouvelles trajectoires d'innovation sociale », coordonné par Boutillier, S., Allemand, S. (dir.), 11, 73-92.

Ndiaye, A. (2008), « Institutions des territoires et mondialisation. L'étude de cas du PLIE des Graves », in Christen Jakob, M., Reichmuth, J. (eds.), *Community development : local and global challenges*, Lucerne University of Applied Sciences and Arts, 201-208.

Pecqueur, B. (2011), « La ressource territoriale : construit social et gouvernance spécifique », Communication présentée au séminaire « Territoires et Participation », PAGODE-UMR ADES CNRS, 20 octobre, Bordeaux.

Pecqueur, B. (2009), « De l'exténuation à la sublimation : la notion de territoire est-elle encore utile ? », *Géographie Économie Société*, 1, vol. 11, 55-62.

Pecqueur, B. (2008), « Fondements théoriques et conceptuels du développement local et de la gouvernance territoriale », in Diop A. (ed.), *Développement local, gouvernance territoriale. Enjeux et perspectives*, 11-22.

Pecqueur, B. (2007), « L'économie territoriale : une autre analyse de la globalisation », *L'Économie politique*, 1, 33, 41-52.

Pecqueur, B. (2006), « Le tournant territorial de l'économie globale », *Espaces et sociétés*, 2-3, 124-125, 17-32.

Pecqueur, B. (2001), « Qualité et développement territorial : l'hypothèse du panier de biens et de services territorialisés », *Économie rurale*, 261, 37-49.

Pecqueur, B. (2000), *Le développement local. Pour une économie des territoires*, Alternatives Économiques & Syros, 2e éd. revue et augmentée.

Perroux, F. (1981), « Commerce entre grandes firmes ou commerce entre "nations" », *Économie appliquée*, 4, 567-591.

Piore, M., Sabel, C. (1984), *The Second Industrial Divide, Possibilities for Prosperity*, Basic Books, New York.

Porter, M. (2000), « Location clusters company strategy », in Clark G.L., Feldman M.P., Gertler M.S. (dir.), *The Oxford Handbook of Economic Geography*, 253-274.

Rallet, A., Torre, A. (2004), « Proximité et localisation », *Économie rurale*, 280, 25-41.

Remy, J., Voyé, L. (1992), *La ville : vers une nouvelle définition ?*, L'Harmattan, Paris.

Scott, A.J., Storper, M. (2003), « Region, Globalization, Development », *Regional Studies*, vol. 37, 6&7, 579-593.

Souami, T. (2011), « Avant-propos », in Souami, T. (dir.), « Écoquartiers et urbanisme durable », *Problèmes politiques et sociaux*, 981, La Documentation française, 5-9.

Talbot, D., Kirat, T. (2005), « Proximité et institutions : nouveaux éclairages », *Économie & institutions*, 6 et 7, 9-15.

Torre, A., Rallet, A. (2005), « Proximity and localization », *Regional studies*, vol. 39, 1, 47-60.

La révolution *clean tech* en Californie et en France

Défis et opportunités

Anne Sengès

Journaliste scientifique

L'année 2008 marquera sans doute les annales de l'histoire. La crise américaine des *subprimes* (prêts hypothécaires spéculatifs) provoqua la plus grande crise financière mondiale qu'ait connue le monde depuis la grande dépression des années 1920. L'effondrement quasi total du système financier américain obligea le gouvernement fédéral à secourir les institutions bancaires dites *too big to fail* (trop grosses pour tomber). La même année, la planète fit également l'expérience d'un mini choc pétrolier rendant de plus en plus nécessaire l'adoption de politiques de maîtrise de l'énergie. Un article du *New York Times* daté du 6 juillet 2008 (Schwartz, 2008) annonçait la couleur : « Alors que les prix d'un gallon d'essence dépassent le seuil [psychologique] des 4 dollars, les Américains reconsidèrent leurs modes de déplacement et de vie. Des industries entières titubent (notamment le secteur automobile et les compagnies aériennes) et le prix de l'essence est devenu l'un des sujets les plus importants de la campagne présidentielle », résumait un journaliste du quotidien américain. Les analystes allaient jusqu'à proclamer la fin du capitalisme sauvage et du laissez-faire « à l'américaine ».

En novembre 2008, l'élection historique de Barack Obama, premier président noir de l'histoire américaine, promit d'insuffler un souffle nouveau à un pays en mal d'identité. Son ascension à la Maison Blanche et son slogan *YES, We Can !*, servirent d'antidote contre la morosité ambiante. En incarnant à la fois le changement et l'espoir, Obama redorait l'image de l'Amérique et promettait d'engager les États-Unis sur une nouvelle voie : celle de la croissance verte, un discours qui, nous l'analyserons un peu plus tard, perdra vite de sa splendeur pour des considérations politiques et économiques. Reste qu'au lendemain de son élection, Obama s'engageait à investir 150 milliards de dollars, au cours de la prochaine décennie, dans des sources d'énergie renouvelables et de créer 5 millions d'emplois verts bien rémunérés et qui ne pourront pas être délocalisés. « Dans un pays dont l'économie figure parmi les plus polluantes au monde, cette élection nous offre la plus grande opportunité que nous n'ayons jamais eue de changer de voie », affirmait Fred Krupp, président de l'ONG Environmental Defense Fund, au lendemain de la victoire historique du candidat démocrate[1]. Dans son discours du 25 janvier 2011 sur l'État de L'Union, le président Obama alla jusqu'à parler d'un « projet Apollo » en matière d'énergie verte, le thème de la croissance verte prenant des accents patriotiques[2].

Thomas Friedman, influent éditorialiste du *New York Times* et auteur de la « Terre perd la boule, trop chaude, trop plate, trop peuplée »[3], affirmait quant à lui que le rêve américain au XXIe siècle serait vert ou ne serait pas. « Oubliez vos sandales Birckenstock et vos voitures propres. Le vert, c'est quelque chose de bien plus radical que vos envies d'écolos », assurait-il notamment « C'est la couleur qui va redorer le blason d'une Amérique en ruine. C'est la couleur de la géopolitique, du capitalisme et du patriotisme. Le vert c'est le nouveau bleu, blanc, rouge (les couleurs du drapeau américain)[4]. »

À quelque milliers de kilomètres de Washington DC, siège de la Maison Blanche, en Californie, État le plus « écolo » du pays mais également l'un des plus pollueurs (l'État se place en effet à la troisième place du podium des plus grands consommateurs de pétrole au monde), le gouverneur de l'époque, le célébrissime acteur hollywoodien Arnold Schwarzenegger, qui avait pourtant popularisé le hummer (ce 4x4 ultra polluant qui fait frémir d'horreur les écolos) aux États-Unis, avait lui aussi misé sur la couleur verte (par opportunisme politique) depuis son élection au poste de gouverneur en 2003. Selon Greg Lucas, ancien journaliste politique du *San Francisco Chronicle* et auteur du blog influent *California's Capitol*[5], la protection de l'environnement était même la seule matière où Schwarzenegger méritait une note décente. « Quel que soit son bilan politique, Arnold Schwarzenegger [qui a laissé sa place au démocrate Jerry Brown en janvier 2011 après deux mandats successifs] a été un promoteur particulièrement efficace de la lutte contre le réchauffement climatique. Il a utilisé tout son poids politique,

---

1 Cité dans *High Environmental Hopes Riding on Obama's Green Promises*, Environmental News Services, 5 novembre 2008.

2 http://www.slate.com/articles/news_and_politics/war_stories/2011/01/obamas_sputnik_moment.html.

3 Paru en français aux Éditions Saint Simon et en anglais sous le titre *Hot, Flat, and Crowded : Why we Need a Green Revolution and How it Can Renew America* (New York, Farrar, Strauss and Giroux, 2008).

4 Discours effectué à la librairie Book Passage à Corte Madera en Californie le 27 octobre 2008 cité par Anne Sengès (2009, p. 19).

5 http://www.californiascapitol.com/blog/.

sa célébrité et son charme pour rallier les gens à sa cause et convaincre notamment les républicains qu'écologie et économie n'étaient pas antinomiques », assurait Greg Lucas[6]. Sous le règne d'Arnold Schwarzenegger, la Californie est ainsi devenue le premier État à adopter le *Global Warming Solutions Act*, une loi sur le climat (votée en 2006) qui fixe à la Californie d'ambitieux objectifs de réduction des gaz à effets de serre.

Le 19 mai 2009, sur les pelouses de la roseraie de la Maison Blanche, c'est donc aux côtés du républicain Arnold Schwarzenegger que le président démocrate Obama, au pouvoir depuis seulement 4 mois, annonçait que le gouvernement fédéral allait imposer à l'industrie automobile des normes strictes en matière d'émissions de dioxyde de carbone et de consommation de carburant, réglementations modelées sur celles de la Californie, un moment plus que symbolique puisque le Golden State, avec la bénédiction d'Arnold Schwarzenegger, était parti en guerre contre l'administration Bush et l'EPA (Agence pour la protection de l'environnement), afin que le gouvernement fédéral accorde à la Californie le droit d'appliquer des normes plus contraignantes que celles imposées jusqu'alors par Washington en matière d'émissions de polluants.

Rappelons cependant que la Californie, berceau de la révolution *clean tech* sur laquelle nous allons nous attarder désormais, avait une longueur d'avance sur le reste du pays. Les autorités publiques californiennes ont en effet été les premières à mettre la protection de l'environnement au cœur de leurs politiques et cela dès les années 1970. Fait significatif : la consommation d'électricité par habitant est stable depuis trente ans alors qu'elle a doublé à l'échelle du pays.

1. L'avènement de la révolution *clean tech* en Californie

Nicholas Parker, le cofondateur du Cleantech Group, cabinet de recherche sur les technologies propres dont le siège est à San Francisco, en Californie, est à l'origine de l'expression *clean tech*. Sur son site Internet, le Cleantech Group insiste sur la nécessité de distinguer le terme *clean* (propre) du terme « vert » (*green*), l'occasion de souligner que dans les années 1970, les technologies « vertes » étaient considérées comme des technologies alternatives émanant de hippies prônant le retour à la terre. « Les *clean tech* [au contraire] sont des technologies nouvelles et des business models innovants avec des retours sur investissements pour les investisseurs et les consommateurs qui offrent de surcroît des solutions pour résoudre les défis mondiaux », précise le

6 Interviewé par Anne Sengès (2009, p. 31).

Cleantech Group[7]. Le réchauffement climatique est désormais le principal facteur qui pousse les décideurs à rejoindre les rangs de cette révolution pacifiste aux enjeux planétaires. Sans compter l'appât du gain. En quarante ans, les technologies vertes ou propres, autrefois considérées comme un caprice de hippies, sont devenues « l'opportunité économique du siècle » pour reprendre l'expression de John Doerr, capital-risqueur de la Silicon Valley qui fut l'un des premiers à miser sur le potentiel du secteur des *clean tech*[8].

Né en 1951, John Doerr, après une brillante carrière chez Intel, rejoint les rangs de Kleiner, Perkins, Caufield and Byers en 1980. Il s'impose comme l'une des stars du capital-risque de la Silicon Valley. Netscape, Amazon.com. Google, les grands noms de la révolution Internet lui doivent en partie leur envol. Deux décennies de surconsommation et d'infinie richesse, quelques échecs retentissants dont l'éclatement de la bulle Internet. Sous l'emprise d'Al Gore, un ami proche qu'il finira par embaucher chez Kleiner Perkins à l'automne 2007, John Doerr part en guerre contre le réchauffement climatique, érigé au statut d'ennemi public numéro un. Une bataille qui, selon lui, vaut de l'or. Car plus encore que la nécessité de sauver la planète, John Doerr voit dans le secteur émergeant des technologies propres des opportunités économiques considérables. Kleiner Perkins en fait son nouveau moteur de croissance et commence à investir massivement dans des start-up prometteuses : Amyris, Altra Biofuels, Ausra, Bloom Energy, Fisker Automotive, Miasolé, SilverSpring Networks, Verdiem. Biocarburants de la troisième génération, solaire thermal et photovoltaïque, voitures hybrides plug-in, réseau intelligent, Kleiner Perkins ratisse large. « Parfois il arrive que la panique soit une réaction appropriée », assure-t-il dans un discours effectué sur la scène de la conférence TED en mars 2007[9]. John Doerr cite Alan Kay, célèbre informaticien américain. « La meilleure façon de prédire l'avenir c'est de l'inventer. Chez Kleiner, nous pensons que la meilleure façon de prédire l'avenir c'est de le financer », annonce-t-il.

En 2007, Clint Wilder et Rob Pernick (2007) publient un livre baptisé *La révolution Clean Tech* dans lequel ils identifient six forces majeures (baptisées les six C, chacune des raisons citées commençant par la lettre C), qui sont, selon eux, à l'origine de ce soudain engouement pour les technologies « propres » : les coûts, le capital, la concurrence, la Chine, les consommateurs et le climat.

---

7 http://www.cleantech.com/what-is-cleantech/.

8 John Doerr Sees Cleantech as The Largest Economic Opportunity of the 21st Century, Greentech Media, 19 novembre 2009.

9 http://www.ted.com/talks/john_doerr_sees_salvation_and_profit_in_greentech.html.

– On nous promet des *coûts* plus compétitifs alors qu'augmente, en parallèle, le prix de l'énergie fossile : véhicules électriques abordables, panneaux solaires rentables, le tout à l'aide de généreuses subventions en tous genres. On nous affirme que la loi de Moore, qui postule le doublement tous les 18 mois de la performance des circuits intégrés, s'appliquera très vite à l'industrie solaire (l'augmentation de la performance étant généralement accompagnée par une baisse des coûts) et que le secteur *clean tech* ne dépendra plus à moyen terme de subventions gouvernementales pour assurer son essor.

– Le *capital* abonde, les capital-risqueurs ayant investi 8,4 milliards de dollars dans les technologies propres en 2008 selon les chiffres du Cleantech Group (en Amérique du Nord, en Europe, en Israël, en Chine et en Inde), soit une progression de 38 % par rapport à l'année précédente, et ceci en dépit d'un climat économique mondial déjà morose. Solaire (3,3 milliards), biocarburants (904 millions), Transports propres (795 millions), éolien (502 millions) se taillent, à l'époque, la part du lion. L'accès au capital-risque explique pourquoi la Californie s'est imposée comme le leader de la révolution *clean tech*. Selon le Cleantech Group, depuis 2006, 24 % des investissements du secteur étaient concentrés sur la Californie. Le premier forum sur les technologies propres s'est tenu à Toronto au Canada en 2002. Sept années plus tard, le secteur *clean tech* était devenu le secteur d'investissement préféré des capital-risqueurs devant les industries de l'IT et des biotechnologies. En 2011, les capital-risqueurs avaient investi au niveau mondial 8,99 milliards de dollars selon les chiffres du Cleantech Group, soit 13 % de plus qu'en 2010[10].

– Le contexte favorise la *concurrence* alors que les gouvernements, les villes, les localités comptent bien bénéficier des retombées de la croissance verte et rivalisent pour s'imposer comme les Mecque de l'éco-innovation. Dans la seule région de San Francisco, les communautés de l'East Bay ont par exemple créé un corridor vert, cluster (pôle de compétitivité) censé inciter les entrepreneurs du secteur *clean tech* à s'implanter dans la région dans le but de faire concurrence à la Silicon Valley voisine qui se rebaptisait volontiers *Solar Valley* (la vallée solaire). Berkeley, San Francisco et San José ambitionnent toutes en effet de décrocher le titre de ville la plus verte de la région en multipliant les initiatives respectueuses de l'environnement. À l'échelle internationale, le combat est le même. Les enjeux sont planétaires et les marchés aussi. L'Europe, la Chine et l'Inde s'imposent comme des acteurs majeurs du secteur *clean tech*.

---

[10] Source : http://gigaom.com/cleantech/while-2011-cleantech-investing-grew-later-stage-dominated/.

– La *Chine*, le pays le plus pollueur au monde et deuxième consommateur d'énergie après les États-Unis, investit massivement dans les technologies propres. Déjà le champion des panneaux solaires *low cost*, le pays ambitionne aussi de devenir l'un des premiers constructeurs de véhicules électriques et hybrides et de s'imposer comme le roi du charbon propre (le charbon « sale » représentant 70 % de sa consommation d'énergie). Le président Obama dans son discours sur l'État de l'Union effectué en janvier 2011[11] avait notamment déclaré que son pays ne pourrait conserver son rang de puissance mondiale qu'en investissant massivement dans les énergies et qu'il devait notamment surpasser la Chine considérée comme la grande favorite en matière d'éco-innovation.

– Les *consommateurs éco-citoyens* mettent la défense de l'environnement au cœur de leurs priorités. Aux États-Unis, on parle de la génération S pour *Sustainability* composée de jeunes sensibilisés aux problématiques environnementales et au concept de développement durable.

– Le *climat*, enfin, est à l'origine de toute cette agitation et de cet engouement soudain pour les technologies propres. Car, l'essentiel de la communauté scientifique le reconnaît aujourd'hui, le réchauffement climatique est bien le fait de l'homme. Nicholas Stern, l'économiste britannique auteur du rapport Stern sur l'économie du changement climatique, a prévenu que les conséquences du réchauffement climatique pourraient coûter entre 5 et 20 points à l'économie mondiale. Les experts du GIEC (groupe d'experts intergouvernemental sur l'évolution du climat) ont tiré la sonnette d'alarme et prédit qu'un réchauffement de plus de 2 à 3 degrés pourrait être dangereux pour la planète.

Il paraît essentiel d'ajouter une septième cause aux six facteurs développés par Ron Pernick et Clint Wilder dans leur ouvrage paru en 2007 dans un contexte sensiblement différent.

– La *crise* économique mondiale, qui s'abat sur le monde de la finance un an plus tard, incite en effet les gouvernements à mettre sur pied des plans de relance et autres *stimulus packages*. La croissance verte devient à la mode dans les discours et les actions des gouvernements du monde entier, du Japon à la Corée du Sud en passant par la France ou les États-Unis. Jean-Louis Borloo, alors qu'il était ministre de l'Environnement en France, était même allé jusqu'à créer une école de pensée économique (revue et corrigée par ses soins) : le keynésianisme vert[12]. Selon un rapport de la Deutsche Bank[13], 200 milliards de dollars

---

[11] Source : http://www.cyberpresse.ca/debats/editorialistes/ariane-krol/201101/26/01-4363910-spoutnik-economique.php.

[12] Dans une interview au journal *Les Échos*, parue le 1er décembre 2008.

[13] Source : *Global Climate Change Regulation Policy Developments*, Deutsche Bank Group DF Advisors, février 2009.

ont été promis, entre juillet 2008 et février 2009, par les gouvernements mondiaux pour booster les écotechnologies. En mai 2009, Barack Obama a annoncé que son administration consacrerait plus de 467 millions de dollars à encourager le développement des énergies solaire et géothermique. Aux États-Unis, la faillite des grands noms de l'industrie automobile, GM et Chrysler, et les difficultés de Ford étaient symptomatiques de la crise. Hausse des prix du carburant, crise du crédit, récession économique mondiale, les constructeurs américains n'avaient pas su évoluer au cours des décennies. Ils s'étaient acharnés à construire des véhicules trop gros et trop gourmands. Chrysler, GM et Ford ont été donc sommés par l'administration Obama de revoir leurs ambitions à la baisse et de construire des véhicules moins voraces, la Maison Blanche exigeant désormais d'eux qu'ils roulent propres (à coup de généreuses subventions).

2. Les moteurs de la révolution *clean tech* en Californie

2.1. Un État vert

L'édition 2010 du *California Green Innovation Index*[14] explique comment la Californie est devenue un État pionnier en matière de défense de l'environnement. La Californie est historiquement à la pointe de l'innovation technologique et des changements culturels. L'histoire se répète dans le domaine de l'innovation verte. L'esprit pionnier de la Californie s'explique en partie par le fait que l'État recense une population de chercheurs et ingénieurs de haut niveau (qui viennent des quatre coins du monde) et que le gouvernement californien a su imposer des régulations favorisant l'émergence de technologies « vertes ». Sur son site Internet, l'agence californienne de la protection de l'environnement rappelle que l'État a établi dans les années 1950 le premier programme contrôlant la qualité de l'air. « La Californie était le tout premier État à imposer des normes strictes sur les réfrigérateurs et les climatiseurs, normes qui sont devenues depuis des standards internationaux », notait Clint Wilder dans une interview[15]. Et dans les années 1980, le Golden State fut également le premier à développer les énergies solaires et éoliennes même si leur destin fut écourté. Jerry Brown, le successeur démocrate d'Arnold Schwarzenegger au poste de gouverneur de Californie est un écologiste farouche. Dans les années 1970, lorsqu'il occupait déjà le poste de (tout jeune) gouverneur de Californie, il avait notamment fait adopter un système d'incitations pour l'adoption de toits solaires, imposé un moratoire sur la construction de centrales nucléaires

14 http://www.next10.org/2010-california-green-innovation-index.
15 Cité par Anne Sengès (2009, p. 35).

et interdit le forage en haute mer. Il fut aussi à l'origine des premiers standards d'efficacité énergétique. Plus récemment, en sa qualité d'avocat général de Californie, un poste qu'il occupait depuis 2007, c'est d'ailleurs lui qui était parti en guerre aux côtés du gouverneur Schwarzenegger contre l'administration Bush et l'EPA, afin que le gouvernement fédéral accorde à la Californie le droit d'appliquer des normes plus contraignantes que celles imposées par Washington en matière d'émissions de polluants. Dans son discours d'inauguration de janvier 2011[16], Jerry Brown a promis que la Californie produirait 20 000 watts d'électricité renouvelable d'ici à 2020 avec à la clé la création de centaines de milliers d'emplois verts. Le nouveau gouverneur a cependant la lourde tâche de veiller à ce que la loi sur le climat adoptée en grande fanfare par Arnold Schwarzenegger soit mise en application à compter de 2012 et de faire en sorte que 33 % de l'énergie produite en Californie proviennent de sources propres[17].

2.2. Les capital-risqueurs : transiteurs de l'innovation

Michel Ferrary, Professeur au Ceram, la Business School de Sophia Antipolis, estime que si la Silicon Valley s'est imposée comme le berceau des écotechnologies après avoir été celui de l'Internet, des microprocesseurs, des semi-conducteurs et des logiciels, c'est en raison du rôle fondamental joué par les capital-risqueurs[18]. Michel Ferrary aime notamment rappeler que les capital-risqueurs de la Silicon Valley investissent dans les *clean tech* depuis l'année 2000, époque où la Silicon Valley n'avait pourtant pas de compétences particulières en la matière et même un peu de retard. En revanche, les montants ont vraiment commencé à augmenter à partir de 2005, date à laquelle s'est engagée une dynamique industrielle en faveur des technologies propres sans pour autant que cette période soit marquée par des ruptures technologiques radicales, ou des chocs sociologiques ou économiques particuliers. Un cluster comme la Silicon Valley comporte une douzaine d'acteurs qui favorisent son éclosion : grandes universités, grandes entreprises, laboratoires de recherche, capital-risqueurs, avocats, consultants, banques d'affaires, experts comptables, etc. Tous ces acteurs se sont convertis progressivement aux technologies écologiques. Pendant longtemps, Stanford ne faisait aucune recherche dans le domaine écologique et tout d'un coup on a l'impression que la sauce a pris et ils ont commencé à lever des fonds.

---

16 http://gov.ca.gov/docs/Clean_Energy_Plan.pdf.

17 http://www.greentechmedia.com/articles/read/Keeping-the-Lights-on-in-California-with-33-Renewables-Environmental-Manda/.

18 Cité par Anne Sengès (2009, p. 52-56).

En 2003, l'université de Stanford a lancé le *Global Climate & Energy Project*, 225 millions de dollars sur 10 ans levés auprès d'Exxon Mobil, GE, Schlumberger et Toyota[19]. L'année suivante, elle a créé le *Woods Institute for the Environment* puis le *Precourt Institute for Energy Efficiency* en 2006. Xerox/Parc a lancé le *Clean Tech Innovation Program* en 2005. Les avocats ont commencé à créer des pôles d'expertise dans les *clean tech* comme par exemple le célèbre cabinet de la Silicon Valley Wilson, Sonsini, Goodrich & Rosati[20] et le nombre de consultants dans le domaine notamment de l'énergie solaire, a commencé à s'envoler, preuve de l'émergence d'un cluster », constate Michel Ferrary. Les capital-risqueurs jouent souvent un rôle déterminant. La raison est simple : quand ils investissent dans des start-up, cela permet de solvabiliser une demande. Les consultants, les avocats, les banques d'affaires vont commencer à s'intéresser au secteur. En inaugurant le Global Climate & Energy Project John Hennessy, le président de l'université de Stanford, a pu facilement affirmer que la recherche écologique devait avoir une finalité commerciale car l'industrie du capital-risque s'intéressait déjà au sujet[21], preuve ultime de sa solvabilité.

Les écotechnologies existent depuis très longtemps. Nous pensons notamment aux cellules photovoltaïques, inventées en 1954. Mais les capital-risqueurs permettent aux inventions de devenir des innovations puis de passer au stade de l'industrialisation. À partir de 2005-2006, les grands noms du capital-risque vont s'intéresser au sujet : Draper Fisher Juvertson a levé un fonds de 284 millions consacré aux écotechnologies, KPCB (Kleiner Perkins) a annoncé qu'un tiers de son nouveau fonds de 600 millions de dollars serait investi dans ce même secteur. Un cabinet de capital-risque comme Khosla Ventures, également très actif en la matière, va même jusqu'à aller chercher des entrepreneurs à l'étranger pour les relocaliser dans la Silicon Valley. Le vrai avantage concurrentiel de la Silicon Valley, c'est donc cette industrie du capital-risque qui favorise la création d'entreprises. À partir du moment où s'est constitué le chaînon qui manquait pour assurer la transition des innovations technologiques écologiques radicales de la phase d'exploration à celle

19 Exxon Mobil a donné 100 millions de dollars à Stanford, GE 50 millions et Schlumberger 25 millions.

20 Le cabinet a annoncé la création en 2007 d'une équipe spécialisée dans les écotechnologies.

21 Dans un article paru en janvier 2009, Michel Ferrary (2009) note que la société de capital-risque Nth Power a été créée à San Francisco en 1997 dans le but d'investir dans des technologies propres puis en 2000 Vantage Point Venture Partners commencera à investir dans ce secteur et Rockport Capital sera fondée l'année suivante. En 2003, la Californie a bénéficié de 339 millions de dollars d'investissements, puis 357 en 2004, 484 millions en 2005, 509 millions en 2006 et 1,05 milliard en 2007.

d'exploitation, la Silicon Valley s'est très vite imposée comme le berceau de l'éco-innovation, poursuit Michel Ferrary (2009).

2.3. Le rôle du gouvernement

Si la Californie et notamment la Silicon Valley, patrie du libre marché, s'est longtemps opposée à l'ingérence du gouvernement dans la conduite de ses affaires (elle s'est par exemple battue contre une taxe Internet), l'avènement des écotechnologies a cependant changé la donne. Comme le constatait Tim Carey, associé chez PricewaterhouseCoopers dans la Silicon Valley[22], « la dépendance du secteur *clean tech* vis-à-vis des pouvoirs publics change considérablement la donne et la culture de la Silicon Valley. Jusqu'à récemment, les investisseurs se méfiaient systématiquement des start-up dont le bon fonctionnement dépendait de subventions ou de la législation ».

En règle générale, le paysage politique est beaucoup trop instable pour les capital-risqueurs, sachant qu'une loi votée un jour peut devenir obsolète quelques mois plus tard. De plus, l'engagement du secteur public est souvent accompagné d'un lourd processus bureaucratique. Pourtant, il est incontestable que, dans le cas des *clean tech*, le plan de relance et le soutien du gouvernement fédéral sont une excellente nouvelle. Les commandes publiques vont avoir pour effet principal de stimuler la demande tout en finançant le développement de nouvelles technologies et la croissance de start-up en manque de capitaux. En revanche, les capital-risqueurs continuent de considérer l'intervention du gouvernement comme un remède temporaire et d'exiger des start-up qu'elles ne dépendent pas à moyen terme de la générosité de l'aide publique », résumait-il. Un article intitulé *Hey Government ! Get Out of Silicon Valley (Unless You'Ve Got Clean Tech Subsidies of Course)* (Hey, gouvernement ! Casse-toi de la Silicon Valley ! Sauf si tu as des subventions à offrir à l'industrie *clean tech*), paru en octobre 2010 sur Tech Crunch, blog influent de la Silicon Valley[23], résumait le dilemme en ces termes : « Alors qu'au début de la révolution informatique et Internet, la Silicon Valley ne souffrait d'aucune concurrence, l'industrie *clean tech* est une opportunité mondiale et des pays comme le Brésil, la Chine et l'Allemagne ont déjà dépassé les États-Unis. De quelle façon ? En partie grâce aux subventions données [aux entreprises du secteur] par leurs gouvernements respectifs. »

Citons également l'action d'Environmental Entrepreneurs (E2), *the independent business voice for the environnement*, un réseau composé

---

22 Cité par Anne Sengès (2009, p. 20-21).

23 http://techcrunch.com/2010/10/12/hey-government-get-out-of-silicon-valley-unless-youve-got-cleantech-subsidies-of-course/.

d'entrepreneurs verts qui font du lobbying. E2 a été créé en 2000 par Bob Epstein[24], un *serial entrepreneur* qui a fondé une demi-douzaine de start-up et fait fortune avec Sybase (une entreprise de logiciels spécialisée dans la gestion de bases de données) et Nicole Lederer, chercheuse à l'université de Stanford. Pour crédibiliser leur démarche et réconcilier écologistes et business men, ils ont fait le choix de s'associer avec le Natural Resources Defense Council, une association pour la défense de l'environnement fondée en 1970. Leur idée ? Convaincre un réseau d'entrepreneurs influents de s'engager pour la défense de l'environnement tout en promouvant l'idée de capitalisme vertueux. La raison d'être d'E2 est d'exercer une pression sur les décideurs de la région et du pays au nom d'une communauté d'entrepreneurs influents. Chaque membre est prié de verser au moins mille dollars au NDRC en guise de contribution annuelle. « Nous faisons du lobbying sauf que nous ne sommes pas payés et totalement indépendants. Nous nous considérons comme apolitiques et prêchons donc dans les deux camps. », précisait Bob Epstein.

Et les membres d'E2 ont le bras long. Lorsqu'ils demandent à être reçus à Washington ou Sacramento, les dirigeants leur ouvrent leurs portes et les écoutent. E2 c'est la voix du business et donc le pouvoir de l'argent… Leur premier succès politique ? Le passage de la loi Pavley en Californie en 2002 qui instaurait des réglementations strictes sur les véhicules dans le cadre de la lutte contre le réchauffement climatique. « Nous étions la seule association du monde du business à militer en faveur de cette loi car, selon nous, elle était source de nouveaux marchés liés à la nécessité de construire des voitures plus propres et des biocarburants verts et représentait donc une opportunité économique. Un mois avant le vote de la loi, nous avons organisé une conférence de presse pour créer les conditions favorables à l'adoption de cette loi. Nous avions deux buts », précise Bob Epstein :

1) Montrer à ceux qui s'inquiétaient de l'impact de cette loi sur l'économie régionale que des représentants du monde du business approuvaient ses objectifs, preuve qu'elle ne devait pas être si néfaste que cela.
2) Profiter du fait que le camp qui militait contre son adoption n'avait pas engagé de sommes énormes pour faire campagne contre ce projet.

Aujourd'hui, E2 lutte pour que les objectifs fixés par la loi sur le réchauffement climatique (adoptée en 2006) soient mis en œuvre en temps et en heure et milite également pour l'adoption d'une bourse du carbone. En 2010, E2 est partie en campagne contre la « proposition 23 », référendum, financé par des compagnies pétrolières texanes, qui cherchait à retarder la mise en application de la loi sur le climat sous prétexte que la

[24] Cité par Anne Sengès (2009, p. 63).

Californie au bord de la faillite ne pouvait pas se payer le luxe d'un régime carbone à coup de millions de dollars de pub dénonçant la tentative de main mise sur la Californie de pollueurs texans. La campagne fut efficace et le référendum rejeté par 61,3 % des électeurs californiens.

Les membres d'E2 sont également régulièrement mis à contribution : on leur demande par exemple de réaliser des études de marché, de bâtir des business plan, d'user de leur influence et réseau pour faire passer le message. Environmental Entrepreneurs dénonce aussi les lourdeurs bureaucratiques propres à la Californie et cherche à encourager l'allégement des processus administratifs. « Pour chaque polluant, il y a une agence différente », explique Bob Epstein. « Un bon nombre de nos membres travaillent dans les énergies renouvelables et certains finissent par développer leurs projets de fermes solaires ou éoliennes dans les États voisins car ils mettent beaucoup moins de temps à obtenir des permis. Nous essayons de faire comprendre qu'il doit y avoir un juste équilibre entre de strictes régulations (nécessaires pour préserver l'environnement) et une lourdeur administrative qui est devenu un handicap », assurait notamment Bob Epstein.

Les politiques adoptées au niveau fédéral ou à celui de l'État telles que des lois sur le climat, des programmes *cap and trade* et autres taxes carbones favorisent donc l'avènement des écotechnologies. Les prêts garantis du département de l'énergie américain (DOE) sont aussi un instrument efficace même si la faillite récente de l'entreprise californienne Solyndra (installée à Fremont dans la banlieue de San Francisco) qui fabriquait des capteurs solaires, première entreprise *clean tech* de la Silicon Valley à avoir bénéficié des largesses du gouvernement fédéral (*via* un crédit garanti de 535 millions de dollars accordé fin 2009), montre les limites de ce modèle, Solyndra ayant notamment été victime de la concurrence de la Chine. Obtenir un prêt garanti par le DOE n'est donc bien entendu nullement la preuve de la solvabilité de l'entreprise.

2.4. Le rôle des universités

Selon un classement publié en 2010 par le Cleantech Group[25], pas moins de deux universités de la région de San Francisco (Stanford et Berkeley) figurent parmi les 10 meilleures universités *clean tech* au monde. Sous l'égide de Steven Chu, secrétaire d'État à l'énergie de l'administration Obama (et prix Nobel de physique en 1997), l'université de Berkeley s'est imposée comme le centre de recherche le plus avancé au monde en matière de bioénergies. Farouche partisan des

[25] Top 10 Cleantech Universities in the U.S. For 2010, par Shawn Lesser, Cleantech Group LLC, 4 janvier 2010.

énergies renouvelables, Steven Chu dirigeait le laboratoire Lawrence Berkeley, avant d'être recruté par l'administration Obama, où il avait notamment lancé le projet de recherche Hélios qui combine nanotechnologies et biotechnologies pour étudier les biocarburants de nouvelle génération. L'université abrite aujourd'hui deux centres de recherches majeures et pluridisciplinaires sur ces questions, tous deux créés en 2007, l'un financé par des capitaux publics, l'autre par des fonds privés.

Fondé par le Département of Energy, le Joint BioEnergy Institue (JBEI) consiste en un partenariat de recherche entre trois laboratoires nationaux (Berkeley Lab, Lawrence Livermore et Sandia) et trois facultés californiennes (UC Berkeley, UC Davis et l'institut Carnegie de Stanford). L'Energy Bioscience Institute (EBI) a été financé par le géant pétrolier BP qui va lui consacrer 500 millions de dollars sur 10 ans. Il s'agit d'un partenariat entre UC Berkeley, le Berkeley Lab et l'Université de l'Illinois, cette dernière étant réputée pour l'excellence de sa recherche agronomique. 120 professeurs, 160 étudiants répartis entre la Californie et l'Illinois et une superficie agricole de 129 hectares de terres sur le campus de l'Université de l'Illinois pour mettre en application les travaux des chercheurs.

Pluridisciplinaire, l'institut se penche sur une douzaine de sujets (économie, géographie, sciences de l'environnement, biochimie, biologie, etc.) afin de non seulement développer des plantes et micro-organismes génétiquement modifiés mais aussi de maximiser la production de biocarburants tout en mesurant les impacts économiques, géographiques et environnementaux. L'un des objectifs de BP est d'utiliser les techniques modernes des sciences biologiques pour développer des espèces produisant un meilleur rendement de molécules énergétiques et cultivables sur des terres inaptes à l'agriculture alimentaire. Dans un discours annonçant la création de l'institut, Lord Browne, PDG du groupe BP, avait précisé que l'EBI entreprendrait des recherches de base accessibles sans restriction à la communauté scientifique internationale mais aussi des projets privés portant sur des applications commerciales des biosciences. La création de l'institut avait donc provoqué une controverse sur le campus de Berkeley, certains se demandant pourquoi une université publique devrait se mettre au service d'un géant pétrolier sous couvert de sauver la planète.

« Certains considèrent l'université comme une tour d'ivoire, séparée du reste du monde. Or j'estime au contraire que le rôle d'une université comme Berkeley est d'être ouverte sur le monde. Berkeley est réputée comme une université engagée. Mais qu'est-ce que l'engagement si ce n'est de chercher à résoudre un problème de société majeur ? Pour cela nous avons besoin des avancées de la science mais nous devons également les communiquer à des sociétés qui produisent de l'énergie. Nous ne cherchons pas à fabriquer des biocarburants pour le compte de BP. Parmi toutes les compagnies pétrolières, BP est sans doute celle qui s'est le plus engagée dans la voie du changement et de l'après-pétrole et est aujourd'hui parmi les plus gros producteurs au monde d'énergies renouvelables[26]. Ils nous ont donné l'opportunité de les aider à créer un nouveau type d'énergie. Mais notre rôle n'est pas de faire la promotion des biocarburants, ni de développer une technologie de rupture mais de chercher à mesurer l'impact de chaque composant incorporé dans les biocarburants. Nous n'avons pas de réponses prédéterminées. Notre seul engagement est envers la science », se défendait Chris Somerville, directeur de l'Energy Bioscience Institute[27].

2.5. Le rôle des grandes entreprises : quand Google se met au vert

Google.org, branche philanthropique de la société du même nom, a été établie en 2004 par le duo Sergey Brin et Larry Page dans le but de « rendre le monde meilleur ». La branche philanthropique de Google ambitionnait, à des débuts, entre autres projets à des fins commerciales et sociales, d'inventer des énergies renouvelables moins chères que le charbon, projet auquel elle a fini par renoncer. Mais malgré le caractère un brin irréaliste de certains projets annoncés par Google, reste que le géant de la Silicon Valley s'est fixé comme ambition de développer des technologies innovantes en énergie solaire thermique, énergie éolienne et systèmes géothermiques avancés. Google.org a également endossé les habits de « Venture Philanthrope » en investissant par exemple 10 millions de dollars dans des sociétés aux technologies prometteuses : eSolar (spécialisée dans l'énergie solaire thermique) et Makani Power (spécialisée dans l'énergie éolienne à haute altitude). En décembre 2009, Google a créé la filiale Google Energy LLC et a déposé une demande auprès de la commission américaine de réglementation de l'énergie afin de pouvoir produire et vendre de l'énergie (verte)[28]. Si Google souhaite combattre le réchauffement de la planète, la société espère, à long terme, faire des économies substantielles grâce aux énergies renouvelables, ses centres de données étant extrêmement gourmands en électricité.

Chez Google.org on aime à parler de « philanthropie active » par opposition à la *checkbook philanthropy* ou philanthropie du chéquier qui

---

26 BP a habilement détourné le sens de ses initiales British Petroleum devenues par la magie d'un relookage un Beyond Petroleum (au-delà du pétrole) bien plus écologiquement correct. La société a également changé son logo en adoptant en juillet 2000 le logo Hélios en hommage au Dieu solaire, qui a à la fois la forme d'une fleur et d'un soleil rayonnant.

27 Cité par Anne Sengès (2009, p. 60-61).

28 http://www.google.com/green/operations/renewable-energy.html.

consiste à simplement donner de l'argent à des organismes caritatifs en espérant qu'ils en feront bon usage. Par philanthropie active, Google.org entend vouloir profiter au maximum de l'expertise de l'entreprise pour assurer le succès des projets qu'ils financent. Par exemple, dans le cadre du programme *Recharge It*, qui vise à encourager le développement et l'adoption de véhicules électriques, les ingénieurs de Google ont bâti une base de données permettant de comparer non seulement la consommation d'essence mais aussi celle d'électricité et l'impact des divers modes de transport sur l'environnement. La société s'est équipée d'une flotte de véhicules hybrides *plug in* afin de rouler propre et tester la technologie. Google développe également une voiture sans conducteur équipée de capteurs dans le but d'optimiser la consommation de carburants des Américains ! « Notre but est d'aider à diminuer le nombre d'accidents de la route et libérer du temps aux conducteurs et de réduire les émissions de CO_2 en changeant fondamentalement leur utilisation de la voiture. », assurait Sebastien Thrun, directeur du Stanford Artificial Intelligence Lab qui collabore avec Google pour développer la *driverless car* sur la scène de la conférence TED[29]. Et la Silicon Valley est bien entendu le berceau d'une flopée d'entreprises à la pointe dans le domaine des technologies vertes telles que Tesla Motors (qui construit des voitures de luxe 100 % électriques), Nanosolar, l'entreprise du solaire spécialiste de la technologie *thin film* ou *Bloom Energy*, le fabricant de piles à combustible.

« Avec l'avènement de la révolution *clean tech*, tout le monde sait qu'il va y avoir des solutions qui vont s'imposer et qui auront un rayonnement extraordinaire. Ce qui est fascinant, c'est que nous ne savons pas à l'heure actuelle quelle solution va s'imposer. Prenez l'exemple des biocarburants de nouvelle génération. Différentes trajectoires sont possibles qui n'ont rien à voir les unes avec les autres, ce qui signifie qu'une fois que vous vous engagez dans une voie, cela ne vous donnera pas d'avantages particuliers pour vous imposer dans les autres. Le potentiel est phénoménal mais il n'y a pas encore de solution. Cette révolution *clean tech* est, selon nous, beaucoup plus profonde que la révolution Internet ou High-Tech. Cette effervescence s'apparente un peu à ce qui s'est passé au début de l'automobile et de l'aviation en France dans les années 1930 où vous aviez 2 000 constructeurs qui produisaient 10 000 automobiles, soit 2 ou 3 véhicules chacun », estimait Gilles Le Blanc, directeur du Cerna, le laboratoire d'économie industrielle de l'École supérieure des Mines[30].

Pour cet économiste français qui travaille sur les questions d'industries, de concurrence, d'innovation et de clusters, la *clean tech*

---

[29] http://www.ted.com/talks/sebastian_thrun_google_s_driverless_car.html.
[30] Cité par Anne Sengès (2009, p. 70-71).

présente une double originalité : il s'agit d'une nouvelle industrie mais d'une industrie qui n'est pas rattachée à un secteur particulier même si elle a évidemment des liens avec d'autres secteurs comme l'énergie, l'automobile, la santé, etc. Ceci a beaucoup d'implications en termes de politiques publiques car la plupart ont adopté jusqu'à présent des approches sectorielles. L'innovation peut être sectorielle (il y a par exemple de l'innovation dans l'aéronautique et l'agroalimentaire par exemple) ou hors secteur. Mais l'innovation hors secteur est en général plus dynamique car elle implique des créations d'entreprises, de nouveaux emplois, de nouveaux réseaux, de nouveaux services, de nouveaux produits et usages. Or un cluster comme la Silicon Valley a la capacité de sauter depuis 15 ans d'un secteur à un autre. Après avoir déjà effectué deux ou trois sauts, la Silicon Valley vient d'en faire un autre dans les *clean tech*. Le caractère vraiment unique de la vallée ne vient pas tant de l'excellence de ses laboratoires de recherche et de la qualité de sa main-d'œuvre que de sa capacité d'innovation qui permet de lancer des dynamiques de start-up. Autre aspect original des écotechnologies : le fait qu'il s'agisse de la première vague d'innovation dans l'économie mondialisée. Contrairement à ce que l'on pourrait assumer, ce n'était pas le cas de la révolution Internet car elle était liée aux télécoms, une industrie très nationale de par ses acteurs et ses enjeux.

Soulignons aussi une différence de taille avec les précédentes révolutions de l'Internet et de la High-Tech : le mythe de la petite boîte créée par deux Géo Trouvetou dans un garage poussiéreux a vécu. Car pour l'essentiel, les écotechnologies qui intéressent les as de la finance sont gourmandes en capitaux, avides d'espace et feront leurs preuves dans la décennie. Les entrepreneurs des *clean tech* n'ont donc finalement pas grand-chose en commun avec les millionnaires des années *dotcom*, devenus magiquement riches en quelques mois comme le veut le conte de fée de la Silicon Valley.

4. Le cas français

Le débat n'est pas nouveau et pas propre au secteur *clean tech*. Le culte de l'entrepreneuriat explique le bouillonnement d'idées propre à l'écosystème unique qu'est la Silicon Valley. Dans *Eco-Tech, moteurs de la croissance verte en Californie et en France*, nous dressions la liste des freins au développement des écotechnologies en France, pays où presque 80 % de l'électricité provient du nucléaire, mais qui s'était pourtant sérieusement engagé à partir de 2007 avec le grenelle de l'environnement (et du moins dans les discours) sur la voie des énergies renouvelables. Parmi ces obstacles ? L'absence de culture entrepreneuriale ainsi que le manque de capital-risque.

4.1. L'absence de culture entrepreneuriale

François Bergasse, l'ancien président d'Easenergy, fonds d'investissement qu'EDF avait mis en place dans la Silicon Valley afin de repérer les start-up intéressantes, effectue ce diagnostic sur l'absence de culture entrepreneuriale en France : « En France, on fait de notre élite des produits de grands groupes alors que l'université de Stanford est un vivier d'entrepreneurs. *Idem* pour les chercheurs. Le thésard californien, s'il tombe sur une bonne idée, s'empressera de monter une start-up car tout le monde a compris en Californie que la vraie valeur des idées passe par leur industrialisation et qu'il faut jouer pour gagner. Car ce n'est pas au fin fond du labo qu'on prouve les choses. En France, au contraire, la valorisation des chercheurs se fait par la publication d'un papier qui va leur permettre de poursuivre leurs recherches et d'obtenir plus de financements. Mais, tant qu'on n'aura pas en France de mobilité intellectuelle, tant qu'on ne mettra pas les chercheurs dans des conditions moins peinardes que celles du labo, on va regarder passer tous les trains », estimait-il[31]. Car l'innovation dans le secteur des *clean tech* passe par la technologie.

Pourtant, comme le fait valoir l'économiste Elie Cohen[32], « La France crée autant d'entreprises innovantes que tout le monde. Simplement elles ne grossissent pas. » Comment expliquer ce manque de moyennes et grosses PME en France (notamment par rapport à un pays comme l'Allemagne, royaume des grosses PME) ? « Elles ont tendance à se faire racheter par des grandes entreprises, ce qui veut donc dire que le mode d'acculturation de l'innovation passe par les grandes entreprises », avançait l'économiste. Par exemple, SIIF, entreprise fondée par Pâris Mouratoglou en 1990, rebaptisée en 2004 EDF Énergies Nouvelles, a été rachetée par l'énergéticien (à hauteur de 50 % de son capital). Deuxième explication : le système fiscal et juridique empêche les petites entreprises de grossir car, à partir de 50 salariés, les charges sociales et les contraintes juridiques sont beaucoup plus lourdes. « Est-ce qu'on a un système qui empêche le grossissement des PME ou notre mode de développement est-il l'intégration des petits aux grands ? Personne n'est arrivé à trancher sur ces questions malgré une cinquantaine de rapports sur le sujet », assure Elie Cohen.

4.2. Le manque de capital-risque

Autre obstacle majeur pouvant expliquer en partie le mal qu'ont les PME françaises à croître ou leur aptitude à se faire manger par les gros, la frilosité des investisseurs français et les carences de l'Hexagone en

---

31 Cité par Anne Sengès (2009, p. 158).
32 Cité par Anne Sengès (2009, p. 159).

matière de capital-risque. Il suffit de comparer les montants investis en capital-risque par habitant entre n'importe quel pays européen et la Silicon Valley pour mesurer le retard de l'Europe en la matière, la France en tête. Au cours de la décennie 1995-2005, les investissements en capital-risque dans la Silicon Valley représentaient une moyenne de 44 163 dollars par habitant contre 217 euros pour la France, souligne Michel Ferrary, professeur de management au Ceram à Sophia-Antipolis qui a étudié le rôle des capital-risqueurs comme transiteurs de l'innovation[33]. « Lorsqu'on étudie les acteurs de l'éco-innovation en France, on constate que nous avons de bons laboratoires de recherche, de bonnes universités, des entreprises qui commencent à investir dans ce secteur comme EDF, GDF-Suez ou Total, mais le vrai chaînon maquant de l'innovation en France est sans aucun doute l'absence de capital-risque », explique-t-il.

Et c'est d'ailleurs ce qui distingue la Silicon Valley des autres clusters à travers le monde. « Il existe en France une aversion au risque, ce qui pose un vrai problème pour stimuler l'innovation d'autant plus que le secteur des *clean tech* est en général assez capitalistique », avance de son côté Stéphane Parpinelli, de Clean Tech Republic[34]. « On se rend compte qu'en amorçage une start-up *clean tech* a besoin de plus de financements qu'une start-up d'un autre secteur car fabriquer un démonstrateur technique nécessite en moyenne 1 million d'euros d'investissement », assure-t-il. Et trouver une telle somme en France est un processus très compliqué, ce qui représente une lacune énorme par rapport à un pays comme les États-Unis même si nombreux sont les fonds français à investir aujourd'hui dans les écotechnologies, le sujet était devenu à la mode.

« Alors qu'aux États-Unis une start-up va facilement lever 15 millions de dollars, en France la start-up équivalente lèvera 2 millions d'euros », résume David Dornbusch[35], le fondateur des Clean Tuesdays, réunions de networking qui ont lieu tous les deuxièmes mardis du mois et mettent en relation les acteurs du secteur. Ces dernières années, le ralentissement économique a suscité un point positif : la multiplication des appels à projets sur les écotechnologies car le gouvernement français a compris que le pays devait valoriser sa recherche dans le domaine de l'environnement.

---

33 Cité par Anne Sengès (2009, p. 160).
34 *Idem.*
35 Cité par Anne Sengès (2009, p. 161).

4.3. Les outils franco-français : Oseo, les pôles de compétitivité et les champions nationaux

Soucieux d'encourager l'éclosion de l'innovation dans les régions françaises et de booster la compétitivité des PME françaises, l'État, conscient des carences du système, s'est doté en 2005 d'outils comme les pôles de compétitivité, clusters héritiers des technopoles et d'OSEO[36], organisme dont la mission est de soutenir la croissance et l'innovation des PME (tous secteurs confondus).

Dans le cadre des pôles de compétitivité, on assiste en France à une spécialisation du territoire face à des thématiques portées par des collectivités de plus en plus sensibles à la dimension environnementale. Mais selon Michel Ferrary, le spécialiste des clusters, les pôles de compétitivité ne parviennent pas encore à attirer l'industrie du capital-risque. Il raconte avoir dressé deux cartes de France : l'une représentant la localisation des capital-risqueurs, qui sont essentiellement basés à Paris, l'autre celle des pôles de compétitivité où une antenne OSEO est présente dans presque chaque pôle (or la France compte 71 pôles). « Pour un entrepreneur, il est plus simple d'aller voir OSEO qui va vous donner de l'argent relativement facilement qu'un capital-risqueur "à la californienne" qui va virer le patron mais va en même temps amener ses contacts et sa compétence », constate-t-il[37].

En France, on assiste à une grande réflexion autour des pôles de compétitivité sur les partenariats entre les autorités publiques, les collectivités locales, les instituts de recherche et le secteur privé. Fédérateur, le domaine des écotechnologies paraît particulièrement adapté à ce type de collaboration entre secteur privé et public, milieu de la recherche et de l'entreprise. Le lancement en septembre 2009 d'une chaire internationale « Generating Eco-Innovation » en Île-de-France qui ambitionne de devenir « un centre de formation, de R&D et d'entrepreneuriat pour favoriser les éco-innovations jusqu'à leur mise sur le marché », reflète cette vision. « Dans ce domaine très nouveau que sont les écotechnologies, on constate une espèce d'ouverture d'esprit du monde de la recherche vers le monde de l'entrepreneuriat et de l'industrie, voire même vers le monde de la finance », constate Frédéric de Ligondés[38], professeur associé à l'Université de Versailles-Saint-Quentin, qui, aux côtés de Sylvie Faucheux, la présidente de l'université, a contribué à mettre au point cette nouvelle chaire et aidé à lever 1 million et demi d'euros sur quatre ans pour financer cette initiative.

---

36 http://www.oseo.fr/.

37 Cité par Anne Sengès (2009, p. 165).

38 Cité par Anne Sengès (2009, p. 174).

La France rappelle à qui veut l'entendre la présence de ses champions nationaux dans le domaine de l'énergie et de l'environnement. Dans le cadre du Grenelle de l'environnement, grande consultation nationale sur les problématiques de la croissance verte, tout le monde s'accordait cependant à souligner le rôle fondamental joué par les PME dans la révolution *clean tech*. Car dans le domaine des écotechnologies, l'essentiel de l'innovation émane des petites et moyennes entreprises. Selon Mathieu le Roux, ancien capital-risqueur chez Oddo Private Equity, « la présence de champions nationaux sur ces sujets constitue à la fois un avantage et un inconvénient. Les petites PME françaises sont souvent écrasées par les grands groupes qui ont du mal à établir des passerelles »[39]. « Il s'agit d'un équilibre très spécifiquement français. On est dans une optique de donneurs d'ordres aux sous-traitants et de dominants à dominés », reconnaissait Annie Geay, la directrice de l'innovation d'OSEO[40]. Fait intéressant, les grands groupes français commencent à investir massivement dans les *clean tech* à l'échelle mondiale.

En 2010, Areva, le groupe nucléaire français, s'est par exemple offert Ausra (fabriquant d'équipements photovoltaïques) basée dans la Silicon Valley. Alstom a investi dans BrightSource (qui développe des projets solaires à grande échelle). Le géant pétrolier Total s'offre des prises de participation dans des start-up américaines comme Konarka (équipements photovoltaïques), AE Polysilicon ou Amyris (biofuels). Selon Paul Bertrand[41], le fondateur de Watteco, start-up française du *smart grid*, si la France a mis en place les structures nécessaires pour aider les entreprises au niveau de la R&D, entre OSEO, l'Ademe et le crédit d'impôt, lorsqu'il s'agit pour les start-up de passer à l'étape de commercialisation, les financements se tarissent. « En France, vous pouvez faire de l'innovation sur tout le territoire. Les pôles de compétitivité sont partout. OSEO a un correspondant dans chaque département. L'Hexagone regorge de boîtes de R&D. En revanche, on est en droit de se poser des questions sur l'efficacité du système. Nous n'avons quasiment pas de start-up comprenant entre 1 000 et 2 000 employés. Or, c'est la taille critique pour s'attaquer aux marchés mondiaux », assurait-il.

Conclusion : la croissance verte victime de la crise ?

L'étude de la Californie a souligné l'importance de la rhétorique politique dans la mise en œuvre de la croissance verte. Elle permet en effet de mobiliser les acteurs et de les mettre en ordre de marche. Dès son

39 Cité par Anne Sengès (2009, p. 177).
40 *Idem.*
41 Cité par Anne Sengès (2009, p. 183).

élection à l'automne 2003, Arnold Schwarzenegger a réussi à positionner l'État dans une logique de croissante verte. Sa tâche était relativement aisée, l'État le plus peuplé du pays étant pionnier en matière de défense de l'environnement depuis les années 1970. La Silicon Valley commençait déjà à s'intéresser au secteur des *clean tech*. À l'échelle du pays, l'élection de Barack Obama en novembre 2008 avait galvanisé les partisans de la révolution verte même si, vues d'Europe, les intentions américaines de ramener leurs émissions de gaz à effet de serre à leur niveau de 1990 (soit une baisse de 14 % environ par rapport à 2005), avaient été jugées trop modestes.

En novembre 2010, au lendemain des élections de mi-mandat qui se sont soldées par une victoire des républicains, Barack Obama a pourtant renoncé à son ambition de faire passer une loi sur le climat imposant un système de *cap and trade*, faute de voix suffisantes au Congrès. Dans une interview publiée dans le magazine *Rolling Stone*[42], Barack Obama avait justifié cet échec par le fait que les Américains avaient d'autres préoccupations en tête du fait de la crise économique. « Il est très difficile de progresser sur ces questions dans le contexte d'une énorme crise économique car le réflexe naturel est de dire "Vous savez quoi ? [Sauvegarder les ressources de la planète] est un gros défi mais le problème le plus pressant aujourd'hui est le taux de chômage à 10 %". » Mentionnons également le fait qu'un grand nombre de sceptiques font valoir que les technologies dites vertes de la voiture électrique aux centrales solaires en passant par les biocarburants ne sont pas aussi respectueux de l'environnement que ce que les partisans de l'économie verte voudraient nous faire croire. Et parmi ces derniers figurent des écolos convaincus, comme l'illustre la bataille qui oppose les développeurs de centrales solaires qui rêvent de transformer le désert de Mojave en Californie en gigantesque usine à produire de l'électricité solaire aux écologistes de la région qui s'inquiètent de voir le désert défiguré par des installations et des technologies qui n'ont de surcroît pas encore fait leurs preuves, jugeait par exemple April Sall[43], porte-parole du Wildlands Conservancy, association pour la défense de l'environnement, qui craint que l'implantation de méga centrales solaires ne représentent une menace pour les tortues du désert et autres espèces en voie d'extinction.

En France, royaume du nucléaire, on a assisté à une prise de position tardive des pouvoirs publics en faveur de la croissance verte et des écotechnologies, mais le Grenelle de l'environnement, grande consultation nationale née à l'été 2007, avait pourtant incontestablement mobilisé le pays et créé l'élan nécessaire. Pour la première fois, la France

[42] http://www.rollingstone.com/politics/news/obama-in-command-br-the-rolling-stone-interview-20100928.

[43] Cité par Anne Sengès (2009, p. 45).

décidait que la politique publique allait être élaborée par un collège nouveau qui allait non seulement comprendre les administrations ainsi que les groupes d'intérêt patronaux (soit les acteurs habituels), mais aussi les syndicats et les associations environnementales. « On a eu l'idée de donner comme programme tous les chantiers possibles et imaginables de ce que devait être un nouveau modèle de croissance propre et on a mis dans des espèces d'incubateurs des gens qui ne s'étaient jamais rencontrés », constatait l'économiste Elie Cohen[44], spécialiste d'économie industrielle.

Suite au succès de la liste Europe Écologie en juin 2009 lors des élections européennes (qui avait recueilli 16,2 % des voix), Nicolas Sarkozy avait également surfé sur la vague verte. En visite en Savoie dans les locaux de l'Institut national de l'énergie solaire, il avait affirmé que la France allait devenir le leader des énergies décarbonées de demain. En annonçant son intention de créer une taxe carbone à l'automne 2009, Nicolas Sarkozy avait jugé qu'il s'agissait d'une mesure tout aussi historique que l'abolition de la peine de mort avant d'enterrer la mesure suite à la défaite de son parti aux élections régionales quelques mois plus tard au motif que la compétitivité de l'économie française en souffrirait à partir du moment où les autres pays européens n'avaient pas l'intention d'adopter une mesure similaire.

Ce recul du gouvernement Sarkozy peut être mis en parallèle avec la décision d'Obama de renoncer à tenter de faire adopter un système de *cap and trade* dans un contexte économique difficile. Pourtant, en Californie, les électeurs, en rejetant la proposition 23 que nous évoquions plus haut, ont rejeté l'argument qui stipulait que le Golden State ne pouvait se payer le luxe d'un régime carbone du fait du marasme économique dans lequel il se trouvait, preuve que la révolution verte continue de faire des adeptes au moins parmi les électeurs californiens.

Dans les colonnes du quotidien *Le Monde*[45], François Hollande, candidat socialiste à la présidence de la République française, affirmait son désir de rattraper le retard perdu par la France en matière d'énergies renouvelables et de réduire à l'horizon 2025 la part de nucléaire dans la production d'électricité de 75 % à 50 %, preuve cependant que les discours sur la croissance verte semblent porteurs en période électorale. Quant à Mitt Romney[46], l'homme d'affaires républicain qui cherche à déloger Barack Obama de la Maison Blanche, à l'heure où nous écrivons ces pages, il déclare sa foi dans les technologies vertes et reconnaît que le réchauffement de la planète est un défi auquel il convient de

---

44 Cité par Anne Sengès (2009, p. 98).

45 http://www.lemonde.fr/idees/article/2011/11/28/reussir-la-transition-energetique-par-francois-hollande_1609899_3232.html.

46 http://www.politico.com/news/stories/0611/56580.html.

s'attaquer. Il a en revanche vertement critiqué l'investissement de l'administration Obama *via* le département à l'énergie (DOE) dans la société du solaire Solyndra qui a fait faillite il y a quelques mois et rappelle à chaque occasion son opposition farouche à tout système de *cap and trade* sous prétexte que de telles régulations entraîneraient des pertes d'emploi dans son pays. « Je ne soutiens pas des politiques destinées à se donner bonne conscience telles qu'un système de permis d'émission », avait-il notamment écrit dans son autobiographie baptisée *No Apologies* parue en 2011[47].

Si les discours politiques mettent l'accent sur l'emploi en temps de crise, ils hésitent plus à garantir qu'ils vont créer des emplois verts. La raison ? Un article paru dans le *New York Times*[48] le 18 août 2011 rappelait que même en Californie, berceau de la révolution *clean tech*, les emplois verts ne s'étaient pas matérialisés. L'article cite une étude de l'institution Brookings qui rapporte que les emplois verts ne constituent que 2,2 % des emplois en Californie (et 2 % à l'échelle du pays)... La croissance verte sera donc lente.

Bibliographie

Ferrary, M. (2009), « Entre exploration et exploitation : les transiteurs de l'innovation radicale dans les clusters de technologies écologiques », *Revue française de gestion*, 190, 179-196.

Schwartz, N. (2008), America's oil addiction : chronicle of a crisis foretold, http://www.nytimes.com/2008/07/06/business/worldbusiness/06iht-06oil.14260674.html?pagewanted=all.

Sengès, A. (2009), *Eco-Tech : Moteurs de la croissance verte en Californie et en France*, Autrement, Paris.

Wilder, C., Pernick, R. (2007), *The Clean Tech Revolution*, New York, Harper-Business.

47 http://mittromneycentral.com/on-the-issues/cap-and-trade-global-warming/.

48 http://www.nytimes.com/2011/08/19/us/19bcgreen.html?pagewanted=all.

Les auteurs

Nader ABBÈS est docteur en économie de l'Université Paris Ouest Nanterre La Défense. Il est membre du laboratoire EconomiX UMR 7235 CNRS et du Réseau de Recherche sur l'Innovation. Ses centres d'intérêt s'articulent principalement autour de la responsabilité sociétale de l'entreprise et du *reporting environnemental* des sociétés du CAC 40.

Jonathan BAINÉE est doctorant en économie à l'Université Paris 1 Panthéon-Sorbonne. Il mène ses recherches au sein de l'Unité d'Économie Appliquée de l'ENSTA ParisTech et travaille essentiellement sur la problématique de l'émergence du véhicule électrique et, plus généralement, sur la dynamique de l'innovation. Ses recherches abordent également le thème du management de l'innovation, notamment dans le cadre du PIMREP (*ParisTech Innovation Management Research and Education Programme*).

Danièle BÉNÉZECH, professeure d'économie à l'Université de Rennes 1, est chercheur associé au Centre Interdisciplinaire d'Analyse des Processus Humains et Sociaux (Université de Rennes 2) et au Centre de Recherches en Économie et Management (Université de Rennes 1). Elle est membre de l'ISMEA, du comité de rédaction d'Économie Appliquée et du bureau de PEKEA (ONG de recherche sur une reconception des activités économiques, à statut consultatif auprès de l'ONU). Elle travaille en économie de l'innovation et économie de la qualité et a participé à différents programmes de recherches sur les circuits courts agroalimentaires. Sa dernière publication : La confiance entre les partenaires de l'échange ; au-delà des labels, in Amemiya, H. (ed.), *Du TEIKEI aux AMAP. Le renouveau de la vente directe des produits fermiers locaux*, Rennes, Presses universitaires de Rennes, 2011, 206-217.

Raphaël BESSON est chargé d'études en économie urbaine dans l'agence d'architecte-urbaniste INterland (Lyon, Paris, Bangalore). Il est également doctorant au sein du laboratoire PACTE (UJF, Grenoble). Sa thèse s'intitule : *Les Systèmes urbains cognitifs. Des supports privilégiés de production et de valorisation d'innovations ?* Il crée en janvier 2012, l'agence « Villes Innovations ». Cette agence est spécialisée dans la recherche, la formation et l'information sur les thématiques de la ville innovante et créative.

Sophie BOUTILLIER, maître de conférences et directrice des recherches en économie à l'Université du Littoral Côte d'Opale, est membre du Lab.RII – CLERSÉ UMR 8019, Université Lille Nord de France, et du Réseau de Recherche sur l'Innovation. Elle est également Professeure associée à la Wesford Business School (Genève) et à la Seattle University (États-Unis). Elle est spécialisée en économie de l'entrepreneur et de l'innovation et en histoire de la pensée économique. Parmi un ensemble d'ouvrages et d'articles consacrés à ces thèmes, elle a notamment publié (en collaboration avec Dimitri Uzunidis) *L'entrepreneur. Une analyse socio-économique* (Économica, 1995), *La légende de l'entrepreneur* (Syros, 1999) et *L'entrepreneur, force vive du capitalisme* (Bénévent, 2010).

Élodie BRULÉ-GAPIHAN est maître de conférences à l'Université de Reims Champagne Ardenne. Ses domaines de recherche sont : les processus de diffusion des innovations, l'entrepreneuriat institutionnel, la Responsabilité Sociale des Entreprises, le mouvement social, le rôle des normes environnementales dans la diffusion du développement durable et la comptabilité verte.

Jean-Guillaume DITTER, docteur en Économie internationale, est enseignant-chercheur au Groupe ESC Dijon Bourgogne, où il enseigne les affaires internationales et européennes. Il est membre du centre de recherche CEREN de l'ESC Dijon, ses recherches portent sur le territoire et les industries à fort ancrage territorial. Il a publié des travaux sur les clusters de la filière bois, la notion de territoire dans la filière vitivinicole et les animateurs de clusters dans le secteur de l'éco-construction.

Faridah DJELLAL a été professeure à l'Université de Tours. Elle est actuellement professeure à l'Université Lille 1 et doyen de la Faculté des Sciences Économiques et Sociales. Spécialiste d'économie des services et de l'innovation, elle est membre du Laboratoire CLERSÉ-CNRS (Centre lillois d'études et de recherches économiques et sociologiques), du RRI (Réseau de recherche sur l'innovation) et du RESER (Association européenne de recherche sur les services).

Faïz GALLOUJ est professeur à l'Université Lille 1. Il est membre du Laboratoire CLERSÉ-CNRS (Centre lillois d'études et de recherches économiques et sociologiques), du RRI (Réseau de recherche sur l'innovation) et du RESER (Association européenne de recherche sur les services). Il est directeur de deux masters spécialisés dans l'économie et le management des services et de l'innovation. Dans ces deux domaines, il a publié une douzaine d'ouvrages.

Estelle GARNIER est doctorante à l'Université de Reims Champagne Ardenne. Ses domaines de recherche sont : Économie de l'environnement, Régulation du changement technique et de l'innovation.

Antoine GRANDCLEMENT est ATER en géographie à l'université d'Aix-Marseille. Il termine une thèse sur les pôles de compétitivité sous la direction de Sylvie Daviet. Ses travaux portent notamment sur les politiques d'innovation et leur impact sur l'organisation spatiale des réseaux d'innovation. Il a récemment publié sur ce thème : « Vers une géographie des pôles de compétitivité : réseaux, construction politique et organisation territoriale », in Resmini, L., Torre, A. (dir.), 2011, *Competitività territoriale : determinanti e politiche*, Milan, Franco Angeli, 219-241.

Mouloud KADRI, détenteur d'une licence de Sciences de Gestion (Algérie) et d'un diplôme d'Études Approfondies en Sciences de Gestion (UMons), est doctorant dans le Département dirigé par le Professeur Moroncini.

Blandine LAPERCHE est maître de conférences habilitée à diriger les recherches en sciences économiques à l'université du Littoral Côte d'Opale, France. Elle est membre du Lab.RII – Clersé UMR 8019 (CNRS), Université Lille Nord de France. Elle est aussi Professeure associée à Wesford Business School et Vice-présidente du Réseau de Recherche sur l'Innovation. Ses travaux s'inscrivent dans le champ de l'économie industrielle et de l'innovation. Elle s'intéresse particulièrement aux stratégies de constitution et de protection du capital-savoir des entreprises. Son dernier ouvrage, coédité avec N. Levratto et D. Uzunidis, *Crisis, innovation and sustainable development*, est paru en 2012 (Edward Elgar, Cheltemham).

Nadine LEVRATTO est chargée de recherche au CNRS, affectée à EconomiX, UMR 7235 CNRS – Université de Paris Ouest, Nanterre, La Défense et Professeur affiliée à Euromed Management. Elle est également membre du bureau du Réseau de recherche sur l'innovation (RRI). Ses recherches portent sur les trajectoires des entreprises, leurs trajectoires de croissance et de défaillance ainsi que sur leurs stratégies. Elle a coédité, avec Blandine Laperche et Dimitri Uzunidis, l'ouvrage *Crisis, Innovation and Sustainable Development* publié chez Edward Elgar.

Céline MERLIN-BROGNIART, maître de conférences à l'Université Lille 1, mène ses recherches au sein du CLERSÉ. Elle travaille sur les thèmes de l'innovation dans les services, en particulier les services publics marchands et les services de santé. Elle mène également des recherches sur le thème du développement durable. Elle est membre de l'Association européenne de recherche sur les services (RESER) et du Réseau de recherche sur l'innovation (RRI).

Aurore MORONCINI est chef du Département d'« Économie et gestion environnementales et de la production » de la Faculté Warocqué d'Économie et de Gestion de l'UMons. Les recherches du service touchent essentiellement à quatre domaines : le management environnemental, la gestion des ressources naturelles, les énergies renouvelables et la gestion des déchets. Elle est aussi licenciée en Sciences Chimiques et docteure en Sciences Économiques Appliquées (UMons-Belgique).

Abdourahmane NDIAYE, docteur en économie, est chargé du projet ANR Participation Animation GOuvernance Durabilité des ÉcoQuartiers (PAGODE) à l'UMR ADES CNRS/Université Bordeaux 3. Ses travaux récents portent sur la participation des habitants aux politiques publiques et à l'aménagement urbain des ÉcoQuartiers et sur la place et le rôle des acteurs de l'économie sociale et solidaire comme porteurs de dynamiques des territoires.

Martino NIEDDU est maître de conférences en économie à l'Université de Reims (URCA). Il dirige un projet sur les Programmes de Recherche en Chimie Doublement Verte dans le programme ANR Chimie et Procédés Pour le Développement Durable (2009-2013). Le cadre théorique est à la croisée du courant régulationniste et d'une problématique d'économie industrielle en termes de patrimoines productifs collectifs, produits dans un contexte scientifique particulier (la knowledge based bioeconomy). Celui-ci vise à penser les phénomènes méso-économiques de sustainable transition vers l'usage de ressources renouvelables, par constructions sectorielle et territoriale, et les modes d'intégration des différentes dimensions du développement soutenable dans les comportements des acteurs.

Fabienne PICARD est maître de conférences en Sciences Économiques à l'Université de Technologie de Belfort-Montbéliard et chercheure à l'Institut de Recherche Transport, Énergie et Société. Elle est directrice adjointe du laboratoire RECITS (EA3897), membre du Réseau Recherche et Innovation. Son activité de recherche concerne l'étude des dynamiques territorialisées de production d'innovations et des processus d'acception socio-économique des nouvelles technologies notamment dans le domaine des technologies vertes.

Catherine REMOUSSENARD, professeure associée à l'ESC Dijon Bourgogne est titulaire d'un doctorat. Ses centres d'intérêt en matière de recherche sont la conduite du changement et le management des émotions. Elle intervient sur ces thèmes dans les entreprises ainsi qu'à l'Université Oxford Brookes. Elle a notamment publié sur la conduite du changement les articles suivants : « Études de cas : le pilotage du changement pôle d'expertise : apport de la conduite du changement à la GRH », in Dupuich-Rabasse, F. (dir.), *Les compétences managériales : enjeux et réalité*, L'Harmattan, « Making Change », *MIT Sloan Management Review*, 15 June, 2012.

Anne SENGÈS est une journaliste franco-américaine, basée à San Francisco en Californie. Elle est l'auteure d'*Eco-Tech : moteurs de la croissance verte en Californie et en France* (paru en 2009 aux éditions

Autrement). Elle est titulaire d'un DEA d'histoire contemporaine obtenu à l'université de Paris X (Nanterre) et d'un Master en journalisme obtenu à l'université de Berkeley en Californie. Passionnée par le développement durable, Anne Sengès édite *La Voix des Jeunes* (www.lavoixdesjeunes.org), un site web soutenu par le Fonds des Nations unies pour l'Enfance (UNICEF) destiné aux jeunes qui veulent en savoir plus, en faire plus et en dire plus sur le monde actuel.

Dimitri UZUNIDIS est professeur d'économie politique, il enseigne en France et en Grèce. Il est membre du Lab.RII – CLERSÉ UMR 8019, Université Lille Nord de France et du Réseau de Recherche sur l'Innovation (Paris), dont il assure la présidence. Il est également Professeur associé à la Wesford Business School (Genève) et à la Seattle University (États-Unis). Spécialisé en économie internationale et en économie de l'innovation, son dernier ouvrage (co-édité avec N. Levratto et D. Uzunidis) est *Crisis, innovation and sustainable development* (Edward Elgar, Cheltemham, 2012). Il est également directeur de *Innovations. Cahiers d'Économie de l'Innovation* et de *Journal of Innovation Economics* (éditées et diffusées par De Boeck et Cairn).

Ingrid VAILENU-PAUN, Université Paris 7 Denis Diderot, est journaliste et économiste spécialisée dans l'évolution des stratégies des entreprises et des territoires. Elle a organisé en 2010 la Mission Prospective du ministère de Développement durable, puis elle a intégré l'Agence Nationale de Recherche (France).

Business & Innovation

The creation of new activities, of news production and consumption modes, of new goods and services, of new markets and new jobs (etc.) depends as much on the heroic action of entrepreneurs as on the strategies of big corporations which develop their activities at a global scale. Innovation and business are interlinked. The main themes of the books published in this series are: Entrepreneurship, enterprise and innovation; Innovation strategies in a global context; Innovation policies and business climate; Innovation, business dynamics and socio-economic change. The synergies between innovative entrepreneurship, firms' strategies and innovation policies is of major importance in the explanation of technological paradigms change and of the transformations in economic and social structures of wealthy and less wealthy countries. In this series are published books in English or in French specialized in economics, management and sociology of innovation and also dealing with change and entrepreneurship in a local, national or international perspective.

This series is supported by the Research Network on Innovation.

La création de nouvelles activités, de nouveaux modes de production et de consommation, de nouveaux biens et services, de nouveaux marchés, de nouveaux emplois, etc. repose aussi bien sur l'action héroïque des entrepreneurs que sur la stratégie des grandes entreprises qui se déploient sur une échelle mondiale. L'innovation et les affaires sont intrinsèquement liées. Trois grandes thématiques seront particulièrement privilégiées : Entrepreneuriat, entreprise, innovation et développement durable ; Innovation et réseaux ; L'Innovation dans un contexte global. Les rapports synergiques entre entrepreneuriat innovant, stratégies des firmes et politiques d'innovation est un axe majeur dans le changement des paradigmes technologiques et la modification des structures économiques et sociales des pays riches et moins riches. Dans la collection sont publiés en français ou en anglais des ouvrages d'économie, de management et de sociologie de l'innovation, du changement et de l'entrepreneur dans une perspective locale, nationale et internationale.

La collection bénéficie de l'appui du Réseau de Recherche sur l'Innovation.

Printed by
CPI books GmbH, Leck

FSC
www.fsc.org
MIX
Papier | Fördert
gute Waldnutzung
FSC® C083411

Kolibri 360 GmbH
Ferdinand-Jühlke-Straße 7
99095 Erfurt, Deutschland
produktsicherheit@kolibri360.de